高等学校教材

过程装备基础

第3版

朱孝钦　主编

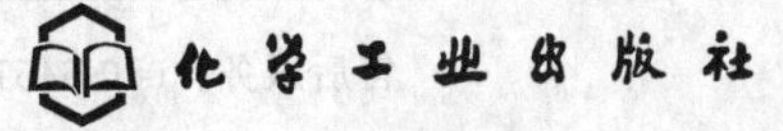

·北京·

全书内容分为5篇：绪论简要地介绍过程装备的基本概念和范畴，是过程装备的共性基础知识；第1篇过程装备力学基础，主要介绍过程装备技术中涉及的力学基础知识和基本工程计算；第2篇工程材料，简明扼要地介绍常用材料的性能、牌号和用途以及钢的热处理等基础知识；第3篇机械设计基础，主要从传递动力的角度介绍一些常见的机械传动（如带传动、链传动、齿轮传动和蜗杆传动）的工作原理、标准规范、设计计算方法及其主要零部件的工作原理、组合设计和选用方法；第4篇压力容器及压力管道，主要围绕压力容器及压力管道新的国家标准，重点讲述如何正确应用标准进行一般压力容器及压力管道的设计和零部件选用，并介绍一般压力容器及压力管道的制造、使用与管理；第5篇过程设备概论，着重介绍工业生产中较为常见过程设备的类型、结构、工作原理、机械特征和选用方法，使读者能进行合理选型或结构设计，并能进一步借助相关的技术资料进行一般工程计算，以培养解决工程实际问题的能力。各章后附有相关思考题和习题。

本书适合作为高等院校过程工艺类及其相近的非机械专业“过程装备基础”等课程的教材或教学参考资料，也可供相关专业的读者和工程技术人员参考。

图书在版编目（CIP）数据

过程装备基础/朱孝钦主编．—3版．—北京：化学工业出版社，2017.3（2023.3重印）

ISBN 978-7-122-28822-6

Ⅰ.①过…　Ⅱ.①朱…　Ⅲ.①化工过程-化工设备-高等学校-教材　Ⅳ.①TQ02

中国版本图书馆CIP数据核字（2017）第002011号

责任编辑：程树珍　　装帧设计：张　辉

责任校对：王素芹

出版发行：化学工业出版社（北京市东城区青年湖南街13号　邮政编码100011）

印　　装：北京科印技术咨询服务有限公司数码印刷分部

787mm×1092mm　1/16　印张18¼　插页1　字数462千字　2023年3月北京第3版第4次印刷

购书咨询：010-64518888　　售后服务：010-64518899

网　　址：http：//www.cip.com.cn

凡购买本书，如有缺损质量问题，本社销售中心负责调换。

定　　价：45.00元

主　编　朱孝钦

副主编　梁海峰　路智敏　张　宇　林　整　王庆均
　　　　何　峥　姜国平　郭晓霞　宋鹏云

参　编　张　昱　刘　曦　戚冬红　蔡洪涛　杨双全
　　　　陈　烨　候亭波　别　玉　常静华　栗　志

主　审　胡明辅

前言

本书第2版2012年8月荣获“云南省高等学校精品教材奖”，基于本书第2版的教改研究2013年3月荣获“第二届中国化工教育科学研究成果三等奖”，与此同时，本书第2版也在国内更多的高等工科院校得到使用。

自2011年本书第2版出版以来，随着过程装备技术的不断发展，国内外出现了一些与过程装备相关的新概念、新观点、新方法和新结构，相应的技术标准近几年来也发生了相当大的改变，因此，有必要对本书第2版进行修订。考虑到本书前两版的使用范围较广，修订过程中仍遵循了保持编排结构和体系相对稳定、着重强调教学内容科学性、综合性和实用性的原则。

本书由朱孝钦教授主持修订和统稿工作，参加修订工作的有：宋鹏云（绪论、第9章和第10章），梁海峰、姜国平、候亭波（第1章、第5章），郭晓霞（第2章），何峥、杨双全、陈烨（第3章、第4章），林整、刘曦（第6章、第14章），张昱、路智敏（第7章），路智敏（第8章），朱孝钦、王庆均、蔡洪涛（第11章），朱孝钦、别玉、常静华（第12章），张宇（第13章），戚冬红、朱孝钦（第15章），朱孝钦（第16章），姜国平、候亭波（附录），朱孝钦、栗志（附图）。

使用过本书第2版的教师提出了许多建设性的意见，对本书的修订和完善起到了积极的作用，谨此致谢。借此机会，还向参加过本书第2版修订工作的刘俊明副教授、谭志洪教授、吕硕教授、董永刚讲师等深表谢意。

限于编者水平，虽经努力，修改后的教材恐仍有不妥及疏漏之处，敬请读者批评指正。

编　者

2016年10月

第1版前言

本书根据过程工艺类专业对学习过程装备的基本要求，总结昆明理工大学、太原理工大学、内蒙古工业大学、南昌大学和江苏工业学院五所院校长期教学经验，在参考国内其他高校编写的同类教材基础上，结合过程装备技术的最新发展，探索加强基础、联系实际和强化能力训练的教学模式，精心编写而成。

本书编写进行了一些尝试：一是注重理论与方法的有机结合，在不破坏基本理论的系统性、严肃性的前提下，着重其实用性；二是力求更全面地介绍过程装备的基础理论和工程应用知识，以拓宽学生的知识面；三是注重介绍有关的标准、规范且以当前最新版的标准、规范为依据，以适应工程实际的需要；四是注意汲取国外同类教材一些好的编写方法。此外，鉴于过程装备涉及面广，我们编写的原则是面广而精，努力做到集理论、设计、资料于一体，使读者通俗易学且便于实际应用。根据不同学科专业的教学要求，教师可以选择讲授其中部分内容。除了作为教材之外，本书还可供相关工程技术人员参考。

本书由朱孝钦主编，刘俊明、白竞平、李鸣、高光藩、宋鹏云为副主编，参加编写工作的有：宋鹏云（绪论、第 10 章～第 12 章），刘俊明、高光藩（第 1 章～第 5 章），杨玉芬（第 6 章），张昱（第 7 章），白竞平、路智敏（第 8 章、第 9 章），朱孝钦（第 13 章、第 14 章、第 19 章、附录），谭志洪、李鸣（第 15 章、第 16 章），李淑兰、杨培洵（第 17 章），戚冬红（第 18 章）。

全书由胡明辅教授主审。在编写过程中，杨明、邓荣群、刘辉等同志对本书例题、习题及插图做了大量工作，内蒙古工业大学张东利教授生前对本书提出了不少宝贵意见，特此一并致谢。

由于编者水平有限，书中难免有不妥之处，敬请读者批评指正。

编　者

2006 年 5 月

第2版前言

本书自2006年8月出版以来，在国内多所高等工科院校得到使用，受到了使用院校师生的好评。然而，随着过程装备技术的发展，相应的技术标准近几年发生了比较大的改变，有必要对本书第1版进行修订。考虑到本书的使用范围较广，本次修订基本保持了第1版教材编排结构和体系。只是对教材内容及其安排进行了较大幅度的调整，强调教学内容的科学性、综合性和实用性，突出了各篇（章）内容的相对独立和完整，从而便于教师根据不同学科专业的教学要求、不同学时情况选择教学内容。

本书由朱孝钦和刘俊明主编，路智敏、谭志洪、林整、王庆均、何峥、姜国平、宋鹏云为副主编，胡明辅教授主审。朱孝钦教授和刘俊明副教授主持修订和统稿工作，参加修订工作的有：宋鹏云（绪论、第12章和第13章），刘俊明、姜国平、吕硕（第1章和第5章），郭晓霞（第2章），何峥、董永刚、杨双全（第3章和第4章），王庆均、蔡洪涛（第6章和第7章），林整、刘曦（第8章和第17章），张昱、路智敏（第9章），路智敏（第10章和第11章），朱孝钦（第14章和第19章），朱孝钦、别玉、常静华（第15章），谭志洪、张宇（第16章），戚冬红、朱孝钦（第18章），姜国平、吕硕（附录）。

使用过本书第1版的教师提出了许多建设性的意见，对本书的修订和完善起到了积极的作用，谨此致谢。借此机会，还向参加过本书第1版编写工作的李鸣教授、李淑兰教授、白竞平副教授、高光藩副教授、杨培洵副教授和杨玉芬副教授等深表谢意。

限于编者水平，修改后的教材不妥甚至错误之处在所难免，敬请读者批评指正。

编　者

2011年4月

目录

第1篇　过程装备力学基础

第2篇　工程材料

第3篇　机械设计基础

第4篇 压力容器及压力管道

第5篇 过程设备概论

0 绪 论

0.1 过程工业

过程工业（也称流程工业）是涉及物质转化过程的工业部门总称。它是加工制造流程性物料（指以气体、液体和粉粒体等形态为主的材料）的产业，是现代制造业的重要组成部分。过程工业是国民经济发展中重要的基础性支柱产业。

过程工业包括化工、炼油、轻工、冶金、食品、制药、建材、采矿、环保、能源、动力、核能和生物技术等工业行业。这类工业的特点是：所使用的原料主要是自然资源，生产过程多半是连续的，物料中的物质在生产过程中经历了许多物理变化和化学变化，产量的增加主要依靠扩大工业生产规模和形成成套装置来实现，容易造成环境污染且治理比较困难，生态化和绿色化是其发展方向。过程工业的范围相当广泛，涉及能源转换、资源利用和环境保护，不仅包括国民经济的一些支柱产业，而且也是一些高新技术产业的基础，如：生物、医药、微电子和纳米材料等。因此，过程工业是一个国家发展生产和增强国防力量的基础，需要应用现代技术和大量投资，其发展水平体现了一个国家的综合国力，在某种程度上是一个国家工业发展水平的重要标志。

0.2 过程装备

0.2.1 过程装备的基本概念

工业和军事上把装置和设备的总体称为装备，尤其是指技术装备。过程装备主要是指过程工业生产工艺过程中所涉及的典型装置和设备，是实现过程工业生产的硬件设施。从生产工艺的整体性考虑，一般称为装置，如合成氨装置；从局部或具体的情况考虑时，一般称为设备，如塔设备。

工业设备种类繁多，设备的分类也有许多不同的方法。习惯上，设备常按构件运动情况分为动设备和静设备。动设备即设备的构件产生运动或相对运动的设备，也称为机器或机械，如离心机、泵和压缩机等；静设备是指构件不产生运动或相对运动的设备，如塔设备、换热设备和储罐等。

过程装备中，常见的设备有塔类（如精馏塔、吸收塔和萃取塔）、炉类（如锅炉、加热炉和裂解炉）、釜类（如反应釜和聚合釜）、机类（如压缩机、风机、离心机、过滤机和破碎机等）、泵类（如离心泵和往复泵等）、储罐类和各种换热设备（如管壳式热交换器、板面式热交换器等）。过程装备还包括用于计量、化验、检测与控制的仪表和自动化辅助装置。

随着过程工业的发展，过程装备不断向装置大型化、结构复杂化、性能高级化和技术综合化的方向发展，对过程装备的要求日益提高。

0.2.2 过程装备的基本要求

过程装备是过程工业生产中实现特定工艺过程的典型装置和设备。为满足安全、高效和低成本的生产要求，对过程装备的基本要求有如下几点。

(1) 安全可靠

由于过程工业生产常常涉及高温、低温、高压、真空和强腐蚀性介质等苛刻条件，为了保证过程装备安全运行，过程装备应具有足够的能力承受设计寿命内可能遇到的各种载荷和苛刻条件。影响过程装备安全可靠性的因素主要有：材料的强度、韧性及其与介质的相容性，设备的刚度、抗屈曲能力和密封性能等。由于过程装备所处理的物料很多是易燃、易爆、有毒的气体和液体介质，因此，过程装备的密封性能是否达到要求是一个十分重要的问题。对于正压操作的设备，物料的对外泄漏将会造成损失和污染环境，甚至引起火灾、爆炸；对于负压操作的设备，如空气等环境介质的内漏将影响正常的生产过程，也可能引起爆炸事故。

(2) 满足生产过程的要求

过程装备都有一定的功能要求，以满足生产的需要，如流体输送、热量交换、物料储存、化学反应和物质分离等，若其功能要求得不到满足，必然会影响整个生产过程的生产效率。此外，过程装备还有使用寿命的要求，例如，在石油、化工等行业中，一般要求高压设备的使用寿命不少于 20 年；塔设备和反应设备的使用寿命不少于 15 年，其中腐蚀、疲劳、蠕变和磨损等是影响过程装备使用寿命的主要因素。过程装备的零件、配件使用寿命也有一定时限的要求，一般为一个大修周期，如 3 年。

(3) 综合经济性好

综合经济性是衡量过程装备优劣的重要指标。如果综合经济性差，过程装备就缺乏市场竞争力，最终被淘汰。综合经济性好主要表现在生产效率高、消耗低，结构合理、制造简便，易于运输和安装，操作简单，可维护性和可修理性好，便于控制。

(4) 优良的环境性能

有害物质的泄漏是过程装备污染环境的主要因素之一，例如，埋地储罐内有害物质的泄漏会污染地下水，化工厂地面设备的“跑、冒、滴、漏”会污染空气和水。泄漏检测是发现泄漏源、控制有害物质浓度和保护环境的有效措施，有的发达国家已制定出强制性的规范标准，要求一些过程装备必须设有在线检测装置。

上述要求很难全部满足，设计和应用时应针对具体情况进行具体分析。一般来说，满足生产过程的要求、安全可靠是最基本的要求，应该得到保证。

0.3 过程装备基础的主要内容

过程装备涉及的内容非常广泛，包括过程装备的机械基础、过程装备内进行的各种物理过程和化学过程、保证过程装备正常运行的各种测量控制自动化辅助装置，也包括过程装备的设计、制造、使用、管理与维护等。

本书主要介绍过程装备的机械基础，包括过程装备力学基础、工程材料、机械设计基础、压力容器及压力管道、过程设备概论等方面的基础知识。

第1篇　过程装备力学基础

过程装备中的具体设备，大都要在各种载荷下工作，为了使这些设备安全可靠的运行，无论是设计还是运行维护，常涉及对物体所受外力的分析和物体在外力作用下的内力、变形等力学问题。本篇提供了从事过程工业的工程技术人员应具备的工程力学基础知识。通过学习，建立起工程力学的许多重要概念，为实际的工程分析、计算和应用奠定必要的理论基础并提供研究问题的思路和方法。

第1章　引　　论

1.1　构件

任何过程装备都是由零部件组成的。所谓**零件**，是指机械加工中的最小元件，如螺栓、螺母、法兰、压力容器的封头和换热设备的管板等。所谓**部件**，是指过程装备中某一相对独立的部分，它在制造过程中需要预先由多个零件组装而成的整体，如压力容器的支座、人孔等。有些部件也是过程装备在运行过程中完成某一重要工艺任务的独立部分，如填料塔中的液体分布器、釜式反应设备中的搅拌器等。

工程力学中将受力分析的对象统称为**构件**，它可以是组成过程装备的零件、部件或过程装备的整体。根据工程中构件的几何形状和几何尺寸，可将它们归属于**杆**、**板**、**壳**、**体**四大类。

① 杆　构件若一个方向的尺寸远大于其他两个方向的尺寸时，称之为杆。轴线（横截面形心的连线）为直线的杆称为直杆，横截面大小、形状不变的直杆称为等直杆。例如研究塔设备受风载荷作用下的强度和刚度问题时，就可以将整个塔设备抽象为直杆。

② 板　构件若一个方向的尺寸远小于其他两个方向的尺寸且各处曲率均为零时，称之为板。例如压力容器的平盖。

③ 壳　构件若一个方向的尺寸远小于其他两个方向的尺寸且至少有一个方向的曲率不为零时，称之为壳。例如过程装备的各种壳体。

④ 体　构件若三个方向的尺寸具有相同的数量级时，称之为体。例如水坝、房屋的基础等。

虽然构件有杆、板、壳、体四大类，但在工程力学的分析中主要涉及杆件。

1.2　强度、刚度与稳定性

为了使工程中的构件在外力作用下能够安全可靠地进行工作，需要满足如下力学条件。

① 强度条件　强度是指构件在外力作用下抵抗破坏的能力。在一般情况下，绝不允许构件的强度不足。例如储罐或气瓶在规定的最大工作压力下不允许破裂，钢丝绳在起吊重物时不能被拉断等。保证构件正常工作具备足够强度的条件，称为强度条件。

② 刚度条件　刚度是指构件在外力作用下抵抗变形的能力。所谓刚度失效，是指构件在外力作用下发生的变形过大，超过了正常工作所允许的变形量，这时即使构件的强度足够，但也会影响构件的正常工作。例如过程工业中管道的变形超过一定限度时，虽然不致于被破坏，但在管道变弯的最低部位就会发生物料沉积或积有冷凝水，从而影响管道的正常工作。像这种构件除了应满足强度条件之外，还应具有一定的刚度，把变形控制在允许的范围内。保证构件正常工作具有足够刚度的条件称为刚度条件。

③ 稳定性条件　稳定性是指构件在外力作用下保持其原有平衡形态的能力。构件受到外界的某种干扰力作用，会偏离原有的平衡形态。当干扰力消失，构件又重新回复到原平衡形态，则称这种平衡是稳定的，否则就是丧失了稳定性，称为屈曲。如细长受压直杆和受外压的薄壁圆筒，都有稳定性问题。保证构件正常工作具有足够稳定性的条件称为稳定性条件。

对构件进行受力分析，研究构件受力后的变形和破坏的规律，可为解决构件的强度、刚度和稳定性问题提供必要的理论基础和计算依据。

1.3 杆件变形的基本形式

工程中实际杆件的受力是多种多样的，相应的变形也是多种多样的，然而，杆件变形的基本形式可归纳为如下四种类型。

① 轴向拉伸或压缩　当杆件两端承受沿轴线方向的拉力或压力载荷作用时，杆件将产生伸长或压缩变形，如图1-1(a)、(b) 所示。例如活塞式压缩机中的活塞杆、桁架中的杆件等均属于轴向拉伸或压缩变形。

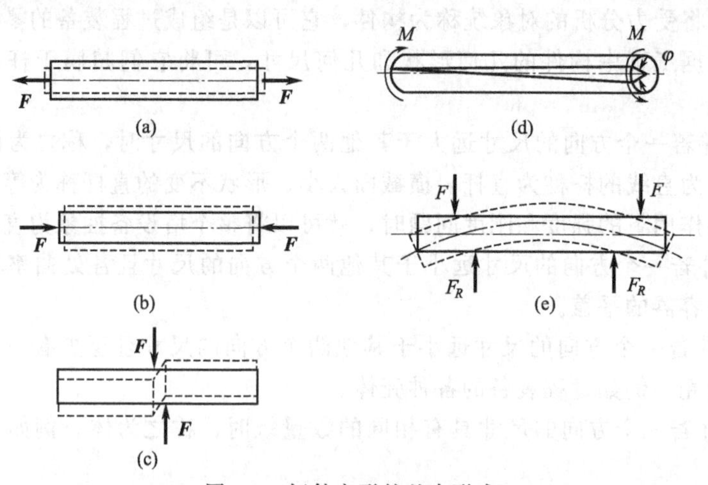

图1-1　杆件变形的基本形式

② 剪切　在平行于杆件横截面两个相距很近的平面内，方向相反地作用两个横向力，当这两个力相互错动并保持它们之间的距离不变时，杆件将产生相对错动的剪切变形，如图1-1(c) 所示。例如各种机械中许多的连接件如键、销钉和螺栓等均属于剪切变形。

③ 扭转　当作用在杆件上的力组成作用在垂直于杆轴线平面内的力偶时，杆件任意两横截面之间将产生绕轴线的相对转动，如图1-1(d) 所示。例如机械中的各类传动轴均属于扭转变形。

④ 弯曲　当外力或外力偶与杆件的轴线垂直作用时杆件将发生弯曲变形，其轴线由直

线变成曲线，如图 1-1(e) 所示。例如支承楼板的混凝土梁、承受风载荷作用的塔设备等均属于弯曲变形。习惯上将在外力或外力偶作用下产生弯曲变形或以弯曲变形为主的杆件称为梁。

总之，杆件在外力作用下将产生相应的变形，多种可能的外力作用方式导致杆件产生多种不同的变形，但这些变形总可以归结为上述四种变形基本形式的组合，称为组合变形。

思 考 题

1-1　过程装备零部件的意义是什么？

1-2　什么叫构件？根据工程中构件的几何形状和几何尺寸，如何进行分类？

1-3　构件在外力作用下能够安全可靠地进行工作，需要满足哪些力学条件？

1-4　构件的强度和刚度有何区别与联系？能否说构件的刚度大，其强度一定高？

1-5　杆件变形的基本形式有哪几种？

1-6　什么叫组合变形？何种杆件可称之为梁？

第2章 构件受力分析与平衡理论

2.1 基本概念和基本原理

2.1.1 基本概念

(1) 力

力是物体间的相互作用。物体受到外力作用时会产生两种效应：一种是使物体的运动状态发生改变，称之为力的**外效应**；另一种是使物体产生变形，称之为力的**内效应**。实践表明，力对物体的效应决定于三个要素，即力的大小、方向和作用点，力的单位为N或kN。

按照力的作用方式，可将力分为体积力和表面力。体积力是物体间通过场（如重力场、电磁场）而间接作用的力（如重力、电磁力），这种力连续分布于物体内各点。表面力是通过物体间的直接接触而作用的力，在接触表面上连续分布（如流体对物体的压力）。通常体积力或表面力在其作用范围内各点的作用强弱程度是不同的。表示力在其所作用范围内各点强弱程度的量称为力的**集度**。表面分布力的集度为每单位面积上的力，其单位为Pa或MPa；体积力的集度为每单位体积内的力，其单位为N/m^3或kN/m^3。均匀分布的力就是力在各点的集度都是相同的。对于杆件而言，常用**线集度**表示力沿长度方向的分布情况，其单位为N/m或kN/m。线集度既可由表面力集度也可由体积力集度转化而来。如果表面力的作用面积相对较小时，可以将其看作是作用于一点处的**集中力**。因此，集中力是一种近似处理的结果。通常将物体所受重力看作是作用在其重心的集中力，这是将重力这种体积力进行合成后的结果，并不代表力的真实作用方式。

力是矢量，用有向线段（矢线）表示。力的作用点可以是矢线的始端A或末端B，如图2-1所示。设定在文字和运算中用粗体字母（如$\boldsymbol{F}$）表示力矢量，非粗体字母（如F）表示力的大小，图中表示力矢有向线段旁的字母仅是对力进行标记，不进行粗体与非粗体的区分。

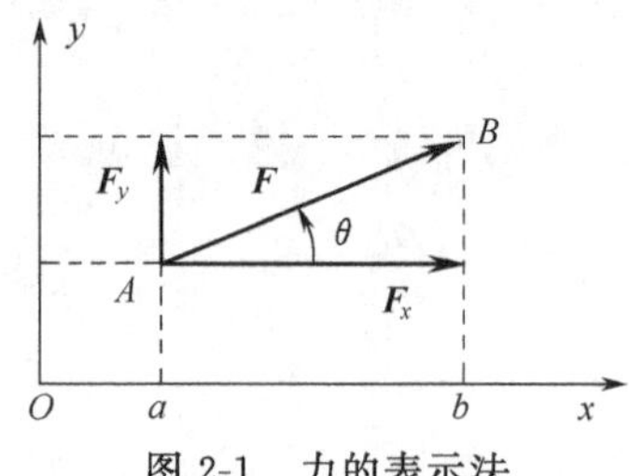

图2-1 力的表示法

力在平面直角坐标系中，其矢量表达式为：

$$\boldsymbol{F}=F_x\boldsymbol{i}+F_y\boldsymbol{j} \tag{2-1}$$

式中，$\boldsymbol{i}$和$\boldsymbol{j}$分别为x和y坐标轴上的单位矢量，F_x和F_y分别表示力$\boldsymbol{F}$在x和y坐标轴上的投影，是代数量（标量），其绝对值等于矢线段$\boldsymbol{AB}$在相应坐标轴上的投影长度，例如F_x的绝对值等于线段ab的长度（图2-1）。

在图2-1中，设力$\boldsymbol{F}$始端A的坐标为(x_A, y_A)，末端B的坐标为(x_B, y_B)，则力$\boldsymbol{F}$在x和y坐标轴上的投影分别为：

$$F_x=x_B-x_A=F\cos\theta \tag{2-2a}$$

$$F_y=y_B-y_A=F\sin\theta \tag{2-2b}$$

式中，θ为力$\boldsymbol{F}$与x轴正向间的夹角，规定从x轴的正向逆时针旋转至力$\boldsymbol{F}$时θ为正，反之θ为负。力的投影F_x和F_y也称力的坐标。

显然，力 $\boldsymbol{F}$ 的大小和方向也可确定如下：

$$F=\sqrt{F_x^2+F_y^2} \tag{2-3}$$

$$\tan\theta=\frac{F_y}{F_x} \tag{2-4}$$

应当指出，力在两坐标轴上的投影 F_x 和 F_y 与力沿两个坐标轴的正交分力 $\boldsymbol{F}_x$ 和 $\boldsymbol{F}_y$ 不同：投影是代数量（标量），而分力 $\boldsymbol{F}_x$ 和 $\boldsymbol{F}_y$ 则是矢量。事实上，式(2-1) 很好地表示了投影 F_x 和 F_y 与分力 $\boldsymbol{F}_x$ 和 $\boldsymbol{F}_y$ 的关系，即 $\boldsymbol{F}_x=F_x\boldsymbol{i}$，$\boldsymbol{F}_y=F_y\boldsymbol{j}$。

（2）刚体、等效力系和平衡力系

刚体是对物体进行抽象简化后得到的一种理想模型，认为物体在力的作用下是不变形的，在任何情况下，其大小和形状始终保持不变的物体，其本质是不研究力的内效应。作用在物体上的一群力称为**力系**。作用于刚体上的某一个力系，如果用另一个力系代替，它对刚体的作用效应与前者完全相同，则称这两个力系为**等效力系**。用一个简单力系代替与其等效的复杂力系，则这个复杂力系就得到了简化。如果一个力与一个力系等效，则这个力称为这个力系的**合力**。需要注意的是，等效力系是对刚体而言的，一般来说，等效力系产生的变形效应并不相同，因此，对于变形体来说，“等效力系”并不“等效”，不能互相代替。

物体在某一力系作用下如果处于平衡状态，则这一力系称为**平衡力系**。平衡力系对刚体的作用效果等于零。力系平衡所需满足的条件称为力系的平衡条件。

本章只研究力的外效应而不研究力的内效应之规律。因此，若无特别说明，本章中把物体视为刚体。

2.1.2　基本原理

这里的基本原理，是指人们经过长期的观察与实验并从大量的事实中概括和总结出来的客观规律，在本章中直接作为**公理**使用的一些重要力学定理及其由这些定理得出的推论。这些基本原理对于研究力系的简化、导出平衡条件是至关重要的。

公理一（二力平衡公理）：作用在刚体上的两个力处于平衡状态的充分和必要条件是：这两个力大小相等、方向相反，并且作用在同一条直线上（简称等值、反向、共线）。

公理一表达了最简单力系（二力）的平衡条件，是研究力系平衡的基础。只受两个力作用并处于平衡的物体称为**二力构件**或**二力杆**。二力杆是一个习惯的说法，这里“杆”仅指受二力作用处于平衡状态的物体，并不一定是杆件。根据公理一，二力杆的两个力必沿此二力作用点的连线作用，如图 2-2 所示，$F_1=F_2$，且 $\boldsymbol{F}_1$ 和 $\boldsymbol{F}_2$ 的作用线为点 A 和 B 的连线。

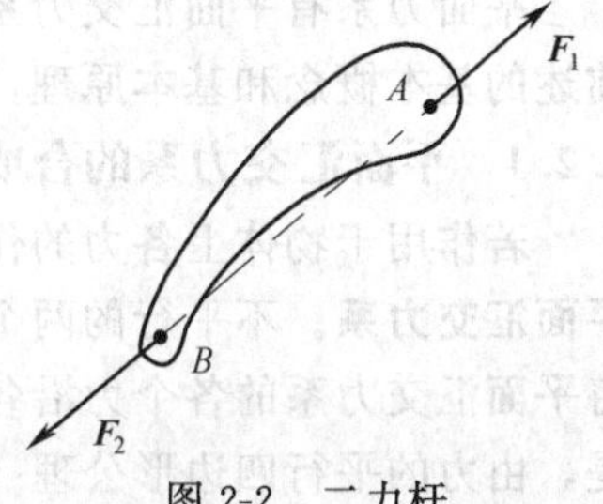

图 2-2　二力杆

受力分析中若能正确识别出二力杆，可使问题得到大大简化。

公理二（加减平衡力系公理）：在作用于刚体上的力系中，加上或者减去一个平衡力系，并不改变原力系对刚体的作用效应。

利用公理二，在力系中可以根据需要加减任意平衡力系，以达到将原力系简化的目的，所以它是力系简化的基础。

推论：作用在刚体上的力，可以沿其作用线移到刚体内任意一点，而不改变该力对刚体的作用效应。这称为力的可传性原理。

证明：设力 $\boldsymbol{F}$ 作用于刚体上的 A 点，如图 2-3(a) 所示。力 $\boldsymbol{F}$ 的作用线如图中的虚线

所示。在作用线上任取一点 B，并在 B 点加上等值、反向、共线的一对力 $\boldsymbol{F}_1$ 和 $\boldsymbol{F}_2$ 并使 $F_1=F_2=F$，如图 2-3(b) 所示。根据公理二，力 $\boldsymbol{F}$ 与力系（$\boldsymbol{F}$，$\boldsymbol{F}_1$，$\boldsymbol{F}_2$）等效。从另一角度看，$\boldsymbol{F}$ 和 $\boldsymbol{F}_2$ 也是一对平衡力，将它们去掉，不改变原力系对刚体的作用效应，如图 2-3(c) 所示，故力系（$\boldsymbol{F}$，$\boldsymbol{F}_1$，$\boldsymbol{F}_2$）与力 $\boldsymbol{F}_1$ 等效，即 $\boldsymbol{F}$ 与 $\boldsymbol{F}_1$ 等效。对比图 2-3(a) 和图 2-3(c)，可见力 $\boldsymbol{F}$ 可移至其作用线上任意点 B，而不改变对刚体的作用效应。

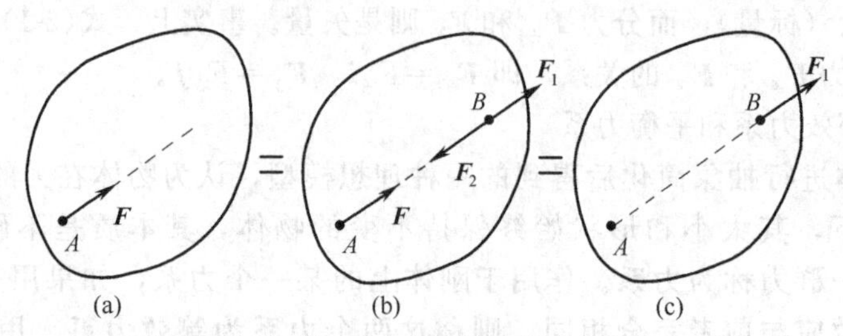

图 2-3 力的可传性

公理三（力的平行四边形公理）：作用在刚体上同一点的两个力，可以合成为作用于该点的一个合力，它的大小和方向由这两个力为边所构成的平行四边形对角线表示，如图 2-4 所示。

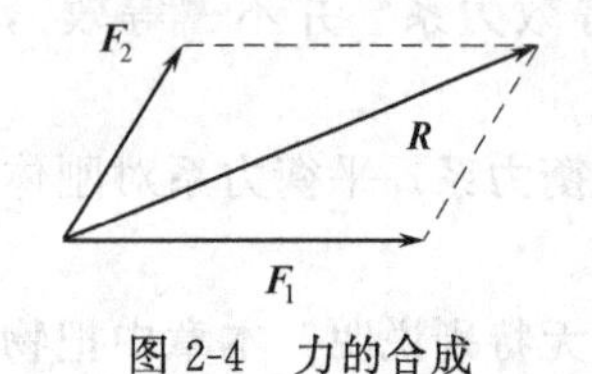

图 2-4 力的合成

公理三是汇交力系合成的基础。在图 2-4 中，$\boldsymbol{R}$ 就是 $\boldsymbol{F}_1$ 和 $\boldsymbol{F}_2$ 的合力。它们之间的关系用矢量等式表示为：

$$\boldsymbol{R}=\boldsymbol{F}_1+\boldsymbol{F}_2 \tag{2-5}$$

即作用在刚体上同一点的两个力之合力等于两分力的矢量和。

公理四（作用力与反作用力公理）：两个物体间的作用力和反作用力总是大小相等、方向相反，沿同一直线分别作用在这两个物体上。

由于作用力与反作用力分别作用于不同的物体上，因此，作用力与反作用力不是一对平衡力。公理四揭示了两物体间相互作用力的定量关系，是分析若干个物体所组成的物体系统平衡条件的基础。

2.2 平面力系的简化与平衡

平面力系有平面汇交力系、平面平行力系、平面力偶系和平面一般力系四种类型。利用前述的基本概念和基本原理，可以解决平面力系的简化与平衡问题。

2.2.1 平面汇交力系的合成与平衡

若作用于物体上各力的作用线都在同一平面内且汇交于一点，则这些力组成的力系称为**平面汇交力系**。不平行的两个力必然汇交，是最简单的汇交力系。由力的可传性原理，可以将平面汇交力系的各个力沿各自的作用线移动至汇交点，成为作用于汇交点的**共点力系**。于是，由力的平行四边形公理（图 2-4）可得到其中任意两个力的合力，此合力再与任意第三个力合成，就得到这三个力的合力，如此继续与其他各力合成，直到最后一个力，就得到了平面汇交力系的合力。

平面汇交力系的合力可由力的平行四边形公理得到，设平面汇交力系的各个力为 $\boldsymbol{F}_1$，$\boldsymbol{F}_2$，…，$\boldsymbol{F}_n$，则合力 $\boldsymbol{R}$ 可计算为：

$$\boldsymbol{R}=\boldsymbol{F}_1+\boldsymbol{F}_2+\cdots+\boldsymbol{F}_n \tag{2-6}$$

说明此合力 $\boldsymbol{R}$ 为各个分力的矢量和。

显然，平面汇交力系平衡的充分和必要条件是力系的合力 $\boldsymbol{R}$ 等于零。

将平面汇交力系的各个力及其合力按照式(2-1) 表示出来，并代入式(2-6)，比较等式两边，容易得到**合力投影定理**：平面汇交力系的合力 $\boldsymbol{R}$ 在坐标轴上的投影等于各分力 $\boldsymbol{F}_1$、$\boldsymbol{F}_2$、…、$\boldsymbol{F}_n$ 在同一坐标轴上投影的代数和，即

$$R_x = F_{1x} + F_{2x} + \cdots + F_{nx} = \sum F_x \tag{2-7a}$$

$$R_y = F_{1y} + F_{2y} + \cdots + F_{ny} = \sum F_y \tag{2-7b}$$

由式(2-7) 容易得到表示平面汇交力系平衡条件的投影方程，即平衡方程：

$$\sum F_x = 0 \tag{2-8a}$$

$$\sum F_y = 0 \tag{2-8b}$$

故平面汇交力系平衡的解析条件为：力系中所有各力在直角坐标轴上的投影代数和等于零。

2.2.2　平面平行力系的合成与平面力偶理论

考虑两个同向平行力和大小不等的反向平行力的合成。如图 2-5 所示，在垂直于两平行力的直线上加上一对平衡力（$\boldsymbol{P}_1$，$\boldsymbol{P}_2$），然后再将每一对互相垂直的力分别合成，得到各自的合力 $\boldsymbol{R}_1$ 和 $\boldsymbol{R}_2$，再利用力的平行四边形公理就可得到 $\boldsymbol{R}_1$ 和 $\boldsymbol{R}_2$ 的合力。显然，汇交力系（$\boldsymbol{R}_1$，$\boldsymbol{R}_2$）与原平行力系（$\boldsymbol{F}_1$，$\boldsymbol{F}_2$）是等效的，$\boldsymbol{R}_1$ 和 $\boldsymbol{R}_2$ 的合力也就是 $\boldsymbol{F}_1$ 和 $\boldsymbol{F}_2$ 的合力。如此就解决了两个同向平行力和大小不等的两个反向平行力的合成问题。对于多个平行力，两两合成最终就会得到其合力。

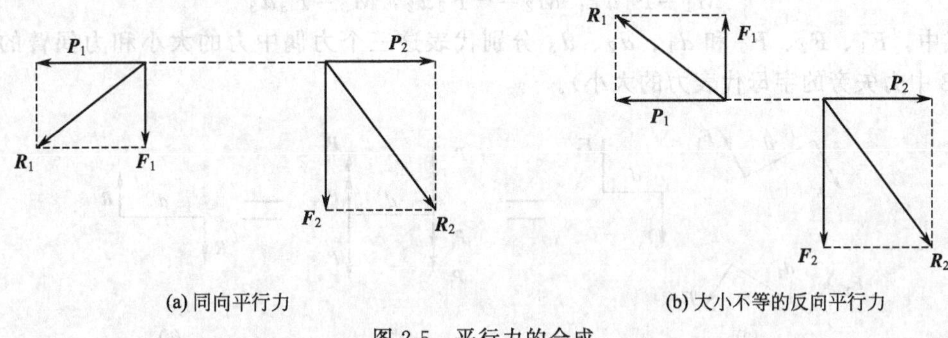

(a) 同向平行力　　(b) 大小不等的反向平行力

图 2-5　平行力的合成

对于两个反向平行力 $\boldsymbol{F}_1$ 和 $\boldsymbol{F}_2$，当两个力趋向于相等时，合力的值则越来越小，趋于零，而合力的作用线位置则越来越远，趋于无穷远处。当两反向平行力的大小相等时，就发生了质变，不能合成为一个力了。这样的一对大小相等、方向相反、作用线不重合的平行力称为**力偶**，如图 2-6 所示，图中两方向相反的力用同一字母表示，即为大小相等。

力偶是一种特殊的力系，它不能合成为一个力，是一个不能再被简化的基本单元。这就意味着力偶既不能与一个力等效，也不能与一个力相平衡，力偶只能与反向的力偶相平衡。力对物体只能产生移动效应，而力偶对物体只能产生转动效应。

力偶对其作用平面内任意一点的矩是一个常量，这个矩称为**力偶矩**，是一个度量力偶对物体产生转动效应的量。平面力偶矩为一代数量，通常规定以逆时针方向为正。力偶矩的值等于力偶中力的大小与力偶臂的乘积，与平面内点的位置无关。图 2-6 中的力偶矩为$M=Fd$。

力偶对刚体的作用效应仅取决于力偶矩。也就是说，不论力偶处于平面内的什么位置，不论力偶中力的大小、方向以及力偶臂的长短如何变化，只要保持力偶矩不变，力偶对刚体的作用效应就不会改变。两力偶等效的条件是力偶矩相等，而与其作用位置无关。这是力偶

的本质特征，其正确性说明如下：采用图 2-5(b) 的方法，可以将图 2-6 中的力偶转换为一新的力偶。新力偶相对于原力偶来说同时改变了力偶中两个力的大小、方向和力偶臂的长短。同时利用力的可传性原理，就可以将力偶移至平面上的任意位置。但是，在所有这些变化过程中，力偶矩并没有改变，也就没有改变对刚体的作用效应。

图 2-6 力偶　　图 2-7 平面力偶的表示法

为了表示力偶的这一本质特征，平面力偶常用图 2-7 所示的符号表示。符号中的箭头表示了力偶所引起物体的旋转方向，旁注的字母表示力偶矩，而不需要具体表示力偶中力的大小、方向和力偶臂。图 2-7 中的两个表示法只是形状不同，其意义是完全相同的，不能认为右边的符号中表示了力偶中力的方向。

2.2.3 平面力偶系的合成与平衡

作用于一平面内的多个力偶称为平面力偶系。设在物体上作用有三个平面力偶（图 2-8)，其力偶矩分别为：

$$M_1=F_1d_1，M_2=-F_2d_2，M_3=F_3d_3$$

式中，F_1、F_2、F_3 和 d_1、d_2、d_3 分别代表这三个力偶中力的大小和力偶臂的长短(图 2-8 中力矢旁的字母代表力的大小)。

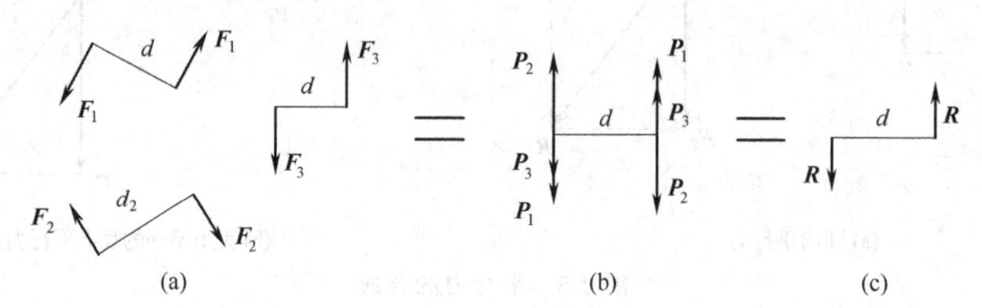

图 2-8 平面力偶系的合成

根据力偶的性质，在保持力偶矩不变的前提下，可以将三个力偶移转到同一位置，使力的作用线相互重合且三个力偶具有相同的力偶臂 d [图 2-8(b)]。经过如此转化后三个力偶的力偶矩具有如下的表达式：

$$M_1=P_1d=F_1d_1，M_2=-P_2d=-F_2d_2，M_3=P_3d=F_3d_3$$

显然，作用于这个新位置后，这两条平行直线上各自的三个力可以合成为一个力，即这两条平行直线上的两个合力是大小相等、方向相反的，形成了一个力偶［图 2-8(c)］。因此，这三个力偶可以合成为其作用平面内的一个合力偶，且这个合力偶的矩为：

$$M=Rd=(P_1-P_2+P_3)d=P_1d-P_2d+P_3d=M_1+M_2+M_3$$

这个结果同样适用于由任意 n 个力偶组成的平面力偶系。因此，得出如下结论：

平面力偶系可以用一个等效力偶替换，其合力偶的矩等于原力偶系中各力偶矩的代数和，即

$$M=M_1+M_2+\cdots+M_n=\Sigma M_i \tag{2-9}$$

因此，平面力偶系平衡的充分和必要条件是：力偶系中各力偶矩的代数和为零，即

$$\sum M_i = 0 \tag{2-10}$$

作为一个例子，考虑如下问题：力偶不可能与一个力相平衡，那么力偶与一个力组成的力系能否与一个力相平衡？或者说力偶与一个力组成的力系能否合成为一个力？

考察如图 2-9(a) 所示的力偶 M 和力 $\boldsymbol{F}$ 组成的力系。由式(2-10) 可知，一个力偶只能由一个具有与其绝对值相等的力偶矩之反向力偶平衡，也即两力偶平衡的充分必要条件是：这两个力偶的矩互为相反数。因此，可在平面内取一点 O，在这一点加一个与力 $\boldsymbol{F}$ 大小相等、方向相反的力 $\boldsymbol{P}$，形成一个力偶，使其力偶矩为 $-M$ [图 2-9(b)]。于是，力系（M，$\boldsymbol{F}$，$\boldsymbol{P}$）就是一个平衡力系，也即力 $\boldsymbol{P}$ 与力偶 M 和力 $\boldsymbol{F}$ 组成的力系相平衡。显然，力 $\boldsymbol{P}$ 的平衡力 $\boldsymbol{T}$ [图 2-9(c)] 与力偶 M 和力 $\boldsymbol{F}$ 组成的力系等效，即力 $\boldsymbol{T}$ 就是力偶 M 和力 $\boldsymbol{F}$ 组成力系的合力。反过来，一个力也可以分解为一个力偶和力，力偶 M 和力 $\boldsymbol{F}$ 分别是力 $\boldsymbol{T}$ 的分力偶和分力。因此，上述问题得到了肯定的答案。

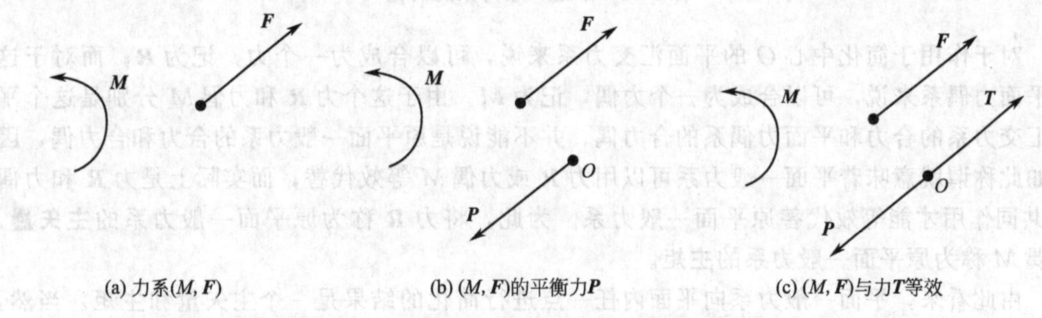

图 2-9　力偶与力组成的力系之平衡力与合力

从另一方面来看，由于力 $\boldsymbol{T}$ 是力 $\boldsymbol{P}$ 的平衡力，即力 $\boldsymbol{T}$ 与力 $\boldsymbol{F}$ 是大小相等、方向相同的，相当于将力 $\boldsymbol{F}$ 平行移动至 O 点。因此，力 $\boldsymbol{T}$、$\boldsymbol{P}$ 和 $\boldsymbol{F}$ 三者可视为将力 $\boldsymbol{F}$ 平行移动至 O 点且又附加了一个力偶，该附加力偶的矩就等于力 $\boldsymbol{F}$ 对 O 点的矩。由于这个结论很重要，将其总结为**定理**：作用在刚体上一点的力 $\boldsymbol{F}$ 可以平移到刚体上的任意一点 O，但必须附加一力偶，此附加力偶的矩等于力 $\boldsymbol{F}$ 对 O 点之矩。这称为**力的平移定理**。

图 2-10 表示了力的平移过程。力的平移定理对于平面一般力系的简化具有重要作用。

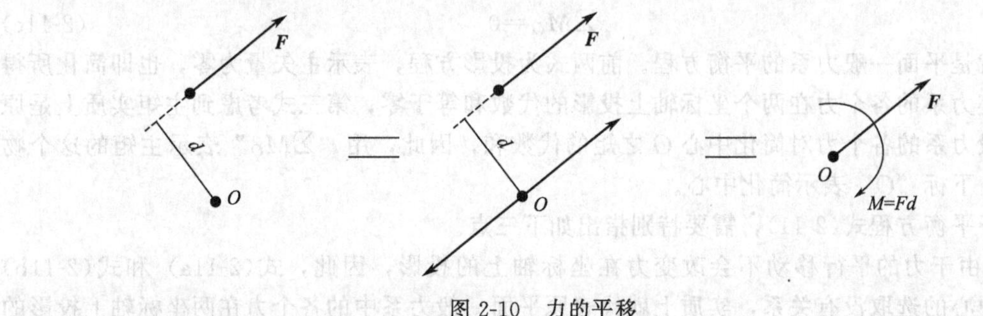

图 2-10　力的平移

2.2.4　平面一般力系的简化与平衡

应用力的平移定理，可以将平面一般力系的各个力都平移到其作用面内的任一点 O，这样就可将原力系转化为一个平面汇交力系和一个平面力偶系。

设在物体上作用有平面一般力系 $\boldsymbol{F}_1$、$\boldsymbol{F}_2$、$\boldsymbol{F}_3$、…、$\boldsymbol{F}_n$，如图 2-11(a) 所示，图中只画出了三个力。现将各力分别向作用面内的任一点 O 平移，这一点称之为**简化中心**，这样每一个力都分解为一个作用于 O 点的力和一个附加力偶。最后得到了与原平面一般力系等效的一个平面汇交力系和一个平面力偶系［图 2-11(b)］。

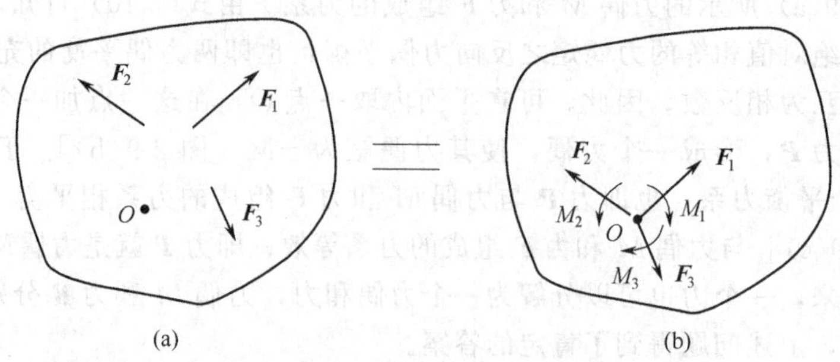

图 2-11 平面一般力系的简化

对于作用于简化中心 O 的平面汇交力系来说，可以合成为一个力，记为 $\boldsymbol{R}$；而对于这个平面力偶系来说，可以合成为一个力偶，记为 M。由于这个力 $\boldsymbol{R}$ 和力偶 M 分别是这个平面汇交力系的合力和平面力偶系的合力偶，并不能说是原平面一般力系的合力和合力偶，因为如此称谓就意味着平面一般力系可以用力 $\boldsymbol{R}$ 或力偶 M 等效代替，而实际上是力 $\boldsymbol{R}$ 和力偶 M 共同作用才能等效代替原平面一般力系。为此，将力 $\boldsymbol{R}$ 称为原平面一般力系的**主矢量**，力偶 M 称为原平面一般力系的**主矩**。

由此看来，平面一般力系向平面内任一点进行简化的结果是一个主矢量和主矩。当然，还可以进一步简化，最终得到一个合力或合力偶。但对于建立平面一般力系的平衡条件来说，简化至此就可以了，不需要进一步研究其最终的合成结果。

由于平面一般力系与简化后的一个平面汇交力系和一个平面力偶系等效，则原平面一般力系的平衡等价于所得平面汇交力系及平面力偶系的平衡。因此，这两个特殊力系的平衡条件即为平面一般力系的平衡条件，即平面一般力系平衡的充分和必要条件是：**主矢量和主矩都为零**，即

$$\Sigma F_x=0 \tag{2-11a}$$
$$\Sigma F_y=0 \tag{2-11b}$$
$$\Sigma M_O=0 \tag{2-11c}$$

这就是平面一般力系的平衡方程。前两式为投影方程，表示主矢量为零，也即简化所得平面汇交力系的各个力在两个坐标轴上投影的代数和等于零；第三式考虑到主矩实质上是原平面一般力系的各个力对简化中心 O 之矩的代数和，因此，用“ΣM_O”表示主矩的这个物理意义，下标“O”表示简化中心。

对于平衡方程式(2-11)，需要特别指出如下三点。

ⅰ. 由于力的平行移动不会改变力在坐标轴上的投影，因此，式(2-11a) 和式(2-11b) 与简化中心的选取没有关系，实质上就代表原平面一般力系中的各个力在两坐标轴上投影的代数和等于零。这样，在解题时就不必将原平面一般力系中的各力向简化中心平行移动后再向坐标轴投影。

ⅱ. 式(2-11c) 称之为力矩方程，显然这个方程与简化中心的选取密切相关。由于简化中心是任意选取的，因此，式(2-11c) 实质上代表平面一般力系中的各个力对于平面内任意一点之矩的代数和等于零。这样一来，在平面上选取不同的简化中心，就会得到复杂程度不同的力矩方程。所以，在解题时应特别注意适当选取简化中心，以便得到最简单的力矩方程

而提高解题效率。

ⅲ. 由于简化中心选取的任意性，可以得到任意多个力矩方程。但是，平面一般力系独立的平衡方程只有三个，其表现形式可以是式(2-11)，也可以是一个投影方程加上两个力矩方程，或者是三个力矩方程。关于这方面的进一步讨论可参阅相关的理论力学书籍。这也就是说，对于平面一般力系问题只能解出三个未知量，任何第四个方程都不是独立的，但可以用它对计算结果是否正确进行校核。

2.3 约束和约束力

凡是能够在空间不受限制而任意运动的物体称为自由体。工程实际中的各种机械设备大多是非自由体，即这些机械设备及其零部件都会受到周围物体对其某种位移的限制，使其按照一定的规律运动或被固定在空间的一定位置。把这些对非自由体的某些位移起限制作用的周围物体称为**约束**。例如，活塞式压缩机的活塞受到气缸的限制，使其只能作往复直线运动，气缸是活塞的约束；而曲轴受到轴承的限制，只能在轴承中旋转，轴承是曲轴的约束；卧式储罐安放在鞍座上，鞍座就是卧式储罐的约束。

约束作用于被约束物体的力称为**约束反力**，简称**约束力**。约束对被约束物体某些运动位移的限制正是借助于约束力而实现的。因此，约束力的方向总是与约束所阻碍物体的运动或运动趋势的方向相反。

物体所受到的除了约束力之外，通常还受有重力、气体压力和机械动力等，这些力能够主动改变物体的运动状态，故称为**主动力**或**载荷**。例如作用在塔设备上的风力、重力，起重装置起吊重物的重量等都属于主动力。主动力往往是给定或可测定的。若刚体处于平衡状态，就意味着主动力和约束力组成的力系为平衡力系。约束力随主动力的变化而改变。因此，约束力是被动力，也是未知的力，需要利用平衡条件求解。

下面讨论约束的基本类型及其所产生的约束力特点。

(1) 柔索

柔索即柔软的绳索，工程中的钢丝绳、皮带和链条等柔性物体都可以看作是柔索，其特点是只能承受拉力而不能承受压力。因此，柔索只限制被约束物体使柔索被拉直方向的位移，其约束力只能是拉力，其作用线沿着被拉直的柔性物体中心线（图 2-12），拉力的大小根据平衡条件才能求出。

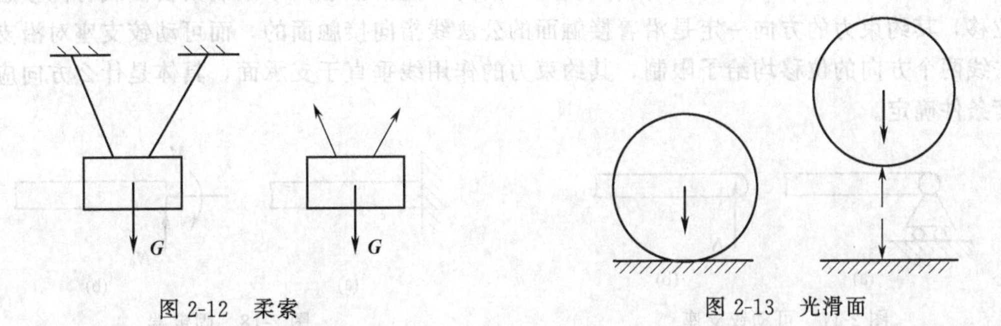

图 2-12　柔索　　　　图 2-13　光滑面

(2) 光滑接触面

若物体接触面之间的摩擦力远小于物体所受的其他力，则摩擦力可忽略不计而认为接触面是光滑的。光滑接触面只限制物体沿公法线方向压入接触面的位移，故产生的约束力方向必沿接触面的公法线，并且只能是压力（图 2-13）。

(3) 光滑铰链

两物体连接在一起，若在连接处两者可以有相对转动而不能有相对移动，则此种连接方式称为**铰接**。以铰接方式连接在一起的两物体互为约束，这种约束称为**铰链**；若转动是光滑的，则称为**光滑铰链**。通常所谓的铰链，就是指光滑铰链。图 2-14 为光滑铰链约束的简图，图中小圆圈表示铰接，其含义为两物体可以相对转动但不能分离，两物体互为铰链约束。

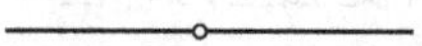

图 2-14 光滑铰链

这种约束产生约束力的机理可用图 2-15 进行形象的说明。设想具有孔的零件套在轴上，则轴是零件的约束。若摩擦力略去不计，则这种约束即为光滑铰链。轴与零件以两个光滑圆柱面相接触。由光滑接触面产生的约束力特点可知，轴与对零件的约束力 N 应沿圆柱面在接触点 A 的公法线，即过 A 点的半径方向。由于这种约束的接触点 A 常常不能预先确定，导致约束力的方向不能预先确定，因此，光滑铰链产生的约束力常用两个互相垂直的正交分力 $\boldsymbol{N}_x$、$\boldsymbol{N}_y$ 表示。

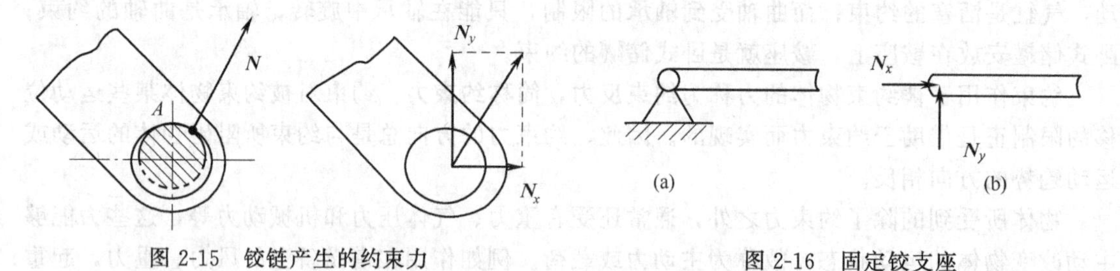

图 2-15 铰链产生的约束力

图 2-16 固定铰支座

光滑铰链型约束有如下两种特殊形式。

① 固定铰支座 若铰链与参照物（通常为基础或机架等静止物）连接在一起而没有相对位移，就形成了固定铰支座，可用图 2-16(a) 所示的简图表示。固定铰支座产生的约束力与一般的铰链相同，仍可用互相垂直的分力 $\boldsymbol{N}_x$、$\boldsymbol{N}_y$ 表示 [图 2-16(b)]。

② 可动铰支座 如果铰链相对于参照物可以有某一方向的相对移动，就成为可动铰支座，常用图 2-17(a) 所示的简图表示，相当于支座和支承面之间有辊轴而允许相对移动。可动铰支座不可能限制被约束物体在其可动方向的位移，只能对被约束物体在可动方向之法线方向上的位移加以限制。因此，可动铰支座产生的约束力与其可动方向垂直 [图 2-17(b)]。应当注意的是，可动铰支座与光滑接触面是不同的，光滑接触面不限制沿公法线背离接触面的位移，其约束力的方向一定是沿着接触面的公法线指向接触面的，而可动铰支座对沿支承面法线两个方向的位移均给予限制，其约束力的作用线垂直于支承面，具体是什么方向应由平衡条件确定。

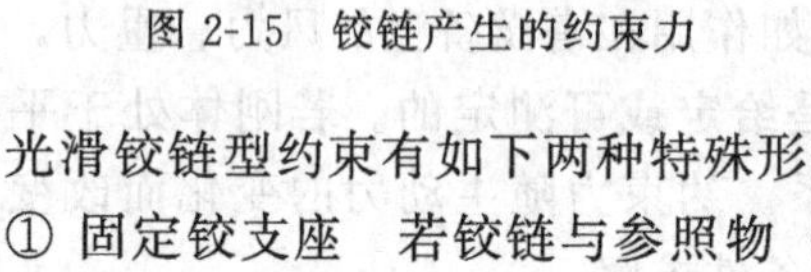

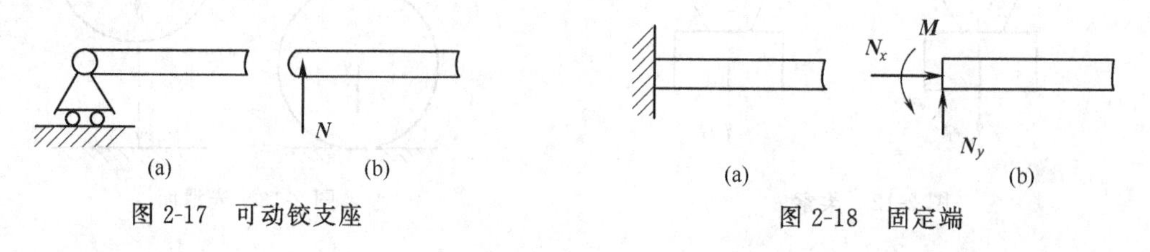

图 2-17 可动铰支座

图 2-18 固定端

(4) 固定端

这种约束的特点是物体的移动和转动全部被限制。由于这种约束经常位于物体的端部，故称为固定端约束。过程工业中很多的塔设备通常被固定在地基上，使其相对于地基不能有任何位移，因此，地基对塔设备构成的约束属于固定端约束。固定端常用图 2-18(a)所示的简图表示，其约束力为限制位移的两个正交分力 $\boldsymbol{N}_x$、$\boldsymbol{N}_y$ 和限制转动的力偶矩 M［图 2-18(b)］。

对于上述四种类型的约束，特别指出如下两点。

ⅰ. 这四种约束都是从实际工程结构中抽象出来的，是经过适当简化后得到的理想模型。对于每一种约束要注重其限制位移能力的力学本质，而不需要去具体关注其实际工程结构。如固定端约束的力学本质是：既限制物体间的相对移动，又限制物体间的相对转动，至于如何形成固定端是具体的工程设计问题，不属于力学基础研究的范畴。又如“只限制相对移动而不限制相对转动”是光滑铰链型约束的本质特点，而不能看其实际结构中是否有孔和轴。事实上，很多实际结构中并没有孔和轴结构，但只要约束限制被约束物体与其分离的能力远大于限制相对转动的能力，就可以把这种约束抽象为铰链。例如，图 2-19(a) 表示的液化石油气储罐，考虑到支座的结构及其对储罐位移的限制能力以及储罐热胀冷缩的要求，将两个鞍座分别简化为固定铰支座和可动铰支座，从而建立储罐在重力载荷作用下的力学模型［图 2-19(b)］。后面的例题和习题中画有明确约束关系的图均为力学模型图。

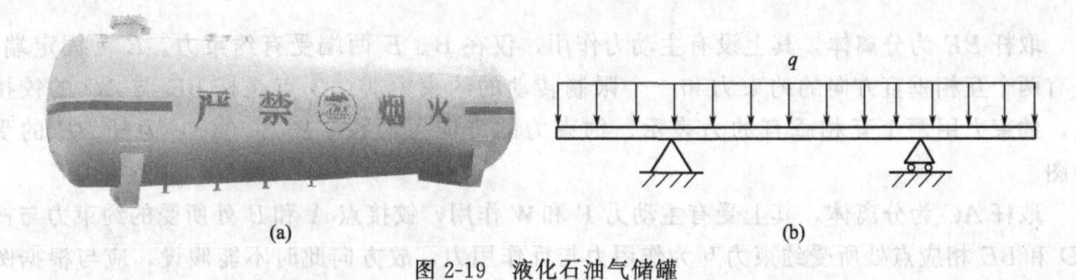

图 2-19　液化石油气储罐

ⅱ. 要注意铰链和固定端的区别与联系。铰链与固定端均有对被约束物体相对移动的限制能力，但铰链没有限制相对转动的能力，相对转动只能由力偶来限制。因此，是否具有提供约束力偶的能力是铰链与固定端的重要区别。画受力图时，应特别注意固定端能够产生的约束力偶，若漏掉不画，则会导致严重错误。

为了便于分析与讨论，以后将约束力和约束力偶矩统称为约束力。

2.4 受力分析与约束力的求解

在分析研究具体的力学问题时，必须根据已知条件和待求量，从与问题相关的物体系统中选择某一物体（或几个物体的组合）作为研究对象，对它进行受力分析。设想将研究对象受到的约束全部解除，将其从系统中分离出来成为所谓的**分离体**。约束解除之后要将原约束产生的约束力画出，分离体所受的主动力仍然保留，这样画有分离体及其所受的全部主动力和约束力的简图称为**受力图**。受力分析就是要根据问题的性质合理地选择分离体并画出正确的受力图。约束力通常为未知量，需要根据受力图，列出适当的平衡方程进行求解。

下面通过一些实例说明如何进行受力分析与约束力的求解。

【例 2-1】 图 2-20(a) 所示的结构，受有主动力 $\boldsymbol{F}$ 和 $\boldsymbol{W}$ 作用，所有杆的自重不计，试画出各杆的受力图。

解 取 AD 杆为分离体，杆 AD 除了两端受有铰链约束之外，没有其他外力作用。因此，杆 AD 在两端受有铰链产生的两个约束力作用而处于静止状态。由二力平衡公理可知，杆 AD 上作用的这两个约束力一定作用在两作用点的连线上，并且大小相等、方向相反，即杆 AD 为二力杆。图 2-20(b) 为 AD 杆的受力图，约定受力图中标记力的字母表示力的大小，力的方向用箭头表示，于是 AD 杆所受约束力的大小关系为 $N_A=N_D$。

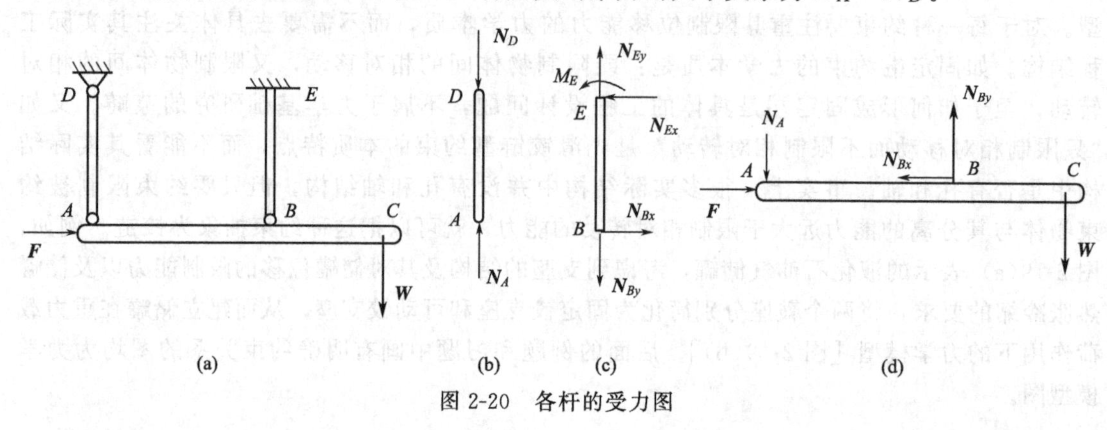

图 2-20 各杆的受力图

取杆 BE 为分离体，其上没有主动力作用，仅在 B、E 两端受有约束力。E 为固定端，应有两个互相垂直方向的约束力和一个限制转动的约束力偶。B 点是杆 BE 与 AC 的铰接点，约束力用两个互相垂直的力表示。约束力的方向可假设，图 2-20(c) 为杆 BE 的受力图。

取杆 AC 为分离体，其上受有主动力 $\boldsymbol{F}$ 和 $\boldsymbol{W}$ 作用，铰接点 A 和 B 处所受的约束力与杆 AD 和 BE 相应点处所受约束力互为作用力与反作用力，故方向此时不能假设，应与根据图 2-20(b) 和图 2-20(c) 相应点处的约束力方向相反，但仍可用同样的字母表示，以表示大小相等之意。图 2-20(d) 为杆 AC 的受力图。

对由几个物体组成的系统进行受力分析时，系统内部各物体之间的相互作用力称为**内力**，外部物体对系统的作用力称为**外力**。只有外力才能对研究对象产生外效应。因此，受力分析就是要把研究对象所受的所有外力都分析清楚，并且正确地画在受力图上。如图 2-20(a) 所示的结构，若取 AD、BE、AC 三杆作为分离体，则只需要把 D、E 两处的约束解除，画上相应的约束力，而铰接点 A 和 B 处的约束力属于内力，不能画出。若要求解铰接点 A 和 B 处的约束力，则必须将相互铰接的杆彼此分开，画出受力图，例如按照图 2-20(d) 就可以得到 A 和 B 处约束力的正确解。

正确地画出受力图是至关重要的。只有受力图是正确的，才能正确求解未知约束力。若受力图画错了，求解出的约束力必然是错误的。画受力图时应注意如下几点。

ⅰ. 明确研究对象及周围有何种性质的约束，解除约束后把正确的约束力画上去。约束力必须根据约束的类型来画，不能单凭直观或者根据主动力的方向去简单推想出约束力的作用线方位，这样做往往会造成错误。

ⅱ. 在分析相邻两物体之间的相互作用力时，要注意作用力与反作用力的关系，作用力的方向一经设定，反作用力的方向就应与其相反。因此，要特别注意不要画错反作用力的作用线方位及箭头方向。

ⅲ. 不能漏画力，不能多画力，不能画内力。要注意解除约束后必须把相应的约束力画上去，不解除约束则不能画出约束力，同时要注意将作用于分离体上的主动力按照原样画上去，不需进行分解或合成。对于受力体所受的每一个力，都应能够明确指出它是哪一个施力体施加的。若不能明确指出施力体，则说明这个力是一个多画的力。

【例 2-2】 某化工厂简易起重装置由杆 AB、AC 和滑轮等组成，如图 2-21(a) 所示。A、B、C 三处均为铰链连接，物体重 50kN，用绳子挂在支架的滑轮上，绳子的另一端接在绞车 D 上。设滑轮是光滑的且不计滑轮、绳子和杆的重量，试求物体铅直匀速提升时杆 AB 和 AC 所受力的大小。

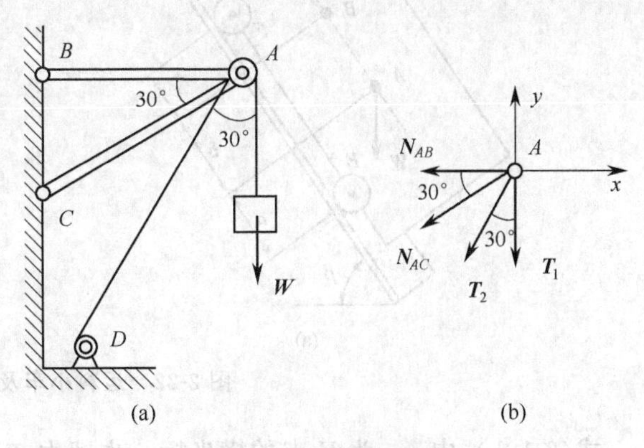

图 2-21　简易起重装置

解　选取滑轮为研究对象，解除各约束，画出其受力图如图 2-21(b) 所示。物体铅直匀速上升，$T_1=W$。由于假设滑轮是光滑的，则 $T_2=T_1=W$。因不计杆自重，杆 AB、AC 端部都为铰接且其上无主动力作用，故杆 AB 和 AC 都是二力杆，二者所受的力都是沿各自杆两端连线作用的一对大小相等、方向相反的平衡力，其方向或者使杆受拉或者受压，到底是什么方向可以预先假设。现假设两杆均受拉，则它们对滑轮的约束力如图 2-21(b) 所示，分别用 $\boldsymbol{N}_{AB}$、$\boldsymbol{N}_{AC}$ 表示，方向沿各自杆的轴线，而滑轮对两杆的约束力与这两个力大小相等、方向相反。这样通过对滑轮进行受力分析，也就能求出杆 AB 和 AC 所受的力。因滑轮相对较小，故可认为滑轮所受之力 $\boldsymbol{T}_2$、$\boldsymbol{T}_1$、$\boldsymbol{N}_{AB}$、$\boldsymbol{N}_{AC}$ 构成一个平面汇交力系而处于平衡。在汇交点 A 建立一直角坐标系，得静力平衡方程：

$$\sum F_x=0,\ -N_{AB}-N_{AC}\cos30^\circ-T_2\sin30^\circ=0$$

$$\sum F_y=0,\ -T_1-T_2\cos30^\circ-N_{AC}\sin30^\circ=0$$

将已知条件 $T_2=T_1=W=50\text{kN}$ 代入上述方程，解之得：

$$N_{AC}=-186.60\text{kN},\ N_{AB}=136.60\text{kN}$$

N_{AC} 为负值说明 $\boldsymbol{N}_{AC}$ 的指向与图中假设的方向相反，说明杆 AC 实际是受压而不是受拉。如果按 AC 杆受压假设，则其结果为正值，数值不变。可见约束力的方向可根据约束的性质进行假设，若其计算结果为正，说明原假设方向正确；若计算结果为负，说明约束力的实际方向与原假设方向相反。

本题也可取整体作为研究对象，画出相应的受力图，得到的结果是一样的。

应当指出，对于坐标系的建立，重要的是选取坐标轴的方向，坐标原点可以取为平面上的任意点，因为力在坐标轴上的投影与原点的位置无关。

【例 2-3】 图 2-22(a) 所示的运料小车连同物料共重 $W=6\text{kN}$，重心在 A 处，B 点用钢丝绳牵拉沿导轨匀速运动，轮与导轨间的摩擦可忽略不计。已知：$a=0.25\text{m}$，$b=0.3\text{m}$，$c=0.2\text{m}$，$\alpha=10^\circ$，导轨倾角 $\beta=60^\circ$。试求轮 E 与 F 所受的压力以及钢丝绳的拉力。

解　选取运料小车为研究对象，其受力如图 2-22(b) 所示，$\boldsymbol{T}$ 为钢丝绳的拉力，$\boldsymbol{N}_E$、$\boldsymbol{N}_F$ 为轮 E、F 所受的压力，方向为与导轨垂直且指向接触面。建立如图所示的坐标系，对运料小车列出平衡方程：

$$\sum F_y=0,\ T\cos\alpha-W\sin\beta=0 \tag{2-12a}$$

$$\sum M_E=0,(a+b+c)N_F-(a+b)T\sin\alpha-aW\cos\beta-x_E(T\cos\alpha-W\sin\beta)=0 \tag{2-12b}$$

$$\sum M_F=0,(a+b+c)N_E-cT\sin\alpha-(b+c)W\cos\beta+x_E(T\cos\alpha-W\sin\beta)=0 \tag{2-12c}$$

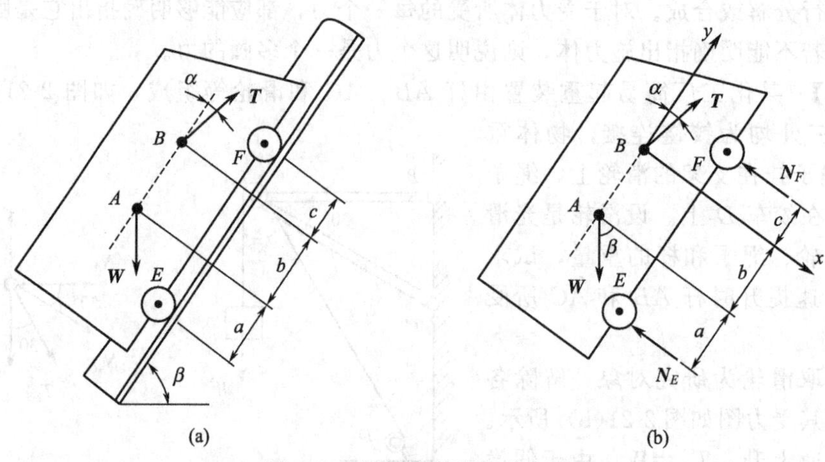

图 2-22 运料小车及其受力图

式(2-12b) 中 x_E 为 E 点的横坐标，也即力 $\boldsymbol{T}$ 和 $\boldsymbol{W}$ 沿 y 轴的分力之力臂。如此建立坐标系，是由于约束力 $\boldsymbol{N}_F$ 和 $\boldsymbol{N}_E$ 在 y 轴上的投影为零，使方程 $\sum F_y=0$ 得到了最简单的表达式(2-12a)，从而可直接解出拉力 T；式(2-12b) 和式(2-12c) 中分别将取矩点选为点 E 和 F，是为了使方程中不出现 N_E 或 N_F。如此列出的方程，求解时未知量之间关联度不高，可提高解题的速度和正确率。代入已知数据，解得：

$$T=5.28\text{kN},\ N_E=2.24\text{kN},\ N_F=1.67\text{kN}。$$

平面一般力系只有三个独立方程，就是说上面解出的结果应该满足任意的第四个方程。这样，可以用第四个方程检验结果的正确性，比如用方程 $\sum F_x=0$ 检验，即

$$T\sin\alpha+W\cos\beta-N_E-N_F=0$$

说明结果是正确的。

解题时应注意选取最简单的方法。除了应考虑建立合适的坐标系之外，还应特别注意力矩方程。选取合适的取矩点，往往能使一个方程只含有一个未知量，如图 2-20(d) 所示，取 B 点为取矩点，就可以直接把 A 处的约束力 N_A 解出。建议将例 2-1 作为随堂或课后的练习，求解出全部未知力。

思 考 题

2-1 什么叫力在坐标轴上的投影？为什么说力的投影可以表示力的大小和方向？力的投影与力沿坐标轴的分力关系如何？

2-2 力的平行移动能否改变力在坐标轴上的投影？

2-3 刚体的意义是什么？能否在变形体上任意加减平衡力系？如何导出力的可传性原理？

2-4 二力杆的意义是什么？二力杆须满足什么条件？在受力分析中二力杆的重要性如何？

2-5 什么叫约束？约束力如何确定？铰链和固定端的区别是什么？

2-6 平面汇交力系的合成结果是什么？平面平行力系是否都可以合成为一个合力？

2-7 什么是力偶？力偶能否被一个单独的力来平衡？

2-8 力矩和力偶矩有什么相同之处？有什么不同之处？

2-9 两个力偶等效的条件是什么？

2-10　平面力偶系的合成结果是什么？

2-11　什么是力的平移定理？它是如何导出的？

2-12　平面一般力系向平面内一点简化的结果是什么？

2-13　什么叫主矢量？什么叫主矩？平面一般力系是否一定能合成为一个合力？

2-14　力的平行四边形公理适用于何种力系？能否应用于平面一般力系？

习　题

2-1　设 $\boldsymbol{F}_1$ 和 $\boldsymbol{F}_2$ 为两个同向平行力，试用力的平移定理证明：$\boldsymbol{F}_1$ 和 $\boldsymbol{F}_2$ 的合力 $\boldsymbol{R}$ 与两平行力同向，大小 $R=F_1+F_2$，作用线的位置由等式 $F_1L_1=F_2L_2$ 决定（L_1、L_2 分别为 $\boldsymbol{R}$ 至 $\boldsymbol{F}_1$、$\boldsymbol{F}_2$ 的距离）。

2-2　已知力 $\boldsymbol{F}$ 的投影 $F_x=-10\text{kN}$、$F_y=20\text{kN}$，试求力 F 的大小和方向（力 F 与 x 轴正向间的夹角），并在平面直角坐标系中画出该力。

2-3　已知力偶 $M=2\text{kN}\cdot\text{m}$（逆时针方向），力 $\boldsymbol{F}$ 的投影 $F_x=1\text{kN}$、$F_y=2\text{kN}$，作用于点 A（2，1），试求力偶 M 和力 $\boldsymbol{F}$ 组成力系的平衡力、合力的大小和方向，确定合力的作用线与 x 轴的交点坐标，并说明此平衡力和合力的投影与力 $\boldsymbol{F}$ 的投影有何关系。

2-4　画出以下各指定物体（图 2-23）的受力图。

图（a）以柔索悬挂的大球和小球；图（b）曲杆 AB、BC 及其整体；图（c）定滑轮 A 和动滑轮 B；图（d）倾斜梁 AB；图（e）正在竖起的塔；图（f）棘轮；图（g）杆 AC、CD 和 ACD。

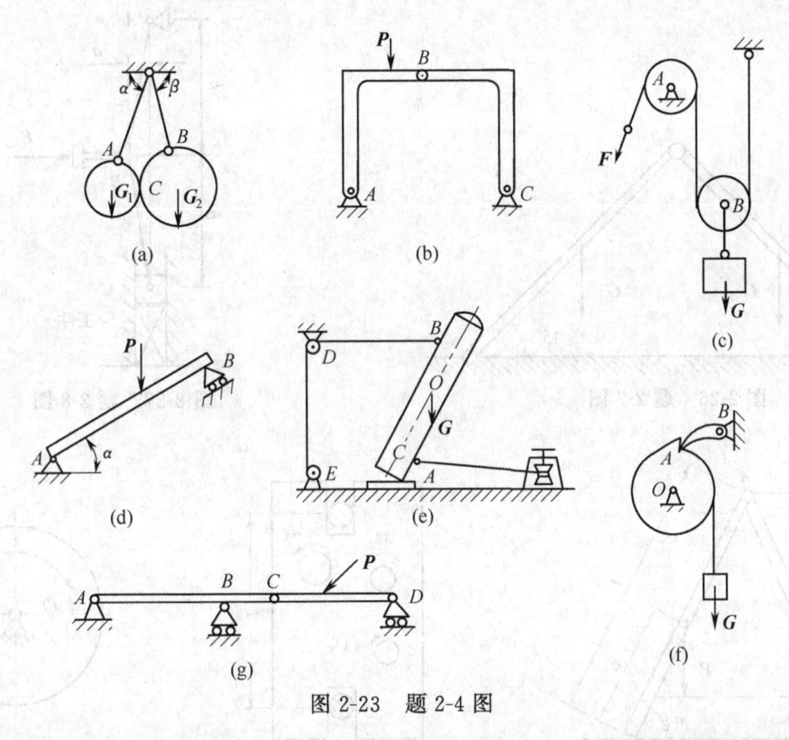

图 2-23　题 2-4 图

2-5　图 2-24 所示的一管道支架 ABC，A、C 处为固定铰链约束，杆 AB 和杆 CB 在 B 处铰接。已知两管道的重量均为 $G=4.5\text{kN}$，图中尺寸单位均为 mm。试求管架中杆 AB 和杆 BC 所受的力。

2-6　某塔侧操作平台梁 AB 上作用着分布力 $q=0.7\text{kN/m}$（图 2-25）。横梁 AB 和撑杆 CD 的尺寸如图所示，试求撑杆 CD 所受的力。

2-7　图 2-26 所示的支架 ABC 由均质等长杆 AB 和 BC 组成，杆重为 G。试求 A、B、C 处的约束力。

2-8　压榨机构如图 2-27 所示，杆 AB、BC 自重不计，A、B、C 处均视为铰接，油泵压力 $P=3\text{kN}$，方向为水平，$a=20\text{mm}$，$b=150\text{mm}$，试求滑块施于工件的压力。

2-9 梯子由 AB 与 AC 两部分在 A 处用铰链连接而成，下部用水平软绳连接，如图 2-28 所示。在 AC 上作用有一垂直力 P。如不计梯子自重，假设地面是光滑的，当 $P=600\text{N}$，$\alpha=75°$，$h=3\text{m}$，$a=2\text{m}$，$l=4\text{m}$ 时，试求绳的拉力大小。

2-10 用三轴钻床在水平工件上钻孔时，每个钻头对工件施加一个力偶，如图 2-29 所示。已知三个力偶的矩分别为：$M_1=1\text{kN}\cdot\text{m}$，$M_2=1.4\text{kN}\cdot\text{m}$，$M_3=2\text{kN}\cdot\text{m}$，固定工件的两螺栓 A、B 与工件成光滑面接触，两螺栓的距离 $l=0.2\text{m}$，试求两螺栓受到的横向力。

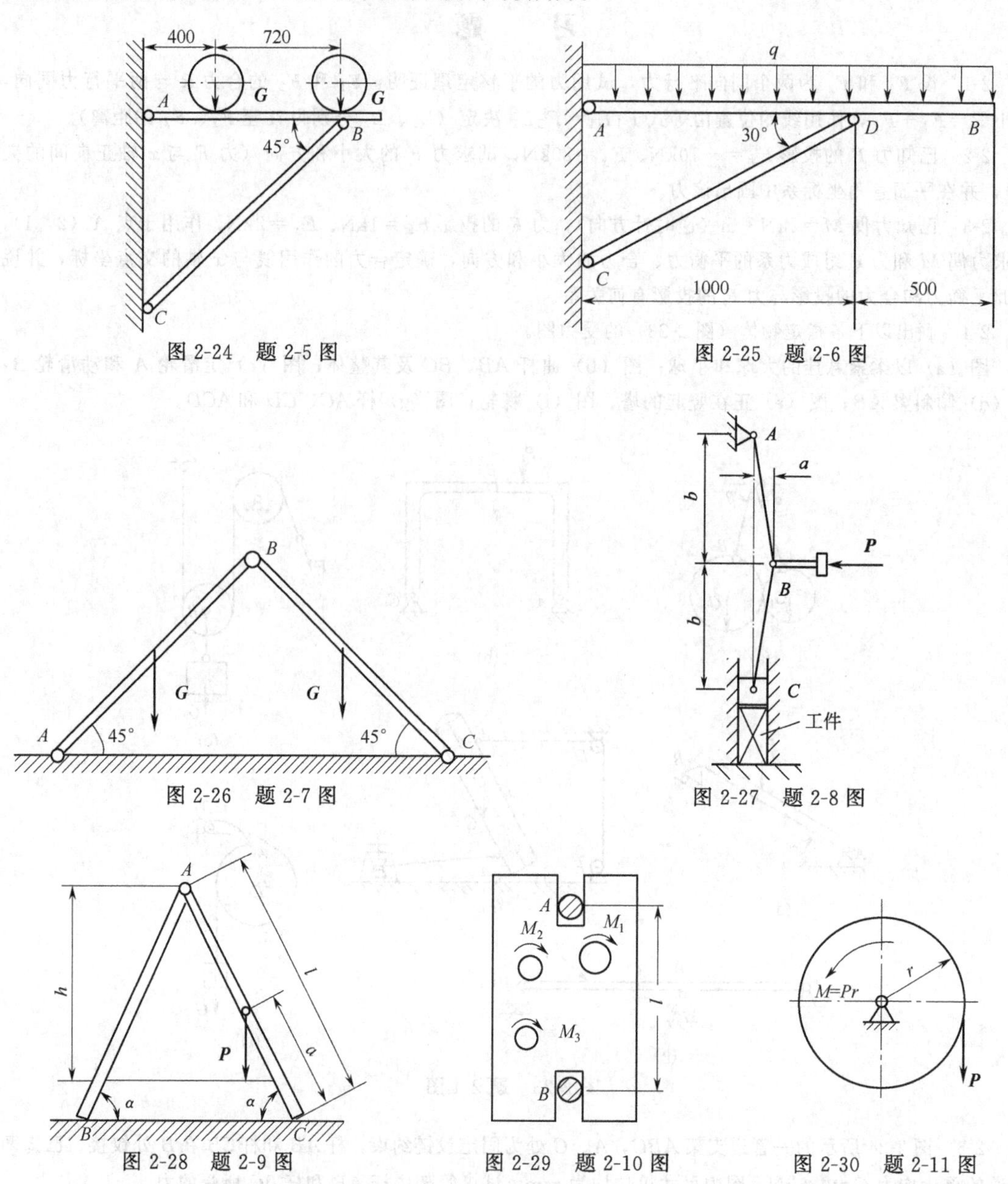

图 2-24 题 2-5 图

图 2-25 题 2-6 图

图 2-26 题 2-7 图

图 2-27 题 2-8 图

图 2-28 题 2-9 图

图 2-29 题 2-10 图

图 2-30 题 2-11 图

2-11 力偶不能用单独的一个力平衡，为什么图 2-30 中的轮子又能平衡呢？

2-12 图 2-31 为一高塔设备受风载荷和重力作用的力学模型。已知：塔设备的总高 $H=20\text{m}$，塔重 $G=250\text{kN}$，塔直径 $D=1500\text{mm}$，所受风载荷近似认为在高度相同的上下两段内为均匀分布，风载荷集度 $q_1=400\text{Pa}$，$q_2=600\text{Pa}$。试求塔底的约束力。

2-13 汽车地秤如图 2-32 所示，BCE 为整体台面，杠杆 AOB 可绕 O 轴转动，B、C、D 三点均为光滑铰链连接，已知法码重 G_1，尺寸 l、a 均为已知，其他构件自重不计，试求汽车自重 G_2。

2-14　试求图 2-33 所示的结构 A、B、C 处的约束力。已知：$M_o=20\text{kN}\cdot\text{m}$，$q=15\text{kN/m}$，$a=1\text{m}$。

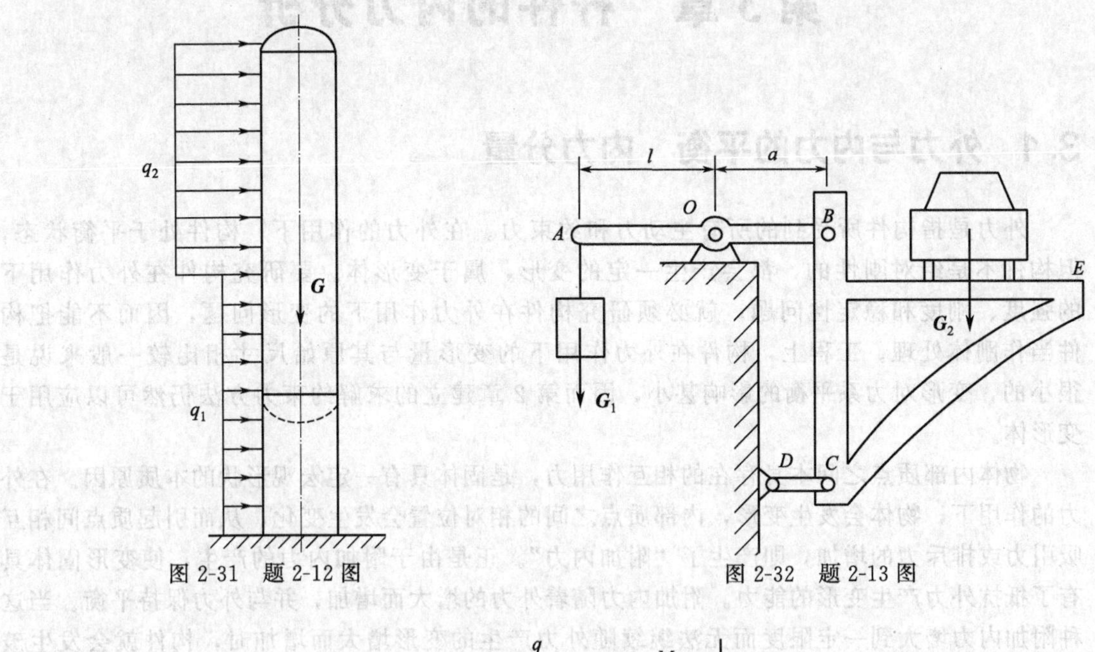

图 2-31　题 2-12 图

图 2-32　题 2-13 图

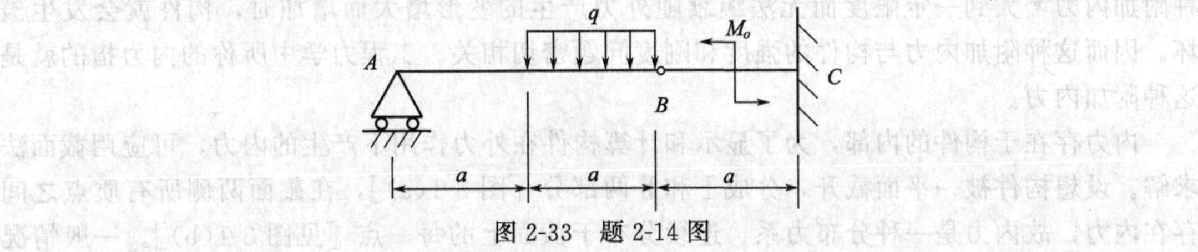

图 2-33　题 2-14 图

第 3 章　杆件的内力分析

3.1　外力与内力的平衡　内力分量

外力是指构件所受到的所有主动力和约束力。在外力的作用下，构件处于平衡状态，但构件不是绝对刚性的，都会产生一定的变形，属于变形体。要研究构件在外力作用下的强度、刚度和稳定性问题，就必须研究构件在外力作用下的变形问题，因而不能把构件当作刚体处理。工程上，构件在外力作用下的变形量与其原始尺寸相比较一般来说是很小的，变形对力系平衡的影响甚小，因而第 2 章建立的求解约束力方法仍然可以应用于变形体。

物体内部质点之间本身存在的相互作用力，是固体具有一定宏观形状的本质原因。在外力的作用下，物体会发生变形，内部质点之间的相对位置会发生变化，从而引起质点间相互吸引力或排斥力的增加，即产生了“附加内力”。正是由于附加内力的产生，使变形固体具有了抵抗外力产生变形的能力。附加内力随着外力的增大而增加，并与外力保持平衡。当这种附加内力增大到一定限度而无法继续随外力产生的变形增大而增加时，构件就会发生破坏。因而这种附加内力与构件的强度和刚度问题密切相关。工程力学中所称的内力指的就是这种附加内力。

内力存在于构件的内部，为了显示和计算构件在外力作用下产生的内力，可应用截面法求解。设想构件被一平面截开，分成Ⅰ和Ⅱ两部分［图 3-1(a)］，在截面两侧所有质点之间存在内力，故内力是一种分布力系，连续分布于截面上的每一点［见图 3-1(b)］。一般情况下，质点之间相对位置关系的变化情况不完全相同，因而截面上的内力系为非均匀连续分布力系，其分布规律取决于质点间相对位置关系的变化规律，也即变形的规律。这个问题一般来说是很复杂的，只有在一些特殊的变形情况下才有解，如直杆的轴向拉伸与压缩、圆轴扭转和平面弯曲梁问题中可以得到内力系分布规律的满意解答。

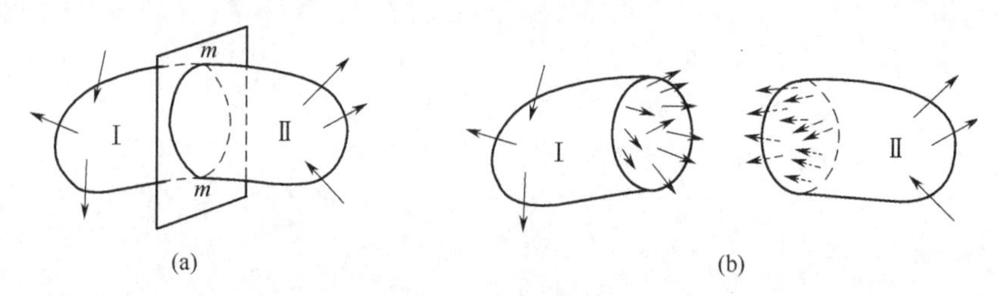

图 3-1　分布内力系

但是，不管内力系的分布如何，必须满足与外力系的平衡条件。由于原构件处于平衡状态，被截开的任一部分也必然处于平衡状态。因此，图 3-1(b) 中每一截开部分截面上的内力系应与该部分上作用的外力系相平衡。将截面上的连续分布内力系向截面上的某一点（通常取为截面的形心，对于对称截面，形心为两对称轴的交点；对于一般形状的截面，形心的位置可以用高等数学的方法确定）简化，得到该内力系的主矢量和主矩。主矢量和主矩沿坐标轴的分量称为**内力分量**。内力分量与原内力系是静力等效的，可以根据平衡条件求解。

如图 3-2(a) 所示的直杆，用垂直于轴线（横截面形心的连线）平面截开，取右段进行研究。横截面上必然存在分布内力系，图 3-2(b) 表示了横截面上的内力分量，也即此内力系向横截面形心简化的结果。这三个内力分量很容易根据右段部分的平衡条件求解。N 为通过截面形心与截面垂直的内力分量，是内力系主矢量沿 x 轴的分量，称为**轴力**；Q 为与截面平行的内力分量，是内力系主矢量沿 y 轴的分量，称为**剪力**；截面上的力偶矩 M 称为**弯矩**。若按右手螺旋法则确定弯矩矢量的方向，则弯矩为内力系主矩沿 z 轴（与 xy 坐标平面垂直，图中未画出）的分量。可以设想，如果杆上作用有绕 x 轴旋转外力偶的话，则横截面上必然有与此外力偶相平衡的内力偶存在。此内力偶矩称为**扭矩**，用 T_n 表示。扭矩矢量的方向同样用右手螺旋法则确定，故扭矩为内力系主矩沿 x 轴的分量。所以，截面上的弯矩与扭矩是互相垂直的。

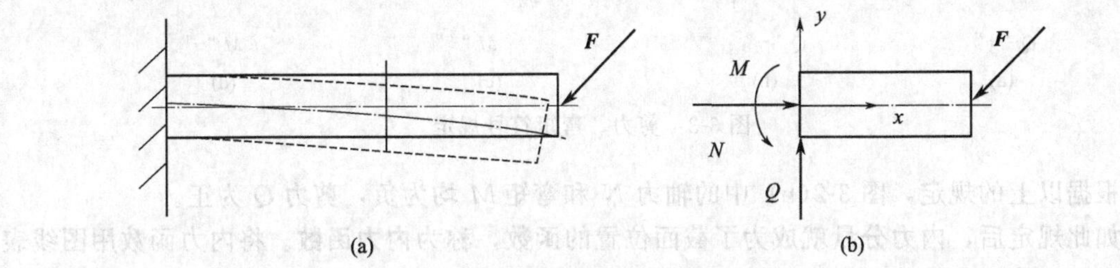

图 3-2　直杆的内力分量

上述四种内力分量分别对应于不同的变形。轴力是截面两侧质点之间沿轴线方向的分离或靠近产生的内力引起，即由拉伸或压缩变形产生。剪力是截面两侧质点沿截面方向的相对错动位移产生的内力引起，即由剪切变形产生。弯矩是杆的轴线变弯横截面随之绕 z 轴转动的变形即所谓的弯曲变形产生。弯曲变形不仅意味着直杆的纵向纤维层变弯了，而且意味着纵向纤维层发生了不同程度的拉伸或压缩变形。如图 3-2(a) 所示，杆的纵向纤维层从下表面的最大压缩变形连续变化到上表面的最大拉伸变形（图中虚线为杆发生弯曲变形后的形状示意图）。由于是小变形，各纵向纤维层变弯后的曲率非常小且几乎没有差别，但各纵向纤维层拉伸或压缩变形的差别是显著的。扭矩是由于各横截面发生绕轴相对转动的变形即扭转变形引起。

内力分量通常也称为**内力**或**内力素**。本章只研究直杆横截面上的内力分量。

3.2　内力分析与内力图

内力分量可以用截面法通过静力平衡条件求解。截开后的杆件两部分各自在截面上的内力分量互为作用力与反作用力，方向是相反的，但同一类型的内力代表着同一种性质的变形，其大小随截面位置的不同而变化。为了使内力分量不因杆截开后取左段还是取右段进行研究而出现不同的正负号，将其正负号与变形相关联，通常对轴力 N、剪力 Q、弯矩 M 和扭矩 T_n 作如下的正负号规定。

① 轴力 N　受拉为正，受压为负。也即轴力与截面外法线方向相同为正，反向为负。

② 剪力 Q　截面两侧材料发生左侧向上、右侧向下的剪切变形为正，反之为负，如图 3-3(a)、(b) 所示。也可以说，若取杆的左段进行研究，剪力向下为正；若取杆的右段进行研究，剪力向上为正。

③ 弯矩 M 截面附近一段梁发生向下凹的弯曲变形为正，反之为负，如图 3-3(c)、(d) 所示。也可以说，若取梁的左段进行研究，逆时针转向的弯矩为正；若取梁的右段进行研究，顺时针转向的弯矩为正。

④ 扭矩 T_n 按右手螺旋法则确定的扭矩矢量方向与截面外法线方向相同为正，反向为负。

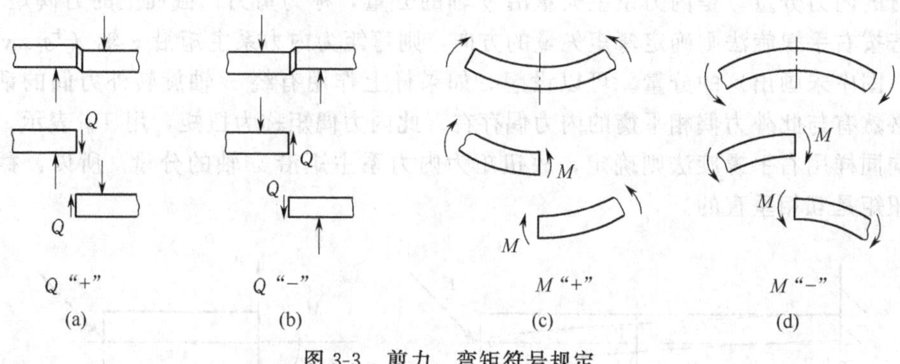

图 3-3 剪力、弯矩符号规定

根据以上的规定，图 3-2(b) 中的轴力 N 和弯矩 M 均为负，剪力 Q 为正。

如此规定后，内力分量就成为了截面位置的函数，称为**内力函数**。将内力函数用图线表示出来，就成为**内力图**。内力图既可直观地表示内力数值随截面位置而变化的情况，又可反映整个杆的变形情况。

内力函数的求取采用截面法求解。将杆截开后，可取左段或右段研究，截面上内力分量的方向按正负号规则规定的正值方向假设，由所取部分的平衡条件就可以确定内力函数。

3.2.1 直杆受轴向拉伸或压缩时的内力图

如果作用在直杆上外力的作用线或外力系中各力的作用线与轴线平行且其合力的作用线与直杆的轴线重合，则直杆会发生轴向拉伸或压缩变形，此时直杆横截面上的内力分量只有轴力，内力图即为轴力图。

【例 3-1】 图 3-4(a) 为一双压手铆机活塞工作示意图。活塞杆横截面面积为 60mm^2，作用于活塞杆上的力分别简化为 $F_1=2.6\text{kN}$，$F_2=1.3\text{kN}$，$F_3=1.3\text{kN}$。计算简图如图 3-4 (b) 所示。试求活塞杆各段内的轴力，并作出轴力图。

解 用截面法求解，在 AB 段内任取截面 1—1 将杆分成两段，取左段为研究对象，画出受力图如图 3-4(d) 所示。用 N_1 表示 AB 段内的轴力，方向按正负号规定的正值假设。由左段的平衡条件，得

$$\sum F_x=0,\ F_1+N_1=0,\ N_1=-F_1=-2.6\text{kN}$$

同理，在 BC 段内任取截面 2—2，取右侧部分［图 3-4(e)］或左侧部分［图 3-4(f)］为研究对象，用 N_2 表示该段内的轴力，方向仍按正负号规定的正值假设。由平衡条件，得

$$N_2=-F_3=-(F_1-F_2)=-1.3\text{kN}$$

计算结果表明，活塞杆两段内轴力均为负，说明轴力的实际方向与图示相反，也即两段均为压缩变形。根据以上结果可以画出活塞杆的轴力图，如图 3-4(c) 所示。

用截面法求解内力时，究竟取左段还是右段进行研究是任意的，结果应该是一样的，但受力的复杂程度不一样，以取受力简单一段研究为宜。截面上的内力方向按正负号规定的正值方向假设，不必考虑其真实方向。这样求出的内力代数值，既表示了内力值的大小，又表

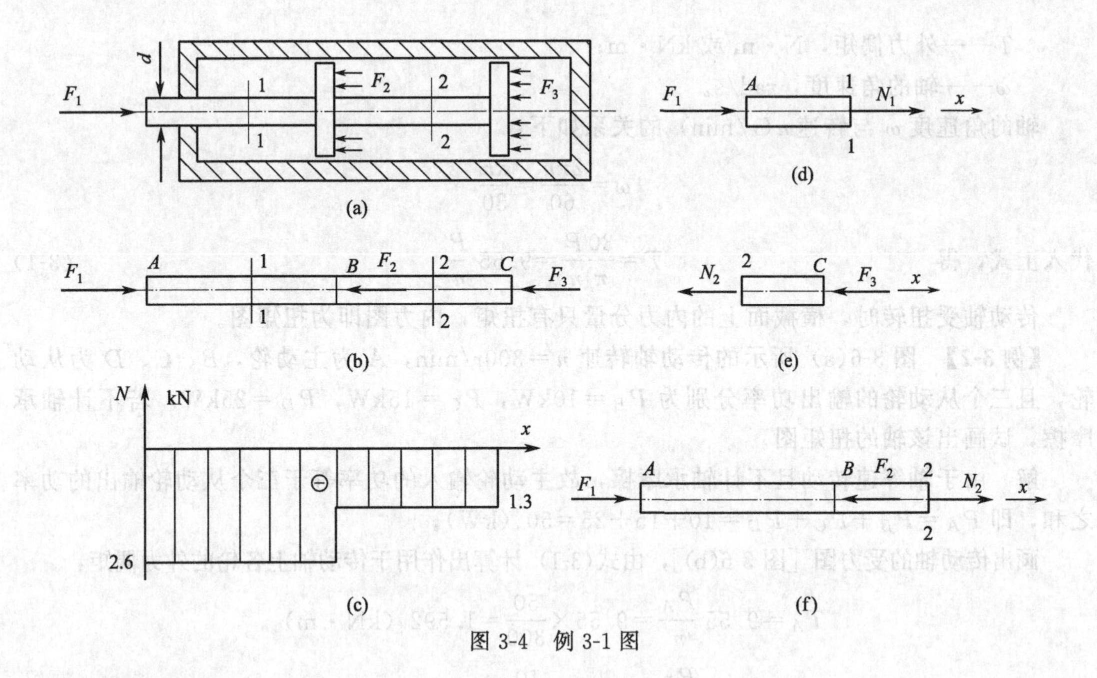

图 3-4 例 3-1 图

示了其变形情况。

应当指出，正负号规定是对内力分量而言的，对于外力并没有规定其正负。在求取内力函数时，一般需要将所受约束力的大小和方向确定下来。

3.2.2 圆轴受扭转时的内力图

工程实际中，许多构件承受着扭转作用，如汽车方向盘的操纵杆、减速器中的齿轮传动轴、电动机的主轴等都存在着扭转变形。现以釜式反应设备中的搅拌轴为例（图 3-5），了解杆件受扭转时的受力情况。搅拌轴的动力来源是由电动机经减速器所施加给上端的主动力偶矩 T_1，在搅拌轴下端，物料对桨叶有阻力作用，给搅拌轴一个方向相反的阻力偶矩 T_2。在釜式反应设备启动阶段，主动力偶矩 T_1 大于阻力偶矩 T_2，搅拌轴转速在逐步增加。随着转速的增加，阻力偶矩 T_2 也在增大，当达到 $T_2=T_1$ 时，搅拌轴便稳定在一定的转速下，即处于正常工作状态（匀速转动）。启动阶段即为轴发生扭转变形的阶段；转速增加，扭转变形量也在增加，当达到匀速转动时，轴的扭转变形量也就不再增加了。

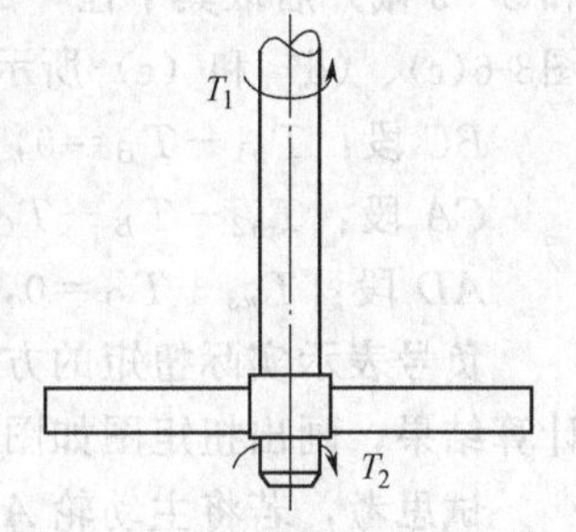

图 3-5 搅拌轴的受力示意图

本课程只研究工程中常见的圆轴扭转问题。只承受扭转变形的轴称为传动轴。圆轴的扭转变形，实质上是各横截面绕轴线发生相对转动的变形。传动轴受扭时的受力特征是：在与轴线相垂直的平面内作用有主动力偶和阻力偶，在匀速转动时，主动力偶矩和阻力偶矩相平衡。

传动轴的转动实现了运动和功率的传递。主动力偶的作用端为功率的输入端，阻力偶的作用端为功率的输出端。主动力偶和阻力偶都是作用于传动轴上的外力偶。通常外力偶矩（有时也称转矩）需要根据传动轴所传递的功率和轴的转速进行计算。

根据功率的定义可知：

$$P=T\omega$$

式中 P——轴传递的功率，W 或 kW；

T——外力偶矩，N·m 或 kN·m；

ω——轴的角速度，rad/s。

轴的角速度 ω 与转速 n(r/min) 的关系如下：

$$\omega=\frac{2\pi n}{60}=\frac{\pi n}{30}$$

代入上式，得
$$T=\frac{30}{\pi}\frac{P}{n}=9.55\frac{P}{n} \tag{3-1}$$

传动轴受扭转时，横截面上的内力分量只有扭矩，内力图即为扭矩图。

【例 3-2】 图 3-6(a) 所示的传动轴转速 $n=300$r/min，A 为主动轮，B、C、D 为从动轮，且三个从动轮的输出功率分别为 $P_B=10$kW，$P_C=15$kW，$P_D=25$kW。若不计轴承摩擦，试画出该轴的扭矩图。

解 由于轴等速转动且不计轴承摩擦，故主动轮输入的功率等于三个从动轮输出的功率之和，即 $P_A=P_B+P_C+P_D=10+15+25=50$ (kW)。

画出传动轴的受力图［图 3-6(b)］，由式(3-1) 计算出作用于传动轴上各轮的外力偶矩：

$$T_A=9.55\frac{P_A}{n}=9.55\times\frac{50}{300}=1.592\ (\text{kN}\cdot\text{m})$$

$$T_B=9.55\frac{P_B}{n}=9.55\times\frac{10}{300}=0.318\ (\text{kN}\cdot\text{m})$$

$$T_C=9.55\frac{P_C}{n}=9.55\times\frac{15}{300}=0.478\ (\text{kN}\cdot\text{m})$$

$$T_D=9.55\frac{P_D}{n}=9.55\times\frac{25}{300}=0.796\ (\text{kN}\cdot\text{m})$$

传动轴在 BC、CA 和 AD 三段中的扭矩，都要用截面法计算。分别用截面 1—1、2—2 和 3—3 截开后取其中任一部分进行研究。各截面的扭矩按正负号规定的正值方向假设，如图3-6(c)、(d) 和 (e) 所示，应用静力平衡条件，可求出各段的扭矩。

BC 段：$T_{n1}-T_B=0$，$T_{n1}=T_B=0.318$kN·m；

CA 段：$T_{n2}-T_B-T_C=0$，$T_{n2}=T_B+T_C=0.796$kN·m；

AD 段：$T_{n3}+T_D=0$，$T_{n3}=-T_D=-0.796$kN·m；

负号表示实际扭矩的方向与所设方向相反，也即与正值扭矩规定的方向相反。根据所得计算结果，画出扭矩图如图 3-6(f) 所示。

试思考，若将主动轮 A 与从动轮 D 的位置互换，传动轴的受力将如何变化？何种布置方式合理？

3.2.3 平面弯曲梁的内力图

当杆件受到垂直于轴线的外力作用时，任意两横截面绕垂直于杆轴线的轴作相对转动，杆的轴线由直线变成曲线，这种变形称为弯曲变形，此时以弯曲变形为主的杆件也称为梁。工程中的大多数梁，其横截面都有一个垂直对称轴［图 3-7(a)］，因而整个梁都有一个包含轴线的纵向对称面［图 3-7(b)］。若梁上所有外力（载荷和约束力）都作用在此纵向对称面内或关于此纵向对称面对称，则梁变形后，其轴线也将变成在此纵向对称面内的一条平面曲线，因此，将这种弯曲变形称为**平面弯曲**。高塔设备在风载荷作用下的弯曲变形、卧式储罐在重力作用下的弯曲变形均属于平面弯曲。

利用静力平衡方程可以完全确定未知约束力的梁称为**静定梁**。若在静定梁的基础上再增加约束，则仅靠静力平衡条件不能将约束力求解出来，这种梁称为**超静定梁**。本节只研究静

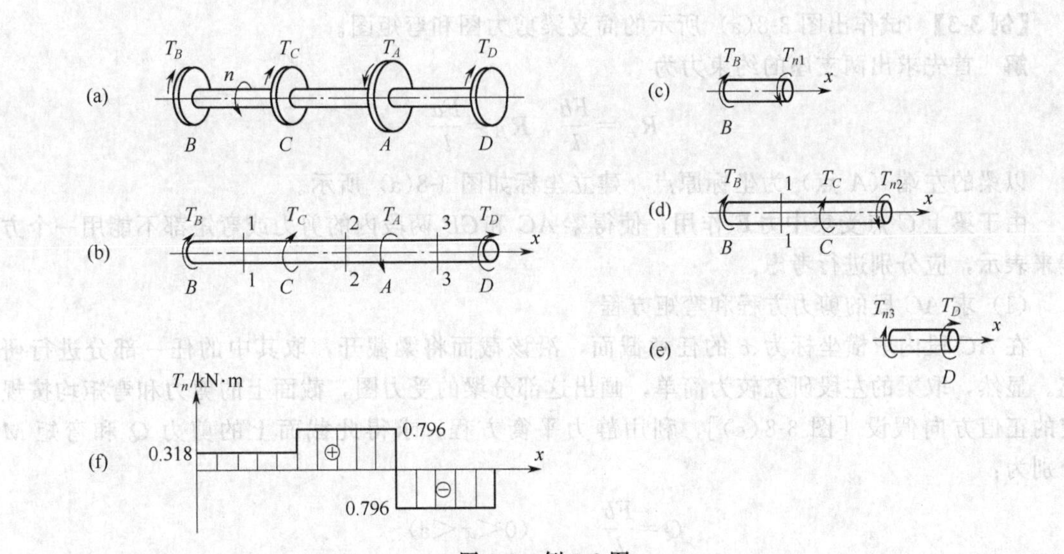

图 3-6　例 3-2 图

定梁，超静定梁只能在解决了梁的变形计算问题之后才能进行研究。

静定梁根据其约束情况可以将其分为如下三种基本类型。

① 简支梁　一端为固定铰支座、另一端为可动铰支座组成的梁称为简支梁。机器中两端安装有轴承的轴，在研究其弯曲问题时，可将两端轴承分别简化为固定铰支座和可动铰支座，从而成为简支梁。

② 外伸梁　一端或两端伸出在支座之外的简支梁称为外伸梁。卧式储罐在重力作用下的力学模型即为外伸梁。

③ 悬臂梁　一端为固定端约束，另一端处于自由状态的梁称为悬臂梁［图 3-7(b)］。高塔设备在风载荷作用下的力学模型即为悬臂梁。

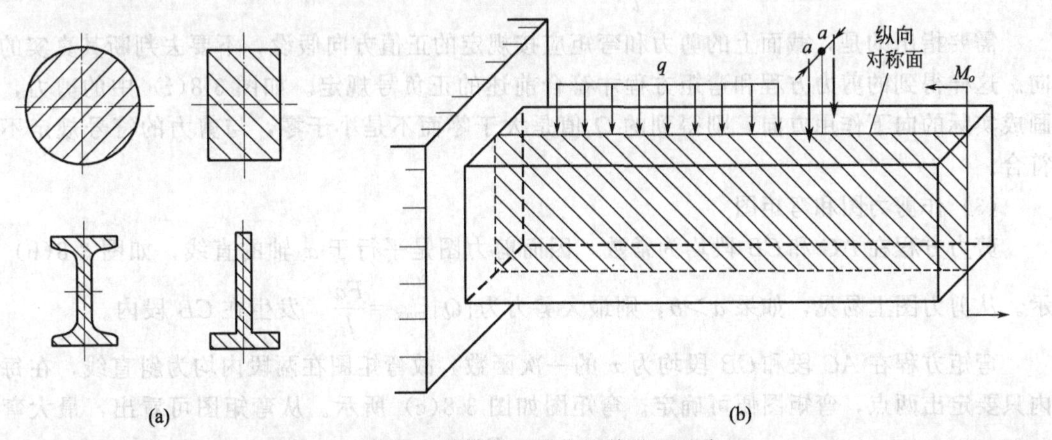

图 3-7　梁的各种横截面形状及其纵向对称面

关于作用在梁上的外载荷，通常有集中力、集中力偶和分布载荷三种形式。

由于平面弯曲梁上作用的载荷垂直于轴线，故在轴线方向的约束力为零（画受力图时，沿轴线方向的约束力可省略不画），梁横截面上的内力分量只有两种：剪力和弯矩，对应的内力函数称为剪力方程和弯矩方程，内力图即为剪力图和弯矩图。下面通过例题说明建立剪力方程和弯矩方程以及绘制剪力图和弯矩图的方法。

【例 3-3】 试作出图 3-8(a) 所示的简支梁剪力图和弯矩图。

解 首先求出两支座的约束力为

$$R_A=\frac{Fb}{l},\ R_B=\frac{Fa}{l}$$

以梁的左端（A 点）为坐标原点，建立坐标如图 3-8(a) 所示。

由于梁上 C 点受集中力 $\boldsymbol{F}$ 作用，使得梁 AC 和 CB 两段内的剪力或弯矩都不能用一个方程来表示，应分别进行考虑。

(1) 求 AC 段的剪力方程和弯矩方程

在 AC 段内取横坐标为 x 的任意截面，沿该截面将梁截开，取其中的任一部分进行研究。显然，取梁的左段研究较为简单，画出这部分梁的受力图，截面上的剪力和弯矩均按规定的正值方向假设［图 3-8(e)］，利用静力平衡方程，求得此截面上的剪力 Q 和弯矩 M 分别为：

$$Q=\frac{Fb}{l}\qquad (0<x<a)$$

$$M=\frac{Fb}{l}x\qquad (0\leqslant x\leqslant a)$$

上述两方程即为 AC 段内的剪力方程和弯矩方程。

(2) 求 CB 段内的剪力方程和弯矩方程

在 CB 段内取距原点为 x 的任意截面，同样，可任取左段或右段作为研究对象。取右段研究较为简单，截面上的剪力和弯矩仍按规定的正值方向假设［图 3-8(f)］，求得其剪力方程和弯矩方程如下：

$$Q=-\frac{Fa}{l}\qquad (a<x<l)$$

$$M=\frac{Fa}{l}(l-x)\qquad (a\leqslant x\leqslant l)$$

需要指出的是，截面上的剪力和弯矩应按规定的正值方向假设，不要去判断其真实的方向。这样得到的剪力方程和弯矩方程才符合前述的正负号规定。如图 3-8(f) 中的剪力，若画成实际的向下作用方向，则得到的 Q 值是大于零而不是小于零，与剪力的符号规定不相符合。

(3) 作剪力图和弯矩图

剪力方程在 AC 和 CB 段均为常数，因而剪力图是平行于 x 轴的直线，如图 3-8(b) 所示。从剪力图上易见，如果 $a>b$，则最大剪力为 $|Q|_{\max}=\frac{Fa}{l}$，发生在 CB 段内。

弯矩方程在 AC 段和 CB 段均为 x 的一次函数，故弯矩图在两段内均为斜直线，在每段内只要定出两点，弯矩图便可确定。弯矩图如图 3-8(c) 所示。从弯矩图可看出，最大弯矩位于集中力作用处所在截面，其值为 $|M|_{\max}=\frac{Fab}{l}$。

剪力图和弯矩图应绘在原图的正下方，以便能够更好地反映剪力和弯矩沿轴线变化的情况。

【例 3-4】 图 3-9(a) 为线集度为 q 的均布载荷作用简支梁，试作出该梁的剪力图和弯矩图。

解 为节省幅面，将支座约束力直接画在支座下方，不单独画出整体受力图，如图 3-9(a) 所示。由静力平衡条件，可知两支座的约束力分别为：

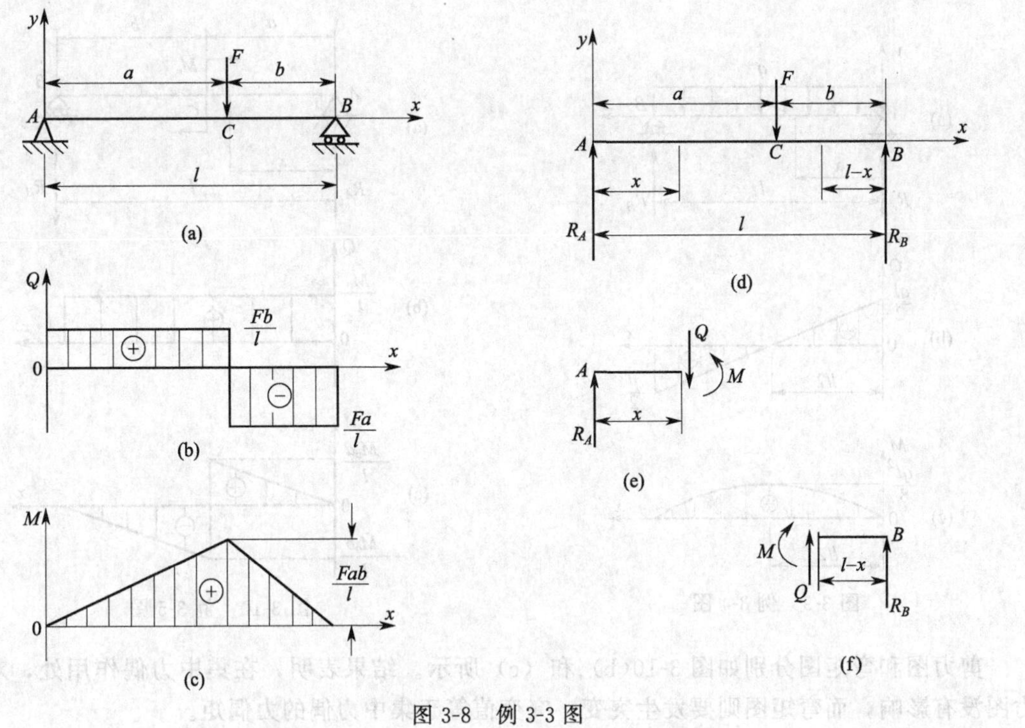

图 3-8　例 3-3 图

$$R_A=R_B=\frac{ql}{2}$$

建立如图 3-9(a) 所示的坐标系。由于整个梁仅受均布载荷 q 作用，故剪力或弯矩可用一个方程表示。

取距原点为 x 的任意截面（受力图略），求得剪力方程和弯矩方程如下：

$$Q=R_A-qx \qquad (0<x<l)$$

$$M=R_Ax-\frac{1}{2}qx^2 \qquad (0\leqslant x\leqslant l)$$

剪力图为一条斜直线，如图 3-9(b) 所示。剪力的最大值为$|Q|_{\max}=\frac{ql}{2}$。弯矩图为二次曲线，其最大值位于$\frac{dM}{dx}=0$处，即当 $x=\frac{l}{2}$时，弯矩有极值，$|M|_{\max}=\frac{ql^2}{8}$，而在 $x=0$ 和$x=l$处弯矩皆为零。由此作出弯矩图，如图 3-9(c) 所示，弯矩最大值位于梁两支座的跨中横截面上。

【例 3-5】 试作出受集中力偶 M_o 作用的简支梁［图 3-10(a)］的剪力图和弯矩图。

解 由于力偶只能由与其反向的力偶来平衡，故容易得到两支座的约束力为：

$$R_A=R_B=\frac{M_o}{l}$$

按上述两例相同的方法，容易得到如下的剪力方程和弯矩方程：

$$Q=\frac{M_o}{l} \qquad (0<x<l)$$

$$M=\frac{M_o}{l}x \qquad (0\leqslant x\leqslant a)$$

$$M=-\frac{M_o}{l}(l-x) \qquad (a\leqslant x\leqslant l)$$

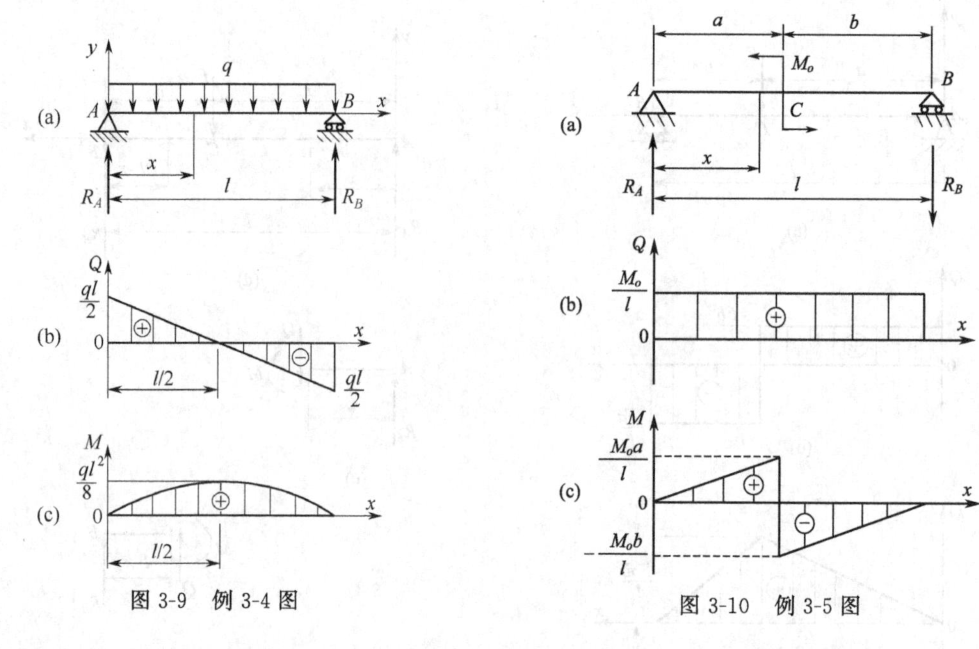

图 3-9 例 3-4 图

图 3-10 例 3-5 图

剪力图和弯矩图分别如图 3-10(b) 和 (c) 所示。结果表明，在集中力偶作用处，对剪力图没有影响，而弯矩图则要发生突变，突变值等于集中力偶的力偶矩。

通过以上各例可以看出，弯矩 $M(x)$ 对 x 的导数即为剪力 $Q(x)$。剪力 $Q(x)$ 对 x 求导的绝对值就是载荷集度的大小。这并不是一种巧合，而是载荷、剪力和弯矩三者之间存在的内在规律。于是，可以总结出剪力图和弯矩图具有如下基本规律。

ⅰ. 若在梁某段内 $q=0$，则 Q 为常量，剪力图为水平直线。当 $Q=0$ 时，M 为常量，弯矩图为水平直线；当 $Q>0$ 时，弯矩图为上升直线；当 $Q<0$ 时，弯矩图为下降直线。

ⅱ. 若在梁某段内作用有向下的均布载荷，则剪力图为下降直线，弯矩图为上凸抛物线；若在梁某段内作用有向上的均布载荷，则剪力图为上升直线，弯矩图为下凹抛物线。

ⅲ. 在集中力作用处，剪力图会发生突变，剪力的突变值等于该处集中力的大小，弯矩图的斜率会发生突变，但弯矩的值是连续的；集中力偶作用处，剪力图不受影响，弯矩图会发生突变，弯矩突变值等于集中力偶的力偶矩。

ⅳ. 最大弯矩 $|M|_{max}$ 可能发生的位置：集中力作用处；集中力偶作用处；剪力等于零 ($Q=0$) 处。

作出剪力图和弯矩图后，剪力和弯矩的最大值就可以清楚地显示在相应的图上。对于长梁（梁的长度是其高度 5 倍以上的梁），剪力对梁的强度影响可以忽略，最大弯矩 $|M|_{max}$ 是影响梁强度的主要因素。特别对于 $Q=0$ 处，作弯矩图时容易被忽略，往往梁上的最大弯矩值就发生于该处，因而需要给予特别的注意。也正因为如此，为了准确地将最大弯矩求出，往往需要先将剪力图正确画出。

掌握了剪力图和弯矩图的规律，就可以根据梁上作用的外力情况，并辅之以少量的计算快速而准确地作出剪力图和弯矩图，并对已作出的剪力图和弯矩图进行校核。

【例 3-6】 卧式储罐在重力作用下的力学模型如图 3-11(a) 所示，试作出此外伸梁的剪力图和弯矩图，并决定支座的最佳位置。图中 q 为均布载荷的线集度。

解 计算两支座的约束力，由结构的对称性易知：

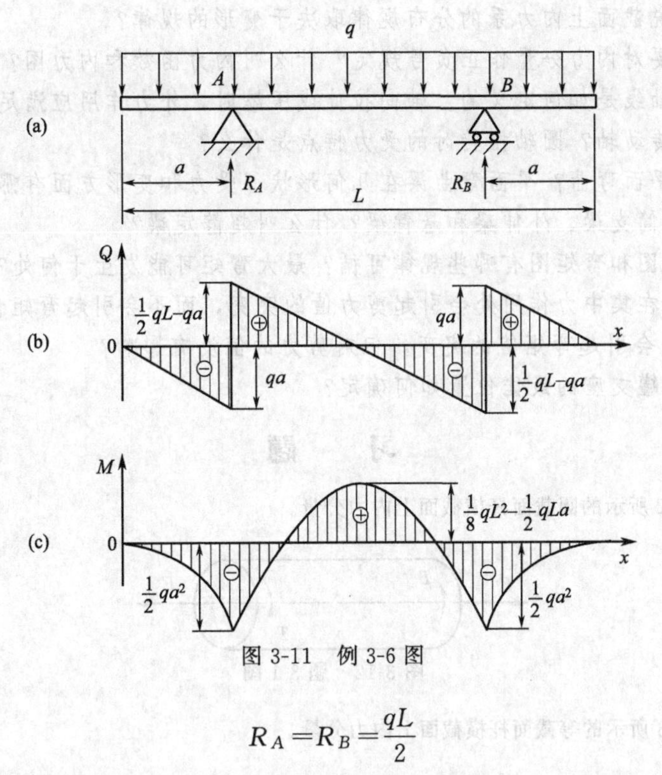

图 3-11　例 3-6 图

$$R_A = R_B = \frac{qL}{2}$$

由于梁上作用有向下的均布载荷，故剪力图为斜率小于零的直线，弯矩图为上凸的抛物线。在两支座处，剪力要发生突变，突变值等于约束力的大小，但弯矩是连续的。因此，只需将支座处的剪力值计算出来就可作出剪力图。显然，剪力图为相互平行的三条斜直线，如图 3-11(b) 所示。作出剪力图后，注意到跨中截面的剪力为零，该处弯矩必有极值。因此，只需将两支座处和跨中截面处的弯矩值求出来，就可作出如图 3-11(c) 所示的弯矩图。特殊截面处剪力和弯矩值的计算在此从略。

两支座位置由图 3-11(a) 中的尺寸 a 决定。显然，a 值的变化会同时引起跨中截面和支座处弯矩值的变化。支座的最佳位置应使梁的最大弯矩（绝对值）达到最小。a 的值过小，会导致跨中截面的弯矩过大；a 的值过大，则会导致支座处的弯矩过大。因此，确定支座最佳位置的条件为：支座处弯矩的绝对值与跨中截面弯矩的绝对值相等，即

$$\frac{1}{2}qa^2 = \frac{1}{8}qL^2 - \frac{1}{2}qLa$$

解之得：

$$a = \frac{\sqrt{2}-1}{2}L \approx 0.207L$$

应当指出，上述结果仅是考虑了重力载荷得出的，工程设计时，还须综合考虑其他因素才能把支座的合理位置确定下来。

思　考　题

3-1　内力的意义是什么？内力分量与截面上的内力系有何关系？

3-2　用截面法求得的内力分量有哪些类型？每一种内力分量是由何种变形引起的？

3-3　研究变形问题时，能否将分布载荷用其合力来代替？

3-4　力的可传性原理、力的平移定理等对变形体是否适用？

3-5 为什么说截面上内力系的分布规律取决于变形的规律？

3-6 为什么要对内力分量作正负号规定？什么叫内力函数和内力图？

3-7 杆件的轴线是如何定义的？轴向拉伸或压缩时，外力作用应满足什么条件？

3-8 什么叫传动轴？圆轴扭转时的受力特点是什么？

3-9 什么是平面弯曲？平面弯曲梁在几何形状、受力和变形方面有哪些特点？

3-10 什么是简支梁、外伸梁和悬臂梁？什么叫超静定梁？

3-11 作剪力图和弯矩图有哪些规律可循？最大弯矩可能发生于何处？

3-12 为什么在集中力作用处会引起剪力值的突变，而不会引起弯矩值的突变？为什么在集中力偶作用处会引起弯矩值的突变，但对剪力的值没有影响？

3-13 卧式储罐支座的最佳位置如何确定？

习 题

3-1 试求图3-12所示的圆截面杆横截面上内力分量。

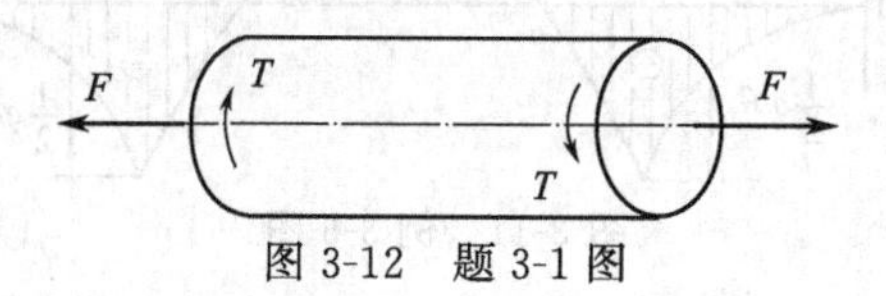

图3-12 题3-1图

3-2 试求图3-13所示的等截面杆横截面上内力分量。

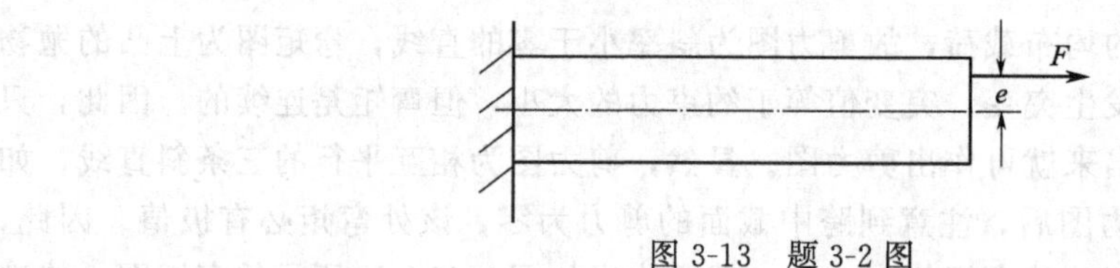

图3-13 题3-2图

3-3 试求图3-14所示的各杆横截面上轴力（图中虚线表示力的作用位置），并作轴力图。

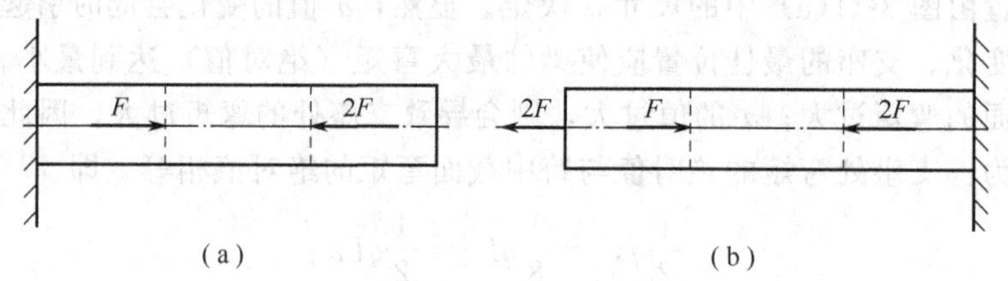

图3-14 题3-3图

3-4 试作出图3-15所示的两种齿轮布局的扭矩图，哪一种布局对提高传动轴强度有利？

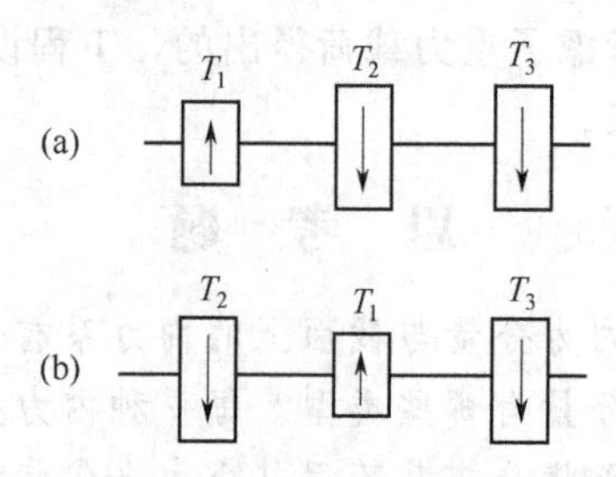

图3-15 题3-4图

3-5　试作出图 3-16 所示的各梁剪力图和弯矩图，并求出最大弯矩的值。

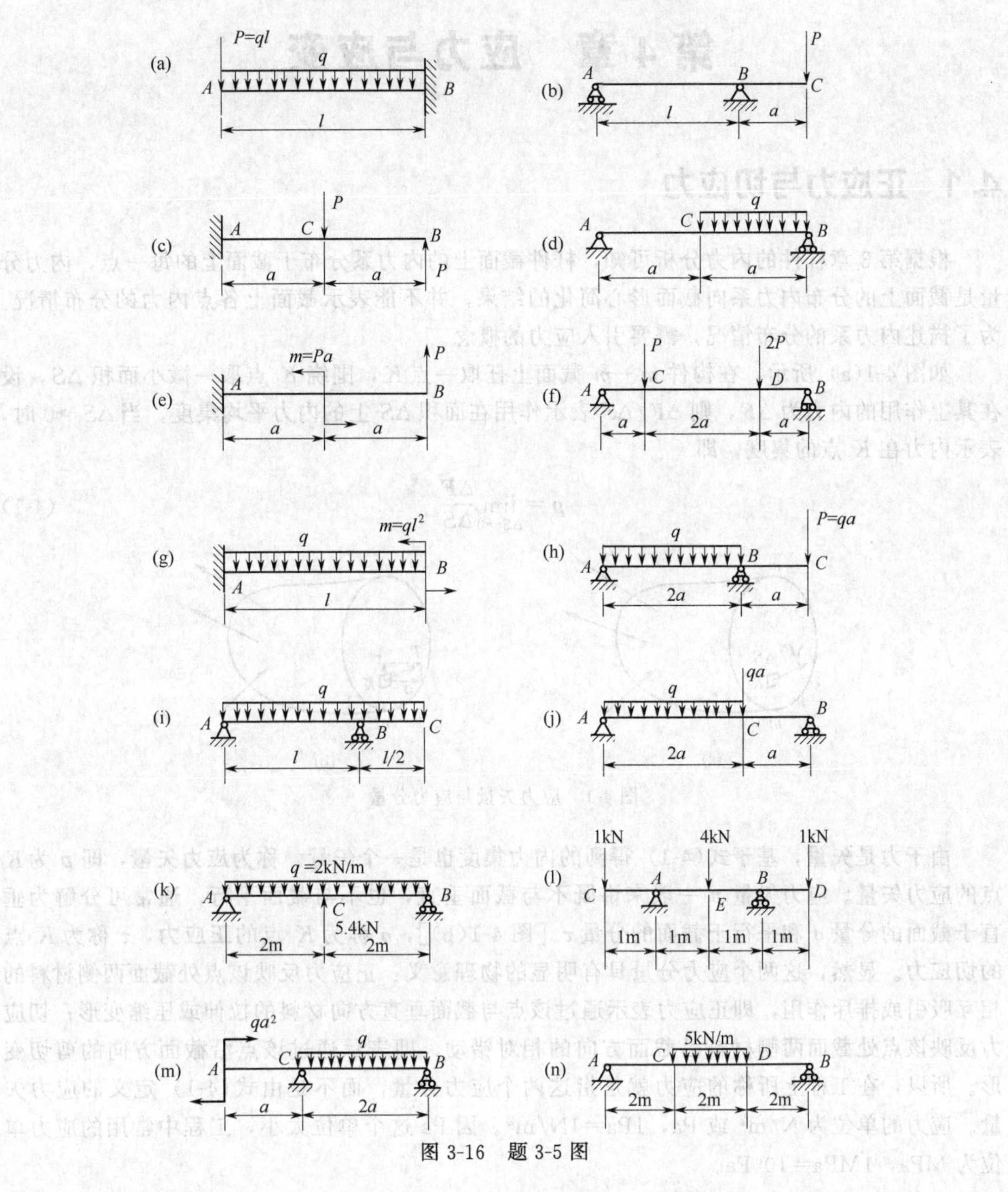

图 3-16　题 3-5 图

第 4 章　应力与应变

4.1　正应力与切应力

根据第 3 章杆件的内力分析可知，杆件截面上的内力系分布于截面上的每一点，内力分量是截面上的分布内力系向截面形心简化的结果，并不能表示截面上各点内力的分布情况。为了描述内力系的分布情况，需要引入应力的概念。

如图 4-1(a) 所示，在构件 m—m 截面上任取一点 K，围绕 K 点取一微小面积 ΔS，设在其上作用的内力为 $\Delta \boldsymbol{F}$，则 $\Delta \boldsymbol{F}/\Delta S$ 表示作用在面积 ΔS 上的内力平均集度，当 $\Delta S\to 0$ 时，表示内力在 K 点的集度，即

$$\boldsymbol{p}=\lim_{\Delta S\to 0}\frac{\Delta \boldsymbol{F}}{\Delta S} \tag{4-1}$$

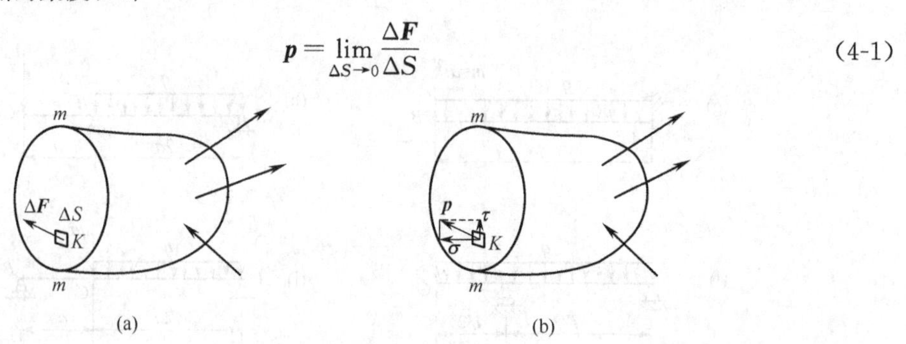

图 4-1　应力矢量与应力分量

由于力是矢量，基于式(4-1) 得到的内力集度也是一个矢量，称为**应力矢量**，即 $\boldsymbol{p}$ 为 K 点的应力矢量。应力矢量 $\boldsymbol{p}$ 一般来讲既不与截面垂直，也不与截面平行，通常可分解为垂直于截面的分量 σ 和平行于截面的分量 τ ［图 4-1(b)］，σ 称为 K 点的**正应力**，τ 称为 K 点的**切应力**。显然，这两个应力分量具有明显的物理意义：正应力反映该点处截面两侧材料的相互吸引或排斥作用，即正应力表示通过该点与截面垂直方向材料的拉伸或压缩变形；切应力反映该点处截面两侧材料沿截面方向的相对错动，即表示通过该点沿截面方向的剪切变形。所以，在工程上所称的应力就是指这两个应力分量，而不是由式(4-1) 定义的应力矢量。应力的单位为 N/m^2 或 Pa，$1Pa=1N/m^2$。因 Pa 这个单位太小，工程中常用的应力单位为 MPa，$1MPa=10^6 Pa$。

内力系在截面上的分布情况，可以用正应力和切应力表示。截面上内力系的分布规律即为应力的分布规律，内力分量也就是截面上的应力系向截面形心简化的结果。应力分量反映截面上各点内力作用的强弱程度，反映各点处的变形情况。因此，应力分量表示了一点处的危险程度，是建立构件强度条件的力学量。

要研究截面上应力的分布情况，必须研究各点处变形的情况。一般来说，这是一个复杂的问题。对于各种情况的变形问题，没有应力分布规律的统一答案，必须视具体变形情况进行研究。下面对直杆轴向拉伸（压缩）时横截面上应力分布规律进行分析。

图 4-2 为一受轴向拉伸的直杆，两端外力系的合力 F 沿轴线作用，使杆纵向伸长、横向缩短。由于两端平衡外力系是关于轴线对称的，因此，外力对杆的每一层纵向纤维（图中的

纵向线）的拉伸作用是一样的。这就意味着杆上的每一层纵向纤维有同样的伸长量，横截面（图中的横向线）上的所有点都有同样的纵向位移，即变形后横截面上的所有点仍位于同一平面上。这个变形的设想称为平面假设。可以推想，相邻两横截面（图中的 ab 线和 cd 线）上在同一条纵向线上的质点都会沿纵向有同样的分离位移而不会发生横向的错动。因此，在横截面相同的微小面积上由于这种纵向的分离而产生的拉力是一样的且不会有与截面相切的内力。这也就是说，直杆受轴向拉伸时，在横截面上只有正应力而不会产生切应力，并且各点的正应力都是相等的，即正应力在横截面上为均匀分布。横截面上的轴力 N 实际上就是此均布正应力 σ 的合力，即

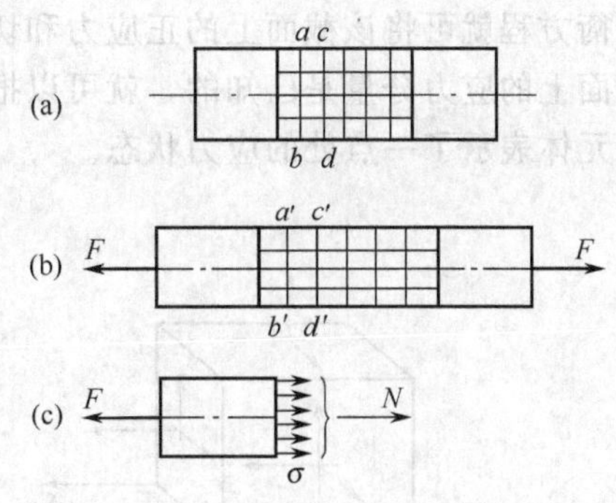

图 4-2　轴向受拉直杆横截面上的应力分布

$$\sigma=\frac{N}{S} \tag{4-2}$$

式中，S 为直杆的横截面面积。

对于受轴向压缩的直杆，横截面上的压应力也是均匀分布的。规定正应力 σ 与轴力 N 具有同样的符号：受拉为正、受压为负，也即拉应力为正、压应力为负。

通过直观想象变形的情况，作出相应的变形假设，经过推演得到截面上应力分布规律的结果，这也是随后研究圆轴受扭转和平面弯曲梁时横截面上应力分布规律的方法。

4.2　一点处应力状态的概念

由上述分析可以看出，受轴向拉伸的直杆横截面两侧质点会发生分离位移而不会发生沿截面的相对错动位移，故横截面上只有正应力而没有切应力。但是，如果所取的截面是与杆轴线不垂直的倾斜截面，就会有沿此斜截面的相对错动位移，此时斜截面上各点不仅有正应力，而且还有切应力且正应力和切应力的大小随倾斜角的变化而改变。一般来说，通过一点的不同方向截面上的应力分量是不同的。因此，一点的应力分量与通过该点的截面方位紧密联系在一起。当提及应力时，必须指明“哪一点哪一个方向面”上的应力，此即为“应力的点和面”的概念，不能笼统地说“这一点的应力是多少”或“物体上哪一点的应力大”。所谓“一点处的应力状态”，是指通过一点不同方向截面上的应力分量（正应力和切应力）的集合。如果已知某点处的应力状态，就意味着知道了通过该点任意一个方向截面上的应力分量，也即知道了该点的应力分量随通过该点截面方位变化而改变的情况。

为了研究一点处的应力状态，需要围绕该点取出一个微小的实体。通常所取的这个实体是一个微小的平行六面体（图 4-3），称为**微元体**或**单元体**，微元体上的六个微小矩形平面称为**微元面**或**单元面**。由于单元面的边长是非常微小的，因此，可以认为各单元面上的应力是均匀分布的，并且任意两个相互平行的单元面上的应力分量大小相等、方向相反（为避免图示复杂，图 4-3 中只画出了两平行单元面中一个单元面上的应力，并且把切应力分解为两个垂直分量），反映的是同一个方向截面上的应力。所以，六个微小单元面实质上代表了通过这一点的三个互相垂直的截面方位。对于通过该点的任意一个方向截面上的应力，可以用截面法求取：按照所取的截面方位，将单元体截开分为两部分，任取其中一部分，通过静力

平衡方程就可将该截面上的正应力和切应力用单元面上的应力分量表示出来。因此，只要单元面上的应力分量是已知的，就可以把通过该点所有截面方位上的应力分量都求出来，说明微元体表示了一点处的应力状态。

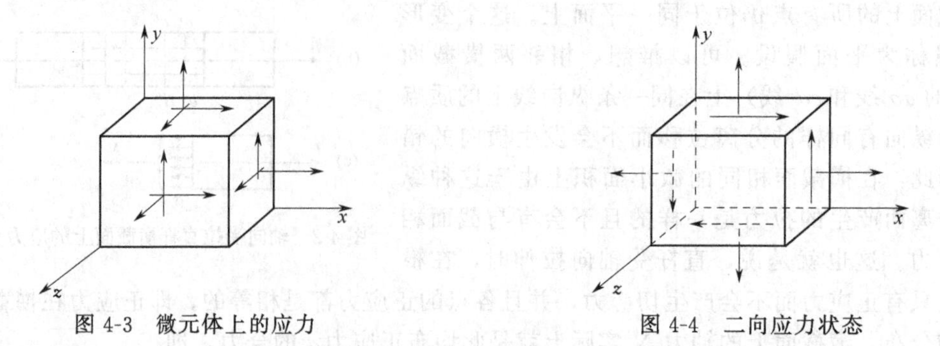

图 4-3 微元体上的应力　　图 4-4 二向应力状态

理论分析进一步表明，对于图 4-3 所示的微元体，一定能够找到这样三个互相垂直的截面，在这三个截面上只有正应力而没有切应力。这样的三个截面称之为**主平面**，其上作用的正应力称为**主应力**，主平面的法线方向称为**主方向**。当一点的三个主应力都不为零时，称该点处于三向应力状态。如图 4-4 所示的微元体，图中与 z 轴（与纸面垂直的轴）垂直的单元面上没有应力作用，即该单元面是一个主平面（切应力为零）且其上的主应力也为零，所以该单元表示的点一定不是处于三向应力状态；由于可以在 xy 坐标平面内研究其应力状态，故称该点处于**二向应力状态**。研究表明，二向应力微元体一定可以找到另外两个互相垂直的主平面，这两个主平面都与 z 轴平行；若其上作用的主应力中只有一个主应力不为零时，称该点处于**单向应力状态**。

对于受轴向拉伸的直杆，用两个横截面和四个纵向截面围绕直杆中一点截出一个微元体，如图 4-5 所示。通过对直杆轴向拉伸时的变形情况进行分析，不难得出与轴线平行的纵向截面上既无正应力也无切应力、仅在横截面上存在正应力的结论。因此，这三个互相垂直的单元面就是主平面且只有一个主应力不为零，即该点处于单向应力状态。显然，受轴向拉伸或压缩的直杆中的各点都处于单向应力状态。所以，轴向拉伸或压缩也称为单向拉伸或压缩。

在三向应力状态下，按照三个主平面方位围绕一点截出一个微元体，如图 4-6 所示，称之为主应力单元。设三个主应力为 σ_1、σ_2 和 σ_3，且约定 $\sigma_1>\sigma_2>\sigma_3$（按代数值）。可以证明，主应力 σ_1 为该点代数值最大的正应力，σ_3 为代数值最小的正应力；该点的最大切应力为：

$$\tau_{\max}=\frac{1}{2}(\sigma_1-\sigma_3) \tag{4-3}$$

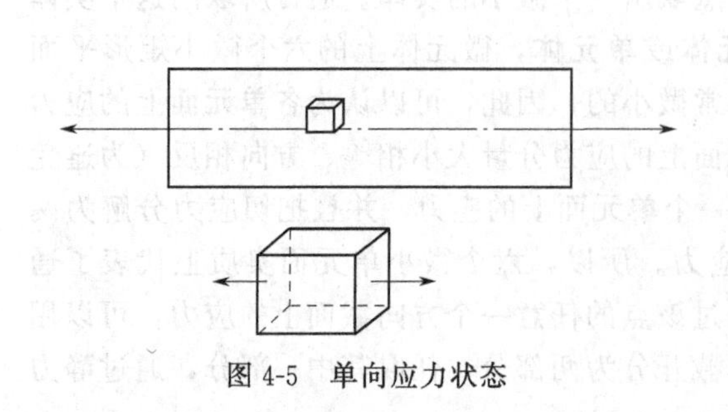

图 4-5 单向应力状态

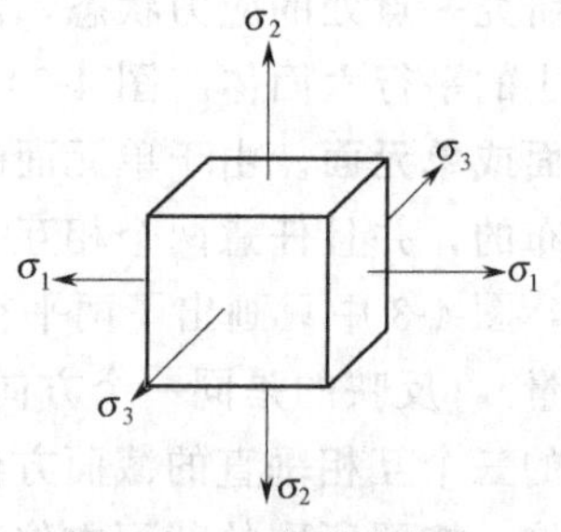

图 4-6 三向应力状态

且最大切应力所在的截面与主平面成 45°角。最大主应力往往是决定脆性材料强度的量，而最大切应力往往是决定塑性材料强度的量。例如，用塑性良好的材料制成的直杆被拉断后，断口面大约与轴线成 45°角，而脆性材料的直杆被拉断后，断口面大约与轴线垂直。

通过对应力状态的深入研究，可以建立起组合变形的强度理论，有关这方面的详细分析可参阅材料力学的相关书籍。

4.3　正应变与切应变

物体受力变形后，其内部微线段会伸长或缩短，这种变形称为线变形。微线段长度的相对改变量，即用线变形的量与微线段的原长度之比称为**正应变或线应变**，用 ε 表示。线应变是有方向的，在不同方向的微线段具有不同的线应变。微线段伸长的线应变称为拉应变，缩短的线应变称为压应变。规定拉应变为正，压应变为负。

考察图 4-5 所示的轴向拉伸直杆中的单向应力状态微元体的变形，不难发现，在拉应力的作用下，微元体沿拉应力方向会产生拉应变，同时在垂直于拉应力方向会产生压应变，即微元体将会变长变细。微元体的这种变形，就是点的线应变。显然，图 4-5 所示的受轴向拉伸直杆内各点的线应变都是相同的，直杆受拉伸后纵向的伸长量和横向的缩短量（绝对变形量），即为由直杆内所有点沿轴线方向和垂直于轴线方向的线变形累积的结果，而直杆纵向和横向的相对变形（绝对变形量与原长度的比值）分别与杆内各点沿轴线方向和垂直于轴线方向的线应变是相同的。受轴向拉伸或压缩直杆的这种均匀变形特点，其原因在于杆内各点处于相同的单向应力状态。

对于图 4-3 所示的微元体，在正应力的作用下，将会产生沿三个坐标轴方向的线应变，分别记为 ε_x、ε_y、ε_z。单元面上沿坐标轴方向的正应力，不仅会产生沿该轴方向的线应变，同时也会产生沿另两个坐标轴方向且符号相反的线应变，此即所谓的**横向效应**。对于图 4-6 所示的主应力单元，在主应力的作用下，将会产生沿三个主方向的线应变，记为 ε_1、ε_2、ε_3，称为**主应变**。

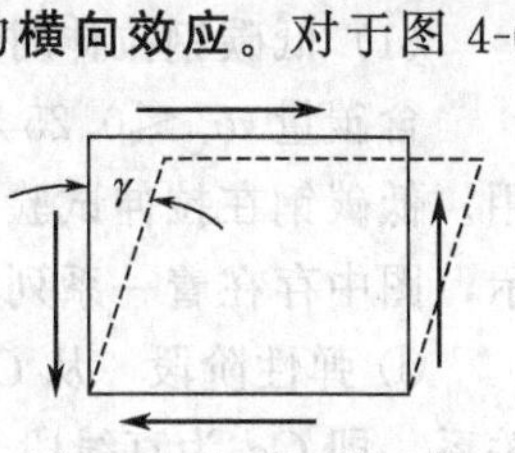

作用在微元体上的正应力仅产生正应变，不会改变不同方位单元面间的互相垂直关系，即单元面仍会保持为矩形。然而，作用在单元体上的切应力则不会引起单元边长的变化，只会改变其形状，由矩形变为平行四边形。如图 4-7 所示的纯剪切微元体，单元面变形后为平行四边形，直角的改变量称为**切应变**，用 γ 表示，其单位为 rad。

γ

图 4-7　纯剪切微元体

4.4　材料的力学性能及其测试

根据上述分析，可以看出物体内一点的变形是由应力引起的，正应力与正应变、切应力与切应变之间应该存在一定的依存关系。这种关系与材料的力学性能有关，称为**物性关系**，需要通过试验测试才能确定。

将材料制成一定形状的试样，施加一定的外力使其变形，研究材料变形与所受外力之间的关系即为材料的力学性能试验。材料的拉伸与压缩试验是确定材料力学性能的基本试验。通过此试验，可以研究材料在轴向载荷作用下所发生的力学行为，得到正应力与正应变之间的物性关系。

4.4.1 材料在拉伸时的力学性能

金属材料的拉伸试验应遵照GB/T 228.1《金属材料 拉伸试验 第1部分：室温试验方法》进行，该标准对金属拉伸试样的表面粗糙度、尺寸及公差等都做了具体的规定。金属拉伸试样有圆形［图4-8(a)］、矩形［图4-8(b)］、多边形和环形的截面形状，特殊情况下还可采用某些其他形状。试样中间为较细的等直部分，两端较粗的目的是便于装夹且可避免试样在装夹部分发生破坏。拉伸试验过程中用以测量试样伸长的两标记间长度称为试样标距。试验前的标距为原始标距，用 L_0 表示。

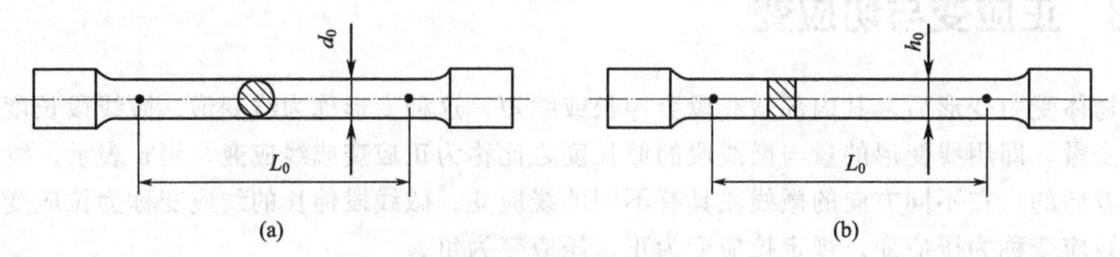

图4-8 金属拉伸试样

试验时，在室温（10～35℃）下，将试样两端装于试验机夹持装置上，缓慢加载，试验机的测力度盘上显示出拉力的大小，同时对应每一拉力 $\boldsymbol{F}$，可测出试件在试样原始标距 L_0 内的伸长量 ΔL，一直到试样被拉断为止。以 ΔL 为横坐标、$\boldsymbol{F}$ 为纵坐标将所得数据绘成的曲线称为材料的拉伸曲线。一般试验机上都有自动绘图装置，可自动绘制出材料的拉伸曲线。试验表明，即使是同一种材料制成的标准试件，由于几何尺寸的不同，所得到材料的拉伸曲线形状也是不同的。因此，为了消除试件原始尺寸的影响，使试验结果更确切地反映材料的力学性能，通常采用以应力 $\sigma=F/S_0$（S_0 为试样横截面的原始面积）为纵坐标、伸长率 $\varepsilon=\Delta L/L_0$ 为横坐标绘制的 σ-ε 曲线。σ-ε 曲线真正反映了材料在轴向拉伸载荷作用下的力学性能。

（1）低碳钢拉伸时的力学性能

含碳量 $w_C\leqslant 0.25\%$ 的碳素钢称为低碳钢。低碳钢为塑性材料，在实际工程中被广泛使用。低碳钢在拉伸试验中表现出来的力学性能非常典型。低碳钢拉伸时的 σ-ε 曲线如图4-9所示，图中存在着一系列与试件不同变形阶段相应的特征阶段及特征点。

① 弹性阶段 从 O 点到 b 点为弹性阶段，其中在 a 点之前，应力 σ 与伸长率 ε 成线性关系，即 Oa 为直线段。相应于特征点 a 的应力称为**比例极限**，用 R_p 表示。因此，当 $\sigma<R_p$ 时，有

$$\sigma=E\varepsilon \tag{4-4}$$

式中，比例系数 E 称为**弹性模量**。这一变形规律称为 **Hooke（虎克）定律**。由前述关于应力状态的研究可知，直杆发生轴向拉伸变形时，直杆内所有各点都处于单向应力状态，并且直杆内所有各点的应变都是一样的，因此，式(4-4)中的应力就是直杆内所有各点的主应力（横截面上的正应力），而直杆的伸长率也就是直杆内所有各点的主应变（纵向应变）。式(4-4)实质上表示了线弹性材料单向应力状态点应力和应变之间的物性关系。弹性模量 E 就是线弹性材料的应力-应变直线段 Oa 的斜率，反映了材料抵抗弹性变形的能力。

应力超过比例极限 R_p 后，应力与应变的关系呈非线性，但试样的变形仍然是完全弹性的，即外力卸除后变形将完全消失。这个非线性弹性阶段很短，如图4-9中由 a 到 b 这一段所示。工程上一般对这一非线性弹性阶段不予考虑，因而一般认为在弹性范围内，材料便服从虎克定律。

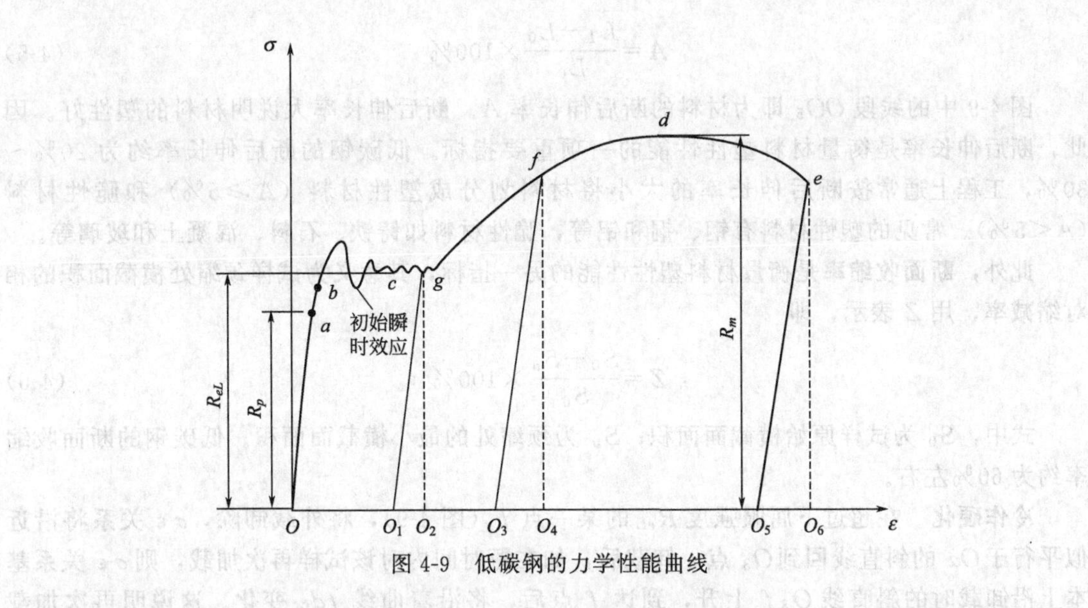

图 4-9　低碳钢的力学性能曲线

② 屈服阶段　超过弹性范围后继续拉伸，变形突然变得不稳定（初始瞬时效应），此时外力已不能再增加了，变形却在不断地增加。变形很快基本稳定后，曲线呈现小锯齿形状，但起伏不大，接近于水平直线。此时材料暂时失去了抵抗变形的能力，不再像弹性阶段，一定的外力只能产生一定的变形，好像材料对外力“屈服”似的，不抵抗了。因此，将这一阶段称为屈服阶段，小锯齿状内最低点（c 点）所对应的应力称为**下屈服强度**，用 R_{eL} 表示。材料发生屈服时，在磨光的试样表面可见与轴线大约成 45°夹角的条纹。这些条纹是由于材料内部晶格之间产生滑移而形成的，称为滑移线。由于在轴向拉伸时最大切应力所在截面与杆轴线成 45°角，可见屈服现象的出现与最大切应力有关。

材料进入屈服阶段后，便会产生不可恢复的塑性变形。如果在屈服阶段中的某一点 g 逐渐卸去外力，σ-ε 曲线关系将沿着近似平行于 Oa 的直线 gO_1 回到 O_1 点。O_1O_2 这段伸长因卸载而消失，属于弹性变形，而 OO_1 这段在外力为零时仍然存在于试样中，属于塑性变形。机械设备中许多零部件不允许产生较大的塑性变形，否则不能正常工作。因此，下屈服强度 R_{eL} 是衡量材料强度的一个重要指标。

③ 强化阶段　过了屈服阶段后，材料又具有了一定的抵抗变形能力，即 σ-ε 曲线又上升，这种现象称为材料的强化。σ-ε 曲线的最高点 d 对应的应力是材料所能承受的最大应力，称为材料的**抗拉强度**，用 R_m 表示。R_m 是衡量材料强度的又一重要指标。

④ 颈缩阶段　应力达到抗拉强度 R_m 后，试样的变形开始集中于某一局部范围内，该局部的试样横截面急剧收缩，形成颈缩现象（图 4-10），由于横截面面积的缩小，导致使继续变形所需的外力逐渐减小。因此，σ-ε 曲线过 d 点后便下降，直至 e 点，试样在横截面面积最小处发生断裂。拉伸试验至此结束，随后进行有关的数据整理与分析工作。

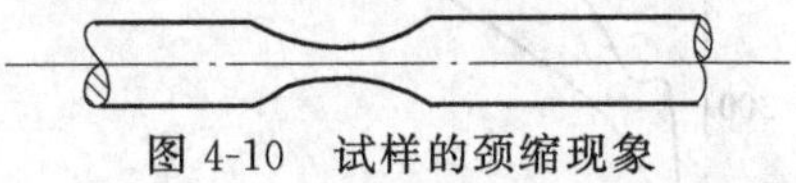

图 4-10　试样的颈缩现象

下面介绍材料的两个塑性指标以及材料的冷作硬化现象。

断后伸长率与断面收缩率　试样拉断后，将其断裂部分在断裂处紧密对接在一起，可以发现，断裂后的试样标距由原始标距 L_0 增大为断后标距 L_1，差值（L_1-L_0）即为残留的变形量。试样拉断后，标距的伸长与原始标距的百分比称为**断后伸长率**，用 A 表示，即

$$A=\frac{L_1-L_0}{L_0}\times 100\% \tag{4-5}$$

图4-9中的线段OO_5即为材料的断后伸长率A。断后伸长率大说明材料的塑性好。因此，断后伸长率是衡量材料塑性性能的一项重要指标。低碳钢的断后伸长率约为20%～30%，工程上通常按断后伸长率的大小将材料划分成塑性材料（$A\geqslant 5\%$）和脆性材料（$A<5\%$）。常见的塑性材料有钢、铜和铝等，脆性材料如铸铁、石料、混凝土和玻璃等。

此外，**断面收缩率**是衡量材料塑性性能的另一指标，其意义为试样颈缩处横截面积的相对缩减率，用Z表示，即

$$Z=\frac{S_0-S_u}{S_0}\times 100\% \tag{4-6}$$

式中，S_0为试样原始横截面面积；S_u为颈缩处的最小横截面面积。低碳钢的断面收缩率约为60%左右。

冷作硬化 在超过下屈服强度R_{eL}的某一点f（图4-9），将外载卸除，σ-ε关系将沿近似平行于Oa的斜直线回到O_3点。卸载后，如在短时间内对该试样再次加载，则σ-ε关系基本上沿卸载时的斜直线O_3f上升，到达f点后，将沿着曲线fde变化。这说明再次加载时，材料的弹性段增大，比例极限R_p得到提高，过f点后才出现塑性变形。但是可看出，材料的塑性变形能力和断后伸长率A（线段O_3O_5）却有所降低。这种材料被预拉到强化阶段，然后卸载，当再次加载时，比例极限R_p得到了提高但塑性却有所降低的现象称为**冷作硬化**。冷作硬化可经一定的热处理方法加以消除。

冷作硬化现象常被人们用于提高某些构件的弹性承载能力。如起重用的钢丝绳、建筑用钢筋等，常用冷拔工艺以提高其强度。

(2) 其他塑性材料拉伸时的力学性能

其他塑性材料的σ-ε曲线与低碳钢的σ-ε曲线基本上相似。图4-11中给出了几种塑性材料的σ-ε曲线。其中有些材料，如低合金钢，强度比低碳钢高，曲线形状与低碳钢的曲线形状十分相似，有明显的弹性阶段、屈服阶段、强化阶段和颈缩阶段。有些材料，如不锈钢和紫铜等，没有明显的屈服阶段。

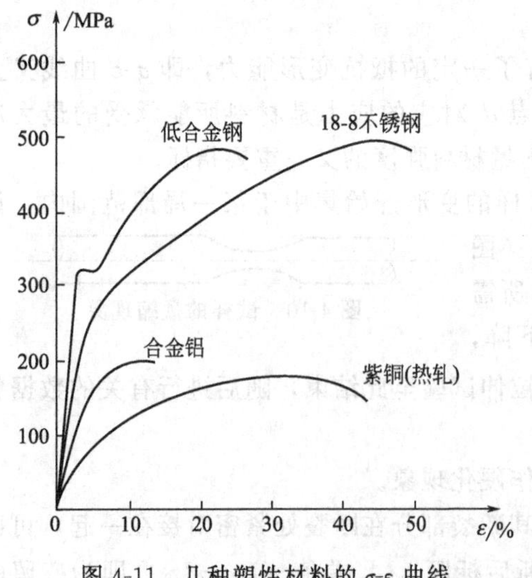

图4-11 几种塑性材料的σ-ε曲线

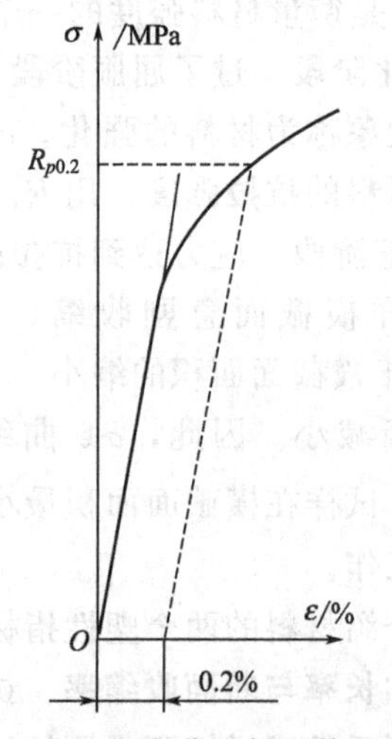

图4-12 规定非比例延伸强度

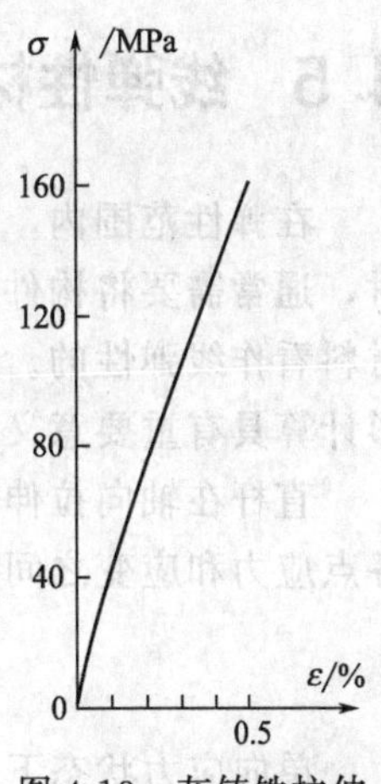

图 4-13 灰铸铁拉伸时的 σ-ε 曲线

对于没有明显屈服的塑性材料，如不锈钢，通常采用**规定非比例延伸强度**作为名义屈服强度。所谓规定非比例延伸强度是指非比例伸长率等于规定值时的应力，用 R_p 再加上表示规定的非比例伸长率的数字表示，如 $R_{p0.2}$表示规定的非比例伸长率为 0.2%时的应力值（图 4-12）。

(3) 脆性材料拉伸时的力学性能

脆性材料拉伸时的 σ-ε 曲线与塑性材料的 σ-ε 曲线明显不同。灰铸铁是典型的脆性材料，图 4-13 为灰铸铁拉伸时的 σ-ε 曲线，可见曲线微弯，没有明显的直线部分。灰铸铁在较小的应力下即被拉断 (R_m=120～180MPa)，没有屈服现象和颈缩现象，其断后伸长率很小，A=0.5%～0.6%。对于脆性材料，抗拉强度 R_m 是唯一的强度指标。由于其强度低，一般脆性材料不作为受拉构件。

4.4.2 材料在压缩时的力学性能

材料压缩试验所用试样，通常为短圆柱形，高度与直径之比为 1.5～3.0。这主要是避免试样受压时发生弯曲变形。下面分别以低碳钢和灰铸铁为例说明塑性材料和脆性材料在压缩时的力学性能。

(1) 塑性材料

低碳钢在压缩时的 σ-ε 曲线如图 4-14 中的实线所示。与拉伸时（虚线）相比，可见在屈服阶段之前，所表现的力学性能基本相同。超过下屈服强度之后，试样愈压愈扁，由于两端面的摩擦使横向变形受阻，故受压时成鼓形。随着试样横截面面积的不断增大，试样抗压能力也继续增大，最后试样被压成薄饼状，因而测不出其抗压强度（少数塑性材料例外）。一般不需进行低碳钢的压缩试验。

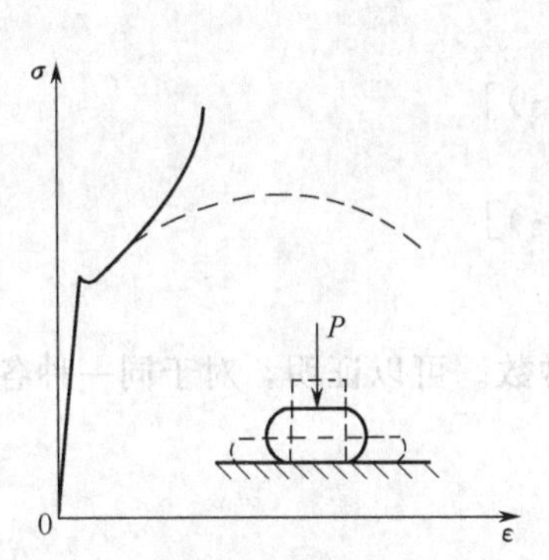

图 4-14 低碳钢在压缩时的 σ-ε 曲线

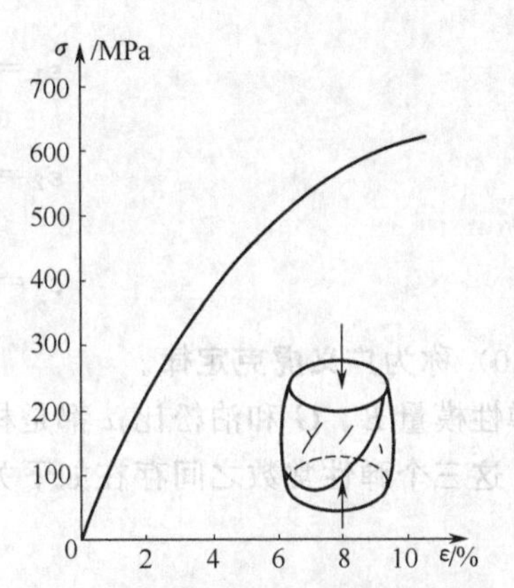

图 4-15 灰铸铁压缩时的 σ-ε 曲线

(2) 脆性材料

灰铸铁压缩时的 σ-ε 曲线如图 4-15 所示。试样在较小的变形下突然发生破坏，断裂发生在与轴线大约成 45°～55°夹角的斜截面。相对来讲，铸铁压缩时的变形比受拉伸时要大许多，抗压强度比拉伸时高约 3～6 倍。

脆性材料的特点是抗压能力强、抗拉能力低、塑性性能差。铸铁具有价廉、耐磨、易于浇铸成型和吸振能力强等特点，工业上铸铁多用于制造机床床身、机座等受压零件。因此，对于铸铁，压缩试验比拉伸试验更为重要。

4.5 线弹性材料的物性关系

在弹性范围内，大多数金属材料的应力-应变关系是线性的或近似为线性的。工程设计时，通常需要将构件的变形控制在弹性范围内，不允许出现大范围的塑性变形，因此，可将材料看作线弹性的。线弹性材料的物性关系，即应力和应变的线性关系对于工程设计时的变形计算具有重要意义。

直杆在轴向拉伸或压缩时，杆内各点都处于单向应力状态。设轴线为 x 轴，则直杆内各点应力和应变之间的物性关系服从由式(4-4) 表达的虎克定律，即

$$\sigma_x = E\varepsilon_x \text{或} \varepsilon_x = \frac{\sigma_x}{E} \tag{4-7}$$

单向应力状态下，只有 σ_x 这个主应力不为零（受拉时 $\sigma_x > 0$，σ_x 为 σ_1；受压时 $\sigma_x < 0$，σ_x 为 σ_3），其余两个主应力 σ_y 和 σ_z 都为零，但是，由于横向效应，ε_y 和 ε_z 都不为零。试验结果证明，横向应变和纵向应变之间存在如下的关系：

$$\varepsilon_y = \varepsilon_z = -\mu\varepsilon_x \tag{4-8}$$

式中，系数 μ 称为**泊松比**，负号表示纵向与横向的变形方向是相反的。这三个应变都为主应变。

线弹性材料的切应力和切应变之间也是成正比的，如对于图 4-7 所示的纯剪切单元，有

$$\tau = G\gamma \tag{4-9}$$

式中，G 称为剪切弹性模量。这一变形规律称为**剪切虎克定律**。

上述应力和应变之间的线性关系，可以推广到三向应力状态的主应力单元，主应力与主应变之间有如下关系：

$$\varepsilon_1 = \frac{1}{E}[\sigma_1 - \mu(\sigma_2 + \sigma_3)] \tag{4-10a}$$

$$\varepsilon_2 = \frac{1}{E}[\sigma_2 - \mu(\sigma_1 + \sigma_3)] \tag{4-10b}$$

$$\varepsilon_3 = \frac{1}{E}[\sigma_3 - \mu(\sigma_1 + \sigma_2)] \tag{4-10c}$$

式(4-10) 称为**广义虎克定律**。

弹性模量 E、G 和泊松比 μ 都是材料固有的弹性常数。可以证明，对于同一种各向同性材料，这三个弹性常数之间存在如下关系：

$$G = \frac{E}{2(1+\mu)} \tag{4-11}$$

表 4-1 摘录了一些常用材料在常温静载下的 E 和 μ 值。

表 4-1 常用材料的弹性模量和泊松比

材料名称	弹性模量 $E/10^5$MPa	泊松比 μ	材料名称	弹性模量 $E/10^5$MPa	泊松比 μ
碳素钢	1.96～2.06	0.24～0.28	硬铝合金	0.71	0.33
合金钢	1.86～2.16	0.24～0.33	铅	0.17	0.42
灰铸铁	1.13～1.57	0.23～0.27	混凝土	0.14～0.35	0.16～0.18
铜及其合金	0.73～1.28	0.31～0.42	橡胶	0.00078	0.47

思 考 题

4-1　为什么应力能够表示物体内各点的危险程度？研究应力在截面上的分布情况时为什么必须研究变形？

4-2　一点处应力状态的概念是什么？如何研究一点处的应力状态？

4-3　什么叫主平面？什么叫主应力和主方向？

4-4　什么叫三向应力状态、二向应力状态和单向应力状态？

4-5　直杆轴向拉伸或压缩时，直杆各点处于何种应力状态？为什么？

4-6　最大切应力所在截面与主平面的位置关系如何？最大切应力与主应力的关系如何？

4-7　什么叫一点的线应变和切应变？线应变和切应变各由何种应力产生？

4-8　低碳钢的拉伸试验要经历哪几个阶段？虎克定律成立于哪个阶段？

4-9　通过材料的拉伸试验得出材料的强度、刚度和塑性指标各是什么？为什么说这些指标能够表示材料的力学性能？

4-10　什么叫规定残余延伸强度？$R_{p0.2}$ 表示的意义是什么？

4-11　为什么说压缩试验对脆性材料来说更重要？

4-12　什么叫广义虎克定律？它是如何导出的？

第5章 杆件的强度与刚度计算

5.1 概述

5.1.1 强度条件

从第4章的分析可知，构件中的应力表示了一点的危险程度，因此，能够用应力建立强度条件。通用的强度条件式为：

$$\text{构件中的最大应力} \leqslant \text{许用应力} \tag{5-1}$$

构件中的最大应力需视其受力与变形的具体情况而有所不同。对于杆件变形的基本形式，通常采用其横截面上正应力或切应力建立强度条件，组合变形情况的强度条件建立则比较复杂，需要考虑材料的力学性能，研究危险点的应力状态，选用合适的强度理论，必要时可参阅相关的材料力学书籍。

许用应力是构件正常工作时所允许承受的最大应力。许用应力可以通过构件所用材料的力学性能试验得到的强度指标除以大于1的安全系数得到。

5.1.2 刚度条件

构件在外力作用下会发生变形，因此，某些特定构件除了应满足强度条件之外，还应满足刚度条件。通用的刚度条件式为：

$$\text{构件中的最大变形量} \leqslant \text{许用变形量} \tag{5-2}$$

构件中的最大变形量、许用变形量均需视其受力与变形的具体情况而有所不同。

5.2 直杆轴向拉伸与压缩时的强度与变形计算

5.2.1 直杆轴向拉伸与压缩时的强度计算

直杆轴向拉伸与压缩时横截面上的应力可由式(4-2)计算得到，因此，其强度条件为：

$$\sigma_{\max}=\frac{N}{S}\leqslant[\sigma] \tag{5-3}$$

式中 $\sigma_{\max}$——直杆横截面上的最大正应力；

$[\sigma]$——材料的许用应力，即直杆横截面上允许承受的最大正应力。

对于塑性材料，强度指标可以采用屈服强度或抗拉强度；对于脆性材料，强度指标为抗拉强度或抗压强度。于是，许用应力

$$[\sigma]=\frac{R_{eL}\,(\text{或}\,R_{p0.2})}{n_s} \tag{5-4}$$

或

$$[\sigma]=\frac{R_m}{n_b} \tag{5-5}$$

式中，n_s 称为屈服安全系数；n_b 称为断裂安全系数。由于脆性材料的抗压强度比抗拉强度大很多，因此，其压缩时的许用应力值比拉伸时的许用应力值也大很多。

为什么强度条件式中要引入一个大于1的安全系数呢？主要是基于如下两方面的原因。

(1) 确定强度条件式中决定构件强度的量时存在主观考虑与客观实际间的差异

首先，设计时材料的强度指标是从设计手册中查得，而设计手册中的数据又是通过试件的力学性能试验测试出来的。强度数据本身会受到诸如材料的性能、加工精度等多种因素的影响，从而有可能使实际构件所用材料的强度值低于设计手册中的强度数据。

其次，最大应力值是在力学模型的基础上计算得到的。力学模型本身与实际的工程结构可能有差别，包括载荷、约束及构件在几何形状和尺寸方面等简化造成的各种误差，应力计算方法本身不够精确造成的误差等。所有这些误差都可能使实际构件工作时的最大应力值大于计算得到的最大应力值。

因此，上述两方面的误差都会使设计偏于不安全。若不对设计手册中的强度数据给予适当地降低，则会有可能使构件在工作中处于危险境地而导致事故的发生。

(2) 构件应具有必要的强度储备

由于上述误差的存在，以及构件在使用期内可能碰到一些意外的不利情况，因而应对在工作中处于不同重要程度的构件给予不同的安全裕度。对于重要的构件，一旦出现运行不稳定或发生破坏，引起严重的安全、生产事故和重大财产损失，甚至导致人员伤亡，设计时应给予较大的强度储备，选取较大的安全系数。

综上所述，安全系数的选取是一个十分重要的问题，需要兼顾先进性、可靠性、经济性和安全性的综合考虑。安全系数过大，容易造成材料浪费，成本增加；安全系数过小，可能导致安全事故。对于一般的机械设计，在静载情况下，常取 $n_s=1.5\sim2.0$，$n_b=2.0\sim4.5$。对于重要行业，安全系数的选取不是个人行为，往往应以标准的形式规定下来，如 GB 150 对压力容器设计时的安全系数选取给予了详细的规定。此外，安全系数的选取，还与国家科技的发展与进步有关，如中国压力容器行业，随着科学技术的进步、设备与材料制造技术水平的不断提高，压力容器设计所取的安全系数处于下降的趋势。

利用强度条件式，可以解决如下三方面的工程计算问题。

① 强度校核　若已知杆件尺寸、所受载荷和材料的许用应力，可利用式(5-3) 验算杆件是否满足强度要求。若式(5-3) 得到满足，说明杆件在工作时是安全的，否则就是不安全的，需要采取相应的措施。

② 截面设计　若已知杆件所受载荷和所用材料的许用应力，可以确定杆中的最大轴力，从而利用式(5-3) 计算出杆件不致破坏所需的最小横截面面积，进而进行杆件的结构设计。

③ 确定许可载荷　若已知杆件尺寸和所用材料的许用应力，则根据式(5-3) 确定杆件中所能承受的最大轴力，然后根据静力平衡条件可计算出杆件所能够承受的最大载荷（即许可载荷）。

【例 5-1】 螺旋压板夹紧装置如图 5-1(a) 所示。已知圆柱形工件承受轴线方向的作用力 $P_z=4\text{kN}$。假定工件与压板及工件与 V 形铁之间轴向方向摩擦力的摩擦系数 $f=0.4$，螺栓螺纹部分的最小直径 $d=13.4\text{mm}$，螺栓的许用应力 $[\sigma]=87\text{MPa}$。试问螺栓是否可以正常工作。

解 螺栓是否可以正常工作，取决于在正常工作时螺栓的强度是否足够。螺栓为受轴向拉伸的直杆。要计算在工作时螺栓横截面上的最大正应力，首先应将螺栓两端所受拉力求出来，这只能通过对压板进行受力分析才能实现。压板在 A 端铰支，B 端受螺栓施加的力 N 作用，中间受工件的作用力 Q 作用，如图 5-1(b) 所示。由静力平衡条件 $\sum M_A=0$，得

$$Q\times l-N\times2l=0$$

故

$$N=Q/2 \tag{5-6a}$$

现取工件为研究对象，由于工件没有转动趋势，作为工程运算，可以忽略工件与 V 形

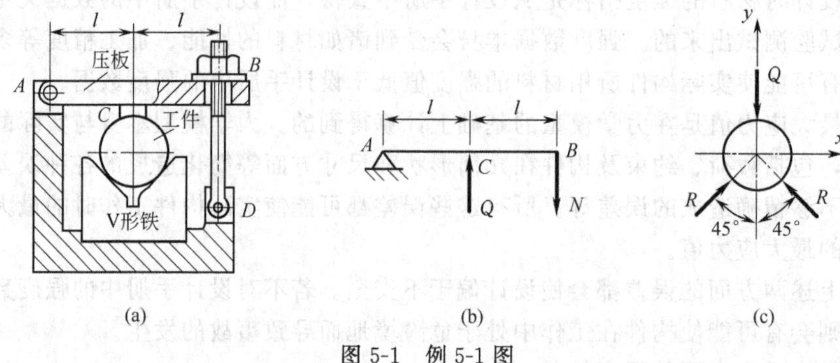

图 5-1 例 5-1 图

铁之间的切向摩擦力，只是光滑接触，则接触面上只存在约束力 R 作用，画出受力图如图 5-1(c) 所示，由静力平衡条件 $\sum F_y=0$，得

$$2R\cos45°-Q=0$$

于是

$$R=\frac{\sqrt{2}}{2}Q \tag{5-6b}$$

欲使工件在轴线方向（Z 方向）保持平衡，必须使作用力 Q 和约束力 R 产生的摩擦力等于工件所受轴向力 P_z，于是有：

$$P_z=f(Q+2R) \tag{5-6c}$$

由式(5-6a)、式（5-6b）、式（5-6c）联立解得：

$$N=\frac{P_z}{2(1+\sqrt{2})f}=\frac{4}{2(1+\sqrt{2})\times0.4}=2.07\ (\text{kN})$$

显然，力 N 在数值上等于螺栓横截面上的轴力，则螺栓横截面上的最大正应力

$$\sigma_{\max}=\frac{N}{A}=\frac{N}{0.785d^2}=\frac{2.07\times10^3}{0.785\times13.4^2}=14.69\ (\text{MPa})$$

所以 $\sigma_{\max}<[\sigma]=87\text{MPa}$，表明此螺栓在工作时是安全的，强度足够。

5.2.2 直杆轴向拉伸与压缩时的变形计算

直杆在轴向拉力作用下，其轴向尺寸将伸长，而横向尺寸将缩短。反之，在轴向压力作用下，直杆的轴向尺寸将缩短，而横向尺寸将增大。

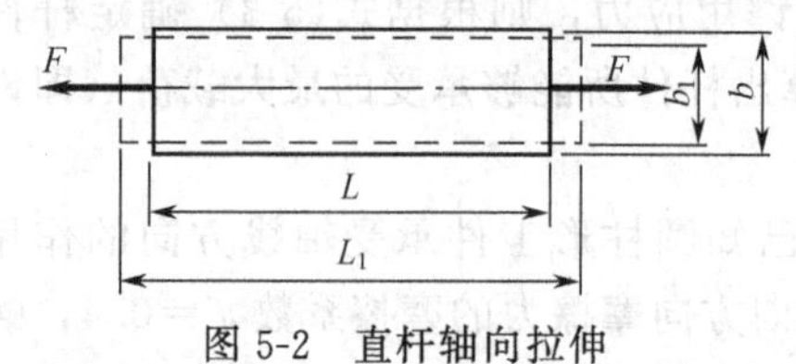

图 5-2 直杆轴向拉伸

设等直杆的原始长度为 L（图 5-2），横截面面积为 S，在轴向拉力 F 的作用下产生变形，轴向长度由 L 变为 L_1，相应杆件横向尺寸由 b 变为 b_1。

杆件在轴向的伸长量为：

$$\Delta L=L_1-L$$

由第 4 章可知，图 5-2 所示的直杆内各点轴向正应变都是相同的，故杆件的轴向正应变为：

$$\varepsilon=\frac{\Delta L}{L} \tag{5-7}$$

此外，在杆件横截面上的正应力为：

$$\sigma=\frac{N}{S}$$

式中轴力 $N=F$，即在图示杆内的轴力是一个常量。

根据 4.4 节材料的力学性能及其测试得到的结果，在弹性范围内，正应力与正应变成正

比（虎克定律），即

$$\sigma = E\varepsilon$$

于是，由以上各式联立可以得到等截面杆受轴力 N 作用时的伸长量计算式：

$$\Delta L = \frac{NL}{ES} \tag{5-8}$$

式（5-8）是虎克定律的另一种形式。由式可见，杆的绝对伸长量 ΔL 与弹性模量 E 和横截面面积 S 的乘积成反比，故将 ES 称为杆件的抗拉（压）刚度，它表示杆件抵抗拉伸（压缩）变形的能力。

由式(5-8) 的计算模型（图 5-2）可以看出，式(5-8) 实质上表示的是，长度为 L 的一段直杆在轴力不变和横截面面积不变时的绝对伸长量。因此，对于轴力变化或横截面面积变化或两者同时变化的直杆来说，应将直杆分为轴力和横截面面积都不变的若干段，然后对每一段应用式(5-8) 计算其纵向变形量（伸长量或缩短量），再将每一段的变形量求代数和就得到了整个杆的变形量。此时，应注意将轴力的代数值代入式(5-8) 进行计算。

从图 5-2 还可看出，杆件轴向拉伸时，横向尺寸由 b 变为 b_1，横向应变为

$$\varepsilon' = \frac{b_1 - b}{b}$$

根据 4.5 节线弹性材料的物性关系可知，在弹性范围内，横向应变与轴向应变之比的绝对值是一个常数，即

$$\mu = \left|\frac{\varepsilon'}{\varepsilon}\right|$$

μ 即为横向变形系数或泊松比，它是一个量纲为一的量。由于 ε 与 ε' 的符号总是相反的，故有

$$\varepsilon' = -\mu\varepsilon$$

弹性模量 E 和泊松比 μ 是材料固有的两个弹性常数，部分常用材料在常温静载下的 E 和 μ 值可从表 4-1 中查取。

【例 5-2】 钢制实心圆柱长 $L = 100\text{mm}$，受力如图 5-3 所示。已知 $P = 150\text{kN}$，$D = 40\text{mm}$，$E = 2.0\times10^5\text{MPa}$，$\mu = 0.28$。试求圆柱长度的改变量及圆柱横截面面积的相对改变量 $\Delta S/S$。

解　实心圆柱横截面面积为：

$$S = 0.785D^2 = 0.785\times40^2 = 1256\ (\text{mm}^2)$$

圆柱长度的改变量为：

$$\Delta L = \frac{NL}{ES} = -\frac{PL}{ES} = -\frac{150\times10^3\times100}{2.0\times10^5\times1256} = -0.06\ (\text{mm})$$

轴向应变　$\varepsilon = \dfrac{\Delta L}{L} = \dfrac{-0.06}{100} = -0.6\times10^{-3}$

横向应变　$\varepsilon' = -\mu\varepsilon = -0.28\times(-0.6\times10^{-3}) = 0.168\times10^{-3}$

变形后圆柱外径改变量为：

$$\Delta D = \varepsilon' D = 0.168\times10^{-3}\times40 = 6.72\times10^{-3}\ (\text{mm})$$

横截面面积的相对改变量为：

$$\frac{\Delta S}{S} = \frac{S'-S}{S} = \frac{(D+\Delta D)^2 - D^2}{D^2} = \frac{\Delta D(2D+\Delta D)}{D^2} \approx \frac{2\Delta DD}{D^2}$$

$$= \frac{2\times6.72\times10^{-3}\times40}{40^2} = 3.36\times10^{-4}$$

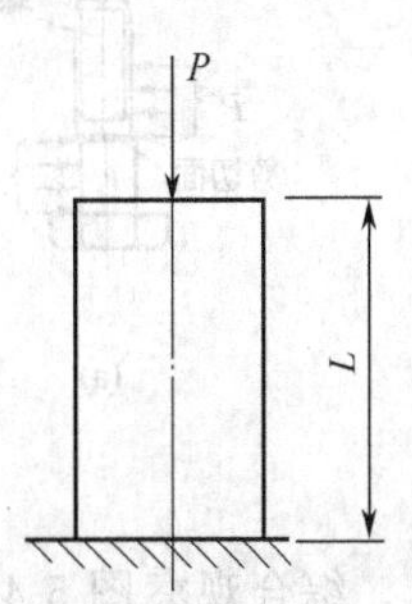

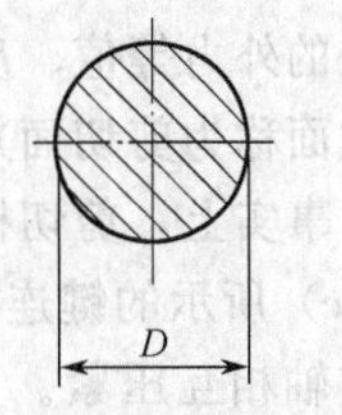

图 5-3　例 5-2 图

5.3 杆件剪切时的强度计算

5.3.1 剪切的概念与实例

剪切是杆件变形的一种基本形式。剪床冲剪工件时，上下两刀刃之间长条的变形，是杆件受剪切的一个典型例子［图 5-4(a)］。剪床的上下两刀刃以大小相等、方向相反且作用线距离很近的两个力作用在工件上，使该工件在两刀刃之间的很小区域内发生截面之间上下相对错动的变形即剪切变形［图 5-4(b)］，直至最终被剪断。工程中构件间的连接件，如铆钉、销钉、螺栓及键等，许多情况下主要也是承受剪切作用，如图 5-5 所示。

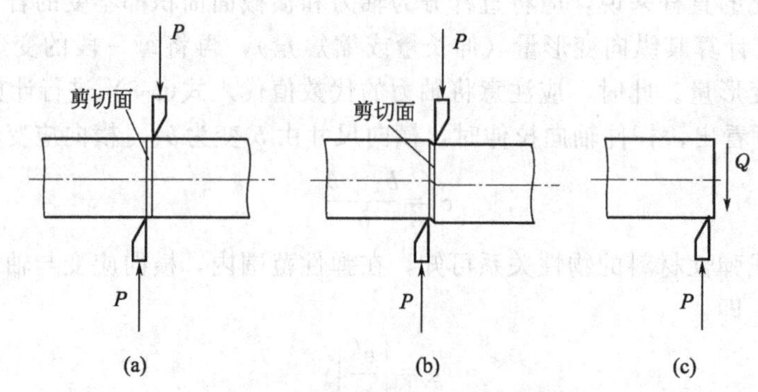

图 5-4 剪床冲剪工件时的受力与变形

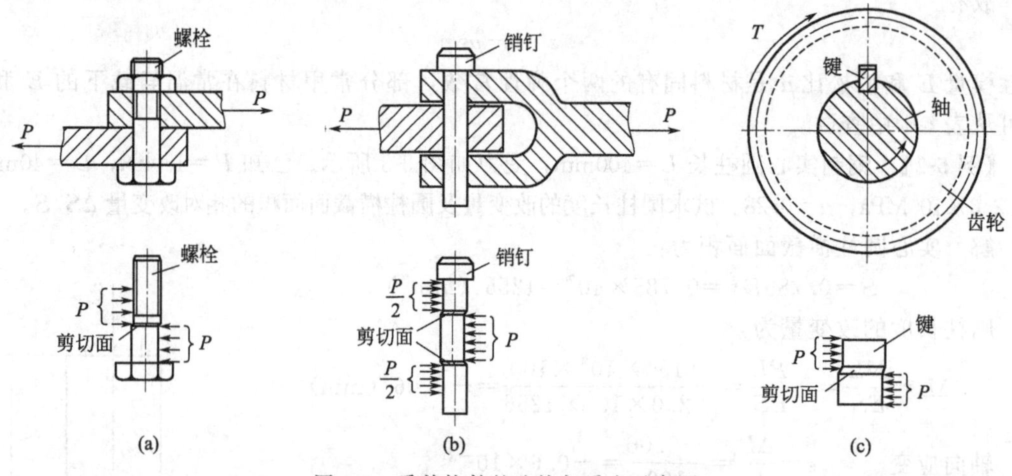

图 5-5 受剪构件的连接与受力示意图

综合观察图 5-4 和图 5-5，不难发现，剪切构件的受力和变形特点是：作用在构件两侧面上的外力等值、反向且作用线相距很近，相对错动变形发生于两作用力之间的交界面（这些截面称为剪切面），这种变形称为剪切变形。

事实上，剪切构件所受外力就是与其相连接的构件在接触面上作用的挤压力。如在图 5-5(c) 所示的键连接中，键在上半部分的左侧面与齿轮相互挤压，而在下半部分的右侧面与轴相互压紧。由于挤压力系作用的面积不大，相互连接的构件抗挤压强度较弱的一方可能因挤压而损坏。因此，对于剪切问题来说，存在剪切与挤压两方面的强度计算问题。

构件受剪切时在剪切面上的内力主要为剪力。在图 5-4 中，用截面法求解，假想沿剪切面将杆件分成两部分，取左面部分为研究对象。由静力平衡条件可知，在剪切面上必定有剪力 Q 存在，且 $Q=P$［图 5-4(c)］。由于 Q 与 P 相距很近，从而使剪切面上的弯矩接近于零。对于图 5-5 的螺栓、销钉及键，沿剪切面截开后，剪切面除了剪力之外，都存在有弯矩，但由于弯矩相对来说很小，可以忽略不计。

5.3.2　剪切与挤压的实用计算

(1) 剪切的实用计算

剪力 Q 是连续分布在剪切面上切应力 τ 的合力。受剪构件的变形很复杂，在剪切变形的同时，伴随着弯曲、挤压等变形，因而很难确定切应力 τ 在剪切面上的分布规律。目前，工程上用平均切应力作为强度计算的依据，这是一种经验性的近似计算方法，但由于它简明实用，故在工程中被采用。于是，剪切面上的平均切应力为：

$$\tau=\frac{Q}{S} \tag{5-9}$$

式中，S 为剪切面的面积。

为了保证受剪构件工作时安全可靠，应使其工作时的平均切应力不超过材料的许用切应力［τ］，即

$$\tau\leqslant[\tau] \tag{5-10}$$

式(5-9) 称为剪切强度条件。

在确定许用切应力［τ］时，既可以由直接剪切破坏试验得到的材料极限切应力 τ_b 除以安全系数 n 而得到，也可以直接从有关设计手册中查取。材料试验资料表明，许用切应力［τ］和拉伸许用应力［σ］之间存在如下近似关系：

塑性材料：　　$[\tau]=(0.6\sim0.8)[\sigma]$

脆性材料：　　$[\tau]=(0.8\sim1.0)[\sigma]$

利用剪切强度条件，同直杆轴向拉伸与压缩问题一样，可以解决强度校核、截面设计和确定许可载荷三种强度计算问题。

压力容器制造厂用剪板机冲剪钢板，就是要用足够大的剪力使一定厚度的钢板沿剪切面剪断开，这是与强度问题性质相反的“破坏”问题。要保证构件被剪断，一定要使剪切面上的平均切应力 τ 大于材料极限切应力 τ_b，即剪断条件为

$$\tau>\tau_b \tag{5-11}$$

(2) 挤压的实用计算

对于挤压强度的计算，首先应分析由挤压引起的挤压应力分布情况。相互接触面上的挤压应力的分布是很复杂的，工程上同样采取实用计算法，假设挤压应力 σ_{bs} 在挤压计算面积 S_{bs} 上均匀分布，即

$$\sigma_{bs}=\frac{P_{bs}}{S_{bs}} \tag{5-12}$$

式中，P_{bs} 为在挤压计算面积 S_{bs} 上作用的挤压力，其值可以根据静力平衡条件求得。关于 S_{bs} 的计算，要根据接触面的具体形状而定。若接触面为平面，则接触面面积即为挤压计算面积 S_{bs}。如图 5-6(a) 所示的键，$S_{bs}=\dfrac{hl}{2}$。若接触面为圆柱面［图 5-6(b)］，则将接触面的正投影面面积作为挤压计算面积，即 $S_{bs}=Dh$。

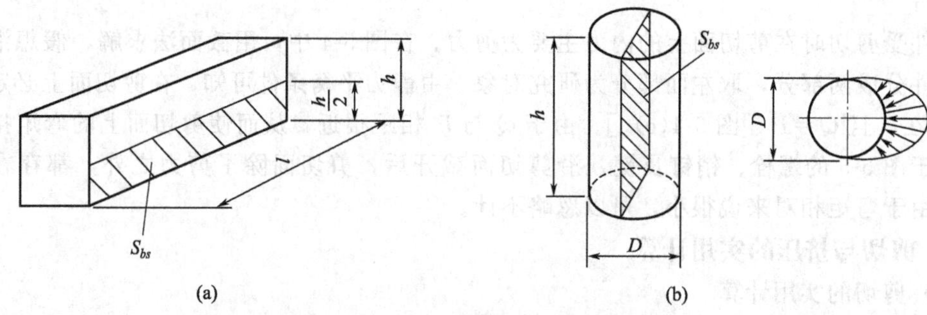

图 5-6 挤压面积计算示意图

若挤压应力过大，可使相互接触部分产生塑性变形，甚至产生挤压凹痕引起点蚀等。因此，要保证构件正常工作，除了考虑剪切强度外，还要进行挤压强度的校核计算。挤压强度条件为：

$$\sigma_{bs} \leqslant [\sigma_{bs}] \tag{5-13}$$

式中，$[\sigma_{bs}]$ 为材料的许用挤压应力，其值由试验确定，也可以从有关设计手册中查取。对于塑性较好的低碳钢材料，一般可取

$$[\sigma_{bs}] = (1.7 \sim 2.0)[\sigma]$$

式中，$[\sigma]$ 为材料的拉伸许用应力。

【例 5-3】 试求图 5-7 所示的连接螺栓所需的直径大小。已知 $P=180\text{kN}$，$t=20\text{mm}$。螺栓材料的剪切许用应力 $[\tau]=80\text{MPa}$，挤压许用应力 $[\sigma_{bs}]=200\text{MPa}$。

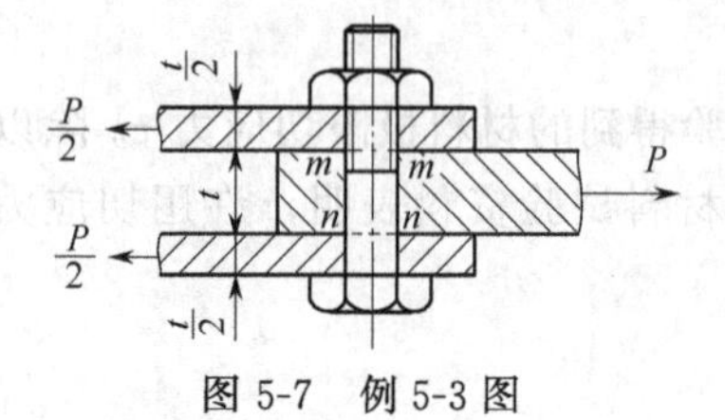

图 5-7 例 5-3 图

解 螺栓具有两个剪切面，即 m—m、n—n 截面，各剪切面上的剪力为 $Q=P/2$，故平均切应力

$$\tau = \frac{Q}{S} = \frac{P/2}{\frac{\pi}{4}d^2} = \frac{2P}{\pi d^2}$$

根据剪切强度条件式(5-10)，有

$$\frac{2P}{\pi d^2} \leqslant [\tau]$$

即

$$d \geqslant \sqrt{\frac{2P}{\pi[\tau]}} = \sqrt{\frac{2\times180\times10^3}{\pi\times80}} = 37.85\ (\text{mm})$$

本题中，按螺栓中段和侧段考虑挤压强度是一样的，现按螺栓中段进行挤压强度计算。由静力平衡条件，容易求得挤压力 $P_{bs}=P$，挤压计算面积按螺栓圆柱面正投影面积计算，即 $S_{bs}=dt$，根据挤压强度条件式(5-13)，有

$$\sigma_{bs} = \frac{P_{bs}}{S_{bs}} = \frac{P}{dt} \leqslant [\sigma_{bs}]$$

即

$$d \geqslant \frac{P}{[\sigma_{bs}]t} = \frac{180\times10^3}{200\times20} = 45\ (\text{mm})$$

综合考虑螺栓的剪切强度和挤压强度，按螺纹直径规格取螺栓直径为 $d=48\text{mm}$。

如果两侧板厚度由原来的 $t/2$ 变为 $t/3$，中间板厚度不变，试思考螺栓直径 $d=48\text{mm}$ 是否仍能够满足强度要求。

5.4　圆轴扭转时的强度与刚度计算

5.4.1　圆轴扭转时横截面上的切应力

圆轴扭转时横截面上的内力分量只有扭矩，而扭矩只能由截面上的切应力合成。为准确得到圆轴扭转时横截面上切应力的分布规律，应该从变形的几何关系、应力和应变间的物性关系以及扭矩和切应力之间存在的静力学关系三方面进行研究。

(1) 变形几何关系

研究一等截面圆轴，两端在大小相等、方向相反的外力偶作用下产生的扭转变形［图 5-8(a)］。对于这一段扭矩为常量的轴，其扭转变形的特点可以设想如下。

ⅰ. 任意两横截面间绕着轴线相对转动了一定的角度，横截面始终保持为平面。横截面犹如刚性圆盘，自身没有任何变形，只是绕各自的圆心相对地转了一个微小的角度，此即为平面假设。因此，横截面上的任意半径变形后仍保持为直线段。

ⅱ. 横截面间的距离不会发生改变，也即与轴线平行的纵向纤维不会有伸长或缩短，所以横截面上没有正应力存在；任意两无限靠近的横截面上各点只有沿所在圆周切线方向的相对错动位移即剪切变形，且这种剪切变形会随着半径的增加而增大，由此可推断横截面上各点的切应力与所在半径垂直，且随着半径的增加而增大。

ⅲ. 设想圆轴是由无数个薄壁圆筒套合而成的，则在相邻薄壁圆筒相接触的圆筒面上不会发生相对错动以及沿径向的相互挤压或分离，即薄壁圆筒的内外表面上均不会有应力存在。但是，在薄壁圆筒上与轴线平行的纵向线会变成倾斜线，倾斜了一个微小角度，倾斜线依然可以近似地看作是直线［图 5-8(a)］。纵向线变成倾斜线是由于圆轴横截面间相对转动引起的。于是，薄壁圆筒表面上的这些纵向线与代表横截面的圆周线间形成的图形，由原来的小矩形，变形后成为了平行四边形，如图 5-8(c) 所示。

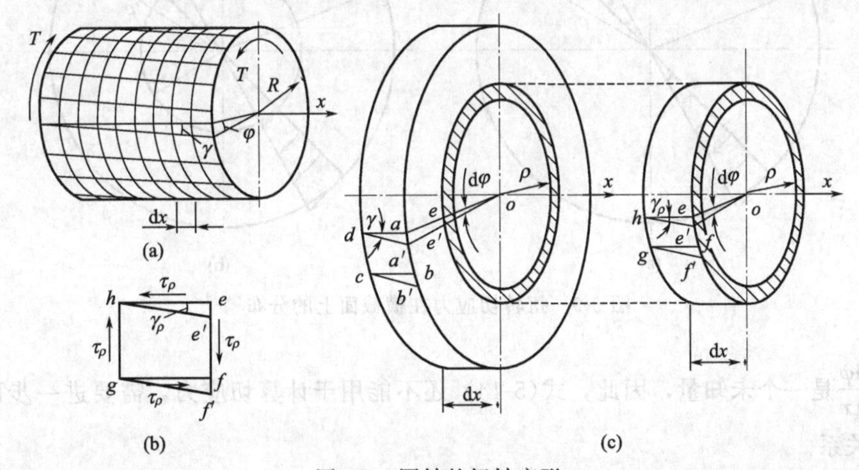

图 5-8　圆轴的扭转变形

从圆轴中截取一微段 dx，在该微段内，扭转变形后右侧截面对左侧截面绕轴线相对转过了一个角度 $d\varphi$，称为扭转角（单位用 rad）。半径 Oa 也转了一个 $d\varphi$ 角到达 Oa'。薄壁圆筒的扭转角均为 $d\varphi$。半径 Oe 同样转了 $d\varphi$ 角到达 Oe'。半径为任意值 ρ 的薄壁圆筒上微元体 $efgh$ 为纯剪切单元，其切应变 γ_ρ 是由单元面上的切应力引起的［图 5-8(b)］。最外层薄壁圆筒的切应变为 γ［图 5-8(a)］。

由图 5-8(c) 所示的几何关系可以看出：

$$\gamma_{\rho}\mathrm{d}x=\rho\mathrm{d}\varphi$$

即

$$\gamma_{\rho}=\rho\frac{\mathrm{d}\varphi}{\mathrm{d}x} \tag{5-14}$$

式（5-14）中的$\frac{\mathrm{d}\varphi}{\mathrm{d}x}$为扭转角 φ（圆轴的右端相对于左端转过的角度）沿轴线的变化率（单位长度的相对扭转角），与微元体的纵向长度无关，对于确定的截面来说是一个常量，是一个表示扭转变形大小的量。式(5-14）表明，横截面上任意点的切应变与该点所在的半径成正比，在圆心切应变为零，在圆轴的外表面半径达到最大值，切应变也达到最大值 γ。

(2）物性关系

根据剪切虎克定律，横截面上距圆心为 ρ 的任意点处切应力 τ_{ρ} 与该点的切应变 γ_{ρ} ［图 5-8(b)］之间的关系为：

$$\tau_{\rho}=G\gamma_{\rho}=G\rho\frac{\mathrm{d}\varphi}{\mathrm{d}x} \tag{5-15}$$

式（5-15）表明：横截面上任意点处的切应力与该点所在的半径成正比，其作用线与所在半径垂直。切应力在横截面上的分布情况如图 5-9 所示，其中图 5-9(a) 为实心圆轴，图 5-9(b) 为空心圆轴。

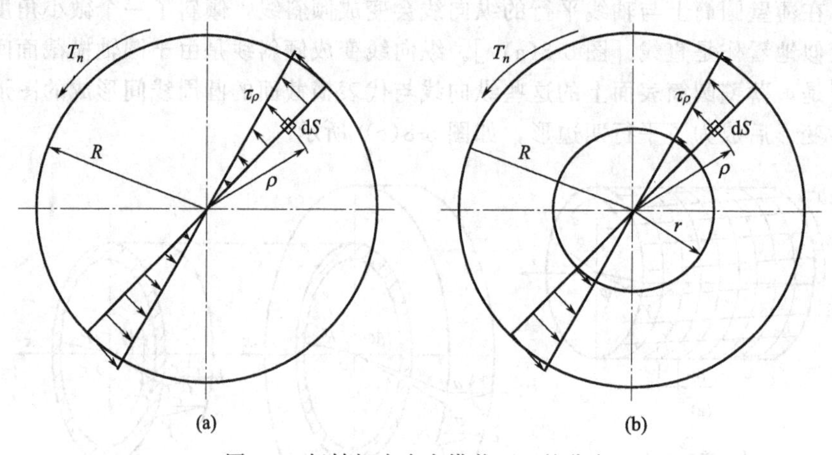

图 5-9 扭转切应力在横截面上的分布

由于$\frac{\mathrm{d}\varphi}{\mathrm{d}x}$是一个未知量，因此，式(5-14）还不能用于计算切应力，需要进一步研究如下的静力学关系。

(3）静力学关系

截面上的扭矩是其上全部切应力的合成结果。在任意半径 ρ 处取一微元面积 dS ［图 5-9(a)］，其上作用的剪力为 $\tau_{\rho}\mathrm{d}S$，它对圆心 O 的力矩为 $\rho\tau_{\rho}\mathrm{d}S$，整个截面上的应力所组成的内力偶矩即为该截面上的扭矩，即

$$T_n=\int_S\tau_{\rho}\rho\mathrm{d}S$$

将式(5-15）代入后，得

$$T_n = G\frac{d\varphi}{dx}\int_S \rho^2 dS$$

令
$$I_\rho = \int_S \rho^2 dS \tag{5-16}$$

则
$$\frac{d\varphi}{dx} = \frac{T_n}{GI_\rho} \tag{5-17}$$

式中，I_ρ 为截面对圆心的二次矩，称为横截面的**极惯性矩**，表示横截面抵抗扭转变形能力的几何量，其常用单位为 m^4 或 mm^4。式(5-17) 表示圆轴的扭转变形与横截面上的扭矩成正比，与 GI_ρ 成反比。GI_ρ 称为圆轴的**抗扭刚度**。由式(5-15) 和式(5-17) 联立解得

$$\tau_\rho = \frac{T_n \rho}{I_\rho} \tag{5-18}$$

式(5-18) 即为横截面上任意点处切应力的计算公式。显然，切应力随着半径的增大而增加，故在横截面外边缘上的切应力达到最大值，即

$$\tau_{max} = \frac{T_n R}{I_\rho}$$

式中，R 为横截面外边缘圆的半径。

令 $W_\rho = \frac{I_\rho}{R}$，则有

$$\tau_{max} = \frac{T_n}{W_\rho} \tag{5-19}$$

式中，W_ρ 是表示截面抵抗扭转变形的几何量，称为横截面的**抗扭截面模量**，其常用单位为 m^3 或 mm^3。

圆形截面的极惯性矩 I_ρ 的计算公式容易根据式(5-16) 直接导出，结果如下：

$$I_\rho = \frac{\pi D^4}{32} \quad \text{(实心圆截面)} \tag{5-20a}$$

$$I_\rho = \frac{\pi}{32}(D^4 - d^4) = \frac{\pi D^4}{32}\left[1 - \left(\frac{d}{D}\right)^4\right] \quad \text{(圆环形截面)} \tag{5-20b}$$

由此易知抗扭截面模量 W_ρ 的计算公式如下：

$$W_\rho = \frac{\pi D^3}{16} \quad \text{(实心圆截面)} \tag{5-21a}$$

$$W_\rho = \frac{\pi D^3}{16}\left[1 - \left(\frac{d}{D}\right)^4\right] \quad \text{(圆环形截面)} \tag{5-21b}$$

以上各式中 D 为圆环形截面的外圆直径，d 为圆环形截面的内圆直径。

5.4.2 圆轴扭转时的强度条件和刚度条件

(1) 圆轴扭转时的强度条件

圆轴扭转时的强度条件可以按横截面上的最大切应力建立，即

$$\tau_{max} \leqslant [\tau] \tag{5-22}$$

对于等截面圆轴来说，最大切应力 τ_{max} 发生在最大扭矩所在截面的外边缘；对于变截面圆轴来说，由于抗扭截面模量 W_ρ 是变量，最大切应力 τ_{max} 不一定发生在最大扭矩所在的截面上，需要综合考虑抗扭截面模量和扭矩的变化情况。

扭转许用切应力 $[\tau]$ 的值可从有关设计手册中查取。在常温静载下，$[\tau]$ 与拉伸许用应力 $[\sigma]$ 存在如下关系：

塑性材料 $[\tau]=(0.5\sim0.6)[\sigma]$

脆性材料 $[\tau]=(0.8\sim1.0)[\sigma]$

(2) 圆轴扭转时的刚度条件

单位长度的相对扭转角$\frac{d\varphi}{dx}$简称扭转角，表示了传动轴扭转变形的程度，可以用于建立传动轴扭转时的刚度条件，其值可由式(5-16) 进行计算。令 $\varphi'=\frac{d\varphi}{dx}$，则圆轴扭转变形的刚度条件如下：

$$\varphi'_{max}\leqslant[\varphi'] \tag{5-23}$$

对于等截面圆轴来说，GI_ρ 是一个常量，因此，φ'_{max}位于最大扭矩 T_{nmax}所在的截面；对于阶梯轴来说，应由式(5-17) 计算出轴各段扭转角的最大值，进而得到轴最大扭转角的值。单位长度许用扭转角 $[\varphi']$ 的值取决于轴的工作条件、工作要求及载荷性质，可从有关设计手册中查取。一般对于精密机械的轴，取 $[\varphi']=(0.15°\sim0.50°)/m$；一般传动轴取 $[\varphi']=(0.5°\sim1.0°)/m$。

【例 5-4】 某搅拌轴有上、下两层桨叶，如图 5-10(a) 所示。已知带动搅拌轴的电动机功率 $P_m=17kW$，机械传动效率 $\eta=90\%$，搅拌轴转速 $n=60r/min$，上、下两层桨叶因所受阻力不同，分别消耗搅拌轴功率的 35% 和 65%。此轴用 $\phi117\times6$ 不锈钢管制成，其扭转许用切应力 $[\tau]=30MPa$，试校核此轴的强度。如将此轴改为实心轴，材料相同，试确定其直径，并比较这两种圆轴的用钢量。

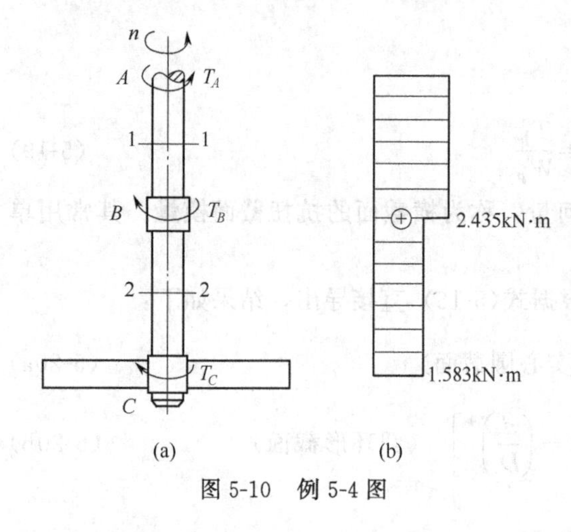

图 5-10 例 5-4 图

解 (1) 空心轴的强度校核

作用于搅拌轴上的实际功率

$$P=P_m\eta=17\times0.9=15.3\ (kW)$$

故作用于搅拌轴上的主动力矩为：

$$T_A=9.55\frac{P}{n}=9.55\times\frac{15.3}{60}=2.435\ (kN\cdot m)$$

上、下两层桨叶消耗的功率分别为：

$$P_B=0.35P=0.35\times15.3=5.355\ (kW)$$

$$P_C=0.65P=0.65\times15.3=9.945\ (kW)$$

桨叶上作用的阻力偶矩分别为：

$$T_B=9.55\frac{P_B}{n}=9.55\times\frac{5.355}{60}=0.852\ (kN\cdot m)$$

$$T_C=9.55\frac{T_C}{n}=9.55\times\frac{9.945}{60}=1.583\ (kN\cdot m)$$

圆轴做匀速转动时，主动力矩 T_A 与阻力矩 T_B、T_C 相平衡。用截面法求解，可求得 AB 段和 BC 段截面上的扭矩分别为：

$$T_{n1}=T_A=2.435kN\cdot m$$

$$T_{n2}=T_C=1.583kN\cdot m$$

画出扭矩图如图 5-10(b) 所示，由图可见，最大扭矩在 AB 段内，$T_{nmax}=T_{n1}=2.435kN\cdot m$。

由于轴内径 $d=117-2\times6=105\text{mm}$，则抗扭截面模量为：

$$W_\rho=\frac{\pi D^3}{16}\left[1-\left(\frac{d}{D}\right)^4\right]=\frac{\pi\times117^3}{16}\times\left[1-\left(\frac{105}{117}\right)^4\right]=1.105\times10^5\ (\text{mm}^3)$$

最大切应力

$$\tau_{\max}=\frac{T_{n\max}}{W_\rho}=\frac{2.435\times10^6}{1.105\times10^5}=22.04\ (\text{MPa})<[\tau]=30\text{MPa}$$

故此轴工作时是安全的，强度足够。

(2) 计算实心轴所需直径

设实心轴直径为 D_1，则

$$\tau_{\max}=\frac{T_{n\max}}{W_\rho}=\frac{T_{n\max}}{\frac{\pi}{16}D_1^3}\leqslant[\tau]$$

所以

$$D_1\geqslant\sqrt[3]{\frac{16T_{n\max}}{\pi[\tau]}}=\sqrt[3]{\frac{16\times2.435\times10^6}{\pi\times30}}=74.5\ (\text{mm})$$

取 $D_1=75\text{mm}$。

(3) 两种轴用钢量比较

空心圆轴横截面面积

$$S=\frac{\pi}{4}(D^2-d^2)=\frac{\pi}{4}\times(117^2-105^2)=2092\ (\text{mm}^2)$$

实心圆轴横截面面积

$$S_1=\frac{\pi}{4}D_1^2=\frac{\pi}{4}\times75^2=4416\ (\text{mm}^2)$$

由于钢材用量与圆轴横截面面积成正比，故采用空心轴可节省钢材的百分数为：

$$\frac{S_1-S}{S_1}\times100\%=\frac{4416-2092}{4416}\times100\%=52.6\%$$

事实上，采用 $\phi117\times6$ 空心圆轴的强度仍有不少裕量，故实际可节省多于 52.6% 的钢材用量。可见，仅从强度方面考虑，采用空心圆轴比实心圆轴合理，既节省材料，又减轻了轴本身的重量。不过，工程实际中是否选择空心圆轴，还要综合考虑加工工艺、制造成本等多方面的因素。

【例 5-5】 试校核例 5-4 中搅拌轴的刚度。已知：$G=8\times10^4$ MPa，$[\varphi']=0.5°/\text{m}$。

解　对于空心轴，有

$$I_\rho=\frac{\pi D^4}{32}\left[1-\left(\frac{d}{D}\right)^4\right]=\frac{\pi\times117^4}{32}\times\left[1-\left(\frac{105}{117}\right)^4\right]=6.46\times10^6\ (\text{mm}^4)$$

根据式(5-16)，可得

$$\varphi'_{\max}=\frac{T_{n\max}}{GI_\rho}=\frac{2.435\times10^3}{8\times10^{10}\times6.46\times10^{-6}}=0.004712\text{rad/m}=0.27(°/\text{m})<[\varphi']$$

故满足刚度要求。

如采用直径为 75mm 的实心轴，则

$$I_\rho=\frac{\pi\times75^4}{32}=3.105\times10^6\text{mm}^4$$

$$\varphi'_{\max}=\frac{T_{n\max}}{GI_\rho}=\frac{2.435\times10^3}{8\times10^{10}\times3.105\times10^{-6}}=0.0098\ (\text{rad/m})=0.56\ (°/\text{m})>[\varphi']$$

说明该实心轴虽然强度足够，但却不能满足变形的刚度要求，还需适当增加直径值。

5.5 平面弯曲梁的强度与刚度计算

5.5.1 平面弯曲梁横截面上的正应力分析与强度计算

平面弯曲梁的横截面上同时作用有剪力和弯矩。弯矩 M 是由于弯曲变形而产生的，而剪力 Q 的存在意味着梁的横截面之间存在相对错动的变形即剪切变形。因此，平面弯曲梁同时有弯曲和剪切两种形式的变形，故称为剪切弯曲或横力弯曲。如图 5-11 所示，剪力 Q 只能是截面上切应力分布力系的合力，而弯矩 M 是截面上的力偶矩，只能由截面上的正应力分布力系合成。截面上的正应力分布力系必须是两个方向相反的力系，各自的合力是两个大小相等、方向相反的力，即形成力偶，其力偶矩就是截面上的弯矩。前已述及，小变形情况下的弯曲变形主要表现为各纵向纤维层从最大的拉伸变形连续变化到最大的压缩变形，因此，弯曲正应力也相应地从最大的拉应力连续变化到最大的压应力，如图 5-11(b) 所示。但正应力和切应力在横截面上确切的分布规律只能通过研究其变形的准确规律得到。

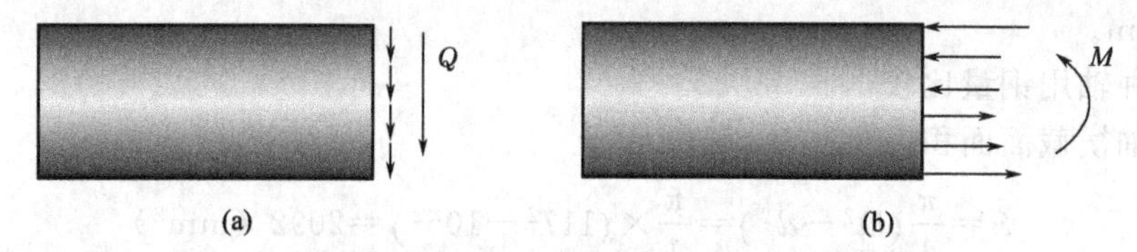

图 5-11 横截面上的剪力和弯矩分别对应的应力分量

实践证明，对于长梁来说，引起梁破坏的主要因素是弯矩 M。长梁也是工程中经常碰到的平面弯曲梁。因此，可以将剪力对梁强度的影响忽略不计，只研究在梁横截面上只有弯矩而没有剪力的情况，梁的这种变形情况称之为纯弯曲。

5.5.1.1 纯弯曲时梁横截面上的正应力

纯弯曲时，梁横截面上只有正应力而无切应力。研究纯弯曲时梁横截面上正应力的分布规律，必须从研究梁的变形入手，分析其变形几何关系，再利用应力和应变之间的物性关系以及弯矩和正应力之间的静力学关系才能获得解决。

(1) 变形几何关系

在图 5-12(a) 所示的纯弯曲梁上截取弯矩为常量的一段，图上等间隔的纵向线和横向线分别代表纵向纤维层和横截面。这一段梁的变形实际上就是在两端弯矩 M 作用下产生的纯弯曲变形［图 5-12(b)］。可以设想，纯弯曲变形具有如下特点。

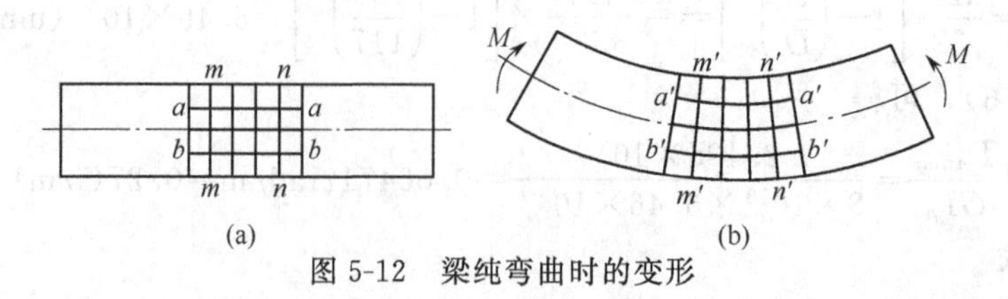

图 5-12 梁纯弯曲时的变形

ⅰ. 变形后梁的上部纵向纤维会缩短，下部纤维会伸长，由变形的连续性可知，梁的中部必然有一层纵向纤维既不伸长也不缩短，这层纤维称为**中性层**，如图 5-13 所示，定义平面弯曲梁的轴线为中性层与纵向对称面的交线，中性层与梁横截面的交线称为**中性轴**。梁弯曲变形时横截面将绕其中性轴转动。

ⅱ. 横向线［图 5-12(b) 中的 $m'm'$ 和 $n'n'$］仍为直线，并且仍然与已经变成弧线的纵向线［图 5-12(b) 中的弧线 $a'a'$ 和 $b'b'$］保持垂直，只是相对地旋转了一角度。这说明横截面在变形后仍保持为平面，并且仍垂直于轴线，梁发生纯弯曲变形时的这个特性称为梁弯曲时的平面假设。

ⅲ. 纵向纤维层之间不存在相互挤压，每一纵向纤维层都只是受到轴向拉伸或压缩，也即纵向纤维层上的各点均处于单向应力状态，因而横截面上只有正应力作用。梁的纯弯曲实际上就是梁高度方向上各点的纵向应变由最大的压应变到最大的拉应变连续变化的变形形式。

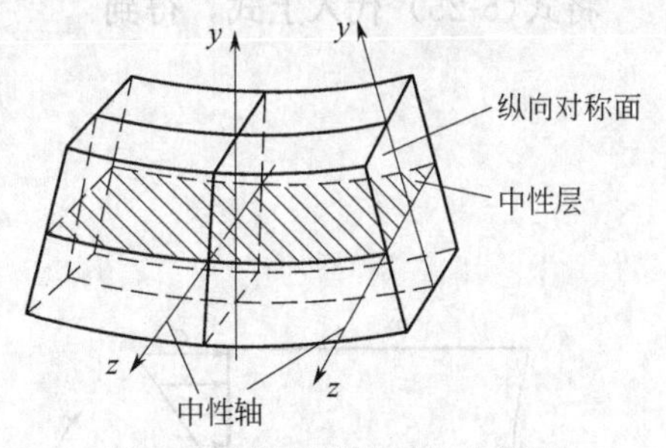

图 5-13　梁的中性层与坐标系

在图 5-13 中建立坐标系，x 轴代表轴线，y 轴为横截面的垂直对称轴，z 轴代表中性轴。

根据上述变形特点，可计算出任一点的纵向应变。根据梁弯曲时的平面假设，图 5-14(a) 所示的微段梁变形后成为图 5-14(b) 所示的形状。设 ρ 为其中性层的曲率半径，由于中性层长度不变，故 $dx=\rho d\theta$，但距中性层为 y 的微段纵向纤维 ab 的长度却缩短为 $(\rho-y)d\theta$，故该微段纤维层的纵向应变为：

$$\varepsilon=\frac{(\rho-y)d\theta-\rho d\theta}{\rho d\theta}=-\frac{y}{\rho} \tag{5-24}$$

这即为纯弯曲梁内各点纵向应变的表达式。

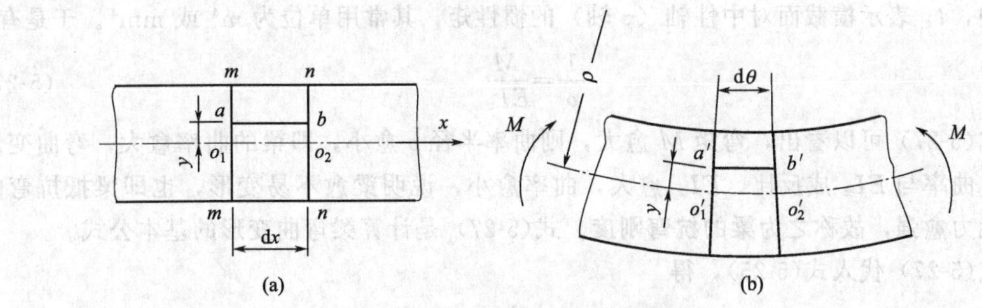

图 5-14　纵向应变的计算模型

式 (5-24) 说明，纯弯曲梁内各点的纵向应变与其距中性层的距离成正比，位于中性层上部 ($y>0$) 的纤维受压，下部纤维受拉。

(2) 物性关系

由于梁内各点均处于单向应力状态，因此，在弹性范围内，横截面上的正应力与纵向应变成正比（虎克定律），即

$$\sigma=E\varepsilon=-E\frac{y}{\rho} \tag{5-25}$$

由式(5-25) 可见，横截面上各点的正应力与该点距中性轴的距离成正比，在中性轴处正应力为零。正应力分布规律如图 5-15 所示。但是，式(5-25) 还不能作为横截面上正应力的计算公式，因为中性层的曲率半径 ρ 是未知的，需要根据正应力与截面上弯矩间的静力学关系确定。

(3) 静力学关系

在图 5-16 中，横截面上任取一微面积 dS，作用在该微面积上的内力为 σdS，将该内力对中性轴取矩，即

$$dM=-y\sigma dS$$

上式表示的微力矩在整个截面上的总和就是截面上的弯矩M，即

$$M=-\int_S y\sigma dS$$

以上两式中负号的物理意义是：当弯矩为正时，σ与y的符号相反。

将式(5-25)代入上式，得到

$$M=\frac{E}{\rho}\int_S y^2 dS$$

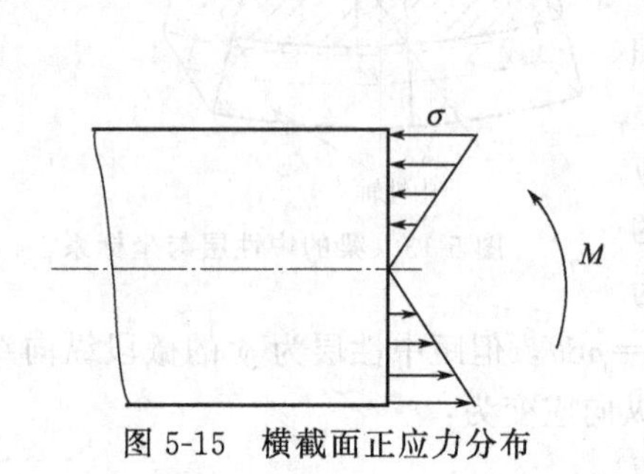

图 5-15 横截面正应力分布

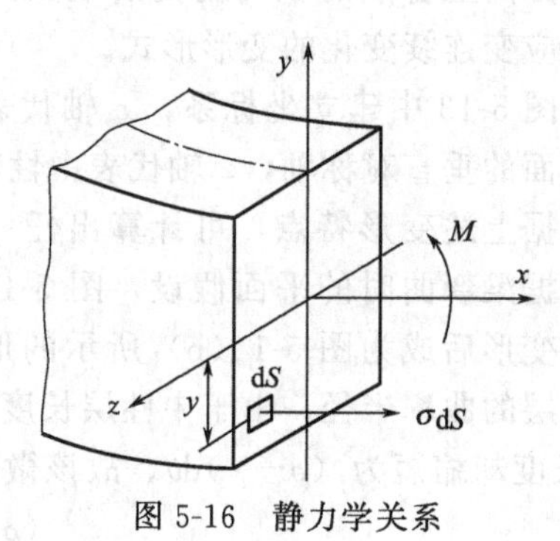

图 5-16 静力学关系

令

$$I_z=\int_S y^2 dS \tag{5-26}$$

式中，I_z表示横截面对中性轴（z轴）的惯性矩，其常用单位为m^4或mm^4。于是有

$$\frac{1}{\rho}=\frac{M}{EI_z} \tag{5-27}$$

从式(5-27)可以看出，弯矩M愈大，则曲率半径ρ愈小，即梁的曲率愈大，弯曲变形愈严重。曲率与EI_z成反比，EI_z愈大，曲率愈小，说明梁愈不易变形，也即梁抵抗弯曲变形的能力愈强，故称之为梁的**抗弯刚度**。式(5-27)是计算梁弯曲变形的基本公式。

将式(5-27)代入式(5-25)，得

$$\sigma=-\frac{My}{I_z} \tag{5-28}$$

采用式(5-28)计算正应力时，需要严格按照高度坐标y的代数值和弯矩M的代数值代入，而坐标系必须按照图5-13来建立。这个要求对于工程计算来说是不方便的。事实上，截面上各点应力的正负号可由弯曲变形或截面上弯矩的方向判定。为此，可将式(5-28)中的负号去掉，得到如下的应力计算公式：

$$\sigma=\frac{My}{I_z} \tag{5-29}$$

需要注意的是，式(5-29)中的y和M应理解为各自的绝对值，如此得到的只是正应力的绝对值，而正应力的性质（拉应力或压应力）需要根据弯曲变形进行直观判断。

式(5-29)即为梁在纯弯曲时横截面上任一点正应力的实用计算公式。由此可见，梁内正应力与弯矩成正比，而与横截面对中性轴（z轴）的惯性矩成反比，正应力沿截面高度方向呈线性分布。显然，梁横截面上的最大正应力发生在距中性轴最远处，即

$$\sigma_{max}=\frac{My_{max}}{I_z} \tag{5-30}$$

令
$$W_z=\frac{I_z}{y_{\max}} \tag{5-31}$$
W_z 称为**抗弯截面模量**，其常用单位是 m^3 或 mm^3。于是有
$$\sigma_{\max}=\frac{M}{W_z} \tag{5-32}$$

通过以上分析表明，前述所作的梁纯弯曲时变形假设是正确的，导出的横截面上正应力的计算公式对于梁纯弯曲时具有足够的精确度；对于工程上常见的平面弯曲梁来说，由于剪力的影响使横截面在变形后会发生翘曲，平面假设不再成立。但是，对于长梁，剪力的这种影响很小，可以忽略不计。因此，上述公式可以作为平面弯曲长梁横截面上正应力的近似计算公式。

应当指出，在上述应力计算公式的推导过程中，虽然梁的横截面画成矩形，但并没有用到矩形的特殊几何性质，所以，上述应力计算公式完全适用于具有其他截面形状的平面弯曲梁。

此外，惯性矩 I_z 和抗弯截面模量 W_z 只与截面的几何形状及尺寸有关，是反映截面几何性质的参数。对于槽形、工字形等型钢截面的 I_z 和 W_z，可从有关型钢标准中查取，附录 1 摘录了部分型钢截面的几何性质数据，可供查取。查取型钢截面的 I_z 和 W_z 时，要注意区分出哪一根形心轴为中性轴。对于一些规则截面，可直接用式(5-26) 和式(5-31) 计算 I_z 和 W_z。下面仅将矩形和圆形截面 I_z 和 W_z 的计算公式列出，推导过程不再赘述。

矩形截面：
$$I_z=\frac{ab^3}{12} \tag{5-33}$$
$$W_z=\frac{ab^2}{6} \tag{5-34}$$

式中，a 为与中性轴平行的边长，b 为与中性轴垂直的边长。当 $b>a$ 时，称为竖放，否则称为横放。显然，竖放可得到更大的惯性矩和抗弯截面模量，对于提高梁的强度是有利的。

圆环形截面：
$$I_z=\frac{\pi D^4}{64}\left[1-\left(\frac{d}{D}\right)^4\right] \tag{5-35}$$
$$W_z=\frac{\pi D^3}{32}\left[1-\left(\frac{d}{D}\right)^4\right] \tag{5-36}$$

式中，D 为圆环形截面的外圆直径，d 为圆环形截面的内圆直径。对于实心圆截面，$d=0$。

5.5.1.2　弯曲正应力强度条件

对于长梁来说，由于弯矩是影响梁弯曲强度的主要因素，而剪力的影响可以忽略不计。因此，可以按照梁横截面上的最大正应力来建立其强度条件。梁弯曲时，其弯矩通常不是常量，随截面位置而变。对于等截面梁来说，最大正应力点位于弯矩最大的截面上离中性轴最远处，于是，其最大弯曲正应力
$$\sigma_{\max}=\frac{M_{\max}}{W_z} \tag{5-37}$$
对于变截面梁来说，应综合考虑弯矩及截面抗弯截面模量的变化求得其最大弯曲正应力。

对于塑性材料，抗拉和抗压强度相同，其弯曲正应力强度条件为：
$$\sigma_{\max}\leqslant[\sigma] \tag{5-38}$$

对于脆性材料，由于其抗拉强度和抗压强度不同，应分别按最大拉应力和最大压应力建立强度条件，即要求最大拉应力不超过许用弯曲拉应力，最大压应力不超过许用弯曲压应力。

弯曲许用应力 [σ] 可近似地用单向拉伸与压缩时的许用应力来代替。但实际上两者是有区别的。在直杆的单向拉伸与压缩问题中，横截面上的正应力是均匀分布的，即横截面上的各点处于同样的危险状态，因此，应严格控制其许用应力值。然而，在梁的弯曲问题中，横截面上的正应力沿高度方向是线性分布的，最大弯曲正应力点位于截面的边缘，横截面上各点所处的危险状态不同，即使最大正应力的点已处于危险状态，其他离开边缘的点仍是安全的，越靠近中性轴的点安全裕度越大。因此，并不能认为最大正应力的点处于危险状态时整个截面就是处于危险状态的。基于这种考虑，用单向拉伸与压缩时的许用应力来代替弯曲许用应力显得有些保守，因而往往在设计标准和规范中弯曲许用应力的取值可略高于单向拉伸与压缩时的许用应力值。

按照弯曲正应力的强度条件，同样可以对梁进行三个方面的强度计算：强度校核、截面设计和确定许可载荷。

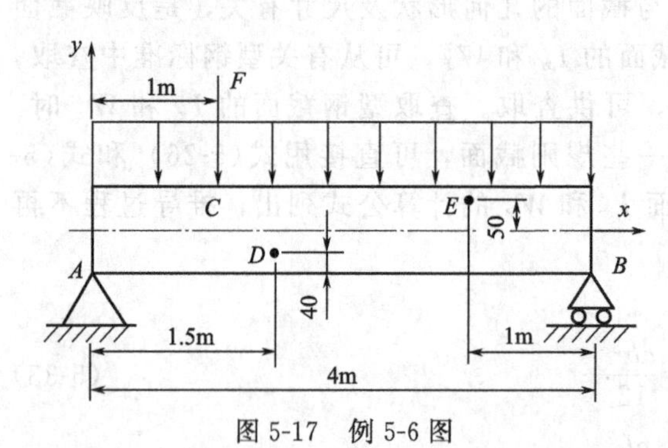

图 5-17 例 5-6 图

【例 5-6】 矩形截面简支梁受均布载荷 $q=2\text{kN/m}$、集中力 $F=20\text{kN}$ 作用，如图 5-17 所示。截面两边长分别为 120mm 和 200mm。在横放和竖放两种情况下，试求：(1) 最大弯曲正应力及其所在位置；(2) 在 D、E 两点的弯曲正应力。

解 (1) 由于该梁为等截面梁，故最大弯曲正应力位于最大弯矩所在的横截面上。求出两支座的约束力，作出剪力图和弯矩图，具体过程从略。最大弯矩的计算结果如下

$$M_{\max}=18\text{kN}\cdot\text{m}$$

位于集中力作用处所在截面。

需要指出的是，为准确地把最大弯矩求出来，应当先作出剪力图，以免漏掉剪力等于零的截面。

横放时，$a=200\text{mm}$，$b=120\text{mm}$，则

$$I_z=\frac{ab^3}{12}=\frac{200\times120^3}{12}=288\times10^5\ (\text{mm}^4)$$

$$W_z=\frac{I_z}{b/2}=\frac{288\times120^5}{120/2}=48\times10^4\ (\text{mm}^3)$$

$$\sigma_{\max}=\frac{M_{\max}}{W_z}=\frac{18\times10^6}{48\times10^4}=37.5\ (\text{MPa})$$

竖放时，$a=120\text{mm}$，$b=200\text{mm}$，则

$$I_z=\frac{bh^3}{12}=\frac{120\times200^3}{12}=8\times10^7\ (\text{mm}^4)$$

$$W_z=\frac{I_z}{b/2}=\frac{8\times10^7}{200/2}=8\times10^5\ (\text{mm}^3)$$

$$\sigma_{\max}=\frac{M_{\max}}{W_z}=\frac{18\times10^6}{8\times10^5}=22.5\ (\text{MPa})$$

由于竖放时具有较大的抗弯截面模量，故此时最大弯曲正应力较小。最大弯曲正应力发生于C点所在横截面的上、下边缘，上边缘为最大压应力，下边缘为最大拉应力，两者的值是相等的。

(2) D、E 两点所在截面的弯矩分别为

$$M_D=16.25\text{kN}\cdot\text{m}$$

$$M_E=8\text{kN}\cdot\text{m}$$

计算 D、E 两点的弯曲正应力时，应注意式(5-28) 中要代入相应点到中性轴的距离。

横放时，D、E 两点的弯曲正应力分别为：

$$\sigma_D=\frac{M_D y_D}{I_z}=\frac{16.25\times10^6\times(60-40)}{288\times10^5}=11.28\ (\text{MPa})\ (\text{拉应力})$$

$$\sigma_E=\frac{M_E y_E}{I_z}=\frac{8\times10^6\times50}{288\times10^5}=13.89\ (\text{MPa})\ (\text{压应力})$$

竖放时，D、E 两点的弯曲正应力分别为：

$$\sigma_D=\frac{M_D y_D}{I_z}=\frac{16.25\times10^6\times(100-40)}{8\times10^7}=12.19\ (\text{MPa})\ (\text{拉应力})$$

$$\sigma_E=\frac{M_E y_E}{I_z}=\frac{8\times10^6\times50}{8\times10^7}=5.0\ (\text{MPa})\ (\text{压应力})$$

弯曲正应力计算式中的弯矩及纵坐标均代之各自的绝对值，在应力计算值的后面括号中注明是拉应力还是压应力，其应力的性质可根据弯曲变形直观判断。

【例 5-7】 若上例中，梁所用钢材的许用弯曲正应力 $[\sigma]=160\text{MPa}$，截面为圆形或工字形（竖放），试分别决定圆钢直径和工字钢型号。

解 上例中已求得最大弯矩 $M_{\max}=18\text{kN}\cdot\text{m}$，根据强度条件式，横截面的抗弯截面模量应满足下式：

$$W_z\geqslant\frac{M_{\max}}{[\sigma]}=\frac{18\times10^6}{160}=112.5\times10^3\ (\text{mm}^3)\tag{5-39a}$$

对于圆形截面

$$W_z=\frac{\pi}{32}D^3\geqslant112.5\times10^3\ (\text{mm}^3)$$

故

$$D\geqslant\sqrt[3]{\frac{32}{\pi}\times112.5\times10^3}=104.66(\text{mm})\tag{5-39b}$$

作为设计，应确定直径的具体数值。式(5-39b) 仅是满足强度要求的条件，具体取值时还应综合考虑其他工程因素，如圆钢尺寸规格、表面腐蚀等。现阶段以毫米为单位圆整即可，兼顾表面腐蚀适当地将直径取得大一些，比如取 $D=110\text{mm}$。

对于工字钢梁，可查附录 1 的型钢尺寸规格表。工字钢竖放时，中性轴应为 x—x 轴，即抗弯截面模量为附录 1 中的 W_x。由式(5-39a) 表示的强度要求，查得型号为 16 的工字钢的$W_x=141\text{cm}^3>112.5\ \text{cm}^3$。因此，可采用 16 号工字钢。

5.5.1.3　提高梁弯曲强度的措施

提高梁的弯曲强度就是要设法降低梁的最大弯曲正应力。从弯曲正应力的强度条件可以看出，提高梁弯曲强度的途径为：设法降低最大弯矩 $M_{\max}$和提高截面的抗弯截面模量 W_z。具体可以从如下几方面考虑。

(1) 合理布置支座

在不影响正常工作的前提下，合理地安排支座位置，可以有效地降低最大弯矩 $M_{\max}$。例如，图 3-11 所示的外伸梁就是将图 3-9 所示的受均布载荷作用的简支梁两支座向内移动相同的距离得到的，显然，外伸梁的最大弯矩值比简支梁的最大弯矩值要小。

(2) 合理布置载荷

如条件允许，改变载荷在梁上的分布及作用位置，可以有效地降低梁上的最大弯矩。例如将集中力尽量靠近支座，或将集中力变为分布载荷所产生的最大弯矩都会变小。

(3) 合理选择梁的横截面形状

横截面面积 S 直接反映梁所用材料的多少，因而合理的横截面形状应该是截面面积 S 较小、抗弯截面模量 W_z 较大，即比值 W_z/S 越大越好。从横截面上弯曲正应力的分布规律来看，在靠近中性轴的区域应力值相对较小，材料强度没有得到充分的利用，因此，将材料尽量移向截面的边缘，可达到节省材料、提高抗弯截面模量的目的。工程上所采用的工字钢就是由矩形截面演变而来，其抗弯截面模量比相同面积的矩形截面要大许多。环形截面的抗弯截面模量比相同截面面积的实心圆截面抗弯截面模量要大。就同一矩形截面 $a\times b$（$b>a$）梁来说，竖放时由于中性轴与长边垂直，其抗弯截面模量是横放时的抗弯截面模量的 b/a 倍。因此，仅从提高梁的弯曲强度考虑，矩形截面梁应以竖放为好。

5.5.2 平面弯曲梁的变形计算

5.5.2.1 梁弯曲变形的度量——挠度和转角

现在对悬臂梁在集中力作用下的变形情况进行分析。如图 5-18(a) 所示，梁变形后发生弯曲时，轴线由直线 AB 变成了曲线，相应梁上距左端为 x 的任一横截面 $m—m$，旋转了一定角度 θ，变成了 $m'—m'$，其截面形心由 C 移至 C'，垂直位移为 y。梁的变形可用其轴线的变形表示，如图 5-18(b) 所示。梁发生平面弯曲后，轴线为一条平面曲线，称为挠曲线，可用一函数关系表示：

$$y=f(x) \tag{5-40}$$

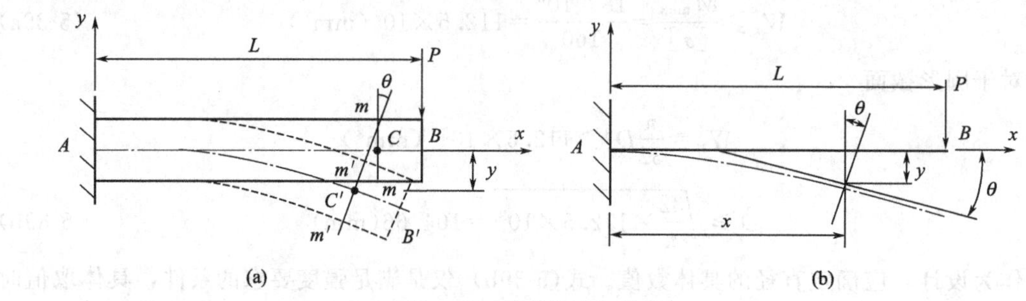

图 5-18 梁的挠度与转角

采用图 5-18 所示的坐标系时，挠曲线上任一点的 y 坐标，表示了梁相应横截面形心的垂直位移，称为挠度，其符号规定为：与坐标轴 y 正向一致时为正，反之为负。横截面绕其中性轴的角位移 θ 称为该截面的转角。从图 5-18(b) 可看出，此转角也等于挠曲线上相应点处切线与 x 轴所成的夹角。转角 θ 的符号规定为：逆时针方向的转角为正，反之为负。如此规定后，挠曲线上任一点的斜率为：

$$\tan\theta=\frac{dy}{dx}=f'(x)$$

由于挠曲线实际上是一条非常平坦的曲线，其曲率很小，转角 θ 很小，即

$$\theta\approx\tan\theta=\frac{dy}{dx}=f'(x) \tag{5-41}$$

这也就是说，挠曲线上任一点的斜率就表示了相应横截面的转角。可见，只要确定了梁的挠曲线方程 $y=f(x)$，则梁上各点的挠度和转角均可求出。

挠度和转角是度量梁弯曲变形程度的两个参数。在工程实际中，可视具体工作情况对挠度、转角或者同时对挠度和转角提出刚度要求。

5.5.2.2　挠曲线近似微分方程及两次积分法

在前述研究纯弯曲梁的静力学关系时，已经得到了纯弯曲梁的曲率与截面的弯矩和抗弯刚度之间的关系式(5-27)。对于细长梁，由于剪力对弯曲变形的影响很小，故可用式(5-27)近似地表示平面弯曲梁的变形。考虑到梁各截面的弯矩是一代数值，而挠曲线上各点的曲率应为正值，故将式(5-27) 应用于平面弯曲梁时变为下式：

$$\frac{1}{\rho(x)}=\frac{|M(x)|}{EI} \tag{5-42}$$

式中，括号内的 x 是为了说明平面弯曲梁各截面的弯矩及挠曲线上各点的曲率半径都是截面位置 x 的函数。截面对中性轴的惯性矩用 I 表示，省略了原来式中的下标 z，主要是为了简化公式的表达。

由高等数学知，挠曲线 $y=f(x)$ 上任一点的曲率为

$$\frac{1}{\rho(x)}=\frac{\left|\dfrac{d^2y}{dx^2}\right|}{\left[1+\left(\dfrac{dy}{dx}\right)^2\right]^{3/2}}$$

如前所述，由于$\dfrac{dy}{dx}$是一个很小的数，$\left(\dfrac{dy}{dx}\right)^2$ 则更小，与 1 相比可以忽略不计，于是有

$$\frac{1}{\rho(x)}=\left|\frac{d^2y}{dx^2}\right|$$

即

$$\left|\frac{d^2y}{dx^2}\right|=\frac{|M(x)|}{EI}$$

上式实质上表示的是梁挠曲线的微分方程。为了便于以后的分析运算，需要将上式中的绝对值符号去掉。因此，应研究弯矩 $M(x)$ 的正负符号与二阶导数$\dfrac{d^2y}{dx^2}$的符号关系。事实上，根据梁横截面上弯矩正负号的规定，正值的弯矩引起的梁微段变形是下凹的，即二阶导数$\dfrac{d^2y}{dx^2}>0$，而负值的弯矩引起梁微段变形是上凸的，即二阶导数$\dfrac{d^2y}{dx^2}<0$。因此，$M(x)$ 与$\dfrac{d^2y}{dx^2}$的正负号是一致的，于是有

$$\frac{d^2y}{dx^2}=\frac{M(x)}{EI} \tag{5-43}$$

式(5-43) 即为平面弯曲梁的挠曲线近似微分方程式。之所以称为“近似”，一是因为将纯弯曲的变形公式应用于平面弯曲，即忽略了剪力对变形的影响；二是因为在推导该式的过程中作了上述的简化。但是，如此简化后，对于平面弯曲的长梁来说，仍可以得到满足工程要求的具有足够精度的解。

对于采用同一种材料的等截面梁来说，抗弯刚度 EI 为常量，将式(5-43) 对 x 积分一次，得到转角方程：

$$\theta(x)=\frac{dy}{dx}=\frac{1}{EI}\int M(x)dx+C \tag{5-44}$$

再积分一次，得到挠曲线方程：

$$y(x)=\frac{1}{EI}\int\left(\int M(x)\mathrm{d}x\right)\mathrm{d}x+Cx+D \tag{5-45}$$

式中，C 和 D 为积分常数，应由梁所受约束决定的位移条件即边界条件确定。例如，对于悬臂梁来说，边界条件为：在固定端处，梁的截面转角和挠度均为零；对于简支梁来说，边界条件为：在铰支座处，梁的挠度为零。对于梁需要分段写出弯矩方程的情况，式(5-44) 和式(5-45) 仅适用于每一段，这样仅按梁的位移边界条件就不足以确定积分常数。例如，简支梁受集中力作用时，以集中力作用处为界，需要写出两段的弯矩方程，就会出现四个积分常数，而只有在支座处挠度为零两个边界条件。在这种情况下，还需要考虑在相邻段分界处的位移连续性条件，即相邻段在分界处应具有相同的转角和挠度，否则梁在该分界处的变形就不连续了。

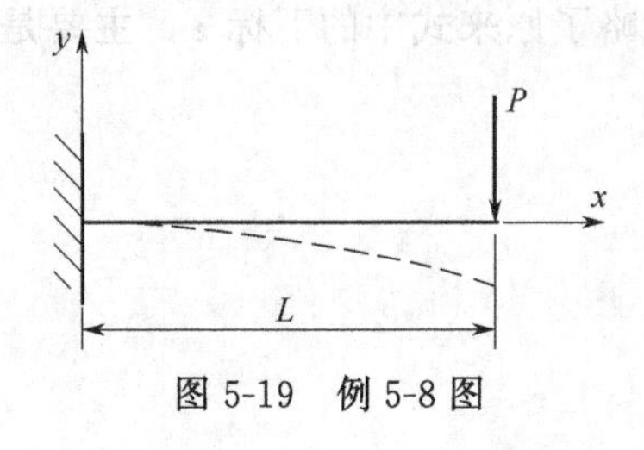

图 5-19 例 5-8 图

下面通过例题说明如何利用积分法计算梁的变形。

【例 5-8】 试求图 5-19 所示的悬臂梁挠度方程和转角方程。设抗弯刚度 EI 为常数。

解 建立如图所示的坐标系，列出弯矩方程如下：

$$M(x)=-P(L-x)=P(x-L)\quad(0\leqslant x\leqslant L)$$

将此式代入挠曲线微分方程，得

$$\frac{\mathrm{d}^2y}{\mathrm{d}x^2}=\frac{P(x-L)}{EI}\quad(0\leqslant x\leqslant L)$$

积分一次，得转角方程

$$\theta(x)=\frac{\mathrm{d}y}{\mathrm{d}x}=\frac{P(x-L)^2}{2EI}+C\quad(0\leqslant x\leqslant L)$$

再积分一次，得挠度方程

$$y(x)=\frac{P(x-L)^3}{6EI}+Cx+D\quad(0\leqslant x\leqslant L)$$

上述两个积分常数可由边界条件确定。边界条件为：在固定端梁的挠度和转角均为零，即当 $x=0$ 时，$\theta=0$，$y=0$，于是有

$$C=-\frac{PL^2}{2EI},\ D=\frac{PL^3}{6EI}$$

从而得到如下的挠度方程和转角方程：

$$\theta(x)=\frac{\mathrm{d}y}{\mathrm{d}x}=\frac{P(x-L)^2}{2EI}-\frac{PL^2}{2EI}=-\frac{Px}{2EI}(2L-x)$$

$$y(x)=\frac{P(x-L)^3}{6EI}-\frac{PL^2x}{2EI}+\frac{PL^3}{6EI}=-\frac{Px^2}{6EI}(3L-x)$$

当 $x=L$ 时挠度和转角均取得最大值，即

$$y_{\max}=y(L)=-\frac{PL^3}{3EI},\ \theta_{\max}=\theta(L)=-\frac{PL^2}{2EI}$$

当集中力不是作用于梁的自由端，而是作用于梁上距自由端某处时，从固定端到集中力作用点这一段梁的挠度和转角仍可用上述公式计算，但式中的 L 应理解为集中力作用点到固定端的距离而不是梁的长度，由上述两式表示的最大挠度和最大转角应理解为集中力作用点处的挠度和转角。对于从集中力作用点到自由端的这一段梁来说，其弯矩为零，实质上没有发生弯曲变形，轴线仍保持为直线。但是，为了保持整个梁的连续性，弯矩为零这一段梁

的轴线应为集中力作用点处挠曲线的切线。

5.5.2.3　用叠加法求梁的变形

一般来说，对于梁挠曲线近似微分方程的求解是比较复杂的，特别是当梁上有多种载荷作用时，需要将梁分为若干段，分别写出每一段的弯矩方程再各自进行积分，而积分常数必须由边界条件和各段分界处的连续性条件才能确定，整个过程就显得相当复杂。但是，在工程上往往只需要将梁的最大变形求出，而不必知道梁上任意处的变形，为此，就需要寻找求取指定截面处变形的方法。叠加法就是工程实用的方法之一。由于梁的变形属于小变形，即材料服从虎克定律，梁的挠度和转角均与梁所受载荷成线性关系，所以，梁在几个载荷共同作用下的变形，可以看作是各个载荷单独作用时所产生的变形叠加，这就是所谓的叠加原理。

应用叠加原理计算梁上同时作用多个载荷产生的变形时，需要预先知道梁在各个简单载荷单独作用下产生的变形。为此，利用梁挠曲线近似微分方程导出梁在各个简单载荷作用下产生的变形计算公式是必要的。例 5-8 中得到了悬臂梁在集中力作用下的变形表达式。其他情况诸如悬臂梁在集中力偶和均布载荷作用下的变形，简支梁在均布载荷、集中力偶和集中力作用下的变形等，其计算公式建议同学们自己导出，然后将已导出的变形公式一起整理成表，以便在计算时查用。

【例 5-9】　试求图 5-20 所示的悬臂梁自由端挠度和转角。设抗弯刚度 EI 为常量。

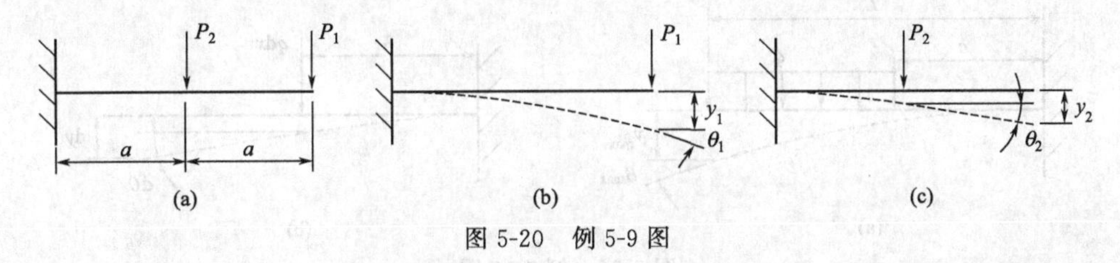

图 5-20　例 5-9 图

解　P_1 和 P_2 共同作用下悬臂梁自由端的挠度和转角，可看作 P_1 和 P_2 单独作用下产生的变形之代数和［图 5-20(b) 和 (c)］，即

$$y_{max}=y_1+y_2$$

$$\theta_{max}=\theta_1+\theta_2$$

由例 5-8 可知，悬臂梁在 P_1 单独作用下自由端的变形为

$$y_1=-\frac{P_1(2a)^3}{3EI}=-\frac{8P_1a^3}{3EI}$$

$$\theta_1=-\frac{P_1(2a)^2}{2EI}=-\frac{2P_1a^2}{EI}$$

对于在 P_2 单独作用下梁自由端的变形，由从 P_2 的作用点到自由端这一段梁的轴线变形后仍为直线且为 P_2 作用点处挠曲线的切线这一特性可知，自由端的转角与 P_2 作用点处的转角相同，即

$$\theta_2=-\frac{P_2a^2}{2EI}$$

自由端的挠度可以看作 P_2 作用点处的挠度与由于 P_2 的作用点到自由端这一段梁的轴线旋转在自由端产生的挠度之和［图 5-20(c)］，即

$$y_2=-\frac{P_2a^3}{3EI}+a\theta_2=-\frac{5P_2a^3}{6EI}$$

于是，最后求得在 P_1 和 P_2 共同作用下悬臂梁自由端的变形为

$$y_{\max}=-\frac{8P_1a^3}{3EI}-\frac{5P_2a^3}{6EI}=-\frac{a^3}{6EI}(16P_1+5P_2)$$

$$\theta_{\max}=-\frac{2P_1a^2}{EI}-\frac{P_2a^2}{2EI}=-\frac{a^2}{2EI}(4P_1+P_2)$$

【例 5-10】 试求图 5-21 所示的悬臂梁自由端挠度和转角。设抗弯刚度 EI 为常量，q 为线集度。

解 将均布载荷设想为由无数个微元力 $q\mathrm{d}x$ 组成的，则每一个微元力 $q\mathrm{d}x$ 在梁自由端产生的微小转角和挠度［图 5-21(b)］如下：

$$\mathrm{d}\theta=-\frac{qx^2\mathrm{d}x}{2EI},\ \mathrm{d}y=-\frac{qx^3\mathrm{d}x}{3EI}+(L-x)\mathrm{d}\theta=-\frac{q}{6EI}(3Lx^2-x^3)\mathrm{d}x$$

所以，自由端的挠度和转角为：

$$y_{\max}=-\frac{q}{6EI}\int_c^L(3Lx^2-x^3)\mathrm{d}x=-\frac{q}{24EI}[3L^4-(4L-c)c^3]$$

$$\theta_{\max}=-\int_c^L\frac{qx^2\mathrm{d}x}{2EI}=-\frac{q}{6EJ}(L^3-c^3)$$

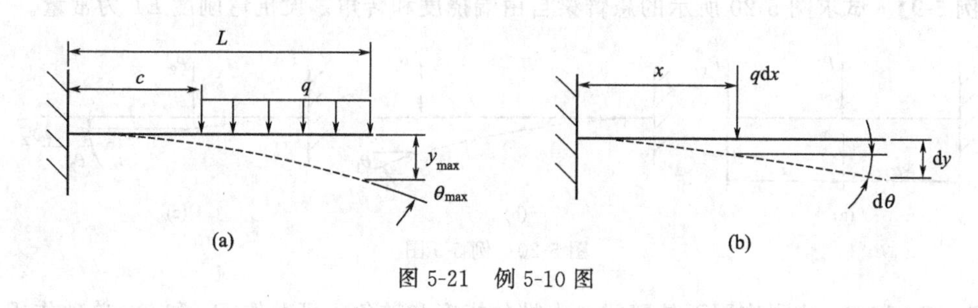

图 5-21 例 5-10 图

当 $c=0$ 时，有

$$y_{\max}=-\frac{qL^4}{8EI}$$

$$\theta_{\max}=-\frac{qL^3}{6EI}$$

即为在整个悬臂梁上受均布载荷作用时产生的最大挠度和最大转角计算公式。

5.5.2.4 梁的刚度条件

工程实际中的某些梁，不仅要求具有足够的强度，而且要求变形不能过大，否则会影响正常工作。对梁的最大变形限制在一定范围内的条件称为梁的刚度条件，即

$$y_{\max}\leqslant[y] \tag{5-46}$$

$$\theta_{\max}\leqslant[\theta] \tag{5-47}$$

式中，$[y]$ 和 $[\theta]$ 分别称为梁的许用挠度和许用转角，由构件的具体工作要求确定。例如桥式起重机大梁的许用挠度为梁跨度的 1/700～1/400；一般用途轴的许用挠度可取为两轴承之间长度的 0.0003～0.0005 倍；一般塔设备塔顶自由端的许用挠度可取塔高的1/500～1/1000，具体值可由塔设备的工艺要求确定；转轴在装有齿轮处的截面许用转角 $[\theta]=0.001$ rad；转轴在滚动轴承处的许用转角 $[\theta]=0.0016～0.0075$rad。

工程实际计算时，构件的许用挠度 $[y]$ 和许用转角 $[\theta]$ 可从有关设计手册中查取，或根据实际经验确定。

5.6　直杆组合变形时的强度计算

直杆组合变形时的横截面上存在多种内力分量，判断直杆的变形属于哪几种变形基本形式的组合，其方法依然是利用截面法确定横截面上的内力分量。若在杆的横截面上既有弯矩又有轴力作用，则其变形为弯曲与拉伸（压缩）的组合；若在杆的横截面上既有弯矩又有扭矩作用，则其变形为弯曲与扭转的组合。下面仅对这两种组合变形的强度计算进行简单介绍。

5.6.1　弯曲与拉伸（压缩）的组合

现以塔设备在风载荷与重力载荷的共同作用下引起的变形问题，说明弯曲与拉伸（压缩）组合变形时的强度计算。

高塔设备是化工生产中的重要单元操作设备。一般高塔设备如精馏塔、吸收塔等，其高度达到几十米甚至上百米。高塔设备安装在室外，通常承受风载荷及自身重力载荷的作用。风载荷集度随着高度的增加而增大。塔设备通常选用圆筒形裙座来支承。为使问题简化，假设塔设备受均布风载荷 q（线集度）作用，视塔设备为一自上而下厚度相同的圆筒，即重力在高度方向是均匀分布的，总重为 G，如图 5-22(a) 所示。

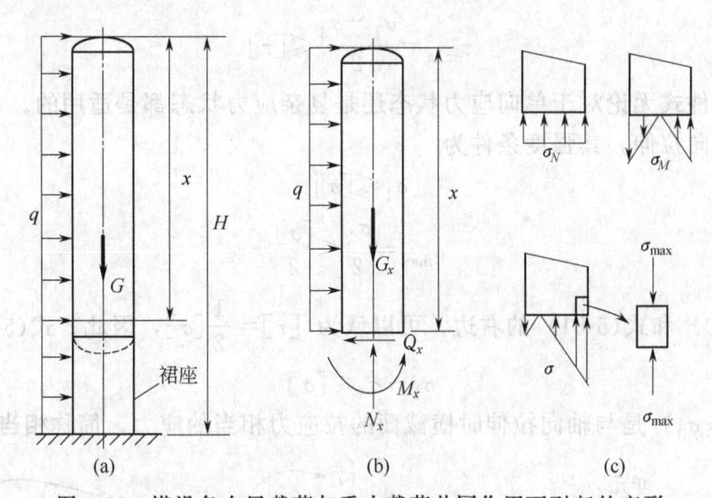

图 5-22　塔设备在风载荷与重力载荷共同作用下引起的变形

在距塔顶为 x 处取一横截面，截面上的内力分量如图 5-22(b) 所示。轴力 N_x 对应于压缩变形，M_x 和 Q_x 对应于弯曲变形，这些内力分量都是截面位置 x 的函数，均随着 x 的增加而增大。轴力对应的正应力在截面上是均匀分布的，用 σ_N 表示，弯矩对应的正应力在截面上呈线性分布，用 σ_M 表示，两者叠加之后的总应力仍为线性分布，用 σ 表示，如图 5-22(c) 所示。由于剪力对弯曲变形的影响较小，可将截面上的切应力忽略不计。这样就可以在横截面上任一点选取一个微元体进行应力状态分析。显然，忽略切应力之后，横截面上各点处于单向应力状态。在背风侧外边缘取一微元体，如图 5-22(c) 所示，其主应力为 $\sigma_1=\sigma_2=0$，$\sigma_3=-\sigma_{\max}$，并且

$$\sigma_{\max}=\frac{G_x}{S}+\frac{M_x}{W_z}=\frac{G}{HS}x+\frac{qx^2}{2W_z} \tag{5-48}$$

式中，S 为横截面的面积，W_z 为截面的抗弯截面模量。

显然，最危险的点处于塔底背风侧外表面处，其压应力值为当 $x=H$ 时式(5-48) 的值。

对于危险点可直接采用轴向压缩时的强度条件式，即

$$\frac{G}{S}+\frac{qH^2}{2W_z}\leqslant[\sigma] \tag{5-49}$$

按照式(5-49) 就可以进行各种强度计算了。

5.6.2 弯曲与扭转的组合

承受弯曲和扭转联合作用的轴称为**转轴**。转轴在工程上是经常遇见的。例如，皮带传动中连接皮带轮的轴、齿轮传动中的齿轮轴、活塞式压缩机的曲轴等都是转轴，其变形属于弯曲与扭转的组合。

从力学上分析，只要在垂直于轴线方向有平衡力系作用，且这个力系中的各力对轴线的力矩不都为零，则必会引起轴的弯曲与扭转组合变形。在这种情况下，在轴的横截面上必存在与垂直于轴线的横向载荷相平衡的剪力和弯矩，以及与外力矩相平衡的扭矩。图 5-23 表示了横截面的弯曲正应力和扭转切应力的分布情况，以及上表面一点微元的选取方法。图 5-23(c) 为上表面一点选取的微元立体图及由俯视而得到的平面图。

对于塑性材料，最大切应力是决定强度的主要因素。因此，可以按照最大切应力建立其强度条件，即

$$\tau_{\max}=\frac{\sigma_1-\sigma_3}{2}\leqslant[\tau] \tag{5-50}$$

这个强度条件式无论对于单向应力状态还是复杂应力状态都是适用的。对于单向应力状态，如直杆的轴向拉伸，其强度条件为

$$\sigma_1\leqslant[\sigma]$$

即

$$\tau_{\max}=\frac{\sigma_1}{2}\leqslant\frac{[\sigma]}{2} \tag{5-51}$$

对比式(5-50) 和式(5-51) 的右边，可以认为 $[\tau]=\frac{1}{2}[\sigma]$，因此，式(5-50) 变成为：

$$\sigma_1-\sigma_3\leqslant[\sigma] \tag{5-52}$$

式中，($\sigma_1-\sigma_3$) 是与轴向拉伸时横截面的拉应力相当的应力，简称**相当应力**。

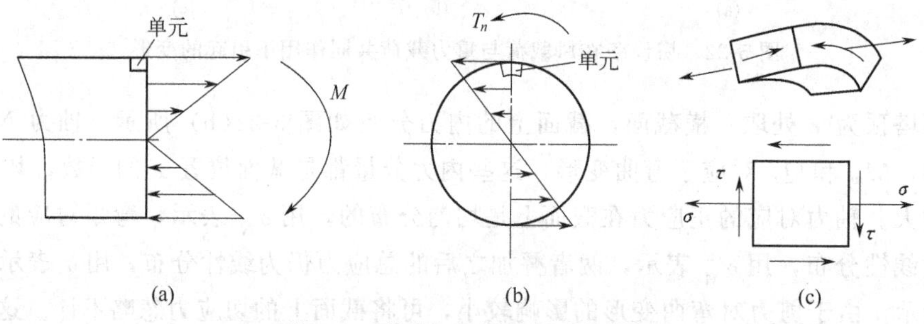

图 5-23 弯曲与扭转的组合变形

在忽略横截面剪力的情况下，可认为图 5-23(c) 能够代表截面上各点的应力状态，只是在横截面的下半部分弯曲正应力为压应力。对于这个二向应力状态的微元体，可以求出另外两个不为零的主应力，其中一个为 σ_1，另一个为 σ_3，结果如下：

$$\left.\begin{matrix}\sigma_1\\ \sigma_3\end{matrix}\right\}=\frac{1}{2}\left(\sigma\pm\sqrt{\sigma^2+4\tau^2}\right) \tag{5-53}$$

式中，σ 为横截面上的最大弯曲正应力，τ 为最大扭转切应力，其值应分别按照前述已

介绍过的方法进行计算。于是，弯曲和扭转组合变形的强度条件式(适合于塑性材料) 如下：

$$\sigma_1-\sigma_3=\sqrt{\sigma^2+4\tau^2}\leqslant[\sigma] \tag{5-54}$$

式(5-54) 左边的相当应力应为转轴危险点的相当应力。危险点应为转轴外表面的弯曲正应力和扭转切应力同时达到最大值的点。若不存在这样的点，则应找出所有可能危险截面的最大应力点，求出相当应力，进而可找出相当应力的最大值，建立起强度条件式，之后就可以进行各种强度计算了。

5.7 超静定问题简介

5.7.1　超静定问题的概念

前述各节中所求解的问题都属于静定问题，即结构未知的全部约束力可以通过静力平衡方程求解得到。在静定结构中，再增加约束，则仅由静力平衡方程不能确定结构的全部约束力，即未知力的数目多于独立的静力平衡方程数目。这种问题称为**超静定问题或静不定问题**。

超静定结构中存在多余约束。之所以称为多余约束，是因为这些约束对于保证结构的平衡与几何不变都不是必需的，而是为了满足结构对强度和刚度的某些要求而设置的。一般来说，超静定结构比静定结构具有更高的承载能力。图 5-24 所示的三种结构均为超静定结构。

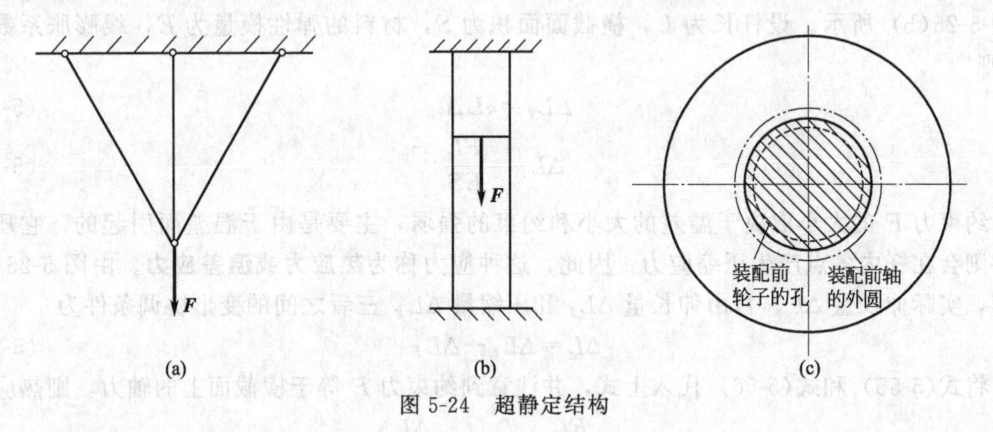

图 5-24　超静定结构

求解超静定问题时，除了静力平衡方程之外，还需要补充方程。补充方程需要通过对结构变形的研究建立。在静定结构中，约束力是为平衡外载荷所必需的，约束力的个数不能再少了，否则就不能平衡外载荷，也即结构就不具有承载能力。在超静定结构中，多余约束的存在，使约束力必须按照结构所受的位移约束要求及各组成部分之间变形的互相制约平衡外载荷。如图 5-24(a) 所示的结构，三根杆均为二力杆，在外力 $\boldsymbol{F}$ 的作用下，三根杆均要伸长。但是，三根杆的伸长量不能是任意的，因为变形后三根杆仍必须在铰接处相互连接在一起，不能分离，这也即三根杆的变形必须是协调的，否则，三根杆变形后就不能铰接在一起了。这个要求称为变形协调条件，决定了三根杆伸长量之间的数量关系。将这种数量关系用方程表示出来就是变形协调方程，即所需的补充方程。再如图 5-24(b) 所示的结构，若仅在一端固定，则是静定结构，约束力仅随外载荷的变化而改变；两端同时固定，则约束力根据固定端的位移约束要求进行分配，即必须满足杆在两端不能有任何移动和转动的要求。在力 $\boldsymbol{F}$ 的作用下，只能使作用点处上、下两部分发生伸长和缩短的变形，但杆的长度不能有变化，这个要求就是变形协调条件。显然，杆上部的伸长量应等于杆下部的缩短量，这个等量关系就是变形协调方程。将变形协调方程与静力平衡方程联立求解，就可得到超静定结构中全部约束力的求解。

由于在超静定结构中，各部分的变形都受到一定的制约，故温度变化、制造误差等外界因素，都会在超静定结构中引起应力，这些应力分别称为热应力（或温差应力）和装配应力。图5-24(c) 是轴与孔的过盈配合在轴与轮子中产生装配应力的例子。装配前孔的直径比轴的直径小［图5-24(c) 中的虚线表示装配前的孔，双点画线表示装配前轴的外圆］，给轮子加热使之膨胀套在轴上，冷却后温度降低，轮子收缩，使孔内表面与轴外圆紧紧结合在一起，在两者的配合面上产生了压力，同时也在轮子与轴内均产生了应力，此即装配应力。与装配前比较，孔的直径增加而轴的外径减小，最后使两者的直径相同，也即达到了变形协调，但配合面上压力的大小取决于此变形协调条件。

超静定问题的求解，关键是要列出正确的变形协调方程。

5.7.2 热应力问题

设直杆一端固定、一端自由，当温度升高 Δt 时，自由伸长量为 ΔL_t，如图5-25(a) 所示。实际杆件会受有约束，约束力 F 的作用使杆不能自由伸长，导致杆的实际伸长量 ΔL 小于自由伸长量 ΔL_t。杆最终的长度，本质上是杆受热膨胀的内在动力与对这种伸长位移的约束力 F 达到平衡的结果。因此，杆的实际伸长量 ΔL，可以认为是由于温度的升高而产生的自由伸长量 ΔL_t 与约束力 F 为限制其伸长而产生的压缩量 ΔL_F 叠加形成的，如图5-25(b) 所示。设杆长为 L，横截面面积为 S，材料的弹性模量为 E，线膨胀系数为 α，则

$$\Delta L_t=\alpha L\Delta t \tag{5-55}$$

$$\Delta L_F=\frac{FL}{ES} \tag{5-56}$$

约束力 F 的大小取决于温差的大小和约束的强弱，主要是由于温差而引起的，它压缩杆件则会在杆内各点产生压缩应力，因此，这种应力称为**热应力**或**温差应力**。由图5-25(b) 可知，实际伸长量 ΔL、自由伸长量 ΔL_t 和压缩量 ΔL_F 三者之间的变形协调条件为

$$\Delta L=\Delta L_t-\Delta L_F \tag{5-57}$$

将式(5-55) 和式(5-56) 代入上式，并注意到约束力 F 等于横截面上的轴力，则热应力

$$\sigma=\frac{F}{S}=E\left(\alpha\Delta t-\frac{\Delta L}{L}\right) \tag{5-58}$$

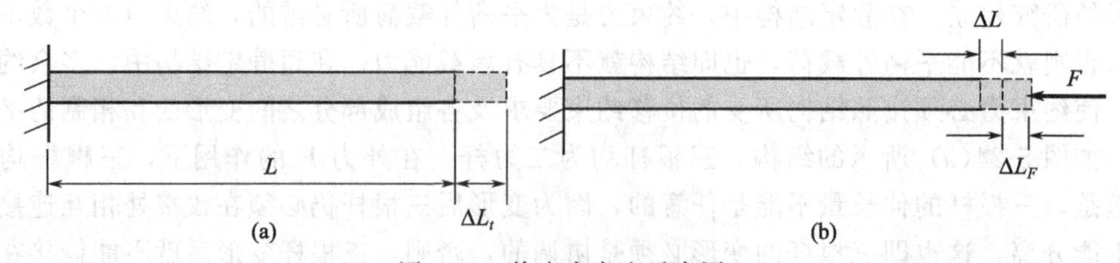

图5-25 热应力产生示意图

由于温度的升高而产生的是压应力，而由于温度的降低而产生的是拉应力。显然，热应力是由于温度的变化而约束使构件不能自由伸缩而产生的。由式(5-58) 可看出，热应力的大小与杆的材质、温度的变化量及所受到的约束强弱有关。实际伸长量 ΔL 的值表示了约束的强弱：ΔL 愈大，约束愈弱，热应力愈小；ΔL 愈小，约束愈强，热应力愈大。当 $\Delta L=0$ 时，约束最强即刚性约束，热应力最大；当 $\Delta L=\Delta L_t$ 时，没有约束，可自由伸长，热应力

为零。

在实际的工程结构中，构件的材质及所受的约束都是确定的。因此，热应力的大小取决于构件在工作过程中温度的变化量。温差愈大，热应力愈大。这与载荷愈大、在构件中产生的应力愈大具有类同性，因而在工程中将温度的变化视为一种类型的载荷，称为热载荷或温差载荷。

热应力在工程上往往是有害的，应设法降低甚至消除。构件选材取决于许多实际因素，而温度的变化往往是实际工程的要求。因此，降低或消除热应力的途径就是减弱或消除约束。若设法使构件不受约束而自由伸缩，则可消除热应力。如浮头式和填料函式热交换器，使壳体和管束各自都能自由伸缩，从而彻底消除了热应力。工程上往往做不到使构件自由伸缩，如过程工业中的管道、固定管板式热交换器等，热应力的产生是不可避免的，但可设法减小热应力，其工程措施就是设置膨胀节。膨胀节是一种易于发生轴向变形的挠性元件。在结构中相互约束的一方设置膨胀节，就会使其变形刚度大大减小，柔软而易于变形，限制伸缩位移的能力大大减弱，从而可有效地减小热应力。高温管道通常每隔一定长度便设置膨胀节。这种膨胀节有时就是将管子弯成 U 形的部分［图 5-26(a)］，有时则采用管路专用膨胀节［图 5-26(b)］。

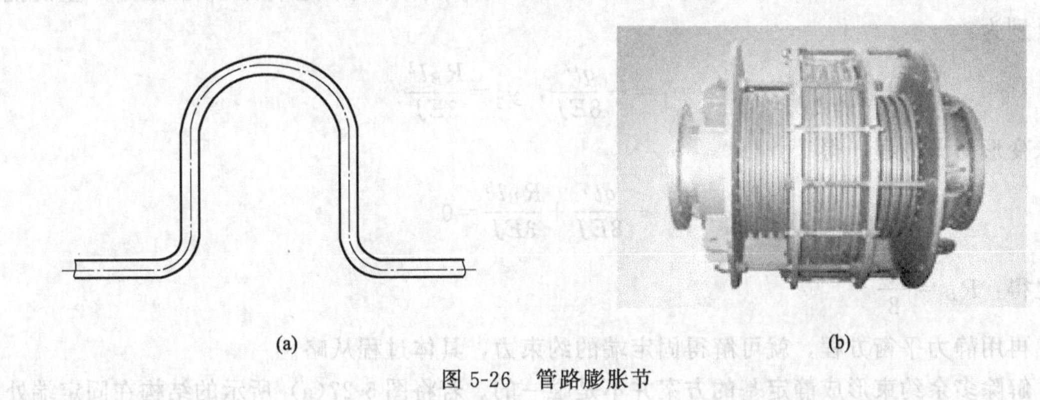

图 5-26　管路膨胀节

5.7.3 超静定梁

在静定梁的基础上，再增加约束，就形成了超静定梁。工程中许多机械设备可视为梁进行分析，如这些梁的跨度较大，为了提高其强度和刚度，避免过大的应力和变形，常常需要增加支座数量。如卧式储罐经常使用三个支座支承，过程工业中的管道支座数量可能更多。

通常将超静定梁的多余约束解除之后，加上相应的约束力，从而得到未知约束力和原超静定梁的载荷共同作用的静定梁，如此得到的静定梁称为原超静定梁的**静定基**。静定基的变形应与原超静定梁的变形完全相同，也即必须满足被解除约束处的位移约束条件即变形协调条件，由此可得到变形协调方程。

下面通过例题介绍简单超静定问题的具体求解方法。

【例 5-11】 试求图 5-27(a) 所示的超静定梁约束力。设抗弯刚度 EI 为常量。

解　该超静定梁是在悬臂梁的自由端增加了一个可动支座形成的。将支座 B 解除，代之以约束力 R_B，形成静定基，如图 5-27(b) 所示。为了使静定基的变形与原超静定梁的变形完全相同，必须使静定基在 B 处的挠度为零，这是由支座 B 决定的位移约束条件，也即变形协调条件。

现采用叠加法计算静定基 B 端的挠度。图 5-27(b) 所示的载荷可看作图 5-27(c) 和图

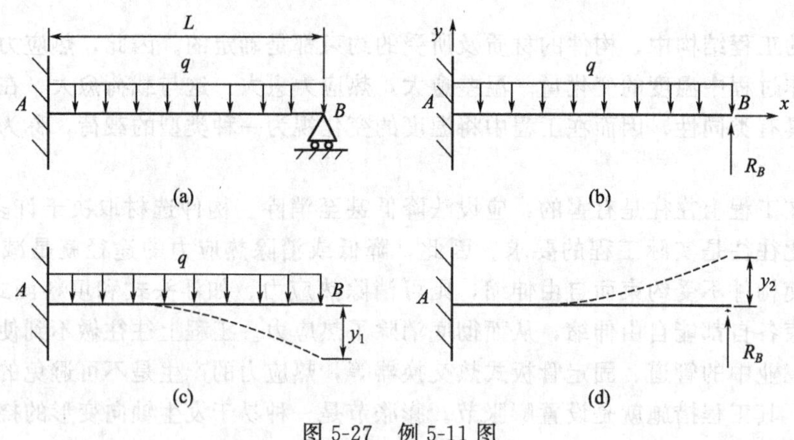

图 5-27 例 5-11 图

5-27(d) 两种载荷的叠加，即变形协调方程为

$$y_1+y_2=0$$

由前述的例 5-8 和例 5-10 可知，相应于均布载荷和集中力在悬臂梁自由端 B 产生的挠度分别为：

$$y_1=-\frac{ql^4}{8EJ},\ y_2=\frac{R_Bl^3}{3EJ}$$

代入变形协调方程，得

$$-\frac{ql^4}{8EJ}+\frac{R_Bl^3}{3EJ}=0$$

解之得：$R_B=\dfrac{3ql}{8}$。

再用静力平衡方程，就可解得固定端的约束力，具体过程从略。

解除多余约束形成静定基的方案并不是唯一的。若将图 5-27(a) 所示的结构在固定端处对转角的约束看作多余约束，则得到的静定基为均布载荷和 A 端的约束力偶共同作用的简支梁。按此法可首先求出固定端的约束力偶，进而得到全部约束力解，其结果应与上述方法相同。

思 考 题

5-1 构件强度条件式、刚度条件式是如何建立的？

5-2 直杆轴向拉伸与压缩时的强度条件式如何建立？利用强度条件式能够解决哪几方面的问题？

5-3 材料许用应力的意义是什么？在确定材料许用应力时为什么要引入一个大于 1 的安全系数呢？

5-4 直杆轴向拉伸与压缩时纵向应变与横向应变之间有何关系？

5-5 剪切构件的受力与变形有什么特点？

5-6 剪切强度条件和剪断条件有何不同？各适用于何种情况？

5-7 什么是挤压强度条件？

5-8 圆轴扭转时横截面上切应力的分布规律如何？这个分布规律是如何得出的？

5-9 为什么说圆轴的扭转变形实质上是剪切变形？

5-10　扭转变形用什么量来度量？

5-11　圆轴扭转时的强度条件和刚度条件是什么？

5-12　什么是纯弯曲？研究纯弯曲的意义是什么？

5-13　什么是中性层？什么是中性轴？

5-14　纯弯曲梁横截面上正应力的分布规律如何？这个分布规律是如何得出的？

5-15　如何计算平面弯曲梁横截面上的最大弯曲正应力？

5-16　平面弯曲梁的强度条件是什么？为什么弯曲许用应力可比轴向拉伸时的许用应力取得高一些？

5-17　什么是梁的抗弯刚度？其意义是什么？

5-18　提高梁弯曲强度的措施有哪些？

5-19　试比较弯曲正应力计算公式与扭转切应力计算公式的相似性，并思考其中各个力学量和几何量的意义。

5-20　为什么梁的变形用挠度和转角度量？

5-21　梁变形后轴线的曲率与梁的挠度和转角的关系如何？仅由梁挠曲线微分方程能否确定梁的变形？

5-22　什么是梁的刚度条件？

5-23　如何进行直杆组合变形时的强度计算？

5-24　什么叫超静定问题？对于“多余约束”应如何理解？

5-25　解超静定梁的基本思路是什么？

5-26　热应力是如何产生的？采用什么方法可以减小热应力？

习　题

5-1　如图 5-28 所示的钢杆，已知：杆的横截面面积等于 100mm^2，钢的弹性模量 $E=2\times10^5\text{MPa}$，$F=10\text{kN}$，$Q=4\text{kN}$。要求：

(1) 计算钢杆各段内的应力、绝对变形和应变；

(2) 计算钢杆的纵向总伸长量。

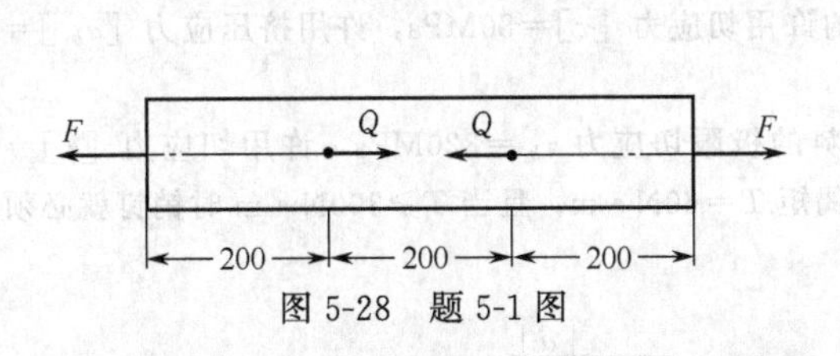

图 5-28　题 5-1 图

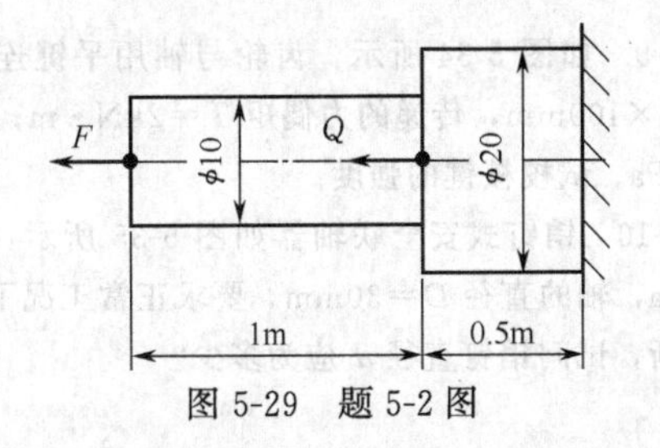

图 5-29　题 5-2 图

5-2　试求图 5-29 所示的阶梯钢杆各段内横截面上的应力以及杆的纵向总伸长量。已知钢的弹性模量 $E=2\times10^5\text{MPa}$，$F=10\text{kN}$，$Q=2\text{kN}$。

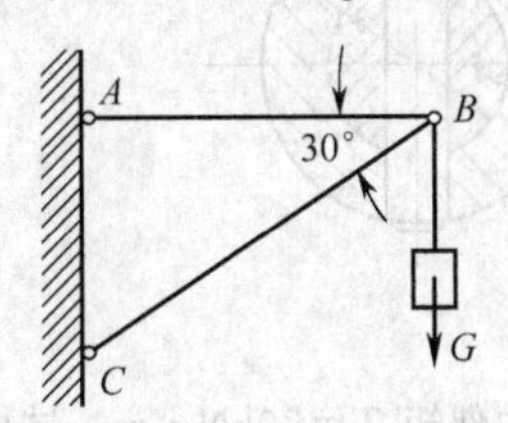

图 5-30　题 5-3 图

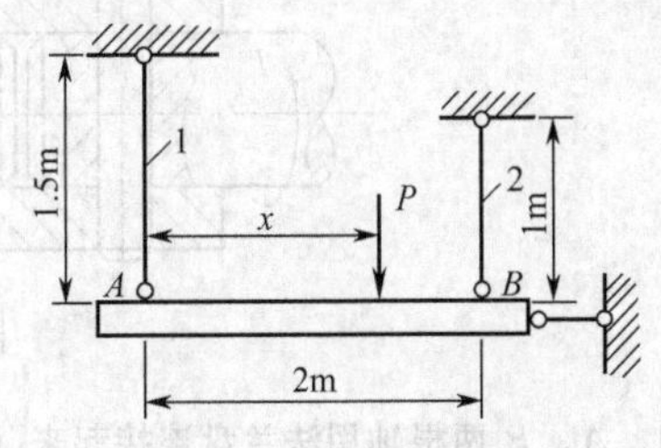

图 5-31　题 5-4 图

5-3 如图5-30所示的三角形支架，杆AB和杆BC均为圆截面，杆AB的直径$d_1=20$mm，杆BC的直径$d_2=40$mm，两杆材料的许用应力均为$[\sigma]=160$MPa。设重物的重量$G=20$kN，试问此支架是否安全？

5-4 如图5-31所示的结构，梁AB的变形及重量可忽略不计。杆1为钢制圆杆，直径$d_1=20$mm，弹性模量$E_1=2\times10^5$MPa；杆2为铜制圆杆，直径$d_2=25$mm，弹性模量$E_2=1\times10^5$MPa。试问：(1) 载荷P加在何处，才能使梁AB受力后仍保持水平？(2) 若此时$P=30$kN，求两杆内横截面上的正应力。

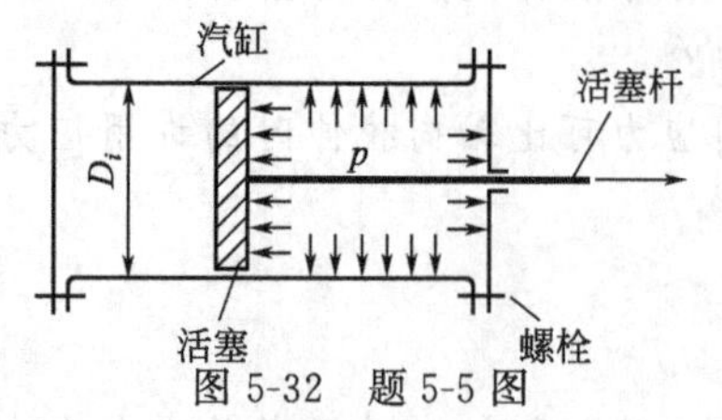

图5-32 题5-5图

5-5 蒸汽机的汽缸如图5-32所示，汽缸的内直径$D_i=400$mm，工作压力$p=1.2$MPa。汽缸盖和汽缸用螺栓根径为15.294mm的螺栓连接。若活塞杆材料的许用应力为50MPa，螺栓材料的许用应力为40MPa，试求活塞杆的直径及螺栓的个数。

5-6 一根直径为$d=16$mm、长为$L=3$m的圆截面杆，承受轴向拉力$P=30$kN，其伸长为$\Delta L=2.2$mm。试求：(1) 杆横截面上的应力和应变；(2) 杆材料的弹性模量E；(3) 杆直径的改变量和横截面面积的相对变化率。已知杆的变形是完全弹性的，材料的泊松比$\mu=0.3$。

5-7 一根直径为$d=10$mm的圆截面杆，在轴向拉力P作用下，直径减小0.0025mm。已知材料的弹性模量$E=2\times10^5$MPa，泊松比$\mu=0.3$，变形为完全弹性的，试求轴向拉力P的大小。

5-8 图5-33为销钉连接，已知$P=18$kN，两板的厚度$t_1=8$mm、$t_2=5$mm，销钉与两板的材料相同，许用切应力$[\tau]=60$MPa，许用挤压应力$[\sigma_{bs}]=200$MPa。试设计销钉的直径d。

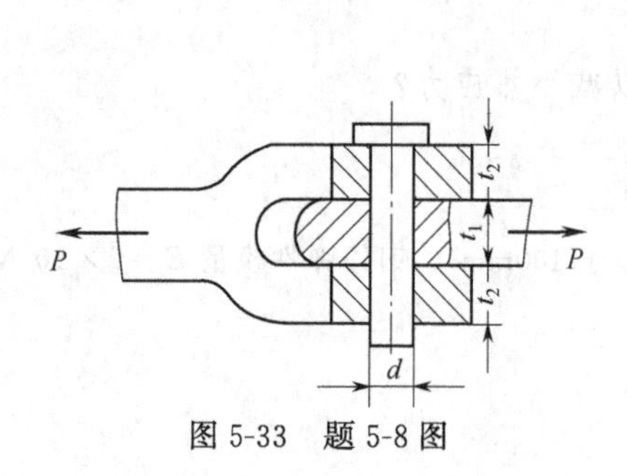

图5-33 题5-8图

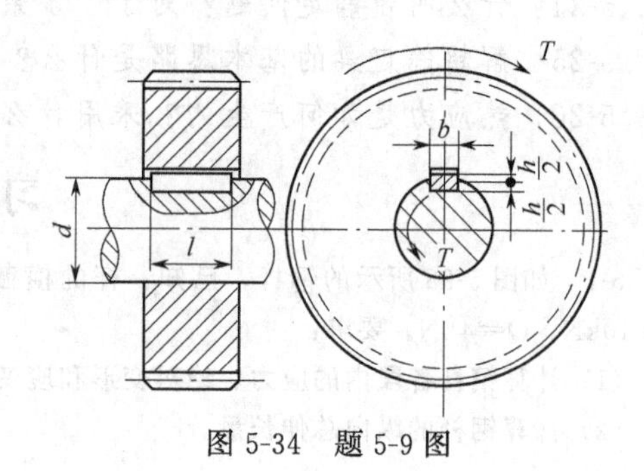

图5-34 题5-9图

5-9 如图5-34所示，齿轮与轴用平键连接，已知轴直径$d=70$mm，键的尺寸$b\times h\times l=20\text{mm}\times12\text{mm}\times100\text{mm}$，传递的力偶矩$T=2\text{kN}\cdot\text{m}$；键材料的许用切应力$[\tau]=80$MPa，许用挤压应力$[\sigma_{bs}]=200$MPa。试校核键的强度。

5-10 销钉式安全联轴器如图5-35所示，销钉材料的极限切应力$\tau_b=320$MPa，许用切应力$[\tau]=80$MPa，轴的直径$D=30$mm。要求正常工况下传递力偶矩$T=60\text{N}\cdot\text{m}$，且当$T\geqslant300\text{N}\cdot\text{m}$时销钉就必须被剪断，试问销钉直径$d$应为多少？

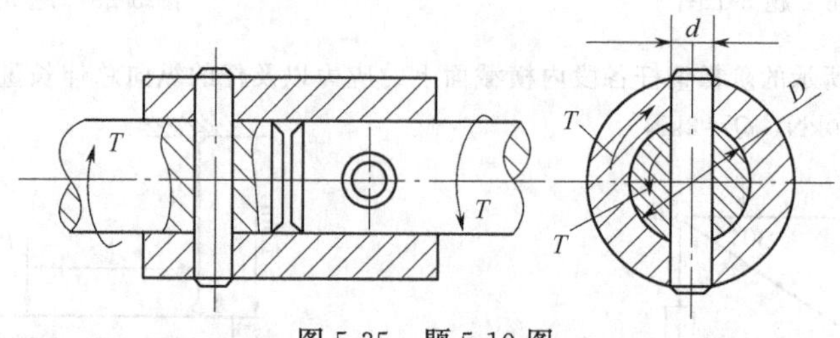

图5-35 题5-10图

5-11 A、B两根轴用法兰盘连接起来（图5-36），要求传递的力偶矩$T=70\text{kN}\cdot\text{m}$。试由螺栓的剪切强度条件设计螺栓的直径$d$。螺栓的许用切应力$[\tau]=40$MPa，螺栓数量为12个。

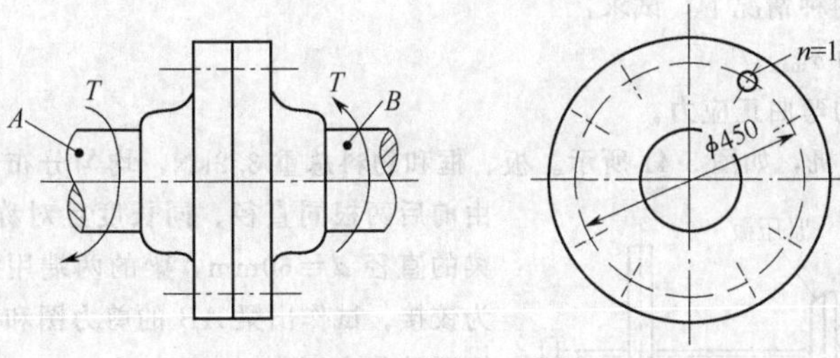

图 5-36　题 5-11 图

5-12　一根钢轴，直径为 20mm，许用切应力 $[\tau]=100\text{MPa}$，试求此轴能承受的扭矩。如转速为 100r/min，此轴能传递多少千瓦的功率？

5-13　一带有框式搅拌桨叶的搅拌轴，其受力情况如图 5-37 所示。搅拌轴由电动机经过减速箱及圆锥齿轮带动。已知电动机的功率为 3kW，机械传动效率为 85%，搅拌轴的转速为 5r/min，直径为 $d=75\text{mm}$，材料为 45 钢，许用切应力 $[\tau]=60\text{MPa}$。试校核搅拌轴的强度，并作出搅拌轴的扭矩图（假设 $T_B=T_C=2T_D$）。

5-14　阶梯形圆轴如图 5-38 所示，$d_1=40\text{mm}$，$d_2=70\text{mm}$。已知由轮 3 输入的功率 $P_3=30\text{kW}$，轮 1 输出的功率 $P_1=13\text{kW}$，轴作匀速转动，转速 $n=200\text{r/min}$，材料的许用切应力 $[\tau]=60\text{MPa}$，剪切弹性模量 $G=8.0\times10^4\text{MPa}$，单位长度的许用扭转角 $[\varphi']=2°/\text{m}$。试校核轴的强度和刚度。

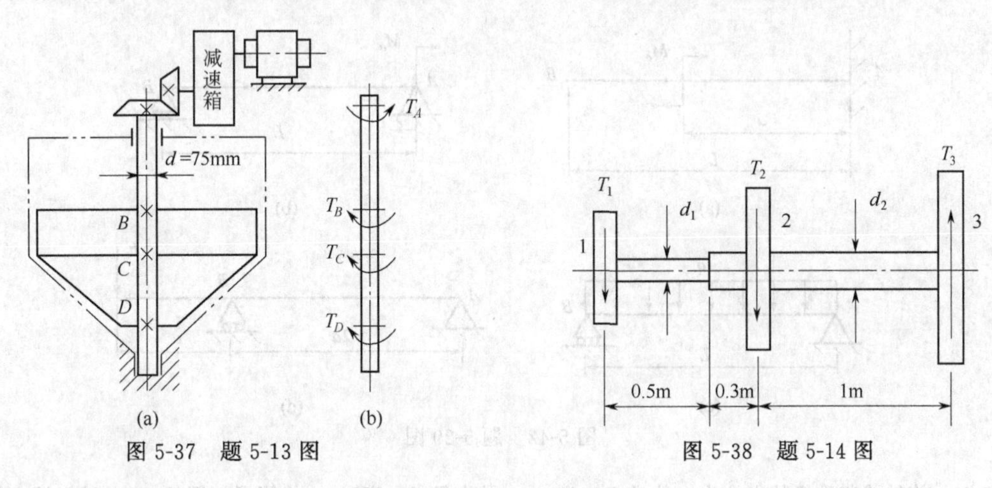

图 5-37　题 5-13 图　　图 5-38　题 5-14 图

5-15　支承管道的悬臂梁 AB 由两根槽钢组成，两管道重量相同，$G=5.5\text{kN}$，载荷的作用位置如图 5-39所示。

(1) 试画出梁 AB 的弯矩图；

(2) 根据强度条件选择组成梁 AB 的槽钢型号，已知槽钢的许用应力 $[\sigma]=140\text{MPa}$。

5-16　矩形截面简支梁 AB 和所受载荷如图 5-40 所示。已知：$F=4\text{kN}$，$q=2\text{kN/m}$，截面尺寸为120mm×

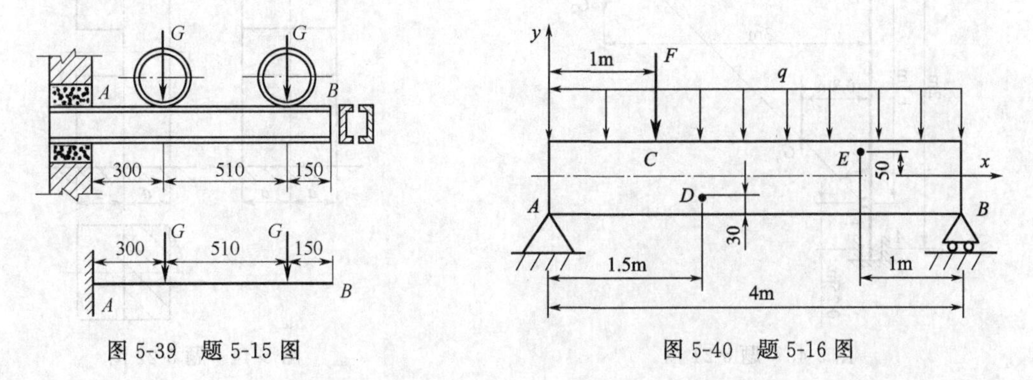

图 5-39　题 5-15 图　　图 5-40　题 5-16 图

200mm。在横放和竖放两种情况下，试求：

(1) 最大弯曲正应力 σ_{max}；

(2) 在 D、E 两点的弯曲正应力。

5-17 小型板框压滤机，如图5-41所示。板、框和物料总重3.2kN，均匀分布于长600mm的长度内，由前后两根同直径、同长度且对称布置的横梁 AB 承受。梁的直径 $d=60$mm，梁的两端用螺栓连接，计算时可视为铰接。试作出梁 AB 的剪力图和弯矩图，并求出最大弯矩以及最大弯曲正应力。

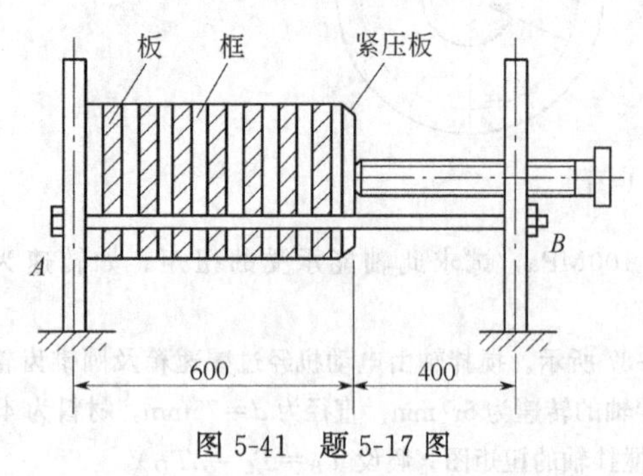

图5-41 题5-17图

5-18 一根直径 $d=1$mm 的直钢丝绕在直径 $D=800$mm 的圆轴上，钢的弹性模量 $E=2.1\times10^5$MPa。假设钢丝绳绕在圆轴上产生的弯曲变形可视为纯弯曲，试求钢丝由于（弹性）弯曲而产生的最大弯曲正应力。又若材料的屈服强度 $R_{eL}=350$MPa，求不使钢丝产生残余变形的轴径应为多大？

5-19 一承受均布载荷 $q=10$kN/m 的简支梁，跨长为4m，材料的许用应力 $[\sigma]=160$MPa。若梁的截面取：(1) 实心圆；(2) $a:b=1:2$ 的矩形；(3) 工字梁。试确定截面尺寸，并说明哪种截面最省材料。

5-20 试求图5-42所示的各等截面梁转角方程和挠度方程，并计算梁自由端的挠度和铰支座处的转角。

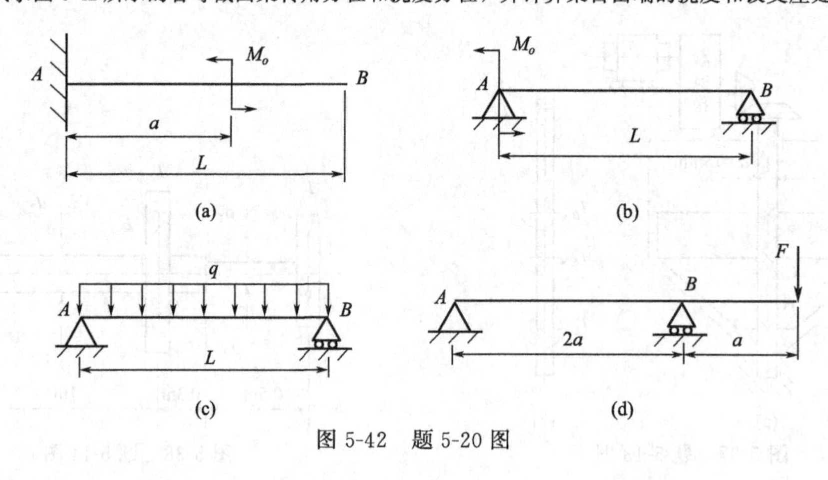

图5-42 题5-20图

5-21 旋转式起重机的立柱为一外径 $D=133$mm 及内径 $d=125$mm 的管子（图5-43），试对该立柱进行强度校核。已知起重机自重 $G_1=15$kN，起重物重量 $G_2=20$kN，$[\sigma]=120$MPa。

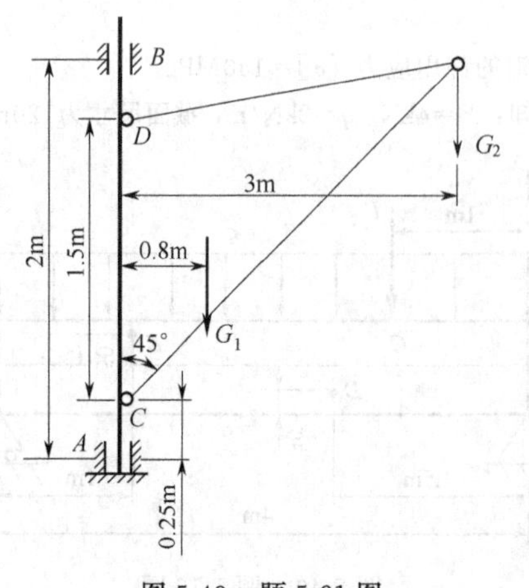

图5-43 题5-21图

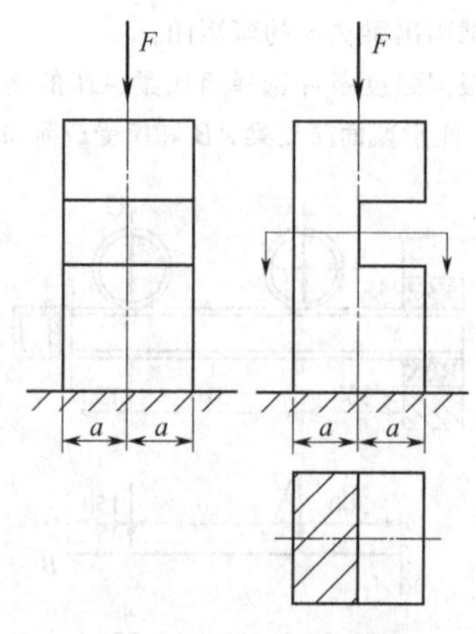

图5-44 题5-22图

5-22　若在正方形截面短柱的中间处开一切槽，其面积为原面积的一半（图 5-44），问最大压应力增大几倍？

5-23　如图 5-45 所示的开口圆环，由直径 $d=50\text{mm}$ 的钢杆制成。已知：$a=60\text{mm}$，材料的许用应力 $[\sigma]=120\text{MPa}$。求最大许可拉力的数值。

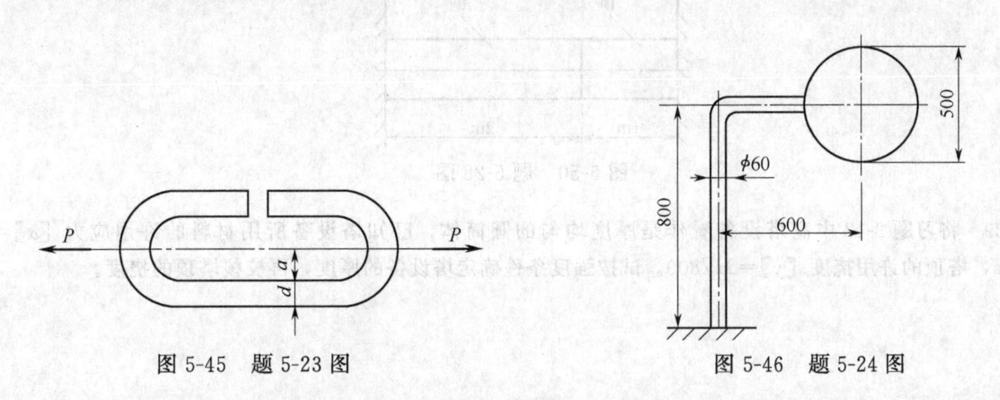

图 5-45　题 5-23 图　　　　图 5-46　题 5-24 图

5-24　如图 5-46 所示的铁道路标信号板安装在外径 $D=60\text{mm}$ 的空心圆柱上，若信号板上所受的最大风载荷 $p=2\text{kPa}$，$[\sigma]=60\text{MPa}$，试确定空心柱的壁厚。

5-25　试求图 5-47 所示的超静定梁（等截面）的约束力，并作出剪力图和弯矩图。

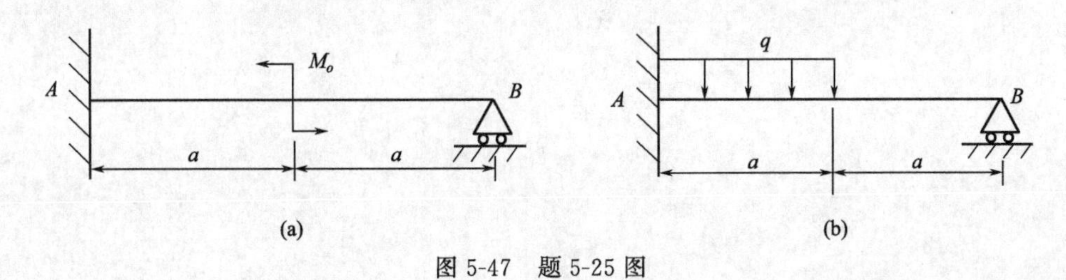

图 5-47　题 5-25 图

5-26　如图 5-48 所示的超静定梁采用工字钢，已知：$F=10\text{kN}$，$a=2\text{m}$，许用弯曲应力 $[\sigma]=120\text{MPa}$，工字钢的弹性模量 $E=2\times10^5\text{MPa}$。试确定工字钢的型号。若将 B 处支座去掉，试问已确定的工字钢型号能否满足此时的强度要求？

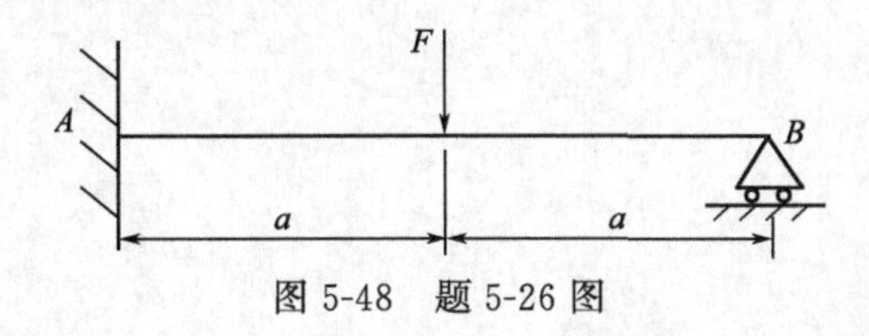

图 5-48　题 5-26 图

5-27　如图 5-49 所示的两端固定等截面杆，由钢和铜两种材料制成，在两段连接处受到力 $F=100\text{kN}$ 的作用，杆的横截面面积 $S=1000\text{mm}^2$。试求杆各段内横截面上的应力。已知：钢的弹性模量 $E_1=2\times10^5\text{MPa}$，铜的弹性模量 $E_2=1\times10^5\text{MPa}$。

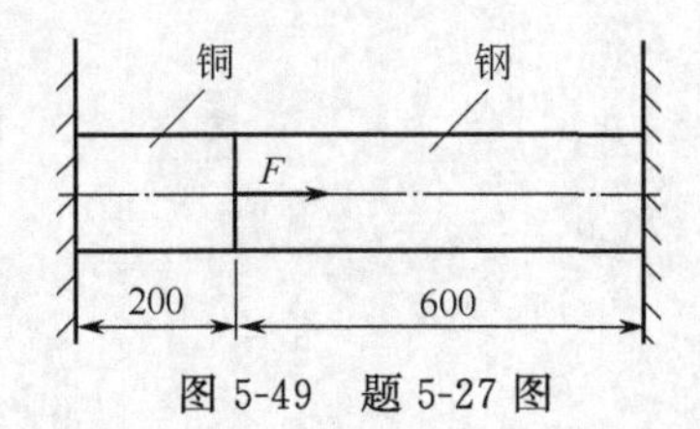

图 5-49　题 5-27 图

5-28 如图5-50所示的两端固定等截面直杆，由钢和铜两种材料制成，当温度升高60℃，试求各段内横截面上的应力。已知：钢的线膨胀系数$\alpha_1=12.5\times10^{-6}℃^{-1}$，弹性模量$E_1=2\times10^5$MPa；铜的线膨胀系数$\alpha_2=16.5\times10^{-6}℃^{-1}$，弹性模量$E_2=1\times10^5$MPa。

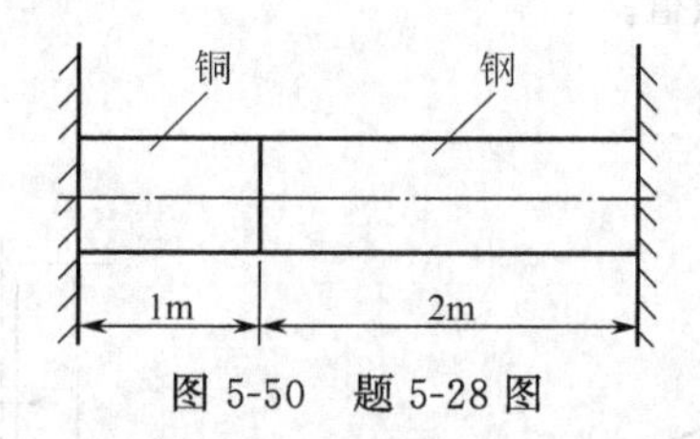

图5-50 题5-28图

5-29 将习题2-12中高塔设备看作是厚度均匀的圆筒体，已知塔设备所用材料的许用应力$[\sigma]=120$MPa，塔顶的许用挠度$[y]=H/800$。试按强度条件确定塔设备的厚度，再校核塔顶的挠度。

第2篇 工程材料

现代工业生产工作条件多种多样：温度从低温到高温；压力从真空（负压）到高压甚至超高压；物料可能易燃、易爆、有毒或强腐蚀性等。由此对构成设备的材料提出了愈来愈高的要求。为确保设备长期安全运行，必须根据不同的生产条件，选择不同的结构材料。本篇简要地介绍了工程技术人员所应具备的常用材料品种、性能、牌号、用途以及钢的热处理等基础知识。

第6章 过程装备材料

根据材料的化学成分和结构特点，用于制造过程装备的材料通常可分为金属材料、非金属材料和复合材料三类，下面逐一介绍。

6.1 过程装备用金属材料

6.1.1 金属材料的基础知识

6.1.1.1 金属材料的主要性能

金属材料的主要性能包括力学性能、耐腐蚀性能和加工工艺性能等。

（1）力学性能

材料的力学性能是指材料在外力作用下表现出来的性能，一般有如下几个主要指标。

① 机械强度　材料的机械强度是过程装备设计与选材的主要依据之一，是材料的重要力学性能指标。反映材料强度高低的指标有屈服强度（R_{eL} 或 $R_{p0.2}$）、抗拉强度（R_m），高温时还要考虑蠕变极限（R_n^t），交变载荷作用时则要考虑疲劳极限。

② 塑性　材料的塑性是指材料在断裂前发生不可逆永久变形的能力，通常用断后伸长率 A 和断面收缩率 Z 表示。

③ 韧性　韧性是材料对缺口或裂纹敏感程度的反映。韧性好的材料，即使存在缺口或裂纹而引起应力集中，也有较好地防止发生脆断和裂纹快速扩展的能力。评定材料韧性的指标通常以标准试样的冲击吸收功 A_K 表示。

④ 硬度　硬度是指材料抵抗其他物体压入的能力，它是衡量材料软硬的指标。工程上常用的硬度指标可分为布氏硬度（HBS、HBW）、洛氏硬度（HRA、HRB、HRC）和维氏硬度（HV）等。硬度的大小说明材料的耐磨性及切削加工的可能性，一般情况下材料硬度愈高，零件耐磨性愈好，但其切削加工性能较差。此外，材料的硬度与强度之间也存在近似的对应关系，材料的强度愈高，其硬度也愈高。

（2）耐腐蚀性能

耐腐蚀性能是材料在使用工艺条件下抵抗腐蚀性介质侵蚀的能力。对于均匀腐蚀，在过程设备设计中通常是在设计时留有一定的腐蚀裕量来解决，但对于有局部腐蚀的过程设备，则必须从选择相应的耐腐蚀材料及防护措施来解决。

（3）加工工艺性能

金属材料需要通过一定的加工工艺才能形成构件或设备，材料的加工工艺性能反映在保证加工质量的前提下，加工的难易程度。金属材料的主要加工工艺性能包括焊接性能、铸造性能、压力加工性能、机械加工性能和热处理性能等。

6.1.1.2 金属材料的晶体结构

自然界的固体物质，根据其内部原子聚集状态的不同可分为晶体和非晶体两大类。在晶体内部，其原子按一定规律整齐排列。而在非晶体内部，其原子则是无规律地散乱分布。金属材料一般是晶体，人们利用X射线衍射分析技术研究测定了金属的晶体结构，发现除了少数金属具有复杂晶体结构之外，绝大多数金属都属于体心立方、面心立方和密排六方三种典型结构，如图6-1所示。

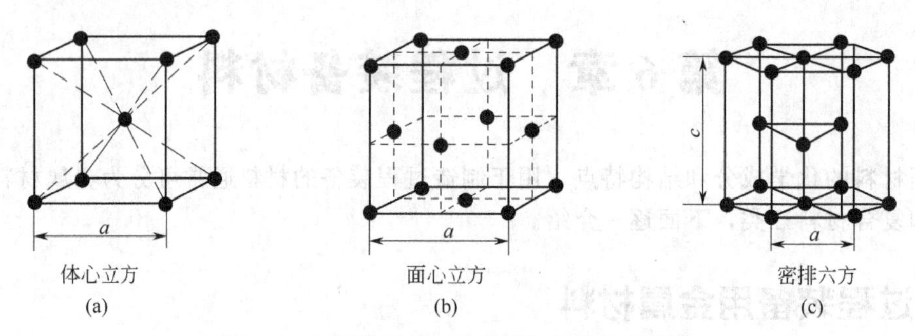

图6-1 金属材料的三种典型晶体结构示意图

体心立方如图6-1(a)所示，体心立方晶格中，金属原子分布在立方晶胞的八个角上和体的中心，如金属钼（Mo）、铌（Nb）、铬（Cr）、钨（W）和钒（V）都具有体心立方晶格。

面心立方如图6-1(b)所示，面心立方晶格中，金属原子分布在立方晶胞的八个角上和六个面的中心，如金属铝（Al）、铜（Cu）、镍（Ni）和铅（Pb）都具有面心立方晶格。

密排六方如图6-1(c)所示，密排六方晶格中，金属原子分布在六方晶胞的十二个角上和上下底面的中心以及两底面之间的三个均匀分布的间隙内，如金属锌（Zn）、镁（Mg）和铍（Be）都具有密排立方晶格。

金属材料具有不同的性能与其不同的晶体结构有关。另外，某些金属在不同的温度范围具有不同的晶格结构。例如，纯铁具有两种晶格结构，在912℃以下具有体心立方晶格结构，称为α-Fe；在912～1394℃为面心立方晶格结构，称为γ-Fe。这两种晶格结构的铁，其溶碳能力是不同的，因而两种性质完全不同的组织形式在钢中的存在状态也直接影响着钢的性能。

6.1.1.3 铁碳合金相图

铁碳合金相图是用图解的方法表示铁碳合金在极其缓慢的冷却速度下，合金的成分、组织和性能之间的关系及其变化规律，又称铁碳合金平衡图。铁碳合金相图是人们在长期的生产和科学实验中总结出来的，对于了解钢中组织结构变化和制定热处理工艺具有极为重要的意义。

铁碳合金是由铁和碳两种基本元素组成的，铁与碳相互作用，除了碳可溶入铁中形成固溶体之外，还可以形成Fe_3C、Fe_2C和FeC等金属化合物，因而整个铁碳合金相图可以看成是由Fe-Fe_3C、Fe_3C-Fe_2C、Fe_2C-FeC和FeC-C等各部分相图组成。然而，铁碳合金当含碳量超过5%时力学性能和工艺性能都差而没有实际应用价值，Fe_3C的含碳量达到6.69%，故实际上普遍应用的铁碳合金相图是指 $Fe-Fe_3C$ 相图部分。如图 6-2 所示的 $Fe-Fe_3C$ 相图是由完整的 $Fe-Fe_3C$ 相图忽略了该相图左上角的包晶转变过程而简化得到的，显然，鉴于 $Fe-Fe_3C$ 相图左上角的包晶转变过程对通常制订热处理工艺没有影响，将其略去不会影响其使用价值。下面就对简化的 $Fe-Fe_3C$ 相图进行分析。

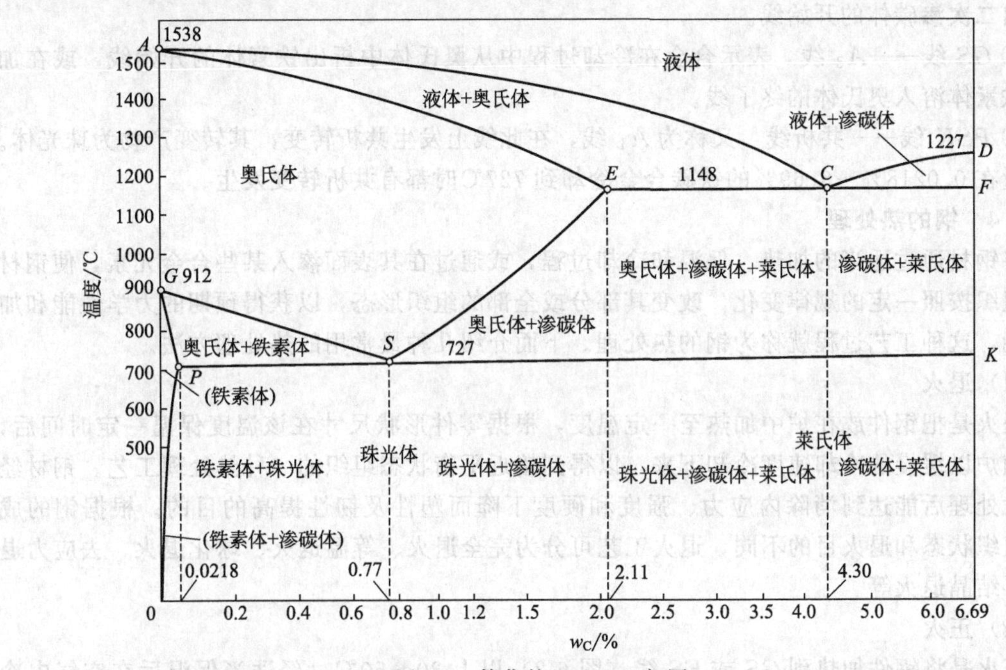

图 6-2 简化的 $Fe-Fe_3C$ 相图

(1) 铁碳合金相图中的基本相

① 铁素体 碳溶于 α-Fe 中形成的固溶体称为铁素体，用 F 表示。由于铁素体中碳的溶解度很小，最大溶解度在 727℃时为 0.0218%，室温时溶碳量仅为 0.0008%，因此，铁素体的强度和硬度低、塑性好，力学性能与纯铁相似。

② 奥氏体 碳溶解到 γ-Fe 中形成的固溶体称为奥氏体，用 A 表示。由于奥氏体中碳的溶解度较大，在 727℃时为 0.77%，在 1148℃时达到最大溶碳量 2.11%，因此，奥氏体的强度和硬度不高，但塑性好，容易压力加工。

③ 渗碳体 铁和碳形成的化合物 Fe_3C 称为渗碳体，其含碳量为 6.69%。渗碳体的硬度很高，强度极低，脆性非常大，对铁碳合金的力学性能有很大影响。

④ 珠光体 铁素体和渗碳体的共析混合物称为珠光体，用 P 表示。珠光体的力学性能介于铁素体和渗碳体之间。

⑤ 莱氏体 当含碳量为 4.30%的液态合金冷却到 1148℃时，同时结晶出奥氏体和渗碳体的共晶混合物，称为莱氏体，用 L_d 表示；在 727℃以下，莱氏体中的奥氏体将发生共析转变，转变为珠光体，此时由珠光体和渗碳体所组成的莱氏体称为低温莱氏体，用 L'_d表示。莱氏体中由于含有大量的渗碳体，其硬度高，但脆性很大。

(2) 铁碳合金相图中的主要特性点和特性线

① *S* 点——共析点 当铁碳合金的含碳量为 0.77%，奥氏体在 727℃时发生共析转变，同时析出铁素体和渗碳体的共析混合物，即为珠光体。

② *ACD* 线——液相线 所有合金在此线以上是液相区，用符号 L 表示。合金冷却到此

线开始结晶。

③ $AECF$ 线——固相线 所有合金在此线以下均是固体状态。

④ ES 线——A_{cm} 线 表示碳在奥氏体中的溶解度曲线，由于在1148℃时奥氏体中溶碳量最大可达2.11%，而在727℃时仅为0.77%。同时，它也是合金在冷却过程中从奥氏体中析出二次渗碳体的开始线。

⑤ GS 线——A_3 线 表示合金在冷却过程中从奥氏体中析出铁素体的开始线，或在加热时铁素体溶入奥氏体的终了线。

⑥ PSK 线——共析线 又称为 A_1 线，在此线上发生共析转变，其转变产物为珠光体。含碳量在0.0218%～6.69%的铁碳合金冷却到727℃时都有共析转变发生。

6.1.1.4 钢的热处理

将钢材通过适当的加热、保温和冷却过程，或通过在其表面渗入某些合金元素，使钢材内部组织按照一定的规律变化，改变其部分或全部的组织形态，以获得预期的力学性能和加工性能，这种工艺过程就称为钢的热处理。下面介绍几种最常用的热处理方法。

(1) 退火

退火是把钢件放在炉中加热至一定温度，根据零件形状尺寸在该温度保温一定时间后，然后随炉以缓慢的冷却速度冷却下来，以得到接近平衡状态组织的一种热处理工艺。钢材经过退火处理后能达到消除内应力、强度和硬度下降而塑性及韧性提高的目的。根据钢的成分、组织状态和退火目的不同，退火工艺可分为完全退火、等温退火、球化退火、去应力退火和再结晶退火等。

(2) 正火

正火是将钢件加热到 GS 或 ES 线（图6-2）以上30～50℃，经适当保温后在空气中冷却的一种热处理工艺。正火与退火不同之处在于，正火时钢的冷却速度比退火时大，因此，所得组织更细，强度和硬度有所提高。

(3) 淬火与回火

所谓淬火，就是把钢件加热到临界温度 GS 或 PSK 线（图6-2）以上，使钢的组织成为单一的奥氏体，然后保温一定的时间后用油或水急速冷却的热处理工艺。由于冷却速度很大且温度很低，钢材组织中的碳原子无能力扩散被全部保留在铁素体中，形成一种硬度高、脆性大、塑性和韧性都很差且极不稳定的过饱和固溶体，称为马氏体。

淬火的主要目的是获得马氏体。由于马氏体是一种不稳定的组织，因此，淬火后一定要进行回火。所谓回火就是将经过淬火后的钢件重新加热到 PSK 线以下某一温度，以使其转变为较稳定的组织，提高钢的综合力学性能。回火按其温度范围可分为如下三类。

① 低温回火 回火温度范围为150～250℃，淬火后的钢经低温回火处理，内应力和脆性降低，保持了高强度和高耐磨性。

② 中温回火 回火温度范围为350～500℃，淬火后的钢经中温回火处理，具有一定的韧性和较高的屈服强度。

③ 高温回火 回火温度范围为500～650℃，淬火后的钢经高温回火处理，具有适当的强度和足够的塑性和韧性，即具有良好的综合力学性能。

通常在生产上将淬火加高温回火的热处理称为调质处理，它广泛应用于要求高强度、承受交变载荷或冲击载荷的工件（如过程机器中重要的轴等）。

(4) 化学热处理

化学热处理是将钢件置入特殊介质中加热和保温，使特殊介质中的一种或几种元素渗入钢件表面，改变其成分和组织，从而改变钢件表面性能的热处理工艺。它可以提高钢件的耐蚀性、耐磨性、抗氧化性、耐热性和抗疲劳性。化学热处理按照渗入的元素不同可分为渗碳、渗氮、碳氮共渗以及渗铝、渗铬、渗硼、渗硫和多元共渗等多种表面处理方法。

6.1.2　过程装备常用钢材

6.1.2.1　钢材的品种和规格

由于钢材具有优良的力学性能、加工工艺性能以及其他材料所不能及的优良物理性能和特殊化学性能（如对某些物质的耐腐蚀性等），还可通过热处理方法使其性能得到进一步的改善和提高，因此，钢材目前仍然是过程装备的主要材料。

钢材按其形状不同可分为若干类品种，过程装备制造中所用的常见钢材品种见表 6-1，每一品种的钢材又有一系列不同的规格。钢材冶炼厂所生产的钢材品种和规格一般应符合国家标准的规定，用户可根据工程实际情况合理选用钢材品种和规格。

表 6-1　过程装备制造中所用的常见钢材品种

序号	品种名称	简要说明
1	钢板	钢板是过程装备制造中最常用的材料品种。钢板分为薄钢板和厚钢板两种类型，其中薄钢板的厚度为 0.2～4mm，有热轧和冷轧两种；厚钢板的厚度为＞4mm，一般是热轧板。压力容器的筒体和封头等常用钢板制造。
2	钢管	钢管分为无缝钢管和有缝钢管两种类型，其中无缝钢管在过程装备制造中应用较多，压力容器的接管和换热设备的换热管等常用无缝钢管制造。
3	锻件	由于锻件是钢材经过锻造加工而得到的工件或毛坯，主要用于制造各种承受重载荷、强度和塑性要求较高的零部件，压力容器的法兰、顶盖和换热设备的管板等常用锻件制造。
4	棒材	棒材一般是指通过使用轧机把材料加工成各种形状的棒料，其横断面形状有圆形、方形、扁形、六角形和八角形等多种类型，压力容器的紧固件等常用棒材制造。
5	型材	型材是通过轧制、挤出等工艺制成的具有一定几何形状的钢材，根据其断面形状又分为工字钢、槽钢、角钢和圆钢等。压力容器的各种零部件等常用型材制造。

6.1.2.2　钢材的分类

钢材的品种很多，钢材的分类比较复杂，而且各种标准不尽一致。为了便于生产、保管、选材和研究，我国常用的钢材分类有如下五种。

① 根据钢材的化学成分　可分为碳素钢和合金钢两大类，其中碳素钢按含碳量的多少又分为低碳钢（含碳量≤0.25%）、中碳钢（含碳量在 0.25%～0.60%之间）和高碳钢（含碳量＞0.60%），合金钢按合金元素的总量又分为低合金钢（合金元素的总量在 10%以下）和高合金钢（合金元素的总量大于 10%）。

② 根据钢材的品质　可分为普通钢（钢中所含有害杂质 $w_S \leqslant 0.050\%$、$w_P \leqslant 0.045\%$）、优质钢（钢中所含有害杂质 $w_S \leqslant 0.035\%$、$w_P \leqslant 0.035\%$）、高级优质钢（钢中所含有害杂质 $w_S \leqslant 0.025\%$、$w_P \leqslant 0.025\%$）和特级优质钢（钢中所含有害杂质 $w_S \leqslant 0.015\%$、$w_P \leqslant 0.025\%$）四类。

③ 根据钢材的冶炼方法　按炉的种类分为平炉钢、转炉钢和电炉钢；按脱氧的程度分为镇静钢、半镇静钢和沸腾钢。

④ 根据钢材的金相组织　按退火组织分为亚共析钢、共析钢和过共析钢；按正火组织分为珠光体钢、贝氏体钢、马氏体钢和奥氏体钢。

⑤ 根据钢材的用途　可分为结构钢、工具钢和特殊性能钢三大类，其中结构钢又分为建筑用钢、专门用钢（如锅炉和压力容器专用钢板等）和机械零件用钢。

此外，还可根据GB/T 13304《钢分类》将钢材进行分类：第一部分是按化学成分分为非合金钢、低合金钢和合金钢三大类；第二部分是按主要质量等级和主要性能或使用特性进行再分类。

6.1.2.3 压力容器用钢

压力容器用钢根据GB 150《压力容器》所引用的钢材标准，主要为碳素钢、低合金钢（包括低合金高强度结构钢、低温用钢、中温抗氢钢和低合金耐蚀钢）和高合金钢（不锈钢和耐热钢）三大类，为此，下面就对主要钢种进行简要的介绍。

（1）碳素钢

碳素钢简称碳钢，由铁和碳组成的铁碳合金，其含碳量为0.02%～2.11%，是各种工业生产中被广泛应用的一种金属材料。根据钢的质量等级，碳素钢可分为碳素结构钢和优质碳素结构钢。

① 碳素结构钢　碳素结构钢含硫、磷等有害杂质较多（$w_S \leqslant 0.050\%$，$w_P \leqslant 0.045\%$），其牌号通常由四部分组成：第一部分是前缀符号＋强度值，如通用结构钢前缀符号为代表屈服强度的汉语拼音字母“Q”，强度值采用钢在厚度≤16mm时的最低屈服强度值（MPa）；第二部分（必要时）为钢的质量等级符号，用英文字母A、B、C、D、…表示；第三部分（必要时）为脱氧方式表示符号，沸腾钢标以符号“F”，镇静钢标以符号“Z”或不标注，特殊镇静钢标以符号“TZ”或不标注；第四部分（必要时）为产品用途、特性和工艺方法表示符号。例如，Q235AF表示在厚度≤16mm时最低屈服强度值为235MPa、质量等级为A级的沸腾碳素结构钢。

碳素结构钢有一定的强度、良好的塑性、韧性和加工工艺性，特别是焊接性能良好。虽然品质差一些，但仍能满足一般结构件的要求且价格低廉，因而得到广泛应用，常热轧成钢板、型钢和钢筋等，用于低压螺栓、螺母、支架及要求不高的轴类零件等的制造。

② 优质碳素结构钢　与碳素结构钢相比，优质碳素结构钢所含有害杂质（$w_S \leqslant 0.035\%$，$w_P \leqslant 0.035\%$）及非金属夹杂物较少，可通过热处理强化，多用于较为重要的零件，是应用较广的一种工业用钢，但成本比碳素结构钢高。

优质碳素结构钢的牌号通常由五部分组成：第一部分是以两位阿拉伯数字表示平均含碳量（万分之几）；第二部分（必要时）为当含锰量较高的优质碳素结构钢，加锰元素符号Mn；第三部分（必要时）表示钢材冶金质量，即高级优质钢、特级优质钢分别以A、E表示，优质钢不用字母表示；第四部分（必要时）为脱氧方式表示符号；第五部分（必要时）为产品用途、特性和工艺方法表示符号。如20，表示平均含碳量为万分之二十（即0.20%）的优质碳素结构钢；40Mn，表示平均含碳量为万分之四十（即0.40%）且含锰量为0.70%～1.00%的优质碳素结构钢。

优质碳素结构钢在压力容器制造中应用较多的是10、20钢管和16Mn、20、35锻件，其中10、20钢管主要用于压力容器各种接管、换热设备换热管等的制造，16Mn、20、35钢锻件则主要用于压力容器法兰、换热设备管板或强度要求较高的螺栓、螺母等的制造。此外，45钢常用于轴、齿轮等零件的制造。

（2）低合金高强度结构钢

低合金高强度结构钢是在低碳的碳素钢基础上，通过添加少量合金元素，从而达到提高钢的强度和改善其综合性能的目的。低合金高强度结构钢采用低碳的目的是为了提高钢的塑性，以便获得良好的焊接性能和冷变形性能，其碳的质量分数一般不超过0.20%。低合金高强度结构钢的优良性能是靠添加少量合金元素来实现的，常用的合金元素有锰（Mn）、铌（Nb）、钛（Ti）、钒（V）和铜（Cu）等，其总质量分数一般不超过3%，其中锰（Mn）是主要合金元素，可提高钢的强度，增加其含量有利于提高低温冲击韧性；附加元素铌(Nb)、钛（Ti）、钒（V）等在钢中可形成微细碳化物，从而可提高钢的抗拉强度、屈服强度和低温冲击韧性；铜（Cu）的作用是提高钢对大气的耐蚀能力。

低合金高强度结构钢的牌号表示方法和碳素结构钢的牌号表示方法相同，例如，Q345C 表示在厚度≤16mm 时的最低屈服强度值为 345MPa、质量等级为 C 级的低合金高强度结构钢。

低合金高强度结构钢不仅强度明显高于具有相同含碳量的碳素钢，而且具有良好的塑性、焊接性能和一定的耐蚀性能，因此，低合金高强度钢广泛用于车辆、船舶、高压容器、输油输气管道、起重运输机械和大型钢结构桥梁等重要结构件的制造。

(3) 不锈钢

不锈钢是指具有耐大气、酸、碱和盐等介质腐蚀作用的合金结构钢，这一类合金结构钢实际上是在低碳的碳素钢基础上，通过添加较多的合金元素（总量超过 10%以上）而形成的。由于较多合金元素的加入提高了钢的整体热力学稳定性，使钢呈现电化学性能稳定的组织，并使钢在腐蚀性介质中呈现稳定的钝态或表面生成致密的保护膜，从而极大地提高了钢的耐蚀性能，还具备较好的耐热性能。

不锈钢牌号的表示方法是由化学元素符号和表示各元素含量的阿拉伯数字表示，其中碳含量以两位或三位阿拉伯数字表示碳含量最佳控制值（以万分之几或十万分之几计），合金元素含量以合金元素符号及阿拉伯数字表示。例如，碳含量不大于 0.08%、铬含量为 18%～20%、镍含量为 8%～11%的不锈钢，牌号为 06Cr19Ni10；碳含量不大于 0.03%、铬含量为 16%～19%、钛含量为 0.1%～1%的不锈钢，牌号为 022Cr18Ti。

不锈钢中常用的合金元素有铬（Cr）、镍（Ni）、钼（Mo）、铜（Cu）、钛（Ti）、硅(Si)、锰（Mn）和氮（N）等，根据所含主要合金元素的不同，压力容器中采用的不锈钢通常可分为以铬为主的铬不锈钢，以铬、镍为主的铬镍不锈钢和以铬、镍、钼为主的铬镍钼不锈钢三种类型。

① 铬不锈钢　在铬不锈钢中，主要合金元素为铬，其含量通常≥13%，不含镍，有些钢种还添加了铝、钛等。铬在不锈钢中起钝化作用，铬含量越高，介质的氧化性越强，耐蚀性越好。铬在钢中固溶于铁的晶格中形成固溶体。钢中的碳与铬能形成铬的化合物，使铁固溶体中的有效铬含量降低，所以要求耐蚀性良好的不锈钢，含碳量要低，铬含量要高。

06Cr13 是压力容器中常用的铬不锈钢，属于铁素体不锈钢，有较高的强度、塑性、韧性和良好的切削加工性能，在室温的稀硝酸以及弱有机酸中有一定的耐蚀性，但不耐硫酸、盐酸和热磷酸等介质的腐蚀。多用于受力不大的耐酸结构和作抗氧化钢使用，如用于抗水蒸气、碳酸氢铵母液以及 540℃以下含硫石油等介质腐蚀设备衬里、内件及垫圈等的制造。

② 铬镍不锈钢　为了改变钢材的组织结构，并扩大铬不锈钢的耐蚀范围，在铬不锈钢中加入镍构成铬镍不锈钢。这类钢含有较高的可扩展 γ 相区的合金元素镍，故钢的组织在常温下仍为奥氏体，常称为奥氏体不锈钢。铬镍不锈钢的种类很多，典型牌号为 06Cr19Ni10，由于碳含量不大于 0.08%、铬含量为 18%～20%、镍含量为 8%～11%，因而常以其铬、镍平均含量“18-8”来表示这种钢的代号，由于 18-8 型奥氏体不锈钢具有优良的耐蚀性能、高低温强度及韧性、加工工艺性能好，是耐腐蚀钢材中综合性能最好的一类钢材，在过程工业生产中得到了最广泛的应用（如制作各种储槽、塔设备、釜式反应设备等），但其不足是长期在水及蒸汽中工作时有晶间腐蚀倾向，并且在氯化物溶液中易发生应力腐蚀开裂。06Cr18Ni11Ti 具有较高的抗晶间腐蚀能力。06Cr19Ni10 和 06Cr18Ni11Ti 两种奥氏体不锈钢均可在－196～600℃温度范围内长期使用。022Cr19Ni10 为超低碳不锈钢，具有更好的耐

腐蚀性和低温性能。

③ 铬镍钼不锈钢 铬镍钼不锈钢是在18-8型奥氏体不锈钢基础上，通过添加钼、硅等合金元素而发展起来的。例如，022Cr19Ni5Mo3Si2N铬镍钼不锈钢，属于奥氏体-铁素体双相不锈钢，兼有铁素体不锈钢的较高强度、耐氯化物应力腐蚀能力和奥氏体不锈钢的良好韧性和塑性，具有优良的抗应力腐蚀、点腐蚀及晶间腐蚀的性能，因而适用于制造介质中含氯离子的过程设备。

实际上，过程设备制造中所用的低碳和超低碳不锈钢，均属于高合金结构钢，大多是既耐腐蚀又耐高温。此外，除了铬不锈钢之外，这些高合金结构钢均具有良好的高温或低温性能。因此，需要在高温或低温工况下使用时可根据不锈钢相关标准选择必要的耐高温或低温钢材。

(4) 锅炉和压力容器专用钢板

由于锅炉和压力容器作为过程工业生产的重要过程设备，虽然在实际生产过程中的安全运行与很多因素有关，但其中材料性能是最重要的因素之一，为了确保锅炉和压力容器的使用安全，锅炉和压力容器在制造技术要求上非常严格，其承压元件应采用锅炉和压力容器专用钢板。这类钢板要求质地均匀，对硫、磷等有害元素的控制更加严格（$w_S \leqslant 0.015\%$，$w_P \leqslant 0.025\%$），且需要进行某些力学性能方面特殊项目的检验。

锅炉和压力容器的专用钢板有Q245R、Q345R、Q370R、18MnMoNbR、13MnNiMoR、15CrMoR、14Cr1MoR、12Cr2Mo1R、12Cr1MoVR。低温压力容器的专用钢板有16MnDR、15MnNiDR、09MnNiDR。

① Q245R 是制造锅炉和压力容器专用的碳素钢板，其力学性能和冷弯性能见表6-2。

表6-2 Q245R的力学性能及冷弯性能（摘自GB 713）

钢板状态	钢板厚度/mm	R_m/MPa	R_{eL}/MPa	A/%	A_{KV}/J	弯曲试验$b=2a$
热轧控轧或正火	3～16	400～520	≥245	≥25	≥31	$d=1.5a$
	>16～36		≥235			
	>36～60		≥225			
	>60～100	390～510	≥205	≥24	≥34	$d=2a$
	>100～150	380～500	≥185			

② Q345R 是制造锅炉和压力容器专用的低合金高强度钢板，具有良好的综合力学性能、焊接性能、工艺性能及低温冲击韧性，其力学性能及冷弯性能见表6-3。Q345R是国产锅炉和压力容器专用钢板中使用量最大的一个钢号，主要用于制造－20～400℃的中低压压力容器、多层高压容器及其承压结构件。

表6-3 Q345R的力学性能及冷弯性能（摘自GB 713）

钢板状态	钢板厚度/mm	R_m/MPa	R_{eL}/MPa	A/%	A_{KV}/J	弯曲试验$b=2a$
热轧控轧或正火	3～16	510～640	≥345	≥21	≥34	$d=2a$
	>16～36	500～630	≥325			$d=3a$
	>36～60	490～620	≥315			
	>60～100	490～620	≥305			
	>100～150	480～610	≥285	≥20		
	>150～200	470～600	≥265			

③ 15CrMoR 属于低合金珠光体高强度钢，是中温抗氢钢板，其力学性能及冷弯性能见表 6-4。常用于设计温度不超过 550℃的压力容器及其承压结构件。

表 6-4 15CrMoR 的力学性能及冷弯性能（摘自 GB 713）

钢板状态	钢板厚度/mm	R_m/MPa	R_{eL}/MPa	A/%	A_{KV}/J	弯曲试验 $b=2a$
正火加回火	6～60	450～590	≥295	≥19	≥31	$d=3a$
	>60～100		≥275			
	>100～150	440～580	≥255			

④ 16MnDR、15MnNiDR、09MnNiDR 是三种使用温度≤－20℃的低温压力容器专用钢板，其中 16MnDR 是制造－40℃级低温压力容器的专用钢板，可用于液氨储罐等的制造；15MnNiDR 是制造－40℃级低温压力容器的专用钢板，常用于制造低温球形容器；09MnNiDR 是制造－70℃级低温压力容器的专用钢板，用于液丙烯储罐和液硫化氢储罐等的制造。

6.1.3 铸铁

工业上常用的铸铁是含碳量为 2.11%～4.5%的铁碳合金，并含有硫、磷、硅和锰等杂质。铸铁是一种脆性材料，抗拉强度、塑性、韧性等力学性能均较低，但具有很高的减摩性、耐磨性和优异的消振性，并且铸铁的生产成本低廉、铸造性能好和具有优良的切削加工性，因此，在工业生产中得到了普遍应用。

常用的铸铁主要有如下几种。

(1) 灰铸铁

碳的全部或大部分以游离状态的片状石墨形式存在于铸铁中，其断口呈暗灰色，故称为灰铸铁。灰铸铁是目前应用较为广泛的一类铸铁。灰铸铁的抗压强度较大，抗拉强度很低，冲击韧性也低，不适于制造承受弯曲、拉伸、剪切和冲击载荷的零件，可用于制造承受压应力及要求消振、耐磨的零件，如支架、底盘、阀体、泵体和管路附件等。

灰铸铁的牌号以“HT”加阿拉伯数字表示，如 HT100、HT150、HT200 等。后面的阿拉伯数字表示最低抗拉强度（MPa），数字愈大，强度愈高。

(2) 球墨铸铁

球墨铸铁是将铁水经过球化处理和孕育处理后获得的，即在浇铸前向铁水中加入一定量的纯镁、镍镁、铜镁等合金作为球化剂，并加入一定量的硅铁或硅钙合金作为孕育剂，以促进碳呈球状石墨结晶析出。

球墨铸铁不但具有灰铸铁的许多优点（铸造性能好、耐磨性好、切削工艺性好和缺口敏感性小等），同时还具有一些优于灰铸铁或锻钢的特点：屈服强度与抗拉强度比值较高；抗拉强度值普遍高于灰铸铁；疲劳强度比灰铸铁大，与中碳钢接近；比灰铸铁有更好的热处理工艺性，钢的各种热处理，球墨铸铁大部分都能进行；制造成本也较锻钢低等。因此，它是目前最好的铸铁，其综合力学性能接近于钢的综合力学性能。过去用碳素结构钢和合金结构钢制造的重要零件（如曲轴、连杆和主轴等），现在不少已改用球墨铸铁来制造。

球墨铸铁的牌号是由“QT”加两组阿拉伯数字组成，如 QT400-17、QT420-10 等。其中第一组阿拉伯数字表示最低抗拉强度（MPa），第二组阿拉伯数字表示最低伸长率。

(3) 可锻铸铁

可锻铸铁是由白口铸铁经退火处理而得，这种铸铁中的石墨为团絮状，故又称马口铁。其强度、塑性和韧性均比普通灰铸铁高，生产工艺简便，便于组织大量生产，常用于制造形状复杂、工作时易受冲击和振动的薄截面零件，如轮壳、管接头等。

可锻铸铁根据其组织成分和性能可分为黑心可锻铸铁KTH、珠光体可锻铸铁KTZ和白心可锻铸铁KTB三种，其牌号以可锻铸铁的种类代号加两组阿拉伯数字表示，例如，KTH300-06表示最低抗拉强度为300MPa、最低伸长率为6%的黑心可锻铸铁。

(4) 耐蚀、耐热、耐磨铸铁

在铸铁中加入适量的合金元素就形成了具有耐蚀、耐热、耐磨性能的铸铁。在铸铁中加入硅(Si)、铬(Cr)、铝(Al)等合金元素，使表面形成连续而致密的氧化保护膜，从而提高铸铁的耐蚀性，这种铸铁称为耐蚀铸铁，如STSi15。在铸铁中加入硅(Si)、铝(Al)和铬(Cr)等合金元素，使表面形成致密的氧化膜保护内层不被氧化，或提高铸铁的相变点，从而提高铸铁的耐热性，这种铸铁称为耐热铸铁，如RTCr16。在铸铁中加入磷(P)、铬(Cr)、铜(Cu)和钼(Mo)等合金元素，从而提高铸铁的耐磨性，这种铸铁称为耐磨铸铁，如MTP15。

6.1.4 有色金属及其合金

工业生产中通常把以铁为基的金属材料称为黑色金属，如钢和铸铁。把非铁金属及其合金称为有色金属。相对于钢铁材料，有色金属及其合金具有许多优良的特殊性能，如良好的导电、导热性，摩擦系数低，质轻、耐磨，在空气、海水及酸碱介质中的耐蚀性好，并具有良好的可塑性及铸造性等。但是，有色金属及其合金大多数稀有贵重，价格要比钢铁材料高得多，因此，应在满足使用要求的条件下，尽量以钢铁材料代替有色金属及合金。

用于过程装备制造的有色金属，主要有铜、铝、铅、镍、钛及其合金。

(1) 铜及其合金

铜及其合金具有优异的导电、导热性能，有足够的强度、弹性和耐磨性，有良好的塑性，易于加工成型，在某些介质中有较好的耐蚀性，因此，作为耐蚀材料，铜及其合金在过程工业中有一定的应用。

① 纯铜 纯铜又称紫铜，具有高的导电、导热性及良好的塑性，在低温下能保持较高的塑性及冲击韧性。铜在大气、淡水、海水或中性盐类水溶液、无氧的碱中是耐蚀的，且在稀的、中等浓度的非氧化性酸(如盐酸)、有机酸(如醋酸、脂肪酸等)和非氧化性有机化合物介质中均有足够的耐蚀性，但在氧化性酸(如硝酸、铬酸和浓硫酸等)、硫化物、氨和铵盐溶液中是不耐蚀的。由于纯铜强度低等原因，在过程装备制造上应用较多的是它的合金——黄铜和青铜，尤其青铜是经常选用的耐蚀结构材料。

工业纯铜的编号用其汉语拼音首位字母T结合顺序号表示，纯度随顺序号增加而降低，如T2，表示杂质含量≤0.1%的工业纯铜。

② 铜合金 以铜和锌为主的二元和多元合金称为黄铜，二元铜锌合金称为普通黄铜，在各类工业中应用广泛。黄铜有优良的力学性能和工艺性能，价格也比纯铜便宜。黄铜色泽美丽，能耐大气、淡水腐蚀，但在海水、含氧中性盐的水溶液中常产生选择性脱锌腐蚀。为了进一步改善和提高黄铜的性能，又添加锡(Sn)、铝(Al)、硅(Si)、镍(Ni)、锰(Mn)和铅(Pb)等合金元素，所形成的合金称为特种黄铜。普通黄铜的牌号以“黄”字的汉语拼音字头的“H”加阿拉伯数字表示，其中阿拉伯数字表示铜的质量分数，如H80；特殊黄铜的牌号以“H”+主加元素符号+铜的质量分数+主加元素的质量分数来表示，如HSn70-1，表示平均含铜量为70%、含锡量1%的锡黄铜。此外，对于铸造生产的黄铜，其牌号前需加“铸”字的汉语拼音首位字母“Z”。

青铜是人类历史上最早使用的一种合金。铜合金中除紫铜、黄铜、白铜外，其余的铜合金均称为青铜。一般按铜中第一主添加元素（如锡、铝、铍等）分别命名为锡青铜、铝青铜、铍青铜等。青铜的强度、硬度、铸造性和耐蚀性都较高，常用于铸造耐蚀和耐磨零件，如泵壳、阀门、齿轮、轴瓦和蜗轮等零件。青铜的牌号以“青”字汉语拼音首位字母“Q”加主要合金元素的名称及含量表示，如 QSn4-3，表示平均锡含量为 4%、锌 3%的青铜。铸造青铜在牌号前加“Z”。

(2) 铝及其合金

铝属于轻金属，相对密度小（2.72），约为铁的三分之一；导电性、导热性、塑性和冷韧性都好；强度中等，随合金化程度而增大、冷加工而硬化，能承受各种压力加工，并可进行焊接和切削。铝在氧化性介质中极易生成 Al_2O_3 保护膜，因此，铝在干燥或潮湿的大气中，甚至在有硫化物存在的大气或溶液中，在氧化剂的盐溶液中，在浓硝酸以及干氯化氢、氨气中都是稳定的。但含有卤素离子的盐类、氢氟酸以及碱溶液都会破坏铝表面的保护膜，所以铝不宜在上述介质中使用。

过程装备制造中常用的铝及其合金如下。

① 纯铝　GB/T 16474 和 GB/T 3190 将铝含量不低于 99.0%的都统称为纯铝，牌号用 1×××系列表示，其中最后两位阿拉伯数字表示纯度为 99.××%，如 1060 表示铝含量为 99.60%。牌号中的第二位若为字母 A，表示原始纯铝或原始合金；牌号中的第二位若为数字 0，则表示其杂质极限含量无特殊控制；牌号中的第二位若为数字 1～9，则表示对一项或一项以上的单个杂质或合金元素极限含量有特殊控制。纯铝具有一系列优良的工艺性能，易于铸造，易于切削，也易于通过压力加工制成各种规格的半成品，并且在大气、淡水和一些介质中具有良好的耐蚀性，因此，它可用于制造对耐蚀要求较高的浓硝酸设备（如釜式反应设备、槽车、储槽、泵和阀门等）、含硫石油工业设备、橡胶硫化设备及含硫药剂生产设备中，同时也大量用于食品工业和制药工业中要求耐腐蚀、防污染而对强度要求不高的设备，如反应设备、换热设备、深冷设备和塔设备等。

② 铝合金　防锈铝是在大气、淡水和油等介质中具有良好耐蚀性能的变形铝合金，主要有 Al-Mn 和 Al-Mg 两个合金系列，常用牌号有 3A21、5A05 等。这类合金不能热处理强化，只能用冷塑性变形进行强化，具有良好的塑性，强度比纯铝高得多，耐蚀性好，在过程工业中常用于制作各式容器和换热设备等。

过程工业生产中常用的铸造铝合金有 Al-Si、Al-Mg 和 Al-Cu 三个系列，其中 Al-Si 铸造合金应用最广，其典型牌号为 ZAlSi7Mg。铸造铝合金具有优良的铸造性能，可以焊接，有良好的耐蚀性和一定的力学性能，广泛用于铸造形状复杂的耐蚀零件，如管件、泵、阀门、汽缸和活塞等。

(3) 铅及其合金

铅属于重金属，相对密度大（11.35），硬度低、强度小、熔点低和导热性差，不宜单独作为设备材料，只适合做设备衬里。但在一些介质中，特别是硫酸（80%的热硫酸及 92%的冷硫酸）、含有硫化氢、二氧化硫的大气中具有很高的耐蚀性，因此，在过程工业中主要用于制造处理硫酸的设备。

铅与锑的合金称为硬铅，它的硬度、强度都比纯铅高，在硫酸中的稳定性也比纯铅好，硬铅的主要牌号有 PbSb4、PbSb6、PbSb8 和 PbSb10。

铅和硬铅在硫酸、化纤、农药、电器设备中作为耐酸、耐蚀和防护材料。在工业上还可用作 X 射线和 γ 射线的防护材料、配制低熔点合金、轴承合金等。不过，由于铅有毒，铅及其合金不允许用于食品工业和制药工业。

(4) 镍及其合金

镍属于稀有贵重金属，相对密度为8.902，具有较高的强度和塑性，有良好的延展性和可锻性。它在许多介质中有很好的耐蚀性：在各种温度、任何浓度的碱溶液和各种熔碱中，镍具有特别高的耐蚀性；无论在干燥或潮湿大气中，镍总是稳定的；氨气和氨的稀溶液对镍也没有作用；镍在氯化物、硫酸盐、硝酸盐的溶液中，在大多数有机酸中，以及染料、皂液和糖等介质中也相当稳定。因此，镍在过程工业中主要用于制造碱性介质的设备，如铁离子在反应过程中会发生催化影响而不能采用不锈钢的那些过程设备、有机合成设备等。

镍合金主要有镍铜合金、镍铬合金、镍钼合金、镍铬钼合金和铁镍基合金五类。在过程装备制造中应用较多的是镍铜合金，其中牌号为NCu28-2.5-1.5的合金是用量最大、用途最广和综合力学性能最佳的耐蚀镍铜合金，也称蒙乃尔合金。蒙乃尔合金有很好的力学性能和优良的冷、热加工性能，在还原性酸中有较好的耐蚀性，在氯化物盐、硫化物盐、硝酸盐、乙酸盐和碳酸盐中也有较好的耐蚀性，但对浓硫酸、硝酸等氧化性酸，对含有Cu^{2+}、Fe^{3+}的硫酸盐、氧化性盐，以及KCl、$NaNO_3$等的熔融盐都是不耐蚀的。蒙乃尔合金在天然水、蒸馏水、天然海水、酸性矿井水、核反应堆高纯水中极耐蚀，很少发现有孔蚀和应力腐蚀发生。因此，蒙乃尔合金应用量较大，主要用于化学和石油工业、制盐工业和海洋开发工程中，制造各种换热设备、锅炉给水换热设备、石油和化工用管线、容器、塔、槽、釜式反应设备、弹性部件以及泵、阀、轴等。

(5) 钛及其合金

钛的相对密度小(4.5)，不但具有比强度(即材料的抗拉强度与材料密度之比)高、耐热性好和优异的耐蚀性能，而且还具有良好的力学性能和较好的加工工艺性能，因此，它在现代工业中占有极其重要的地位，钛及其合金在航空、航天、化工、石油、制盐、造纸、电镀、食品、动力、医药和环保等多个行业中得到广泛的应用，但其加工条件严格，因而成本较高。

由于钛在许多介质中其表面能形成钝化膜，因而具有极好的耐蚀性：在湿气和海水中具有优良的耐蚀性；钛在氧化性酸(如硝酸、铬酸)的耐蚀性也很好，但在还原性酸(如盐酸、氢氟酸等)中腐蚀则比较严重；钛对大多数碱溶液都具有良好的耐蚀性能，但在沸腾的$pH>12$碱溶液中，钛吸收氢可能导致氢脆；钛在大多数盐溶液中，即使在高温和高浓度时也很耐蚀；钛在有机化合物中也显示很强的耐蚀性。所以钛是非常重要的耐蚀材料，可用于多种工作介质中。根据使用要求发展了多种系列的钛合金，如强度钛合金、耐蚀钛合金、功能钛合金等，但在过程装备制造中常用的是工业纯钛和耐蚀钛合金。工业纯钛按其杂质含量不同可分为三个等级，牌号分别用TA1、TA2、TA3表示，其纯度随序号增大依次降低。耐蚀钛合金主要有钛钯合金、钛镍钼合金和钛钼合金三类，典型牌号有Ti-0.2Pd、Ti-0.8Ni-0.3Mo、Ti-32Mo等。主要用于各种强腐蚀环境的换热设备、釜式反应设备、分离设备、泵、阀、管道、管件和电解槽等。

6.2 非金属材料

非金属材料具有耐蚀性好、资源丰富、品种繁多和价格便宜等优点，它既可单独用作过程装备的结构材料，又可用作金属设备的保护衬里和涂层，还可用作过程装备的密封材料和保温材料，是一类有着广阔发展前景的过程装备材料。

6.2.1 高分子材料

高分子材料是以聚合物为基本组分的材料，所以又称聚合物材料或高聚物材料。高分子材料具有高强度、高绝缘性、高弹性、耐水、耐油、耐磨、耐腐蚀和质轻等一系列优异性能，因此，它已广泛应用于各种工业生产中，并成为各种工业生产不可或缺的重要材料。高分子材料种类繁多，在过程工业生产中常用的材料主要有塑料、橡胶和涂料三类。

（1）塑料

塑料是以合成或天然的树脂作为主要成分，添加各种辅助材料（如填料、增塑剂、稳定剂、防老剂等），一定温度、压力下加工成型的。塑料的品种很多，根据其应用领域不同可将其分为通用塑料、工程塑料和特种塑料三类。通用塑料主要包括聚氯乙烯（PVC）、聚乙烯（PE）、聚丙烯（PP）、聚苯乙烯（PS）和酚醛塑料（PF）等品种，其特点是产量大、用途广、成型性好和价格低。工程塑料主要包括聚甲醛（POM）、聚碳酸酯（PC）、ABS 塑料（ABS）、聚酰胺（尼龙）（PA）和环氧塑料（EP）等品种，其特点是具有良好的耐蚀性能、一定的机械强度、良好的加工性能和电绝缘性能，可用作工程结构材料。特种塑料主要包括聚砜（PSU）等的耐高温塑料、聚四氟乙烯（PTFE）等的氟塑料、PVC/橡胶等高分子共混聚合物的塑料合金等品种，其特点是具有特殊功能，可应用于特殊要求的场合，如耐高温、润滑和不粘等。

（2）橡胶

橡胶是一种有机高分子材料，在很宽的温度范围内具有高弹性，在较小的外力作用下就能产生较大的弹性变形（200%～1000%），外力除去后又很快恢复原状。橡胶具有优良的伸缩性、较好的抗撕裂和耐疲劳性以及不透水、不透气、耐酸碱和绝缘等特性，在过程装备制造中广泛用作密封、防腐蚀、防渗漏、减振、耐磨、绝缘以及安全防护等的材料。按照橡胶的使用性能和环境可分为通用橡胶和特种橡胶两大类，目前橡胶的品种多达 170 多种，过程装备制造中常用的品种有：ⅰ天然橡胶（NR）、丁苯橡胶（SBR）、顺丁橡胶（BR）、丁基橡胶（IIR）、丁腈橡胶（NBR）和氯丁橡胶（CR）等通用橡胶；ⅱ乙丙橡胶（EPM、EPDM）、氯磺化聚乙烯橡胶（CSM）、丙烯酸酯橡胶（ACM）、聚氨酯橡胶（UR）、氟橡胶（FPM）和硅橡胶（SR）等特种橡胶。

（3）涂料

涂料是一种有机高分子胶体的混合溶液，涂在物体表面上能形成附着坚牢的涂层。涂料主要有三大基本功能：一是保护功能，起着防止产品免受大气、水分及酸、碱、盐等介质的腐蚀，以及避免外力碰伤、摩擦；二是装饰功能，起着使制品表面光亮、美观的作用；三是特殊功能，可作为标志使用，如管道和气瓶等。采用防腐涂层的特点是品种多、选择范围广、适应性强、使用方便、价格低廉和适于现场施工等。过程装备中常用涂料有防锈漆、底漆、大漆、酚醛树脂漆、环氧树脂漆以及聚乙烯涂料、聚氯乙烯涂料等，大多数情况下用于涂刷设备和管道的外表面，也常用于设备内壁的防腐涂层。

6.2.2 陶瓷材料

陶瓷材料属于无机非金属材料，其传统含义是指陶器和瓷器，随着无机非金属材料的发展，陶瓷材料不仅包括了陶瓷、玻璃、水泥和耐火材料等全部硅酸盐材料，而且还包括了经过成型、烧结等工序制得的金属氧化物、非氧化物等无机非金属材料。陶瓷材料与金属材料、高分子材料一起构成了工程材料的三大支柱。

陶瓷材料的性能特点是：具有高的耐热性、良好的耐蚀性、不老化性、高的硬度和良好的抗压能力，但脆性很高，温度急变抗力很低，抗拉、抗弯性能差。陶瓷材料的种类很多，根据其用途可分为普通陶瓷、特种陶瓷和其他硅酸盐陶瓷三类。普通陶瓷又分为日用陶瓷、建筑用陶瓷、绝缘用陶瓷、化工陶瓷和多孔陶瓷等种类，特种陶瓷可分为氧化物陶瓷、氮化物陶瓷、碳化物陶瓷和复合陶瓷等种类，其他硅酸盐陶瓷则主要是指玻璃、铸石、水泥和耐火材料四种硅酸盐陶瓷。陶瓷材料在过程工业中应用很多，常用的三种陶瓷材料为化工陶瓷、特种陶瓷和玻璃。

(1) 化工陶瓷

化工陶瓷是指用于石油、化工设备的防腐或作为独立化工设备的陶瓷材料。化工陶瓷除了要求耐腐蚀之外，还要求有不渗透性、能耐一定的温度急变、承受一定压力等优良性能。由于化工陶瓷的耐酸性能较好而耐碱性能差，所以又称为耐酸陶瓷。

由于化工陶瓷的主要化学成分为 SiO_2 和 Al_2O_3，故化工陶瓷具有优良的耐蚀性，除了氢氟酸、氟硅酸及热或浓的碱液之外，几乎能耐包括硝酸、硫酸、盐酸、王水、盐溶液和有机溶剂等大多数介质的腐蚀。化工陶瓷最大的缺点是抗拉强度低、性脆、热导率小和热膨胀系数大，不耐热冲击与机械碰撞。因此，在石油、化工生产中化工陶瓷主要用于制造接触强腐蚀性介质的塔设备、储槽、容器、泵和风机等，耐酸陶瓷制作的砖、板是石油、化工生产设备最基本的防腐蚀衬里材料，化工陶瓷管及配件则主要用于化工或其他工业部门输送酸性废水及腐蚀性介质。

(2) 特种陶瓷

特种陶瓷是指一些具有特殊力学、物理或化学性能的陶瓷，其原料都是经过人工制备的高纯度化合物（如氧化物、氮化物和碳化物等），不像普通陶瓷直接取材于天然原料，因此，材料的成分与配比可以控制，制品质量稳定。目前特种陶瓷的研究与开发主要集中在高比强度、高温高强度结构材料和具有特殊功能的材料等三方面，其中在工程上被用作结构材料的特种陶瓷常称为工程陶瓷。过程工业生产中所用的工程陶瓷主要有氧化铝陶瓷、氮化硅陶瓷和碳化硅陶瓷三种，其中氧化铝陶瓷主要用于制作泵用零件（轴套、轴承、机械密封环、叶轮）、活塞、阀和热电偶套管等，氮化硅陶瓷主要用于同时要求耐磨、耐蚀、耐高温的泵用密封环、高温轴承、高温热电偶套管、球阀和燃气轮机零件等的制造，碳化硅陶瓷过去主要用作耐火材料、磨料和发热元件，现已广泛应用于石油、化工、微电子、汽车、航空、航天、造纸、激光、矿业和原子能等工业领域，用于耐磨损、耐腐蚀或同时要求耐磨、耐蚀以及耐高温氧化零部件的制造。

(3) 玻璃

由熔融物冷却硬化而得的非晶态固体，不论其化学组成和硬化温度如何都称为玻璃，广义的玻璃包括单质玻璃、有机玻璃和无机玻璃。狭义上仅指无机玻璃。工业上大量生产的是以 SiO_2 为主要成分的硅酸盐玻璃，过程工业中所用玻璃即属于硅酸盐玻璃，耐酸性能随玻璃中的 SiO_2 含量的增高而显著提高，但不耐碱和碱性盐溶液、氢氟酸、氟硅酸的腐蚀。硅酸盐玻璃还具有质细致密、表面光滑、流动阻力小、容易清洗、质地透明以及便于内部检查、价格低廉等优点，但它是典型的脆性材料，其热稳定性很差、温度急变性差且不耐冲击和振动。因此，过程工业上所用的是硼硅酸盐玻璃、低碱无硼玻璃、石英玻璃、高硅氧玻璃及微晶玻璃等化工玻璃，主要用于过程工业生产中的蒸馏塔、吸收塔、换热设备、泵、管道、阀门及设备衬里等的制造。

6.2.3 石墨

石墨具有良好的导电、导热性和很高的化学稳定性，除了如硝酸、铬酸、发烟硫酸、溴、氟和过氧化氢等强氧化性介质外，对其他各种酸、碱、盐和有机化合物均具有很高的耐蚀性。但石墨在烧结过程中因有大量有机物分解逸出，使其形成很多微小孔隙，这些孔隙的特征对石墨的微观结构、机械强度、热性能、渗透性和化学性能等有极大的影响。因此，过程装备中所用的石墨在烧结后都经封孔处理，应用最多的是浸渍各类树脂的不透性石墨材料，在过程工业中广泛用于制造各种换热设备、反应设备、填料塔、吸收塔、冷却塔和过滤器等。树脂成型的不透性石墨材料一般可用于工作条件不十分苛刻的场合或形状较复杂的设备零件制造。

6.2.4　搪瓷材料

搪瓷材料设备是由含硅量高的瓷釉通过900℃左右的高温煅烧，使瓷釉密着于金属胎表面而制成的。它具有优良的耐蚀性、较好的耐磨性和电绝缘性，搪瓷表面十分光滑并能隔离金属离子，因此，搪瓷材料设备广泛用作耐腐蚀、不挂料的反应罐、储罐、塔设备和反应设备等。

6.3　复合材料简介

随着现代工业的迅速发展，对材料的性能要求越来越高，原有传统单一的金属、高分子材料和陶瓷材料的性能已不能满足工业上要求的多种性能。为此，复合材料就应运而生，通过采用复合技术，复合材料不仅能保留原组成材料的主要特性，还可通过复合效应获得原组分所不具备的性能。

复合材料是指将两种或两种以上物理、化学性质不同的物质，通过一定的方法复合得到一种新的多相固体材料。复合材料是多相材料，一般由基体相和增强相组成，基体相是一种连续相，其主要作用是把增强相材料固结成一体；增强相是一种分散相，即增强材料分布于基体材料之上，其主要作用是提高材料性能。复合材料种类繁多，分类方法也不尽相同，广义上根据其组成的基体材料可分为金属基复合材料、树脂基复合材料和陶瓷基复合材料，但有时也根据增强体材料分为纤维增强复合材料、颗粒增强复合材料等。复合材料的最大特点是其性能比组成材料的性能优越得多，或克服了单一组成材料的弱点，从而创造出单一材料所不具备的双重或多重功能，或者在不同时间或条件下发挥不同的功能。例如，以合成树脂为黏结剂，用玻璃纤维及其制品作增强材料，按一定成型方法制成的复合材料，称为玻璃纤维增强塑料（FRP）。由于其比强度高，可以和钢铁相比，故又称玻璃钢。玻璃钢根据树脂的特点可分为热固性玻璃钢和热塑性玻璃钢。常用的热固性玻璃钢有：环氧玻璃钢、酚醛玻璃钢和聚酯玻璃钢。在过程工业中主要用于制造耐腐蚀的管道、泵、阀、塔设备、储罐和烟囱等整体零部件，以及钢制（或混凝土）设备衬里等。

思　考　题

6-1　在过程装备制造中，钢材为什么能获得非常广泛的应用？

6-2　指出下列钢号代表什么钢、符号和数字的含义是什么？

(1) Q235B；(2) 35；(3) 06Cr13；(4) 06Cr19Ni10；(5) Q345R；(6) 15CrMoR。

6-3　金属材料的力学性能指标主要有哪几项？用什么符号表示？它们的物理含义是什么？

6-4　什么叫钢的热处理？为什么热处理能够改变钢的性能？

6-5 简要叙述下列热处理方法的工艺过程及所能达到的目的：

(1) 退火；(2) 正火；(3) 淬火；(4) 回火。

6-6 过程装备制造中所用的常见钢材品种有哪些类型？

6-7 压力容器用钢根据 GB 150《压力容器》所引用的钢材标准，主要有哪些类型？

6-8 低合金高强度结构钢是如何形成的？它有哪些优良性能？

6-9 用于过程装备制造的有色金属主要是哪些？

6-10 用于过程装备制造的非金属材料主要有哪些？

6-11 什么叫复合材料？其最大特点是什么？

第3篇　机械设计基础

机械设计基础是以一般机械中的常用机构和通用零件为研究对象，分析它们的工作原理、运动特性、结构形式以及设计和计算方法，是从事过程工业的工程技术人员必备的专业技术知识。本篇包括螺纹连接、常用机械传动、轴与轴承、轮系及减速器等内容。通过学习，可以掌握常用机构和通用机械零件的工作原理、结构特点、应用场合、技术规范、选用和设计等基础知识。掌握相应的计算、使用技术资料等基本技能，初步具有正确运用技术资料设计或选用机械传动装置的能力，并具备运用所学知识分析生产实际中常用机构的工作特性、通用机械零件的失效以及结构方面问题的能力。

第7章　螺纹连接

7.1　螺纹连接的基本类型和螺纹连接件

7.1.1　螺纹连接的基本类型

① 螺栓连接　常见的普通螺栓连接如图 7-1 所示，这种连接的结构特点是被连接件上的通孔和螺栓杆间留有间隙，故通孔的加工精度低，结构简单，装拆方便，使用时不受被连接件材料的限制，因而应用极广。

图 7-2 是铰制孔用螺栓连接。孔和螺栓杆多采用基孔制过渡配合（H7/m6、H7/n6）。这种连接能精确固定被连接件的相对位置，并能承受横向载荷，但螺栓成本和对孔的加工精度要求较高。

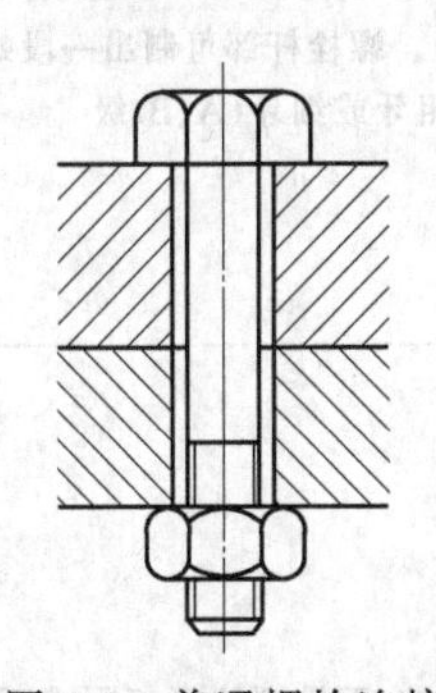

图 7-1　普通螺栓连接

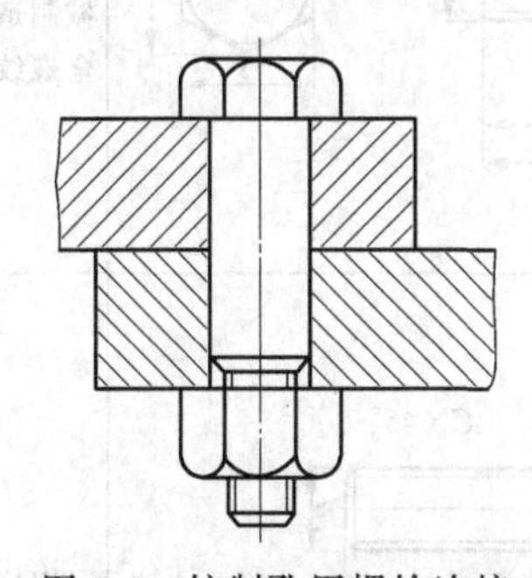

图 7-2　铰制孔用螺栓连接

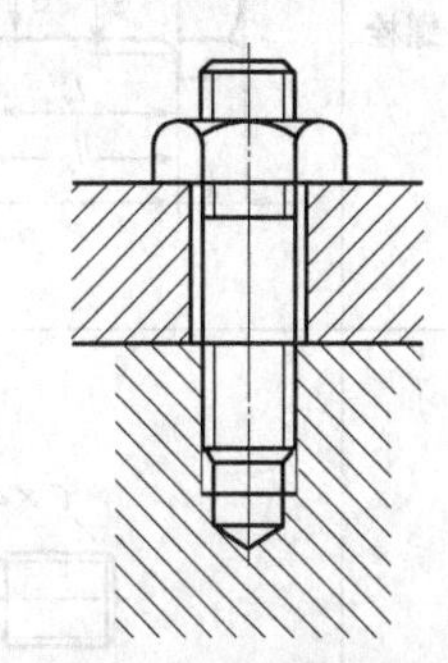

图 7-3　双头螺栓连接

② 双头螺栓连接　如图 7-3 所示，这种连接适用于结构上不能采用螺栓连接的场合，例如被连接件之一太厚不宜制成通孔、材料又比较软（例如用铝镁合金制造的壳体）且需要经常拆装时，往往采用双头螺柱连接。

③ 螺钉连接　如图 7-4 所示，这种连接的特点是螺钉直接拧入被连接件的螺纹孔，不用螺母，在结构上比双头螺柱连接简单、紧凑。其用途与双头螺柱连接相似，但如经常拆装

时，易使螺纹孔磨损，可能导致被连接件报废，故多用于受力不大或不需要经常拆装的场合。

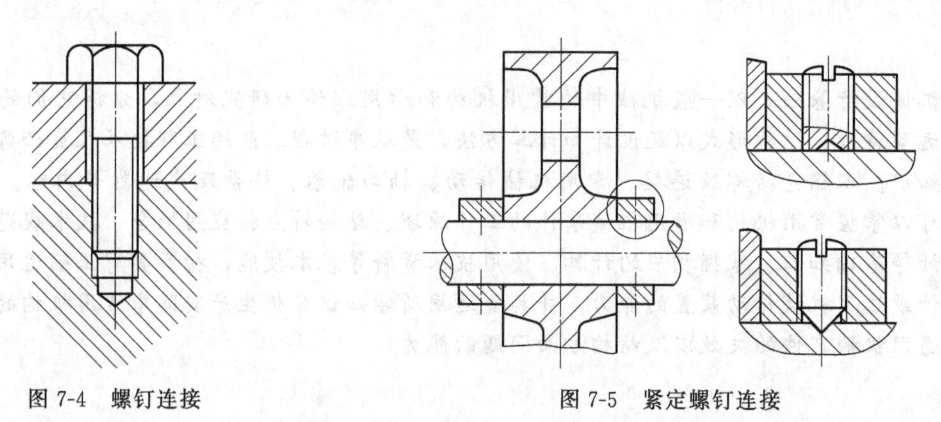

图7-4 螺钉连接　　　　图7-5 紧定螺钉连接

④ 紧定螺钉连接　紧定螺钉连接是利用拧入零件螺纹孔中的螺钉末端顶住另一零件的表面或顶入相应的凹坑中，如图7-5所示，以固定两个零件的相对位置，并可传递不大的力或扭矩。

7.1.2 螺纹连接件

螺纹连接件的类型很多，在机械制造中常见的螺纹件有螺栓、双头螺柱、螺钉、螺母和垫圈等。这类零件的结构形式和尺寸都已标准化，设计时根据有关标准选用。螺纹连接件的类型、结构特点及应用见表7-1。

表7-1 螺纹连接件的类型、结构特点及应用

类型	图例	结构特点及应用
六角头螺栓	15°～30°；r；辗制末端；d_a；d_s；d；l_s；l_g；(b)；k；l；e；s	种类很多，应用最广，分为A、B、C三级，通用机械制造中多用C级。螺栓杆部可制出一段螺纹或全螺纹，螺纹可用粗牙或细牙(A、B)级
双头螺栓	A型：$C\times45°$；$C\times45°$；d；b；b_m；l B型：$C\times45°$；$C\times45°$；d；b；b_m；l	螺柱两端都有螺纹，两端螺纹可相同或不同，螺柱可带退刀槽或制成全螺纹，螺柱的一端常用于旋入铸铁或有色金属的螺孔中，旋入后即不拆卸；另一端则用于安装螺母以固定其他零件

续表

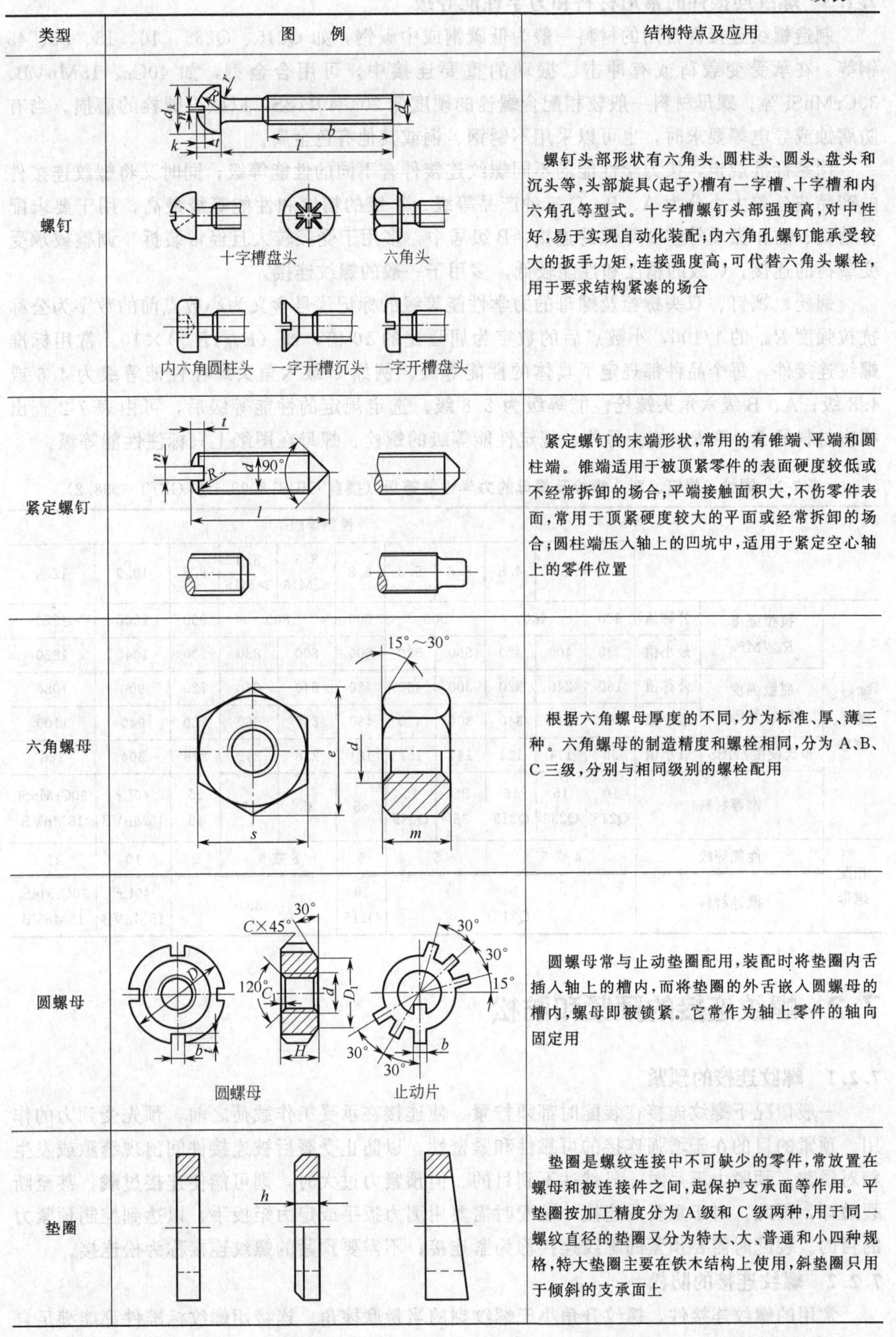

类型	图　例	结构特点及应用
螺钉	十字槽盘头　六角头　内六角圆柱头　一字开槽沉头　一字开槽盘头	螺钉头部形状有六角头、圆柱头、圆头、盘头和沉头等，头部旋具(起子)槽有一字槽、十字槽和内六角孔等型式。十字槽螺钉头部强度高，对中性好，易于实现自动化装配；内六角孔螺钉能承受较大的扳手力矩，连接强度高，可代替六角头螺栓，用于要求结构紧凑的场合
紧定螺钉		紧定螺钉的末端形状，常用的有锥端、平端和圆柱端。锥端适用于被顶紧零件的表面硬度较低或不经常拆卸的场合；平端接触面积大，不伤零件表面，常用于顶紧硬度较大的平面或经常拆卸的场合；圆柱端压入轴上的凹坑中，适用于紧定空心轴上的零件位置
六角螺母		根据六角螺母厚度的不同，分为标准、厚、薄三种。六角螺母的制造精度和螺栓相同，分为 A、B、C 三级，分别与相同级别的螺栓配用
圆螺母	圆螺母　止动片	圆螺母常与止动垫圈配用，装配时将垫圈内舌插入轴上的槽内，而将垫圈的外舌嵌入圆螺母的槽内，螺母即被锁紧。它常作为轴上零件的轴向固定用
垫圈		垫圈是螺纹连接中不可缺少的零件，常放置在螺母和被连接件之间，起保护支承面等作用。平垫圈按加工精度分为 A 级和 C 级两种，用于同一螺纹直径的垫圈又分为特大、大、普通和小四种规格，特大垫圈主要在铁木结构上使用，斜垫圈只用于倾斜的支承面上

7.1.3 螺纹连接件的常用材料和力学性能等级

制造螺纹连接件常用的材料一般为低碳钢或中碳钢，如Q215、Q235、10、15、35、45钢等。在承受变载荷或有冲击、振动的重要连接中，可用合金钢，如40Cr、15MnVB、30CrMnSi等。螺母材料一般较相配合螺栓的硬度低20～40HBS，以减少螺栓的磨损。当有防腐蚀或导电等要求时，也可以采用不锈钢、铜或其他有色金属。

国家标准规定，按力学性能的不同螺纹连接件有不同的性能等级；同时又将螺纹连接件的产品按公差大小分为A、B、C三种产品等级。A级的精度和性能等级最高，用于要求配合精确、防止振动等重要零件的连接；B级居中，多用于受载较大且经常装拆、调整或承受变载荷的连接；C级的精度和性能较低，多用于一般的螺纹连接。

螺栓、螺钉、双头螺栓及螺母的力学性能等级的标记代号含义为小数点前的数字为公称抗拉强度R_m的1/100，小数点后的数字为屈强比的10倍，即（R_{eL}/R_m）×10。常用标准螺纹连接件，每个品种都规定了具体的性能等级，例如C级六角头螺栓性能等级为4.6或4.8级；A、B级六角头螺栓性能等级为8.8级。选定规定的性能等级后，可由表7-2查出相应材料的R_m和R_{eL}值。另外，规定性能等级的螺栓、螺母在图纸上只标注性能等级。

表7-2 螺栓、螺钉、双头螺栓及螺母的力学性能等级（摘自GB/T 3098.1和GB/T 3098.2）

			性能等级										
			3.6	4.6	4.8	5.6	5.8	6.8	8.8 ≤M16	8.8 >M16	9.8	10.9	12.9
螺栓、螺钉、螺柱	抗拉强度 R_m/MPa	公称值	300	400		500		600	800		900	1000	1220
		最小值	330	400	420	500	520	600	800	830	900	1040	1220
	屈服强度 R_{eL}/MPa	公称值	180	240	320	300	400	480	640	640	720	900	1080
		最小值	190	240	340	300	420	480	640	660	720	940	1100
	布氏硬度/HBS	最小值	90	114	124	147	152	181	238	242	276	304	366
	推荐材料		10 Q215	15 Q235	16 Q215	25 35	15 Q235	45	35	35	35 45	40Cr 15MnVB	30CrMnSi 15MnVB
相配螺母	性能等级		4或5			5		6	8或9		9	10	12
	推荐材料		10 Q215					10 Q215	35			40Cr 15MnVB	30CrMnSi 15MnVB

7.2 螺纹连接的预紧和防松

7.2.1 螺纹连接的预紧

一般情况下螺纹连接在装配时都须拧紧，使连接在承受工作载荷之前，预先受到力的作用。预紧的目的在于增强连接的可靠性和紧密性，以防止受载后被连接件间出现缝隙或发生相对滑移。预紧力不足时，显然达不到目的。但预紧力过大时，则可能使连接过载，甚至断裂破坏，因此，对于重要的连接，装配时需要用测力扳手或定力矩扳手，以达到控制预紧力的目的。装配时需要预紧的螺纹连接称为紧连接；不需要预紧的螺纹连接称为松连接。

7.2.2 螺纹连接的防松

常用的螺纹连接件，螺纹升角小于螺纹副的当量摩擦角。连接用螺纹标准件都能满足自锁条件（$\psi \leqslant \rho_v$），再加上拧紧螺母（或钉头）后支承面与被连接件之间存在着摩擦力，因此，在静载和温度变化不大时都能保证连接不会松动。对于冲击振动的变载荷，或温度变化较大的螺纹连接，可能在某一瞬间连接中的摩擦力消失，从而使连接松动甚至松脱。因此，在这种情况下，必须采取必要的防松措施（表 7-3）。

表 7-3　常用的防松方法及特点

防松原理	防松方法及特点		
利用摩擦防松：采用各种结构措施使螺旋副中的摩擦力不随连接的外载荷波动而变化，保持较大的防松摩擦力矩	对顶螺母	弹簧垫圈	弹性锁紧螺母
	利用两螺母对顶拧紧，螺栓旋合段承受拉力而螺母受压，从而使螺纹间始终保持相当大的正压力和摩擦力 结构简单，可用于低速重载场合。但螺栓和螺纹部分均需加长，不够经济，且增加了外廓尺寸和重量	弹簧垫圈的材料为高强度锰钢，装配后弹簧垫圈被压平，其反弹力使螺纹间保持压紧力和摩擦力，且垫圈切口处的尖角也能阻止螺母转动松脱 结构简单，使用方便，但垫圈弹力不均，因而不十分可靠，多用于不甚重要的连接	在螺母的上部制作成有槽的弹性结构，装配前这一部分的内螺纹尺寸略小于螺栓的外螺纹。装配时利用弹性，使螺母稍有扩张，螺纹之间得到紧密的配合，保持经常的表面摩擦力 结构简单，防松可靠，可多次装拆而不降低防松性能
机械方法防松：利用便于更换的金属元件约束螺旋副，使之不能相对转动	开口销与开槽螺母	止动垫圈	串联钢丝
	开槽螺母旋紧后，将开口销穿过螺母上的径向槽和螺栓末端的孔，从而把螺母与螺栓固连在一起。 防松可靠，可用于承受冲击或载荷变化较大的连接	止动垫圈的型式很多，图示是将止动垫圈的一边弯起紧贴在螺母的侧面上，另一边弯下贴在被连接件的侧壁上，从而避免螺母转动而松脱 防松可靠，但只能用于连接部分可容纳弯耳的场合	将钢丝依次穿过相邻螺栓钉头的横孔，两端拉紧打结。由于钢丝的穿连方向使得螺栓的松脱与钢丝拉紧方向相一致，致使连接不能松动 防松效果较好，但安装较费工时，可用于螺钉数目不多且排列较密的连接
破坏螺旋副关系防松：拧紧连接之后，用点焊、点冲或在螺栓旋合部分涂黏结剂的办法把螺旋副转变为非运动副，从而排除相对转动的可能	侧面焊死	端面冲点	涂黏结剂 黏合法
	防松效果较好，但都属于不可拆的防松方法		

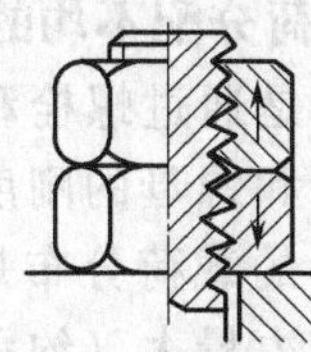

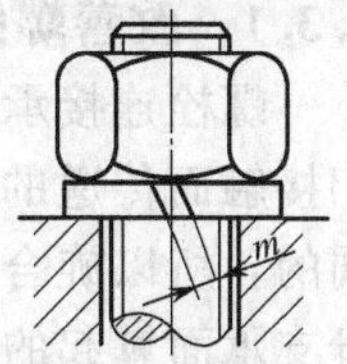

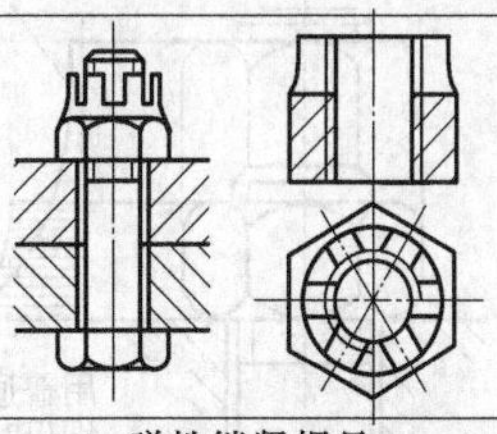

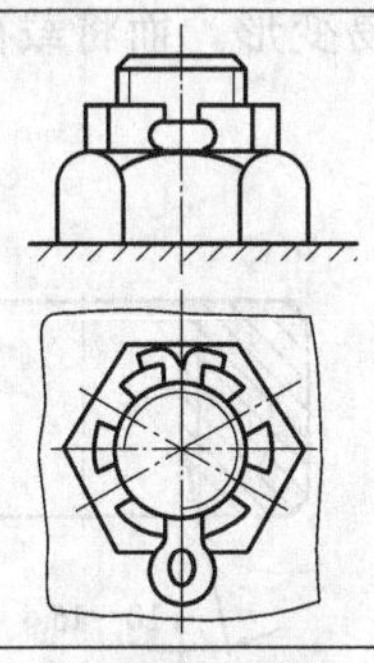

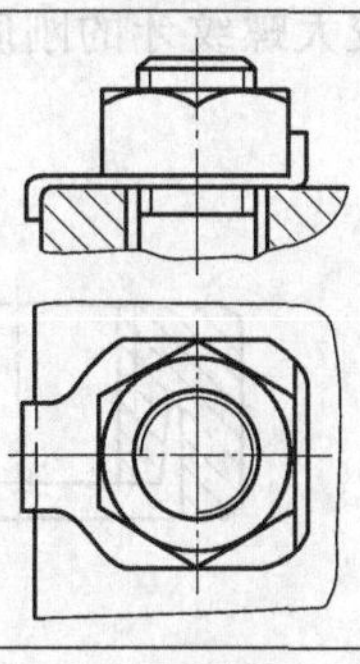

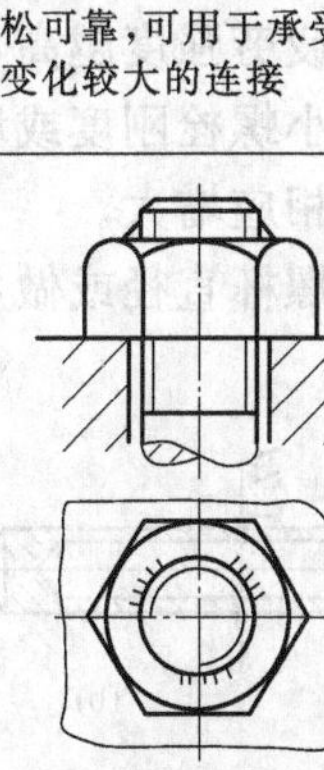

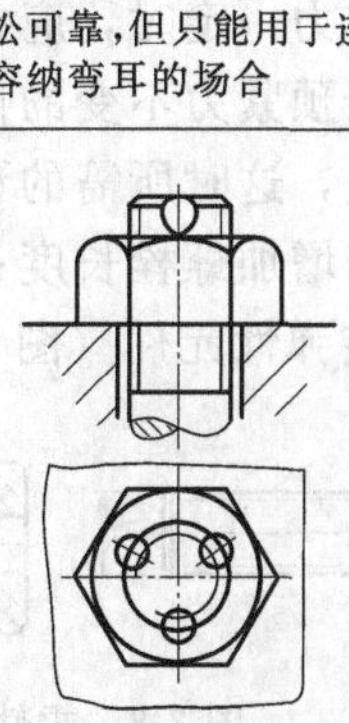

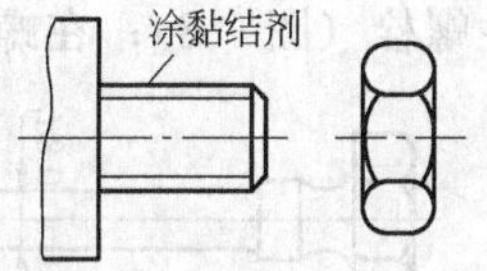

7.3 提高螺栓连接强度的措施

螺栓连接的强度主要取决于螺栓的强度，因此，深入分析影响螺栓强度的因素和提高螺栓强度的措施，对提高连接的承载能力十分重要。影响螺栓强度的因素很多，下面介绍一些常用的提高螺栓连接强度的措施。

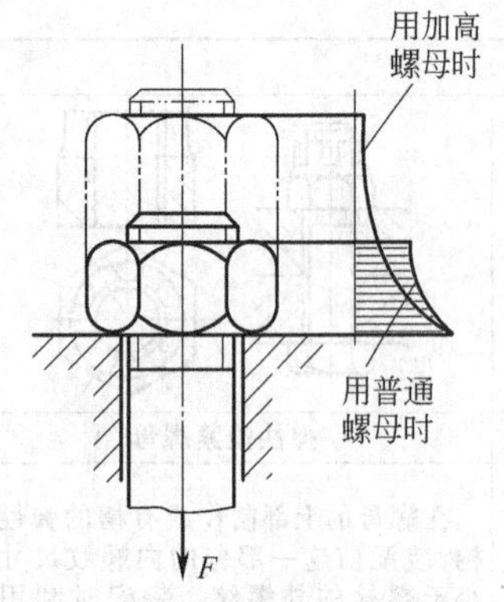

图 7-6 旋合螺纹间的载荷分布

7.3.1 改善螺纹牙间的载荷分配不均的现象

螺栓连接承载后，载荷是通过螺栓和螺母的螺纹牙面相接触而传递的。由于螺栓和螺母的刚度和变形性质是不同的，所以旋合各圈螺纹牙的载荷分布是不均匀的，从螺母支承面算起的第一圈处受力最大（约承担总拉力的三分之一），自下而上急剧减至零，如图 7-6 所示。实验证明第 8～10 圈以后的螺纹，几乎不承受载荷，圈数过多的厚螺母并不能提高连接的强度。

采用悬置螺母［图 7-7(a)］，使螺栓、螺母皆受拉，减小两者的刚度差，螺牙间的载荷分配趋于均匀。还可用环槽螺母［图 7-7(b)］，螺母下部局部受拉且富于弹性；或使用内斜螺母［图 7-7(c)］，其螺纹内斜 10°～15°，降低受力较大螺纹牙的刚度，使之易变形，而将载荷移至受力小的螺纹，使各圈受力接近。

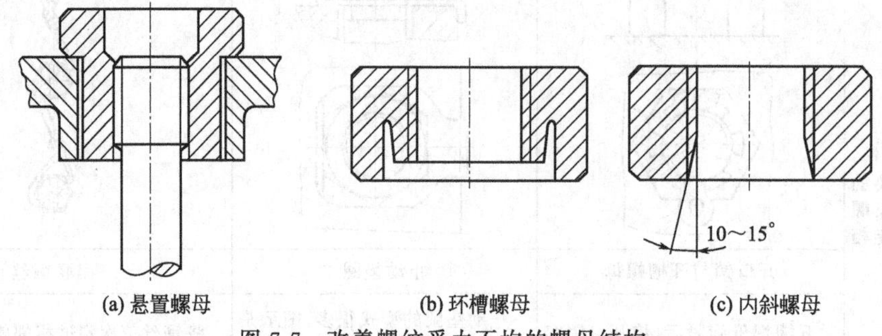

图 7-7 改善螺纹受力不均的螺母结构

7.3.2 减小螺栓的应力幅

理论与实践证明，螺栓最大应力一定时，应力幅越小，疲劳强度越高，即螺纹越不容易发生疲劳破坏。在工作拉力和剩余预紧力不变的情况下，减小螺栓刚度或增大被连接件的刚度都能使螺栓的应力幅减小。但是，这时所需的预紧力也要相应增大。

减小螺栓刚度的办法有：适当增加螺栓长度；部分减小螺杆直径或做成中空的结构——柔性螺栓（图 7-8）；在螺母下加装弹性元件（图 7-9）。

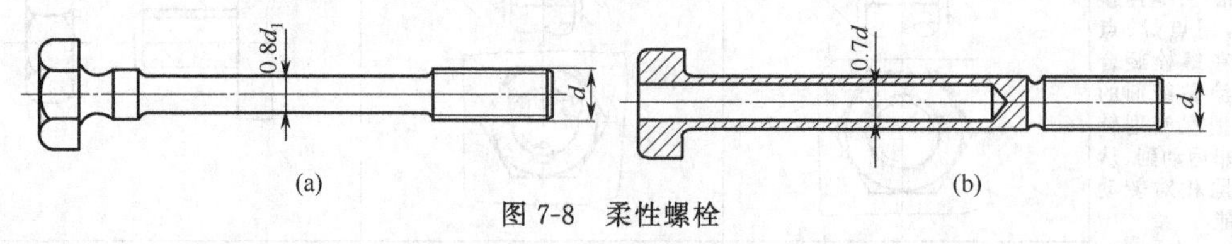

图 7-8 柔性螺栓

增大被连接件刚度的办法，主要是采用刚度大的垫片或将密封垫片改为密封环（图 7-10）等。

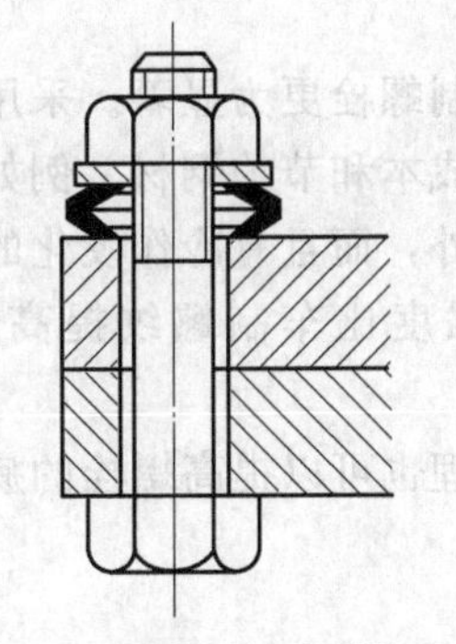

图 7-9 螺母下加装弹性元件

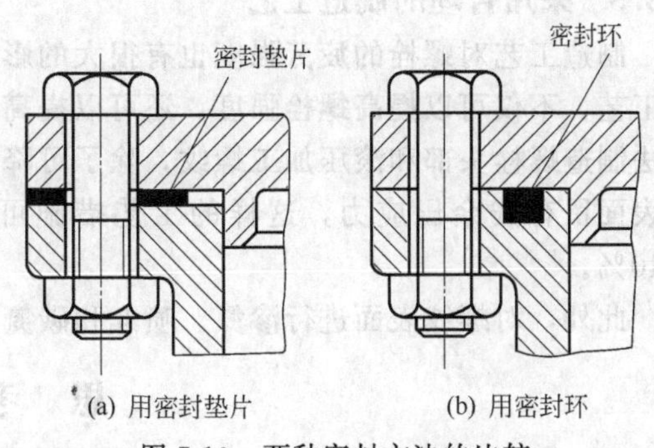

(a) 用密封垫片 (b) 用密封环

图 7-10 两种密封方法的比较

7.3.3 减小应力集中

螺栓的形状比较复杂，在螺栓牙根部、螺纹收尾处、杆截面变化处、杆与头连接处等都要产生应力集中，对螺栓的强度影响较大。由于螺纹已标准化，一般都采用标准连接件，不过，在一些重要场合可采用特殊制造的螺纹连接件，如加大头部与杆连接处或螺纹根部的圆角增大压根圆角半径［图 7-11(a)］，切制卸载槽或卸载过渡圆弧［图 7-11(b)、(c)］，在螺纹收尾处加工出退刀槽等均可缓和应力集中，提高螺栓的抗疲劳强度。值得注意的是，采用这些措施都要特殊制造，增加成本，通常只在重要连接时才考虑采用，对于一般用途的连接不宜采用。

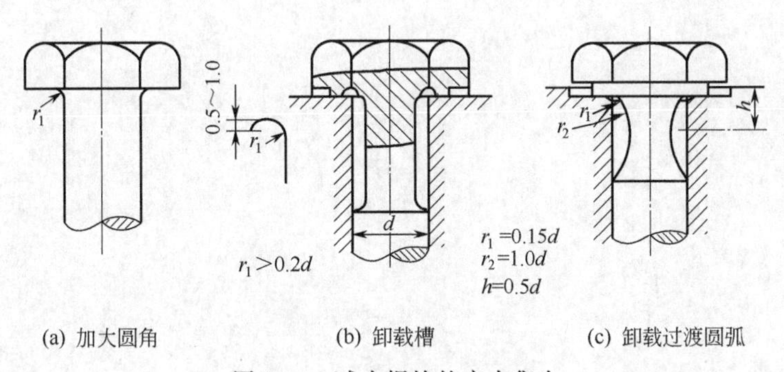

(a) 加大圆角 (b) 卸载槽 (c) 卸载过渡圆弧

图 7-11 减小螺栓的应力集中

7.3.4 避免附加弯曲应力

由于制造误差、支承表面不平或被连接件刚度小等原因，都将在螺栓中产生附加应力，降低螺栓的强度。为此，设计时应从工艺和结构上采取一些措施进行改善，如图 7-12 所示。

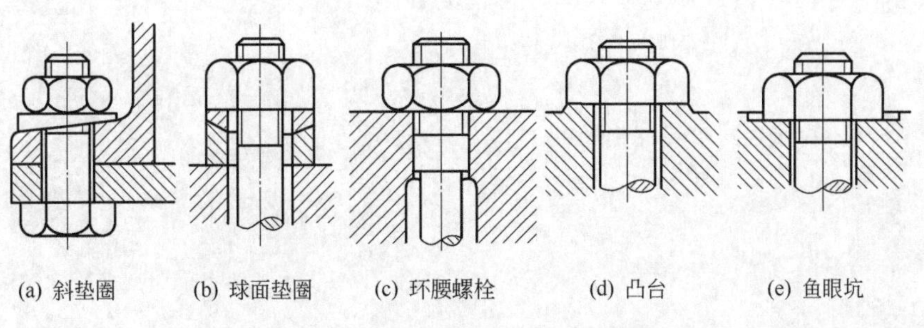

(a) 斜垫圈 (b) 球面垫圈 (c) 环腰螺栓 (d) 凸台 (e) 鱼眼坑

图 7-12 减小或避免附加应力的措施

7.3.5 采用合理的制造工艺

制造工艺对螺栓的疲劳强度也有很大的影响，高强度钢制螺栓更为显著。采用合理的制造工艺，不仅可以提高螺栓强度，还可以提高生产率、降低成本和节约钢材。例如，采用冷镦法制造螺栓头部和滚压加工螺纹，除了可降低应力集中之外，而且有冷作硬化的效果，并使表面留有残余压应力，这样的工艺措施可使螺栓疲劳强度比车制螺纹提高大约30%～40%。

此外，对螺纹表面进行渗氮、喷丸和碳氮共渗等表面处理也可以提高螺栓的疲劳强度。

思考题

7-1 简述各种螺纹连接的类型、特点及其应用。

7-2 常用的标准螺纹连接件有哪些类型，各有什么结构特点和应用。

7-3 螺纹连接件常用的材料有哪些？

7-4 螺纹连接件的性能等级和精度等级在国家标准中如何规定？

7-5 为什么螺纹连接通常情况下都需要进行预紧？

7-6 螺纹连接常用的防松方法有哪些，分别简述其特点。

7-7 提高螺栓连接强度的主要措施有哪些？

第 8 章　常用机械传动

机械传动的作用是把主动轴的运动和动力传递给从动轴，常用机械传动形式有带传动、链传动、齿轮传动和蜗杆传动四类。

8.1　带传动

8.1.1　带传动概述

8.1.1.1　带传动的工作原理

带传动是一种摩擦传动，由主动带轮 1、从动带轮 2 和紧套在两带轮上的传动带 3 组成，如图 8-1 所示。由于张紧作用，使带与带轮在接触面上产生压力，当主动轮转动时，依靠带与带轮间的摩擦力驱使从动轮转动，以传递动力。设主动轮转速为 n_1，从动轮转速为 n_2，则带传动的传动比为 $i=n_1/n_2$。

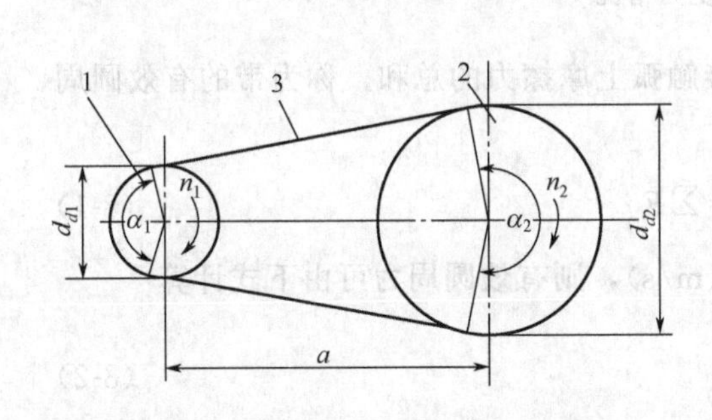

图 8-1　带传动

1—主动带轮；2—从动带轮；3—传动带

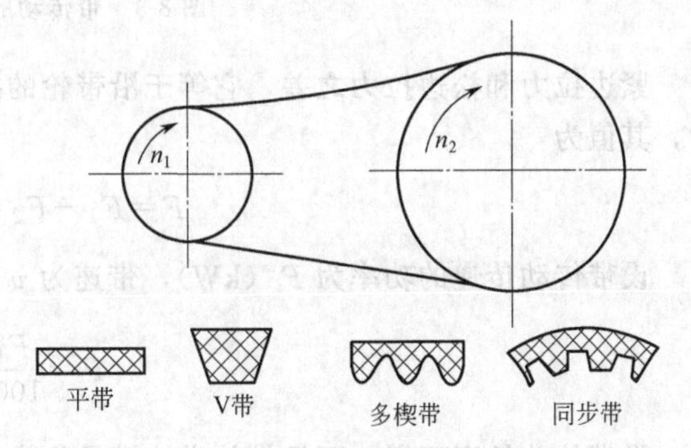

图 8-2　带的传动类型和截面形状

8.1.1.2　带传动的类型和特点

(1) 带传动的类型

按传动带的截面形状，可分为平带传动、V 带传动、多楔带传动和同步带传动等，各种带传动类型和截面形状如图 8-2 所示。

(2) 带传动的特点

由于带具有一定的弹性，与其他传动相比，带传动的优点是：能够缓冲和吸振，传动平稳，噪声小；带与带轮间在过载时会打滑（同步带除外），可以防止其他零件受损；带传动结构简单，制造、安装和维护方便，成本低廉，适于较远距离传动。其缺点是：由于带在工作时会产生弹性滑动，不能保证准确恒定的传动比；带传动的外廓尺寸较大；传动效率较低，一般 $\eta=0.95$；带的寿命较短。

8.1.1.3　带传动的应用

带传动的应用范围较广，在需要传动中心距较大的农业、食品、汽车、化工、自动化等多领域的过程装备中特别适用。由于带传动效率较低，常见的传动功率一般不超过 100kW，带的工作速度一般为 5～25m/s，使用特种带的高速传动可达 60m/s，传动比通常小于 5。

8.1.2 带传动工作情况分析

8.1.2.1 带传动的受力分析

为了使带与带轮间有足够的摩擦力，带在安装时必须以一定的张紧力套在两个带轮上，此力称为初拉力，用 F_0 表示，如图 8-3(a) 所示。工作时，主动轮 1 以转速 n_1 转动，通过带与带轮接触面间产生的摩擦力，驱动从动轮以转速 n_2 转动，两个带轮作用在带上的摩擦力方向如图 8-3(b) 所示。此时带两边的拉力也发生变化，即进入主动轮一边的带被进一步拉紧，拉力由 F_0 增大到 F_1，称为紧边；进入从动轮的一边则被放松，拉力由 F_0 减到 F_2，称为松边。

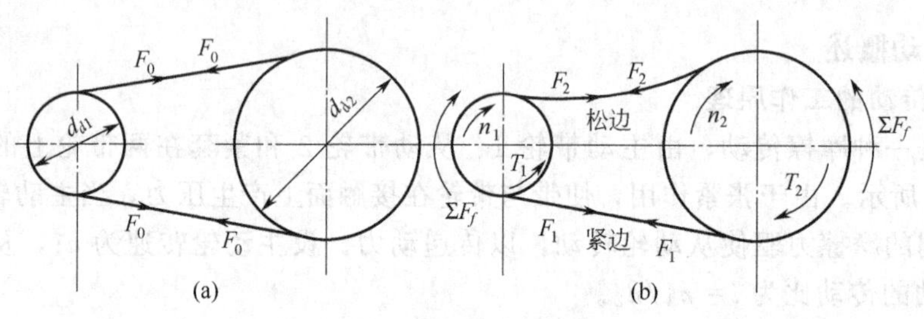

图 8-3 带传动的受力情况

紧边拉力和松边拉力之差，它等于沿带轮的接触弧上摩擦力的总和，称为带的有效圆周力，其值为

$$F=F_1-F_2=\sum F_f \tag{8-1}$$

设带传动传递的功率为 P (kW)，带速为 v (m/s)，则有效圆周力可由下式计算

$$P=\frac{Fv}{1000} \tag{8-2}$$

设带的总长度不变，而且带的弹性模量为常数，则紧边拉力的增加量 (F_1-F_0) 应等于松边拉力的减少量，即 (F_0-F_2)，即

$$F_1+F_2=2F_0 \tag{8-3}$$

8.1.2.2 带的应力分析

传动时，带中应力由如下三部分组成。

(1) 紧边应力 σ_1 与松边应力 σ_2

由于传递圆周力而在紧边和松边产生的拉应力分别为

$$\begin{cases}\sigma_1=\dfrac{F_1}{A}\\[2ex]\sigma_2=\dfrac{F_2}{A}\end{cases} \tag{8-4}$$

式中 A——带的截面面积，mm^2。

(2) 离心应力 σ_c

由于带本身的重量，传动带绕入带轮作圆周运动时产生离心力，使带受到离心拉力的作用，从而在截面上产生离心拉应力

$$\sigma_c=\frac{qv^2}{A} \tag{8-5}$$

式中　q——每米带长的质量，kg/m；

v——带速，m/s。

离心应力与每米带长的质量 q 成正比，与速度 v^2 成正比，所以设计时一般带速不宜过高，高速时宜采用轻质带，以利于降低离心应力。

(3) 弯曲应力 σ_b

如图 8-4 所示，传动带绕过带轮时，由于带的弯曲变形而产生的弯曲应力 σ_b 为

$$\sigma_b \approx \frac{Eh}{d_d} \tag{8-6}$$

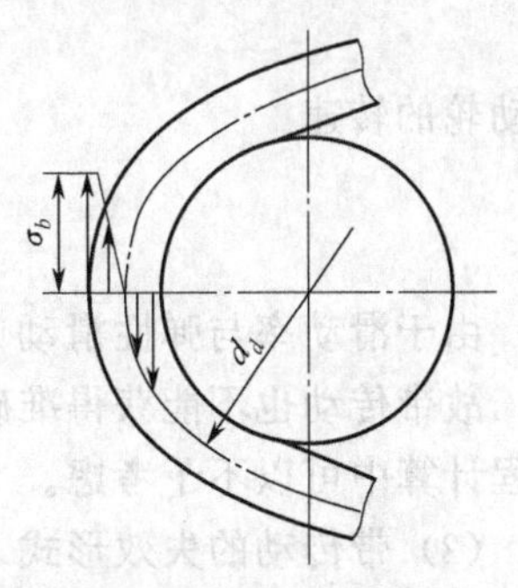

图 8-4　带的弯曲应力

式中　h——带的高度，mm；

d_d——带轮基准直径，mm；

E——带材料的弹性模量，MPa。

两个带轮直径不同时，则带在小轮上的弯曲应力较大。因此，在带传动的设计中，为了减小带的弯曲应力，若条件允许时，小带轮的直径应尽量取较大值。

上述三种应力沿带长的分布如图 8-5 所示，图中小带轮为主动轮，最大应力发生在紧边进入小带轮处（图中的 a 点），其值为

$$\sigma_{\max} = \sigma_1 + \sigma_c + \sigma_{b1} \tag{8-7}$$

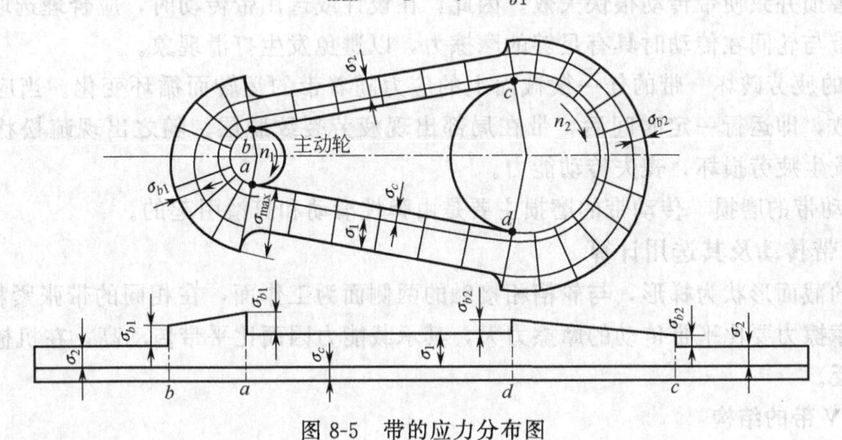

图 8-5　带的应力分布图

8.1.2.3　带传动的弹性滑动与失效形式

(1) 带传动的弹性滑动

在带传动的运转过程中，通过对图 8-3(b) 进行分析可以看到：当带刚绕上主动轮时，带和带轮相应表面的速度是相等的，但绕上后，由于带所受的拉力由 F_1 减小到 F_2，所以带的弹性伸长量随着运转过程而逐步减小，使带的速度逐渐落后于主动轮的圆周速度。这样，带与带轮之间便产生了相对滑动。这种由于带的弹性变形而引起带在带轮上的相对滑动现象，称为弹性滑动。同样，这种现象也发生在从动轮上，只是情况恰好相反。

由于弹性滑动会使从动轮的圆周速度降低，因而使带传动不能保证准确的传动比，降低了传动效率，加快了带的磨损，从而降低带的寿命。通常将从动轮与主动轮线速度的相对降低率称为滑动率，用 ε 表示，即

$$\varepsilon=\frac{v_1-v_2}{v_1}=\frac{\pi d_{d1}n_1-\pi d_{d2}n_2}{\pi d_{d1}n_1} \tag{8-8}$$

式中 v_1——主动轮线速度，m/s；

v_2——从动轮线速度，m/s。

由此得出带传动的传动比

$$i=\frac{n_1}{n_2}=\frac{d_{d2}}{d_{d1}(1-\varepsilon)} \tag{8-9}$$

从动轮的转速

$$n_2=\frac{n_1 d_{d1}(1-\varepsilon)}{d_{d2}} \tag{8-10}$$

由于滑动率与弹性滑动的大小有关，也即与带的材料和受力有关，不能得到准确的数值，故带传动也不能获得准确的传动比。带传动正常工作时，其滑动率 $\varepsilon=0.01\sim0.02$，在工程计算中可以不予考虑。

(2) 带传动的失效形式

根据带传动的工作情况分析可知，带传动的失效形式有如下三种。

① 打滑　当工作外载荷超过带传动的最大有效圆周力时，带与小带轮沿整个工作面就会出现相对滑动，这种现象称为打滑。打滑是传动载荷过大所引起的，打滑使带不能正常工作、迅速磨损并致使带传动很快失效。因此，在设计或选用带传动时，应合理选取带传动的参数，使带与轮间在传动时具有足够的摩擦力，以避免发生打滑现象。

② 带的疲劳破坏　带的任一横截面上的应力随着带的运转而循环变化。当应力循环达到一定次数，即运行一定时间后，带在局部出现疲劳裂纹脱层，随之出现疏松状态甚至断裂，从而发生疲劳损坏，丧失传动能力。

③ 传动带的磨损　传动带的磨损主要是由弹性滑动和打滑引起的。

8.1.3 V带传动及其选用计算

V带的截面形状为梯形，与轮槽相接触的两侧面为工作面，在相同的带张紧程度下，V带传动的摩擦力要比平带传动的摩擦力大，其承载能力因而比平带传动高，在机械传动中应用比较广泛。

8.1.3.1 V带的结构

按抗拉层结构的不同，V带可分为帘布芯结构和绳芯结构两类，如图8-6(a)、(b) 所示。普通V带的截面结构主要由顶胶层、抗拉体、底胶层和包布层组成。包布层由涂胶布制成，它能增强带的强度、减少带的磨损，对带起保护作用；顶层胶和底层胶由橡胶制成，在胶带弯曲时，顶层胶受拉，底层胶受压，可在低层胶层内加入适量的横向纤维，以提高其横向刚度。抗拉体是V带的骨架层，用于承受纵向拉力，它由几层胶帘布（帘布芯结构）

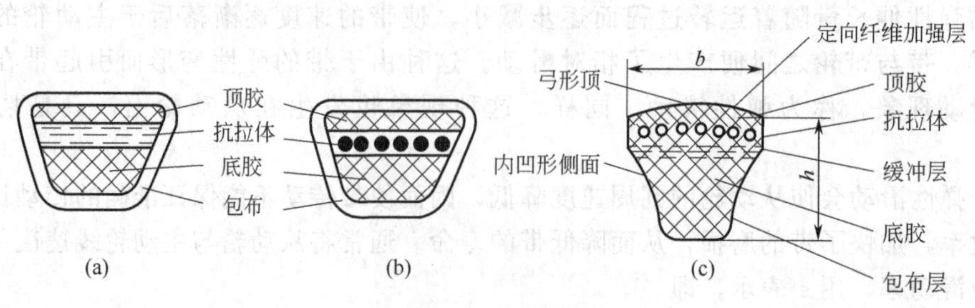

图8-6　V带的结构

或一排粗线绳（绳芯结构）制成。

帘布芯结构 V 带制造容易，但较易伸长、发热和脱层；绳芯结构 V 带挠曲性好、承载能力高、使用寿命长，适用于带轮直径小、转速较高和要求结构紧凑的传动中。

窄 V 带是一种采用涤纶等合成纤维作强力层的新型 V 带，它的截面结构如图 8-6(c) 所示。与普通 V 带相比，当高度 h 相同时，窄 V 带的顶宽 b 约可缩小 1/3，它的顶部呈弓形，两侧面是内凹曲面，承载能力显著地高于普通 V 带，适用于传递大功率且要求结构紧凑的场合。

8.1.3.2 普通 V 带规格和基本尺寸

普通 V 带已标准化，根据 GB/T 11544 的规定，按其截面尺寸的不同，中国的普通 V 带由小到大分为 Y、Z、A、B、C、D、E 七种型号，各型号的截面尺寸见表 8-1。

表 8-1 普通 V 带的截面尺寸（摘自 GB/T 11544）

型号	Y	Z	A	B	C	D	E
b_p/mm	5.3	8.5	11.0	14.0	19.0	27.0	32.0
b/mm	6	10	13	17	22	32	38
h/mm	4	6	8	11	14	19	25
θ	40°						

GB/T 11544 规定，普通 V 带的长度用基准长度 L_d 表示。普通 V 带的基准长度见表 8-2。

表 8-2 普通 V 带的基准长度系列及长度系数

基准长度 L_d/mm	长度系数 K_L						
	Y	Z	A	B	C	D	E
200	0.81						
224	0.82						
250	0.84						
280	0.87						
315	0.89						
355	0.92						
400	0.96	0.87					
450	1.00	0.89					
500	1.02	0.91					
560		0.94					
630		0.96	0.81				
710		0.99	0.82				
800		1.00	0.85				
900		1.03	0.87	0.81			
1000		1.06	0.89	0.84			
1120		1.08	0.91	0.86			

续表

基准长度 L_d/mm	长度系数 K_L						
	Y	Z	A	B	C	D	E
1250		1.11	0.93	0.88			
1400		1.14	0.96	0.90			
1600		1.16	0.99	0.92	0.83		
1800		1.18	1.01	0.98	0.86		
2000			1.03	1.00	0.88		
2240			1.06	1.03	0.91		
2500			1.09	1.05	0.93		
2800			1.11	1.07	0.95	0.83	
3150			1.13	1.09	0.97	0.86	
3550			1.17	1.13	0.99	0.89	
4000			1.19	1.15	1.02	0.91	
4500				1.18	1.04	0.93	0.90
5000					1.07	0.96	0.92
5600					1.09	0.98	0.95
6300					1.12	1.00	0.97
7100					1.15	1.03	1.00
8000					1.18	1.06	1.02
9000					1.21	1.08	1.05
10000					1.23	1.11	1.07
11200						1.14	1.10
12500						1.17	1.12
14000						1.20	1.15
16000						1.22	1.18

8.1.3.3 普通V带带轮的结构

V带带轮最常用的材料是铸铁。当 $v \leqslant 30$m/s 时，常用牌号为HT150或HT200；当 $v=25 \sim 40$m/s 时，宜采用球墨铸铁或铸钢、冲压钢板焊接带轮；小功率传动时可采用铸铝或工程塑料。

普通V带带轮一般由轮缘（用以安装传动带）、轮毂（与轴连接）和轮辐（连接轮缘和轮毂）三部分组成。V带带轮按轮辐结构的不同可划分为实心、腹板、孔板和椭圆轮辐四种结构形式，如图8-7所示。带轮的结构形式是根据带轮的基准直径确定的，即当带轮直径 $d_d \leqslant (2.5 \sim 3)d$ 时（d 为轴径），可采用实心式。当带轮直径 $d_d \leqslant 300$mm 时，若 $(d_2-d_1)<100$mm，采用腹板式；若 $(d_2-d_1) \geqslant 100$mm，采用孔板式。当带轮直径 $d_d>300$mm 时，应采用椭圆轮辐式。带轮设计或选用时，可参阅GB/T 10412确定各种型号V带轮的轮缘宽B、轮毂孔径 d 和轮毂长 L 的尺寸。

8.1.3.4 带传动的张紧装置

带传动不仅安装时必须把带张紧在带轮上，而且当带工作一段时间后，由于带的塑性变形会出现松弛现象，为了保证带传动的承载能力，必须采用适当的张紧装置。常用的几种带传动的张紧装置如图8-8所示。

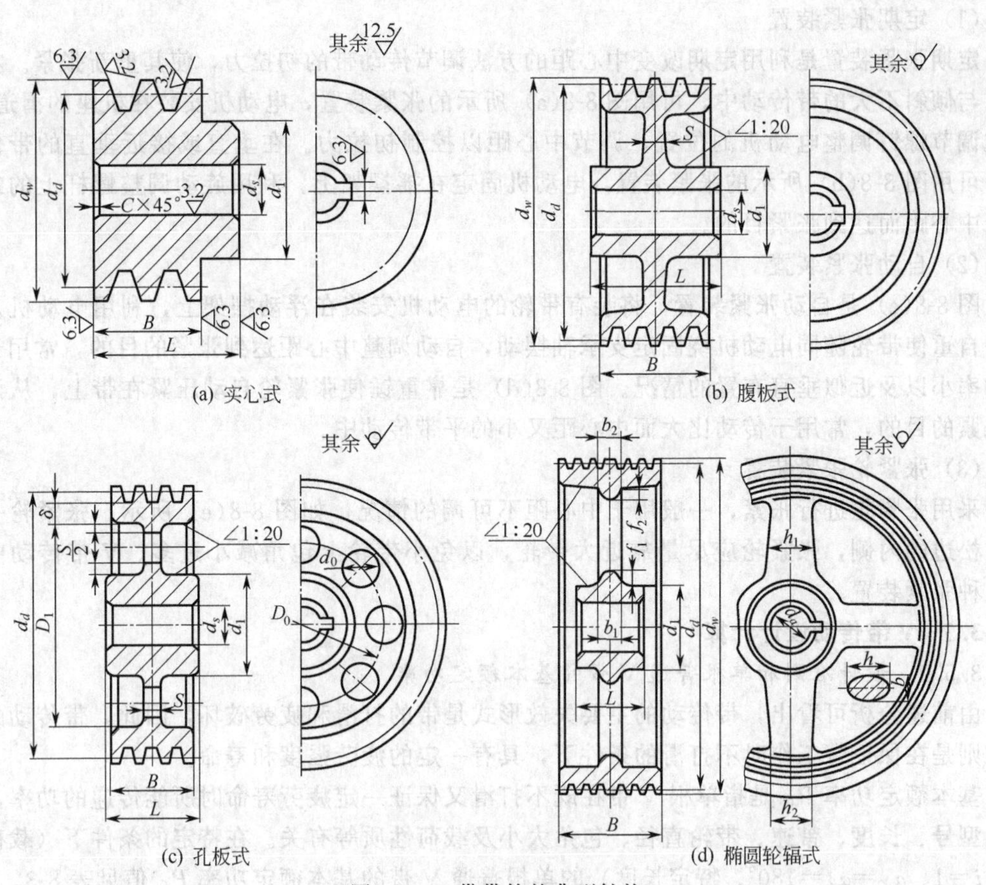

图 8-7 V 带带轮的典型结构

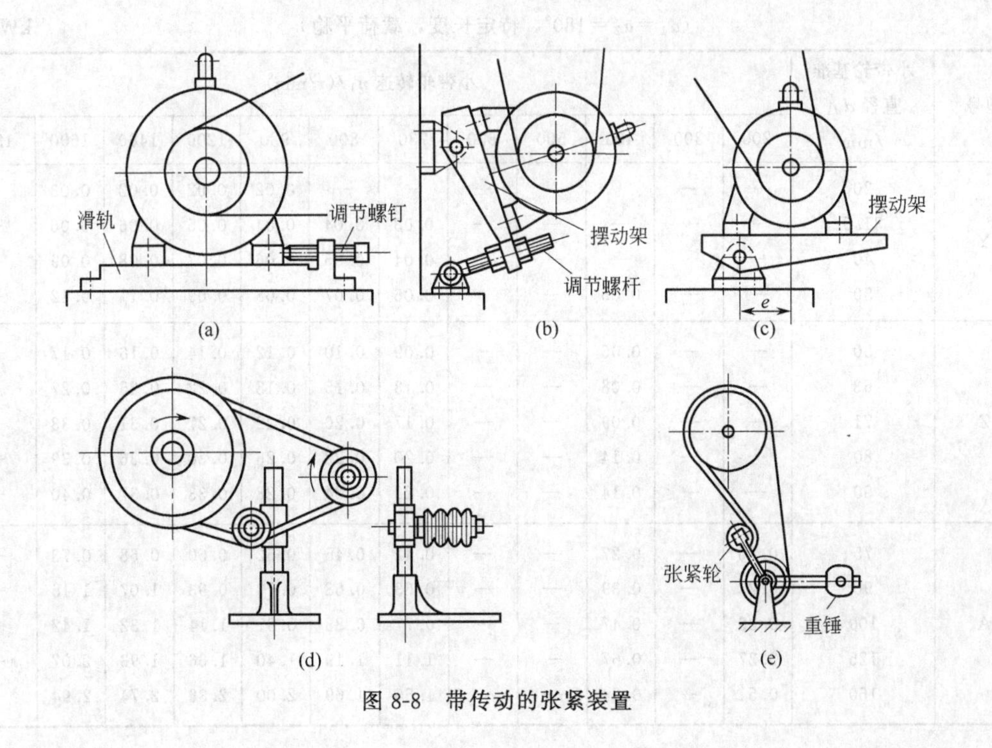

图 8-8 带传动的张紧装置

（1）定期张紧装置

定期张紧装置是利用定期改变中心距的方法调节传动带的初拉力，使其重新张紧。在水平或与倾斜不大的带传动中，可用图8-8(a) 所示的张紧装置，电动机安装在机座的滑道上，通过调节螺钉调整电动机的位置，调节中心距以控制初拉力。在垂直或接近垂直的带传动中，可用图8-8(b) 所示的张紧装置，电动机固定在摇摆架上，利用旋动调整螺杆上的螺母调节中心距而达到张紧目的。

（2）自动张紧装置

图8-8(c) 是自动张紧装置，将装有带轮的电动机安装在浮动摆架上，利用电动机及摆架的自重使带轮随同电动机绕固定支承轴摆动，自动调整中心距达到张紧的目的，常用于传动功率小以及近似垂直布置的情况。图8-8(d) 是靠重锤使张紧轮自动压紧在带上，从而达到张紧的目的，常用于传动比大而中心距又小的平带传动中。

（3）张紧轮张紧装置

采用张紧轮进行张紧，一般用于中心距不可调的情况，如图8-8(e) 所示。张紧轮一般压在松边的内侧，张紧轮应尽量靠近大带轮，以免小带轮上包角减小过多。V带传动中常用这种张紧装置。

8.1.3.5　V带传动设计计算

8.1.3.5.1　设计准则和单根普通V带的基本额定功率

由前述分析可看出，带传动的主要失效形式是带的打滑和疲劳破坏，因此，带传动的设计准则是在保证带工作时不打滑的条件下，具有一定的疲劳强度和寿命。

基本额定功率 P_0 是指单根V带在既不打滑又保证一定疲劳寿命时所能传递的功率，与带的型号、长度、带速、带轮直径、包角大小及载荷性质等有关。在特定的条件下（载荷平稳、$i=1$、$\alpha_1=\alpha_2=180°$、特定长度）的单根普通V带的基本额定功率 P_0 值见表8-3。

表8-3　单根普通V带的基本额定功率 P_0（摘自GB/T 13575.1）

（$\alpha_1=\alpha_2=180°$，特定长度，载荷平稳）　　kW

型号	小带轮基准直径 d_{d1}/mm	小带轮转速 n_1/(r/min)											
		200	300	400	500	600	730	800	980	1200	1460	1600	1800
Y	20	—	—	—	—	—	—	—	0.02	0.02	0.02	0.03	—
	31.5	—	—	—	—	—	0.03	0.04	0.04	0.05	0.06	0.06	—
	40	—	—	—	—	—	0.04	0.05	0.06	0.07	0.08	0.09	—
	50	—	—	0.05	—	—	0.06	0.07	0.08	0.09	0.11	0.12	—
Z	50	—	—	0.06	—	—	0.09	0.10	0.12	0.14	0.16	0.17	—
	63	—	—	0.08	—	—	0.13	0.15	0.18	0.22	0.25	0.27	—
	71	—	—	0.09	—	—	0.17	0.20	0.23	0.27	0.31	0.33	—
	80	—	—	0.14	—	—	0.20	0.22	0.26	0.30	0.36	0.39	—
	90	—	—	0.14	—	—	0.22	0.24	0.28	0.33	0.37	0.40	—
A	75	0.16	—	0.27	—	—	0.42	0.45	0.52	0.60	0.68	0.73	—
	90	0.22	—	0.39	—	—	0.63	0.68	0.79	0.93	1.07	1.15	—
	100	0.26	—	0.47	—	—	0.77	0.83	0.97	1.14	1.32	1.42	—
	125	0.37	—	0.67	—	—	1.11	1.19	1.40	1.66	1.93	2.07	—
	160	0.51	—	0.94	—	—	1.56	1.69	2.00	2.36	2.74	2.94	—

续表

型号	小带轮基准直径 d_{d1}/mm	小带轮转速 n_1/(r/min)											
		200	300	400	500	600	730	800	980	1200	1460	1600	1800
B	125	0.48	—	0.84	—	—	1.34	1.44	1.67	1.93	2.20	2.33	2.50
	160	0.74	—	1.32	—	—	2.16	2.32	2.72	3.17	3.64	3.86	4.15
	200	1.02	—	1.85	—	—	3.06	3.30	3.86	4.50	5.15	5.46	5.83
	250	1.37	—	2.50	—	—	4.14	4.46	5.22	6.04	6.85	7.20	7.63
	280	1.58	—	2.89	—	—	4.77	5.13	5.93	6.90	7.78	8.13	8.46
C	200	1.39	1.92	2.41	2.87	3.30	3.80	4.07	4.66	5.29	5.86	6.07	6.28
	150	2.03	2.85	3.62	4.33	5.00	5.82	6.23	7.18	8.21	9.06	9.28	9.63
	315	2.86	4.04	5.14	6.17	7.14	8.34	8.92	10.23	11.53	12.48	12.72	12.67
	400	3.91	5.54	7.06	8.52	9.82	11.52	12.10	13.67	15.04	15.51	15.24	14.08
	450	4.51	6.40	8.20	9.81	11.29	12.98	13.80	15.39	16.59	16.41	15.57	13.29
D	355	5.31	7.35	9.24	10.90	12.39	14.04	14.83	16.30	17.25	16.70	15.63	12.97
	450	7.90	11.02	13.85	16.40	18.67	21.12	22.25	24.16	24.84	22.42	19.59	13.34
	560	10.76	15.07	18.95	22.38	25.32	28.28	29.55	31.00	29.67	22.08	15.13	—
	710	14.55	20.35	25.45	29.76	33.18	35.97	36.87	35.58	27.88	—	—	—
	800	16.76	23.39	29.08	33.72	37.13	39.26	39.55	35.26	21.32	—	—	—
E	500	10.86	14.96	18.55	21.65	24.21	26.62	27.57	28.52	25.53	16.25	—	—
	630	15.65	21.69	26.95	31.36	34.83	37.64	38.52	37.14	29.17	—	—	—
	800	21.70	30.05	37.05	42.53	46.26	47.79	47.38	39.08	16.46	—	—	—
	900	25.15	34.71	42.49	48.20	51.48	51.13	49.21	34.01	—	—	—	—
	1000	28.52	39.17	47.52	53.12	55.45	52.26	48.19	—	—	—	—	—

8.1.3.5.2 带传动的设计步骤和传动参数选择

由于 V 带是标准件，所以 V 带传动的设计主要是根据已知传动的工作条件、传递的功率、主动轮和从动轮的转速（或传动比）、传动外廓尺寸等选择带的类型和合理的传动参数，确定 V 带的型号、根数和带传动的结构尺寸等。

V 带传动设计的步骤和方法如下。

(1) 确定计算功率 P_c

计算功率 P_c 可根据式(8-11) 计算

$$P_c = K_A P \tag{8-11}$$

式中 K_A——工作情况系数，见表 8-4；

P——名义传动功率，kW。

表 8-4 工作情况系数 K_A

工作情况		K_A					
		空、轻载启动			重载启动		
		每天工作小时数 h					
		<10	10~16	>16	<10	10~16	>16
载荷变动微小	液体搅拌机、通风机和鼓风机(≤7.5kW)、离心式水泵和压缩机、轻型输送机等	1.0	1.1	1.2	1.1	1.2	1.3
载荷变动小	带式输送机(不均匀载荷)、通风机(>7.5kW)、压缩机、发电机、金属切削机床、印刷机、木工机械等	1.1	1.2	1.3	1.2	1.3	1.4

续表

工作情况		K_A					
		空、轻载启动			重载启动		
		每天工作小时数 h					
		<10	10～16	>16	<10	10～16	>16
载荷变动较大	制砖机、斗式提升机、起重机、冲剪机床、纺织机械、橡胶机械、重载输送机、磨粉机等	1.2	1.3	1.4	1.4	1.5	1.6
载荷变动大	破碎机、磨碎机等	1.3	1.4	1.5	1.5	1.6	1.8

注：1. 空、轻启动——电动机（交流启动、Δ启动、直流并励）、四缸以上的内燃机、装有离心式离合器、液力联轴器的动力机。

2. 重载启动——电动机（联机交流启动、直流复励或串励）、四缸以下的内燃机。

3. 反复启动、正反转频繁、工作条件恶劣等场合，K_A 应乘以 1.2。

（2）选择带的型号

带的型号可根据计算功率 P_c 和小轮的转速 n_1 选定，参见图 8-9。当工况位于两种型号相邻区域时，可分别选取这两种型号进行计算，最后进行分析比较，从中选用较好的方案。

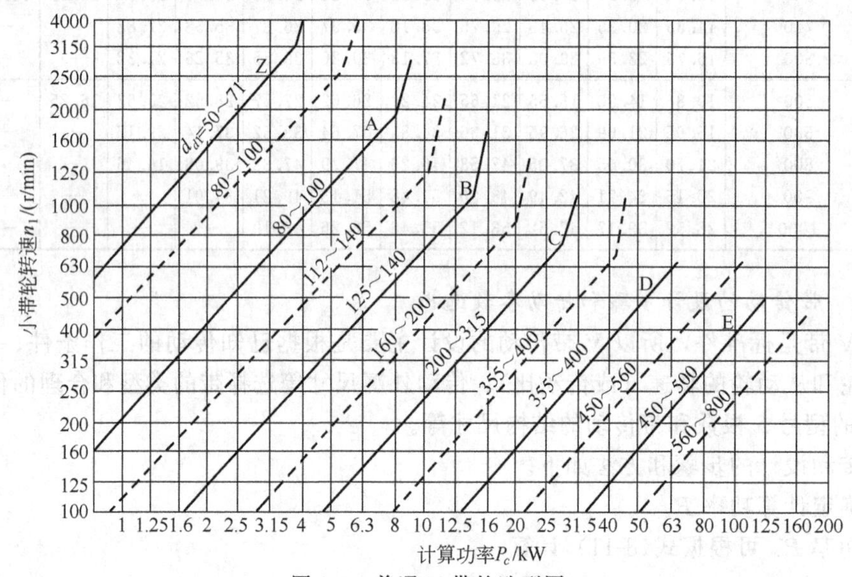

图 8-9 普通 V 带的选型图

（3）确定带轮基准直径

在 V 带轮上，与所配用 V 带的节面宽度 b_p 相对应的带轮直径称为基准直径 d_d，带轮基准直径系列见表 8-5。带轮的直径愈小，传动尺寸愈小，结构愈紧凑，但带的弯曲应力愈大，带容易疲劳破坏，使用寿命愈短。为避免产生过大的弯曲应力，GB/T 13575.1 对各种型号的 V 带都规定了最小基准直径 $d_{d\min}$，见表 8-6。

设计时，小带轮基准直径 d_{d1} 可参考表 8-5、表 8-6 选取，大带轮基准直径 d_{d2} 按 $d_{d2}=id_{d1}$ 计算，并按表 8-5 圆整为标准尺寸。

小轮直径确定后，应验算带速 v，即

$$v=\frac{\pi d_{d1}n_1}{60\times1000} \tag{8-12}$$

式中 n_1——小带轮转速，r/min；

d_{d1}——小带轮直径，mm。

表 8-5 常用 V 带轮基准直径系列 mm

V 带型号	基准直径系列
Y	20,22.4,25,28,31.5,35.5,40,45,50,56,63,71,80,90,100,112,125
Z	50,56,63,71,75,80,90,100,112,125,140,150,160,180,200,224,250,280,315,355,400,500,560,630
A	75,80,90,100,112,125,140,150,160,180,200,224,250,280,315,355,400,450,500,560,630,710,800
B	125,140,150,160,180,200,224,250,280,315,355,400,450,500,560,630,710,800,1000,1120
C	200,224,250,280,315,355,400,450,500,560,630,710,800,900,1000,1120,1250,1400,1600,2000
D	355,375,400,425,450,475,500,560,630,710,800,900,1000,1250,1600,2000
E	500,530,560,630,710,800,900,1000,1120,1250,1600,2000,2500

表 8-6 V 带带轮的最小基准直径 $d_{d\min}$ mm

V 带型号	Y	Z	A	B	C	D	E
$d_{d\min}$	20	50	75	125	200	355	500

若带速过高，会因离心力过大而降低带和带轮间的正压力，从而降低摩擦力和传动的工作能力，同时也降低带的疲劳强度；若带速过小，所需有效圆周力过大，要求 V 带的根数多。一般情况下，合适的带速 v 为 5～25m/s（D、E、F 型 V 带可达 30m/s）。

（4）确定带传动的中心距和带的基准长度

带传动的中心距较小时，传动较为紧凑，但带的长度就减小，在一定带速下单位时间内带的应力循环次数增加，会加速带的疲劳损坏，从而降低带的寿命。中心距过大时，传动的外廓尺寸大，并且由于载荷变化引起带的颤动，影响正常工作。因此，对于 V 带传动，中心距一般可取为

$$0.55(d_{d1}+d_{d2})\leqslant a_0\leqslant 2(d_{d1}+d_{d2}) \tag{8-13}$$

初定中心距 a_0 后，可根据下式计算 V 带的初选长度 L_0：

$$L_0=2a_0+\frac{\pi}{2}(d_{d1}+d_{d2})+\frac{(d_{d2}-d_{d1})^2}{4a_0} \tag{8-14}$$

再由表 8-2 选取与 L_0 相近的基准长度 L_d，然后就可计算出带传动的实际中心距 a，即

$$a\approx a_0+\frac{L_d-L_0}{2} \tag{8-15}$$

考虑安装调整和补偿初拉力的需要，中心距的变动范围为

$$\begin{cases}a_{\min}=a-0.015L_d\\ a_{\max}=a+0.03L_d\end{cases} \tag{8-16}$$

（5）验算小带轮包角 α_1

小带轮包角的计算公式为

$$\alpha_1\approx 180°-\frac{d_{d2}-d_{d1}}{a}\times 57.3° \tag{8-17}$$

一般要求 $\alpha_1\geqslant 120°$，否则应适当增大中心距或加张紧轮。

（6）确定 V 带的根数 Z

由于单根普通 V 带的基本额定功率 P_0 是在特定的条件（普通 V 带、载荷平稳、特定长度、$i=1$、$\alpha_1=\alpha_2=180°$）下通过实验得到的。考虑到一般实际使用条件与实验条件不

同，需对 P_0 进行修正，修正后V带的根数 Z 为

$$Z=\frac{P_c}{(P_0+\Delta P_0)K_\alpha K_L} \tag{8-18}$$

式中 ΔP_0——传动比 $i\neq 1$ 时传递功率的增量，见表8-7；

K_α——包角系数，考虑不同包角 α 对传动能力的影响，见表8-8；

K_L——长度系数，考虑不同带长对传动能力的影响，见表8-2。

带的根数 Z 应取整数。为使每根V带受力均匀，其根数不宜过多，通常 $Z<10$，一般取3～7根，否则，应改选型号或加大带轮直径后重新设计。

表8-7 单根普通V带 $i\neq 1$ 时额定功率的增量 ΔP_0（摘自GB/T 13575.1） kW

型别	传动比 i	小带轮转速 n_1(r/min)											
		200	300	400	500	600	730	800	980	1200	1460	1600	1800
Y	1.35～1.51	—	—	0.00	—	—	0.00	0.00	0.01	0.01	0.01	0.01	
	1.52～1.99	—	—	0.00	—	—	0.00	0.00	0.01	0.01	0.01	0.01	
	≥2	—	—	0.00	—	—	0.00	0.00	0.01	0.01	0.01	0.01	
Z	135～1.51	—	—	0.01	—	—	0.01	0.01	0.02	0.02	0.02	0.02	
	1.52～1.99	—	—	0.01	—	—	0.01	0.02	0.02	0.02	0.02	0.03	
	≥2	—	—	0.01	—	—	0.02	0.02	0.02	0.03	0.03	0.03	
A	135～1.51	0.02	—	0.04	—	—	0.07	0.08	0.08	0.11	0.13	0.15	
	1.52～1.99	0.02	—	0.04	—	—	0.08	0.09	0.10	0.13	0.15	0.17	
	≥2	0.03	—	0.05	—	—	0.09	0.10	0.11	0.15	0.17	0.19	
B	135～1.51	0.05	—	0.10	—	—	0.17	0.20	0.23	0.30	0.36	0.39	0.44
	1.52～1.99	0.06	—	0.11	—	—	0.20	0.23	0.26	0.34	0.40	0.45	0.51
	≥2	0.06	—	0.13	—	—	0.22	0.25	0.30	0.38	0.46	0.51	0.57
C	1.35～1.51	0.14	0.21	0.27	0.34	0.41	0.48	0.55	0.65	0.82	0.99	1.10	1.23
	1.52～1.99	0.16	0.24	0.31	0.39	0.47	0.55	0.63	0.74	0.94	1.14	1.25	1.41
	≥2	0.18	0.26	0.35	0.44	0.53	0.62	0.71	0.83	1.06	1.27	1.41	1.59
D	1.35～1.51	0.49	0.73	0.97	1.22	1.46	1.70	1.95	2.31	2.92	3.52	3.89	4.98
	1.52～1.99	0.56	0.83	1.11	1.39	1.67	1.95	2.22	2.64	3.34	4.03	4.45	5.01
	≥2	0.63	0.94	1.25	1.56	1.88	2.19	2.50	2.97	3.75	4.53	5.00	5.62
E	1.35～1.51	0.96	1.45	1.93	2.41	2.89	3.38	3.86	4.58	5.61	6.83	—	—
	1.52～1.99	1.10	1.65	2.20	2.76	3.31	3.86	4.41	5.23	6.41	7.80	—	—
	≥2	1.24	1.86	2.48	3.10	3.72	4.34	4.96	5.89	7.21	8.78	—	—

表8-8 包角系数 K_α

包角 α_1	70°	80°	90°	100°	110°	120°	130°	140°
K_α	0.58	0.64	0.69	0.74	0.78	0.82	0.86	0.89
包角 α_1	150°	160°	170°	180°	190°	200°	210°	220°
K_α	0.92	0.95	0.98	1.00	1.05	1.10	1.15	1.20

(7) 计算带的张紧力 F_0 和压轴力 F_Q

张紧力的大小是保证传动正常工作的重要因素。张紧力过小，摩擦力小，容易发生打滑；张紧力过大，带的寿命低，轴和轴承受力大。既能保证传动功率又不出现打滑时的单根V带的张紧力可按式(8-19)计算

$$F_0=500\frac{P_c}{vZ}\left(\frac{2.5}{K_\alpha}-1\right)+qv^2 \tag{8-19}$$

式中　P_c——带的计算功率，kW；

v——带速，m/s；

q——每米带长的质量，kg/m，见表 8-9；

K_α、Z 的意义同前。

表 8-9　普通 V 带每米带长的质量　kg/m

V 带型号	Y	Z	A	B	C	D	E
q	0.02	0.06	0.10	0.17	0.30	0.62	0.90

计算带轮轴的强度和轴承的寿命，必须知道压轴力 F_Q。为了计算方便，忽略带两边的拉力差，即近似地以 V 带两边初拉力的合力计算压轴力，由图 8-10 可知：

$$F_Q\approx 2ZF_0\sin\frac{\alpha_1}{2} \tag{8-20}$$

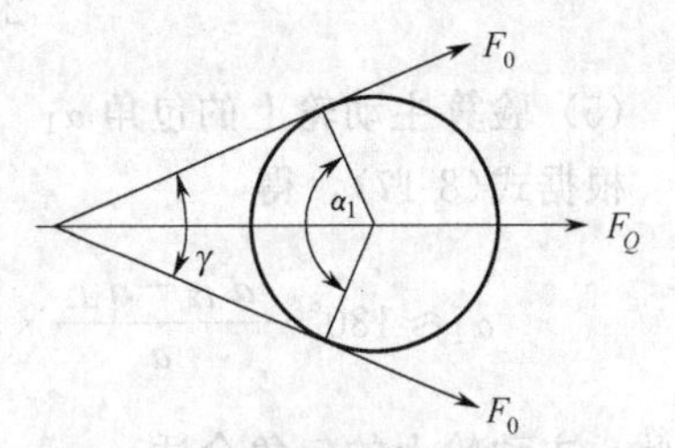

图 8-10　带轮轴上的载荷计算

(8) 带轮设计

带轮设计包括的内容有：确定结构类型、结构尺寸、轮槽尺寸、材料，并画出带轮工作图。

【例 8-1】 试设计带式输送机的 V 带传动，采用三相异步电机 Y160L-6，其额定功率 $P=8$kW，转速 $n_1=970$r/min，传动比 $i=2$，两班制工作。

解　(1) 计算功率 P_c 和选取 V 带类型

查表 8-4 得工作情况系数 $K_A=1.2$，根据式(8-11)，有

$$P_c=K_AP=1.2\times 8=9.6\ (\text{kW})$$

根据 $P_c=9.6$kW、$n_1=970$r/min，从图 8-9 中选用 B 型普通 V 带。

(2) 确定带轮基准直径

由表 8-6 查得主动轮的最小基准直径 $d_{d1\min}=125$mm，从表 8-5 带轮的基准直径系列中，选取 $d_{d1}=160$mm。

从动轮基准直径 d_{d2} 为

$$d_{d2}=id_{d1}=2\times 160=320\ (\text{mm})$$

查表 8-5，选取 $d_{d2}=315$mm。

(3) 验算带的速度

根据式(8-12)，有

$$v=\frac{\pi d_{d1}n_1}{60\times 1000}=\frac{\pi\times 160\times 970}{60\times 1000}=8.1\ (\text{m/s})$$

带的速度在 5～25m/s 内，合适。

(4) 确定普通 V 带的基准长度和传动中心距

根据式(8-13)，得

$$261\text{mm}\leqslant a_0\leqslant 950\text{mm}$$

初步确定中心距 $a_0=600\text{mm}$。

根据式(8-14) 计算带的初选长度

$$L_0=2a_0+\frac{\pi}{2}(d_{d1}+d_{d2})+\frac{(d_{d2}-d_{d1})^2}{4a_0}$$

$$=2\times600+\frac{\pi}{2}(160+315)+\frac{(315-160)^2}{4\times600}=1956\ (\text{mm})$$

根据表 8-2，选带的基准长度 $L_d=2000\text{mm}$。

根据式(8-15)，带的实际中心距 a：

$$a\approx a_0+\frac{L_d-L_0}{2}=600+\frac{2000-1956}{2}=622\ (\text{mm})$$

(5) 验算主动轮上的包角 α_1

根据式(8-17)，得

$$\alpha_1\approx180°-\frac{d_{d2}-d_{d1}}{a}\times57.3°=180°-\frac{315-160}{622}\times57.3°=165.7°>120°$$

因此，主动轮上的包角合适。

(6) 计算 V 带的根数

根据式(8-18)

$$Z=\frac{P_c}{(P_0+\Delta P_0)K_\alpha K_L}$$

由 B 型普通 V 带，$n_1=970\text{r/min}$，$d_{d1}=160\text{mm}$，查表 8-3 得 $P_0=2.72\text{kW}$；又由 $i=2$，查表 8-7 得 $\Delta P_0=0.3\text{kW}$；由 $\alpha_1=165.7°$，查表 8-8 得 $K_\alpha=0.955$；由 $L_d=2000\text{mm}$，查表 8-2 得 $K_L=0.98$。于是

$$Z=\frac{9.6}{(2.72+0.3)\times0.955\times1.00}=3.40$$

取 $Z=3$ 根。

(7) 计算带的张紧力 F_0 和压轴力 F_Q

根据式(8-19)

$$F_0=500\frac{P_c}{vZ}\left(\frac{2.5}{K_\alpha}-1\right)+qv^2$$

查表 8-9 得 $q=0.17\text{kg/m}$，于是，单根带的张紧力

$$F_0=500\times\frac{9.6}{8.1\times3}\times\left(\frac{2.5}{0.955}-1\right)+0.17\times8.1^2=330.72\ (\text{N})$$

根据式(8-20)，得带轮轴的压轴力

$$F_Q\approx2ZF_0\sin\frac{\alpha_1}{2}=2\times3\times330.7\times\sin\frac{165.7°}{2}=1968.89\ (\text{N})$$

(8) 带轮的结构设计

略。

8.2 链传动简介

8.2.1 链传动的组成

链传动是一种以链条作中间挠性件、依靠链条与链轮间的啮合传动，由主动链轮 1、从动链轮 2 和跨绕在两链轮上的闭合链条 3 组成，如图 8-11 所示。

8.2.2 链传动的类型

链传动所用的链条种类很多。根据链的工作性质不同，链传动可分为传动链、起重链和曳引链。传动链主要用于传递运动和动力，工作速度为中等速度（$v \leqslant 20$m/s）；起重链用在起重机械中提升重物，工作速度 $v < 0.25$m/s；曳引链用在运输机械中输送物料，工作速度 $v = 2 \sim 4$m/s。

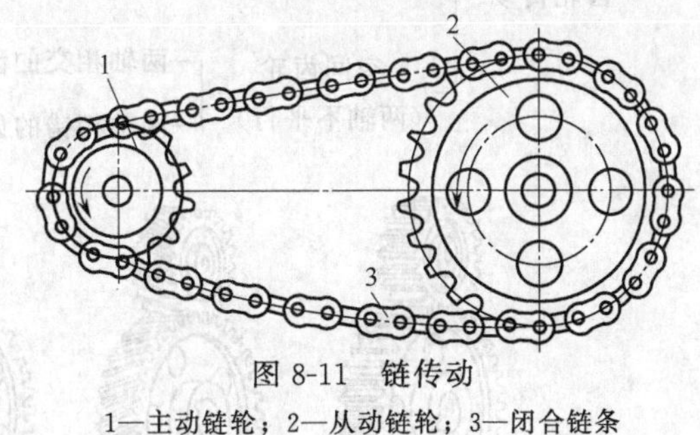

图 8-11 链传动

1—主动链轮；2—从动链轮；3—闭合链条

8.2.3 链传动的特点与应用

(1) 链传动的特点

与带传动相比，链传动有一系列的优点：链传动无弹性滑动和打滑现象，故能保证准确的平均传动比；结构紧凑，需要的张紧力小，作用在轴上的压力较小；对工作条件要求较低，能在高温、多尘和油污等恶劣的环境中使用；传动效率较高，可达 98%；结构简单，加工成本低。

其缺点是：只能用于平行轴间的传动；链传动的瞬时速度、瞬时传动比和链的载荷都不均匀，不宜用于高速的场合；不适用旋转方向周期性变化的情况；传动的平稳性较差，有冲击和噪声；安装精度和制造费用比带传动高。

(2) 链传动的应用

链传动广泛应用于农业、采矿、运输、建筑和食品等各种机械的动力传递中。一般链传动的适用范围为：传递功率 $P \leqslant 100$kW，传动比 $i \leqslant 8$，链的线速度 $v \leqslant 20$m/s。

8.3 齿轮传动

8.3.1 齿轮传动概述

齿轮用于传递两轴间的运动和动力，是应用最广的一种机械传动形式。齿轮传动具有工作可靠、传动比准确、传动效率高、寿命长、结构紧凑及传递的速度和功率范围较广等优点，但齿轮对制造与安装的精度要求较高，致使成本较高，而且无过载保护作用，也不适用于远距离的两轴间传动。

齿轮传动的类型很多，按照两轴间的相对位置和齿向，齿轮传动可作如图 8-12 所示的分类。

按齿轮传动的工作条件，又分为开式齿轮传动、闭式齿轮传动两种类型。开式齿轮传动齿面是外露的，只有简单的安全防护罩，不能保证良好的润滑，而且尘土、砂粒和污物等容易侵入，齿面易磨损，但成本低，常用于低精度、低速传动，在农业、建筑和矿山的机械设备中应用较多。当传动封闭在箱壳内并能保证良好润滑的称为闭式齿轮传动，由于闭式齿轮传动既能保证齿轮良好的润滑又具有精确的啮合，因而主要应用于重要的齿轮传动中。

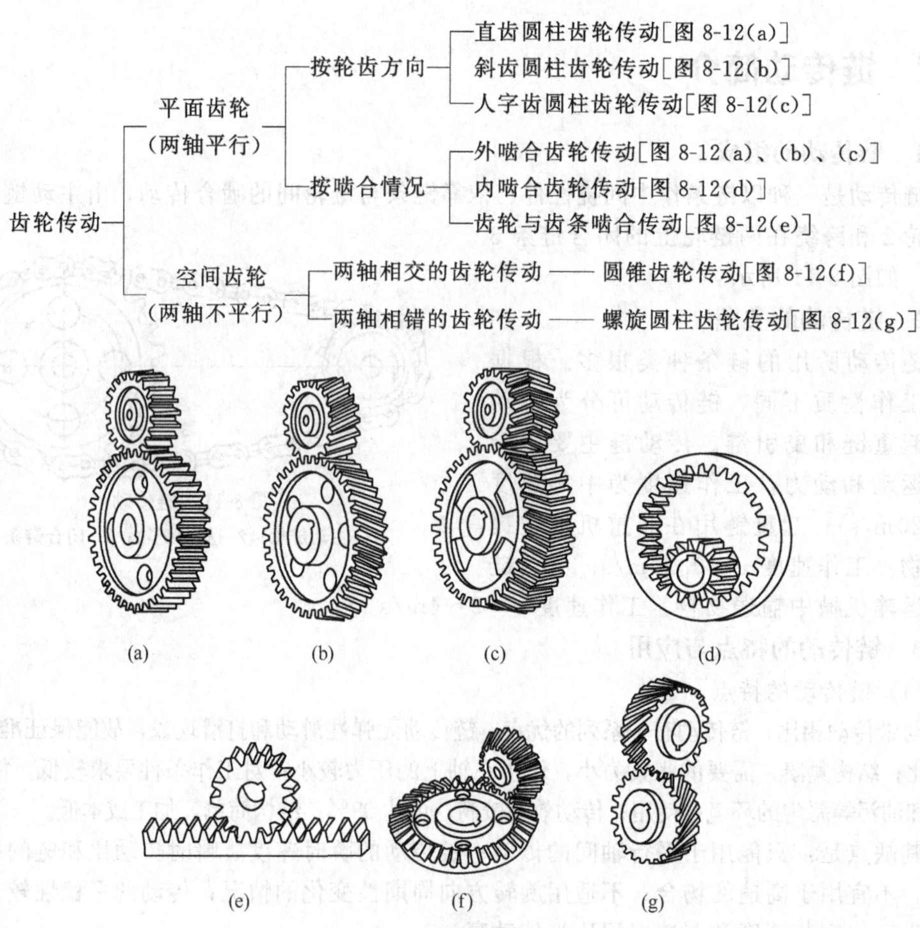

图 8-12 齿轮传动类型

8.3.2 齿轮啮合的基本定律与渐开线齿廓

由于齿轮传动是依靠主动轮的轮齿依次推动从动轮的轮齿实现的，因此，齿轮上轮齿的轮廓曲线将对两轴间的运动和动力传递有着直接的影响。

8.3.2.1 齿轮啮合的基本定律

如图 8-13 所示，两齿轮的角速度分别为 ω_1、ω_2，O_1、O_2 分别为两轮的回转轴心，齿轮 1 和齿轮 2 的齿廓在 K 点接触。过 K 点作两齿廓的公法线 NN 与连心线 O_1O_2 交于 P 点。两轮齿廓上 K 点的速度分别为

$$\left.\begin{aligned} v_1 &= \omega_1\,\overline{O_1K} \\ v_2 &= \omega_2\,\overline{O_2K} \end{aligned}\right\}$$

且 v_1 和 v_2 在公法线 NN 上的分速度应相等，否则，两齿廓将会互相嵌入或彼此分离，故得

$$v_1\cos\alpha_{K_1} = v_2\cos\alpha_{K_2}$$

于是得

$$\frac{\omega_1}{\omega_2} = \frac{\overline{O_2K}\cos\alpha_{K_2}}{\overline{O_1K}\cos\alpha_{K_1}}$$

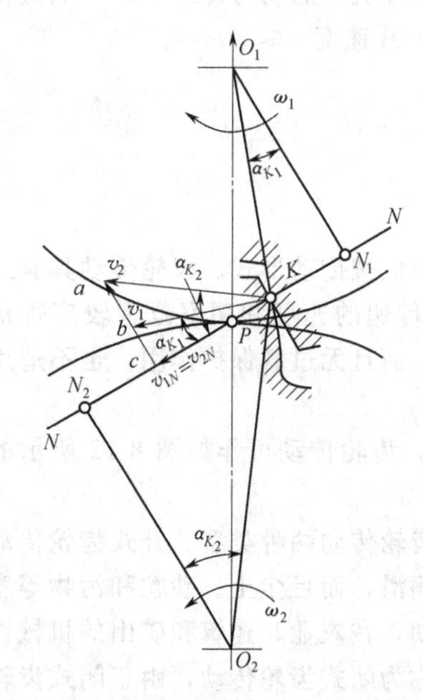

图 8-13 齿廓曲线与传动比关系

过 O_1、O_2 两点分别作 NN 的垂线，得交点 N_1 和 N_2。由图可知，$\Delta O_1PN_1 \backsim \Delta O_2PN_2$，故可得

$$i=\frac{\omega_1}{\omega_2}=\frac{\overline{O_2N_2}}{\overline{O_1N_1}}=\frac{\overline{O_2P}}{\overline{O_1P}} \tag{8-21}$$

式（8-21）表明，两轮角速度之比（传动比）与其连心线被其啮合齿廓在接触点处的公法线所分成的两段长度成反比。这一关系，称为齿廓啮合的基本定律。根据这一定律，即可知道齿廓曲线与齿轮传动比之间的关系。如要求两齿轮的传动比为常数，则其齿廓曲线必须满足下述条件：不论两齿廓在哪一点接触，过接触点所作的齿廓公法线都必须与两轮的连心线交于一个固定点 P，此点称为节点。

凡能满足齿廓啮合基本定律而互相啮合的一对齿廓称为共轭齿廓，其曲线称为共轭曲线。从理论上讲，共轭齿廓的曲线有无穷多。考虑到齿轮制造、安装和使用等方面的原因，目前齿轮传动中常用的齿廓曲线有渐开线、摆线和圆弧三种，但由于渐开线齿廓具有制造容易和安装方便等优点，所以在机械传动中应用最广泛。本节只介绍渐开线齿轮传动，并以直齿圆柱齿轮传动作为重点进行介绍。

8.3.2.2 渐开线齿廓

(1) 渐开线的形成和性质

如图 8-14 所示，当一根直线 AB 在一半径为 r_b 的圆周上作纯滚动时，此直线上任意一点 K 的轨迹$\overset{\frown}{CKD}$，称为该圆的渐开线，该圆称为渐开线的基圆，直线 AB 称为渐开线的发生线。

从渐开线的形成，可以得出它具有如下性质。

ⅰ. 发生线沿基圆滚过的一段长度应等于基圆上被滚过的一段弧长，即$\overline{NK}=\overset{\frown}{NC}$。

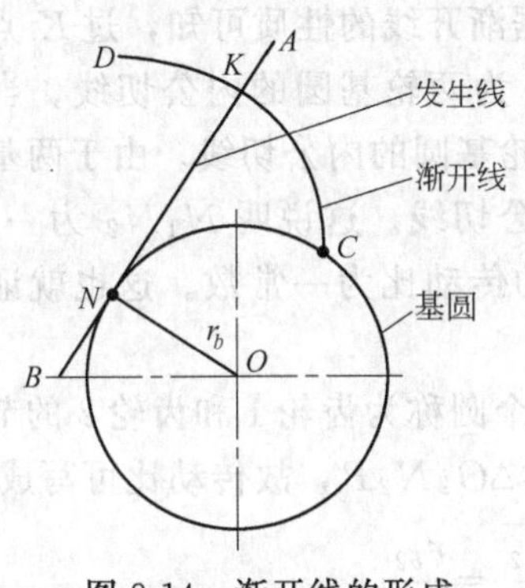

图 8-14 渐开线的形成

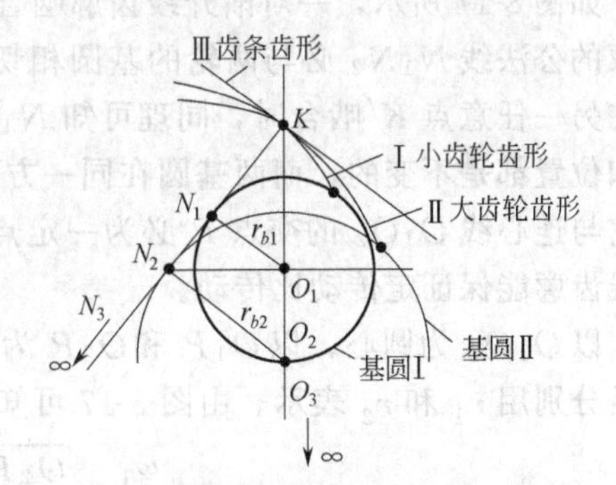

图 8-15 渐开线的形状与基圆的关系

ⅱ. 渐开线任意点的法线一定是基圆的切线，即 NK 为渐开线上 K 点的法线。

ⅲ. 渐开线展开时，K 点离基圆愈远，其曲率半径愈大，渐开线愈平直；反之，K 点离基圆愈近，其曲率半径愈小，渐开线愈弯曲；当基圆半径趋于无穷大时，渐开线成一直线，为渐开线齿条的齿廓，如图 8-15 中各不同基圆的齿廓曲线所示。

ⅳ. 渐开线的形状取决于基圆的半径。

ⅴ. 基圆内无渐开线。

ⅵ. 渐开线上某点 K 的法线与该点速度方向线的夹角称为该点的压力角，用 α_K 表示。根据此定义，由图 8-16 可得在 K 点的压力角

$$\alpha_K = \arccos \frac{r_b}{r_K}$$

分析上式不难看出，渐开线齿廓上各点的压力角 α_K 是不相同的：齿廓在靠近齿顶圆部分接触时，压力角较大；靠近齿根部分接触时，压力角较小；在基圆上压力角为零。

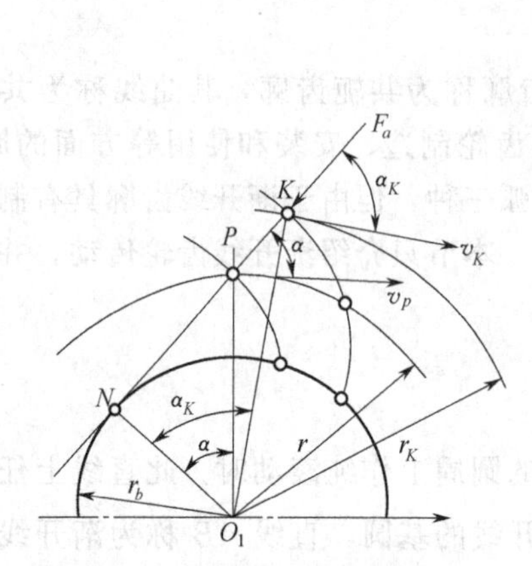

图 8-16 渐开线上各点的压力角

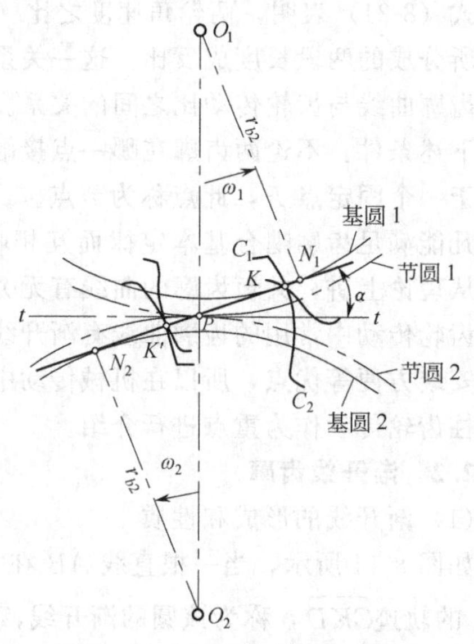

图 8-17 渐开线齿廓的啮合传动

(2) 渐开线齿廓的定传动比

以渐开线作为齿廓曲线的齿轮，称为渐开线齿轮。这种齿轮传动能保证定传动比传动。

如图 8-17 所示，一对渐开线齿廓啮合于 K 点。根据渐开线的性质可知，过 K 点所作两齿廓的公法线 N_1N_2 必与两轮的基圆相切，即 N_1KN_2 为两轮基圆的内公切线。当该对齿廓在另一任意点 K' 啮合时，同理可知 $N_1K'N_2$ 也为两轮基圆的内公切线。由于两基圆的大小和位置都是不变的，而两基圆在同一方向只有一条内公切线。这说明 N_1N_2 为一定直线，故它与连心线 O_1O_2 的交点 P 必为一定点，所以两轮的传动比为一常数。这也就证明了渐开线齿廓能保证定传动比传动。

以 O_1O_2 为圆心，以 O_1P 和 O_2P 为半径所作的两个圆称为齿轮 1 和齿轮 2 的节圆，其半径分别用 r_1 和 r_2 表示。由图 8-17 可知，$\Delta O_1N_1P \backsim \Delta O_2N_2P$，故传动比可写成

$$i = \frac{\omega_1}{\omega_2} = \frac{\overline{O_2P}}{\overline{O_1P}} = \frac{r_2}{r_1} = \frac{\overline{O_2N_2}}{\overline{O_1N_1}} = \frac{r_{b2}}{r_{b1}} \tag{8-22}$$

式(8-22) 说明两齿轮的传动比不仅与两节圆的半径成反比，而且也与两基圆的半径成反比。

过节点 P 作两节圆的公切线 tt，它与啮合线 N_1N_2 的夹角称为啮合角，其值等于渐开线在节圆上的压力角 α。啮合角为常数是渐开线齿轮传动的优点之一，因为这样齿廓间的正压力方向不变，同时，当齿轮传递的扭矩一定时，其压力的大小也不变，使轴承受力平稳，不易产生振动和损坏。

8.3.3 渐开线标准直齿圆柱齿轮各部分名称及基本尺寸

8.3.3.1 渐开线标准直齿圆柱齿轮各部分的名称

图 8-18 表示渐开线直齿圆柱齿轮的一部分，其各部分的名称和符号如下。

齿数 齿轮圆周上的轮齿总数，用 z 表示。

齿顶圆　过齿轮各轮齿顶端的圆，其直径用 d_a 表示。

齿根圆　过齿轮各轮齿底部的圆，其直径用 d_f 表示。

分度圆　把轮齿分为齿顶、齿根两部分的圆，在此圆上齿厚与槽宽相等，其直径用 d 表示，它是为了便于设计、制造齿轮而引入的一个重要尺寸。

齿厚　轮齿两侧齿廓之间的弧长，分度圆上的齿厚用 s 表示。

槽宽　分度圆上相邻两齿之间的空间弧长，用 e 表示。

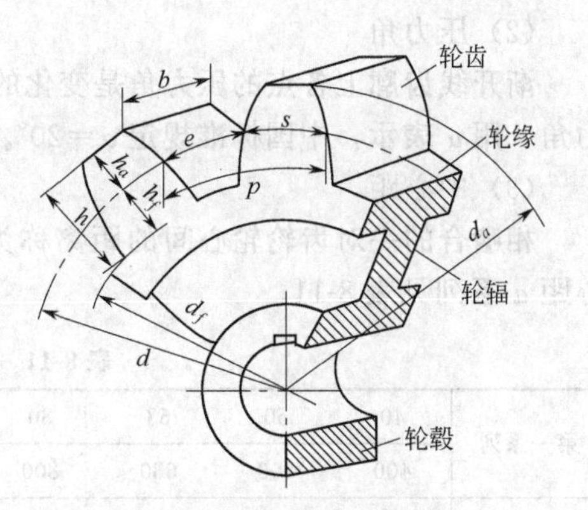

图 8-18　渐开线齿轮各部分的名称、尺寸和符号

周节　分度圆上两相邻齿的对应点之间的弧长，用 p 表示，显然 $p=s+e$。

齿顶高　轮齿在齿顶圆与分度圆之间的径向高度，用 h_a 表示。

齿根高　轮齿在分度圆与齿根圆之间的径向高度，用 h_f 表示。

全齿高　轮齿在齿根圆与齿顶圆之间的径向高度，用 h 表示，则 $h=h_a+h_f$。

齿宽　轮齿在轴向的宽度，用 b 表示。

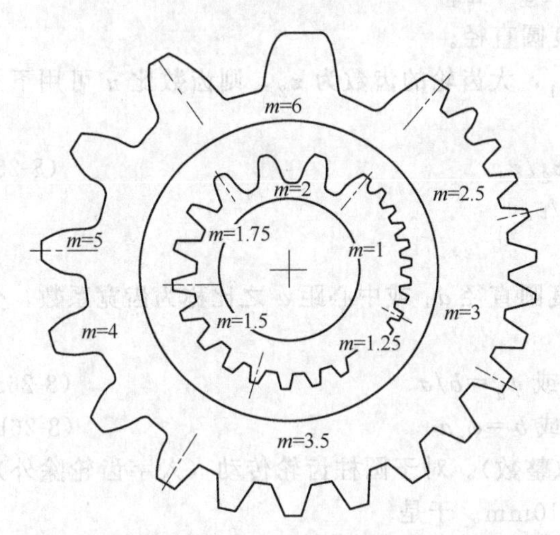

图 8-19　同一齿数、不同模数轮齿的尺寸和形状

8.3.3.2　渐开线标准直齿圆柱齿轮的基本参数和几何尺寸

(1) 模数

从图 8-19 可看出，齿轮的分度圆 d、齿数 z 和周节 p 之间的关系可用公式表示为

$$\pi d=zp$$

所以，分度圆直径为

$$d=\frac{p}{\pi}z$$

上式中含有无理数“π”，对设计计算、加工制造和测量等带来很大困难，为此，把“p/π”这个比值人为地规定成一些简单的数值，并用 m 表示，称为模数。从而

$$d=mz \tag{8-23}$$

模数是齿轮几何尺寸计算中一个重要的基本参数。齿数相同的齿轮，模数大，则轮齿的尺寸也大，所能承受的载荷就大。从图 8-19 可以清楚地看到这一点。

为了便于制造（简化刀具）和标准齿轮的互换使用，齿轮的模数已经标准化。标准模数系列见表 8-10。

表 8-10　圆柱齿轮标准模数 m　　mm

第一系列	1	1.25	1.5	2	2.5	3	4	5	6
	8	10	12	16	20	25	32	40	50
第二系列	1.75	2.25	2.75	(3.25)	3.5	(3.75)	4.5	5.5	(6.5)
	7	9	(11)	14	18	22	28	36	45

（2）压力角

渐开线齿廓上各点的压力角是变化的，齿轮压力角一般是指渐开线齿廓在分度圆上的压力角，用 α 表示，中国标准规定 $\alpha=20°$。

（3）中心距

相啮合的一对齿轮轮心间的距离称为两轮的中心距，用 a 表示。推荐用的齿轮传动中心距 a 系列见表 8-11。

表 8-11 中心距 a 的荐用系列

mm

第一系列	40	50	63	80	100	125	160	200	250	325
	400	500	630	800	1000	1250	1600	2000	2500	
第二系列	140	180	225	280	355	450	560	710	900	1120
	1400	1800	2240							

（4）传动比和齿数比

在一对啮合的齿轮中，设主动轮转速、齿数分别为 $n_主$、$z_主$，从动轮转速、齿数分别为 $n_从$、$z_从$，则主动轮转速 $n_主$ 与从动轮转速 $n_从$ 之比称为传动比，用 i 表示

$$i=\frac{n_主}{n_从}=\frac{z_从}{z_主}=\frac{d_从}{d_主} \tag{8-24}$$

式中，$d_主$、$d_从$ 分别为主、从动轮的分度圆直径。

在一对齿轮传动中，设小齿轮的齿数为 z_1，大齿轮的齿数为 z_2，则齿数比 u 可用下式表示

$$u=z_2/z_1 \tag{8-25}$$

显然，在减速运动时 $u=i$，增速运动中 $u=1/i$。

（5）齿宽和齿宽系数

齿轮宽度 b（简称齿宽），它与小齿轮分度圆直径 d_1 或中心距 a 之比称为齿宽系数，分别用 ψ_d 和 ψ_a 和表示。

$$\psi_d=b/d_1 \text{ 或 } \psi_a=b/a \tag{8-26a}$$

也即

$$b=\psi_d d_1 \text{ 或 } b=\psi_a a \tag{8-26b}$$

由上式求得的齿宽 b 通常应进行圆整（取整数）。对于圆柱齿轮传动（人字齿轮除外），考虑安装因素，通常将小齿轮宽度再加大 5～10mm。于是

$$\left.\begin{aligned} b_2&=b(\text{圆整值}) \\ b_1&=b_2+(5\sim10)(\text{mm}) \end{aligned}\right\} \tag{8-27}$$

式中 b_1、b_2——小、大齿轮的宽度（mm）。

为了便于计算，将外啮合标准直齿圆柱齿轮的几何尺寸计算公式列于表 8-12 中。

表 8-12 外啮合标准直齿圆柱齿轮几何尺寸计算公式

名 称	符 号	计 算 公 式
齿数	z	由传动比等条件决定
模数	m	由强度等条件决定，并按表 8-10 取标准值
压力角	α	$\alpha=20°$
分度圆直径	d	$d_1=mz_1$，$d_2=mz_2$
齿顶高	h_a	$h_a=m$

续表

名 称	符 号	计 算 公 式
齿根高	h_f	$h_f=1.25m$
全齿高	h	$h=h_a+h_f=2.25m$
齿顶圆直径	d_a	$d_{a1}=d_1+2h_a=m(z_1+2)$，$d_{a2}=d_2+2h_a=m(z_2+2)$
齿根圆直径	d_f	$d_{f1}=d_1-2h_f=m(z_1-2.5)$，$d_{f2}=d_2-2h_f=m(z_2-2.5)$
基圆直径	d_b	$d_{b1}=d_1\cos\alpha$，$d_{b2}=d_2\cos\alpha$
周节	p	$p=\pi m$
齿厚	s	$s=\pi m/2$
齿宽	b	$b=\psi_d d_1$ 或 $\psi_a a$
中心距	a	$a=(d_1+d_2)/2=m(z_1+z_2)/2$

8.3.4 渐开线齿轮的正确啮合条件和连续传动条件

8.3.4.1 渐开线齿轮的正确啮合条件

前述一对渐开线齿廓在传动中能保证瞬时传动比为常数，但这并不等于任意两个渐开线齿轮都能搭配起来传动。比如说，一个齿轮的周节很小，而另一个齿轮的周节却很大，显然这两个齿轮无法搭配传动的。那么，一对渐开线齿轮要能正确啮合传动，应具备什么条件呢？下面对图 8-20 所示的一对齿轮进行分析。

如前所述，两轮齿廓的啮合是沿着啮合线进行的。当前一对齿廓在啮合线的 K 点接触。当正确啮合传动时，两轮的相邻两齿同侧齿廓间的法线距离必须相等，即 $K_1K'_1=K_2K'_2$。如果 $K_1K'_1>K_2K'_2$，传动要中断；而 $K_1K'_1<K_2K'_2$，则两齿可能卡住。按渐开线性质可知

$$\overline{K_1K'_1}=p_{b1}，\overline{K_2K'_2}=p_{b2}$$

式中，p_{b1}、p_{b2} 分别为两轮基圆上的周节。

故渐开线齿轮正确啮合条件可写为

$$p_{b1}=p_{b2}$$

图 8-20 正确啮合的条件

而

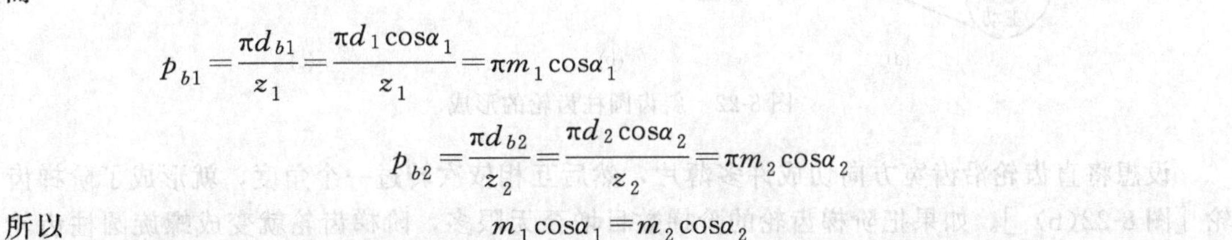

$$p_{b1}=\frac{\pi d_{b1}}{z_1}=\frac{\pi d_1\cos\alpha_1}{z_1}=\pi m_1\cos\alpha_1$$

$$p_{b2}=\frac{\pi d_{b2}}{z_2}=\frac{\pi d_2\cos\alpha_2}{z_2}=\pi m_2\cos\alpha_2$$

所以

$$m_1\cos\alpha_1=m_2\cos\alpha_2$$

由于模数和压力角都已标准化，各有自己的标准值。所以渐开线齿轮的正确啮合条件是：两齿轮在分度圆上的模数和压力角应分别相等，即

$$\left.\begin{aligned}m_1=m_2=m\\ \alpha_1=\alpha_2=\alpha\end{aligned}\right\} \qquad (8\text{-}28)$$

8.3.4.2 渐开线齿轮连续传动条件

图 8-21 为一对相互啮合的齿轮，设轮 1 为主动轮，轮 2 为从动轮。齿廓的啮合由主动

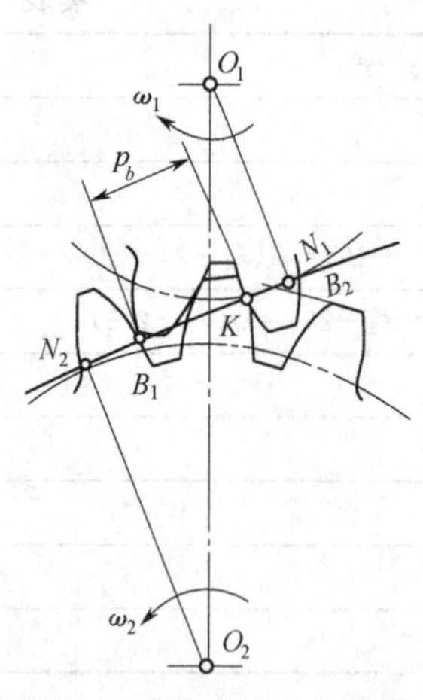

图 8-21 轮齿的啮合过程

轮1的齿根部推动从动轮2的齿顶开始，因此，轮齿开始进入啮合的起点为从动轮齿顶圆与啮合线的交点 B_2。随着轮1推动轮2转动，两齿廓的啮合点沿着啮合线移动。当啮合点移到齿轮1的齿顶圆与啮合线的交点 B_1 时，这时齿廓啮合终止，两齿廓即将分离。故啮合线 N_1N_2 上的线段 B_1B_2 为齿廓啮合点的实际轨迹，称为实际啮合线，而线段 N_1N_2 称为理论啮合线。

当一对轮齿在 B_1 点即将脱离啮合时，而后一对轮齿已在 K 点进入啮合，则齿轮能连续地进行传动。由图 8-21 可见，这时实际啮合线长度大于或至少等于同侧齿廓间的法线距离 $\overline{B_1K}$。前已得到 $\overline{B_1K}=p_b$，所以连续传动的条件可写为

$$\overline{B_1B_2} \geqslant p_b \quad 或 \quad \frac{\overline{B_1B_2}}{p_b} \geqslant 1 \tag{8-29}$$

通常用符号 ε 表示比值 $\frac{\overline{B_1B_2}}{p_b}$，并称 ε 为重合度。

理论上当 $\varepsilon=1$ 时，就能保证一对齿轮连续传动。但由于齿轮的制造、安装都有误差。在实际应用中，为了确保齿轮机构传动的连续性，常取 ε 值在 1.1～1.4 之间。

8.3.5 斜齿圆柱齿轮传动

8.3.5.1 斜齿圆柱齿轮的形成及其传动特点

前述所讨论的渐开线齿轮齿廓是仅就垂直于轮轴的剖面加以研究的。实际上，齿轮是有宽度的，渐开线直齿圆柱齿轮的齿面是圆柱的渐开面，这样，一对齿轮相互啮合时，轮齿上的接触线是一条条与齿轮轴线平行的直线，如图 8-22(a) 所示。因此，一对直齿齿廓开始啮合时，载荷是沿齿宽（接触线 11′）突然加上的，轮齿终止啮合时，载荷是沿齿宽（接触线 22′）突然卸下的，故传动不够平稳，容易引起振动和噪声，在高速传动时更为突出，从而影响了直齿轮的传动质量和承载能力。

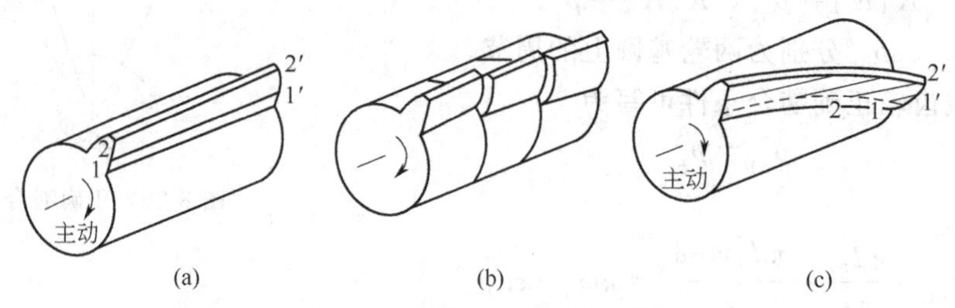

图 8-22 斜齿圆柱齿轮的形成

设想将直齿轮沿齿宽方向切成许多薄片，然后互相依次转过一个角度，就形成了阶梯齿轮［图 8-22(b)］。如果把阶梯齿轮的阶梯数目增至无限多，阶梯齿轮就变成螺旋圆柱齿轮［图 8-22(c)］，通常称为斜齿圆柱齿轮。斜齿圆柱齿轮的接触线不再与齿轮轴线平行了，于是在啮合过程中，齿面上的斜接触线长度是变化的，它是短变长后又由长变短，直至退出啮合。由于斜齿轮进入与退出啮合都是逐渐进行的，不像直齿轮那样突然，因而传动平稳、冲击和噪声都小，适用于高速和重载传动。

斜齿轮的轮齿方向与分度圆柱母线之间的夹角称为分度圆螺旋角，简称螺旋角，用 β 表示，如图 8-23(a) 所示。图 8-23(b) 表示左旋螺旋齿，图 8-23(c) 表示右旋螺旋齿。

一对外啮合斜齿轮的正确啮合条件，除了两轮模数和分度圆压力角应相等之外，两轮的分度圆柱螺旋角 β 也应大小相等而方向相反。如图 8-24 所示，一个齿轮为左旋，另一个齿轮为右旋，即 $\beta_1=-\beta_2$。

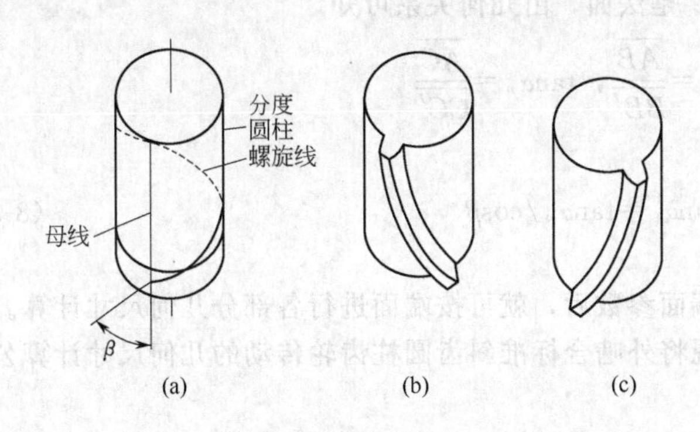

图 8-23 斜齿圆柱齿轮的螺旋角

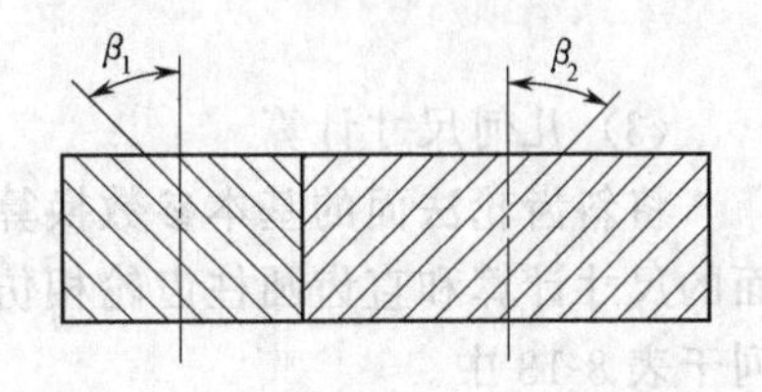

图 8-24 一对斜齿圆柱齿轮传动

由于斜齿轮的轮齿是倾斜的，同时啮合的轮齿对数较直齿轮多，重合度比直齿轮大，各齿分担的载荷减小，这是斜齿轮传动的又一优点。

8.3.5.2 斜齿轮的几何尺寸计算

(1) 螺旋角 β

分度圆柱上的螺旋角 β 表示斜齿的倾斜程度，为斜齿轮的名义螺旋角，一般 $\beta=8°\sim20°$，在汽车、拖拉机中有的用到 $20°\sim30°$。

(2) 法面参数和端面参数

斜齿轮的几何参数有端面和法面之分。垂直于齿轮轴线平面称为端面，与分度圆柱螺旋线垂直的截平面称为法面。由于加工时刀具沿垂直法面的方向进刀，所以把法面的基本参数作为标准值。设计时则是按端面计算几何尺寸的，因而应把法面的标准基本参数换算成端面参数。

图 8-25 为斜齿轮分度圆柱面的展开图，从图上可知，端面周节 p_t 与法面周节 p_n 的关系为

$$p_t=p_n/\cos\beta$$

如以 m_n、m_t 分别表示法面模数和端面模数，则

$$p_t=\pi m_t,\ p_n=\pi m_n$$

故有

$$m_t=m_n/\cos\beta \tag{8-30}$$

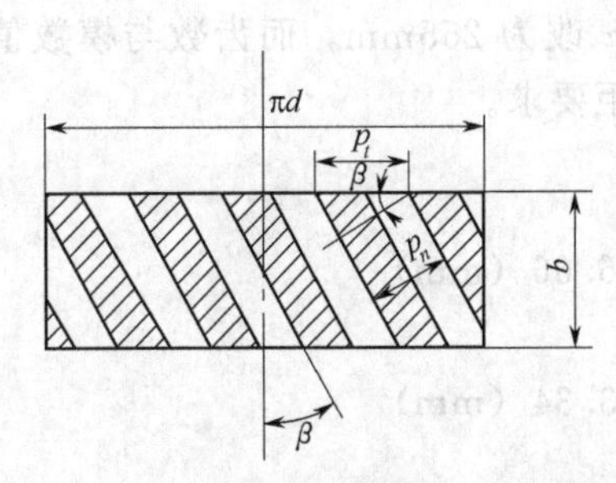

图 8-25 斜齿轮分度圆柱面的展开图

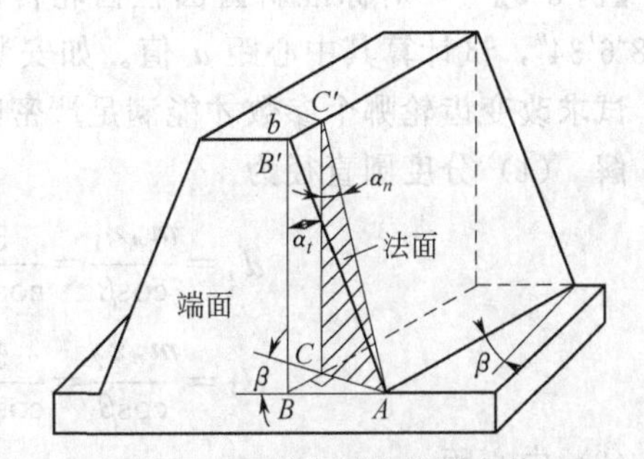

图 8-26 斜齿圆柱的压力角

法面齿高与端面齿高是相等的，但由于法面模数与端面模数不等，故法面齿顶高系数、法面径向间隙系数与端面齿顶高系数、端面径向间隙系数也不相等。

为了便于找出法面压力角 α_n 和端面压力角 α_t 之间的关系，如图 8-26 所示，可用斜齿条进行分析。平面 ABB' 是端面，ACC' 是法面，由几何关系可知

$$\tan\alpha_t=\frac{\overline{AB}}{\overline{BB'}},\quad \tan\alpha_n=\frac{\overline{AC}}{\overline{CC'}}$$

而 $\overline{AC}=\overline{AB}\cos\beta$，$\overline{BB'}=\overline{CC'}$，故

$$\tan\alpha_t=\tan\alpha_n/\cos\beta \tag{8-31}$$

(3) 几何尺寸计算

将斜齿轮法面的基本参数换算为端面参数后，就可按端面进行各部分几何尺寸计算。端面的尺寸计算和直齿圆柱齿轮相仿，现将外啮合标准斜齿圆柱齿轮传动的几何尺寸计算公式列于表 8-13 中。

表 8-13 外啮合标准斜齿圆柱齿轮传动的几何尺寸计算公式

名称	符号	计算公式
法面模数	m_n	由齿轮传动承载能力确定，并按表 8-10 取标准值
端面模数	m_t	$m_t=m_n/\cos\beta$
螺旋角	β	一般取 $\beta=8\sim20°$
法面压力角	α_n	$\alpha_n=20°$
端面压力角	α_t	$\tan\alpha_t=\tan\alpha_n/\cos\beta$
分度圆直径	d	$d_1=m_tz_1=m_nz_1/\cos\beta$ $d_2=m_tz_2=m_nz_2/\cos\beta$
齿顶高	h_a	$h_a=m_n$
齿根高	h_f	$h_f=1.25m_n$
全齿高	h	$h=h_a+h_f=2.25m_n$
齿顶圆直径	d_a	$d_{a1}=d_1+2h_a$，$d_{a2}=d_2+2h_a$
齿根圆直径	d_f	$d_{f1}=d_1-2h_f$，$d_{f2}=d_2-2h_f$
中心距	a	$a=\frac{1}{2}(d_1+d_2)=\frac{m_n(z_1+z_2)}{2\cos\beta}$

从斜齿轮标准中心距 a 的计算公式可见，在不必改变基本参数（如 m_n、z_1、z_2）的条件下，斜齿轮传动可通过改变 β 角设计不同的中心距。这一特点给设计带来很大的方便。

【例 8-2】 一对标准斜齿圆柱齿轮传动，已知 $z_1=33$，$z_2=66$，$m_n=5\text{mm}$，$\alpha=20°$，$\beta=8°6'34''$，试计算其中心距 a 值。如安装的中心距 a 改为 255mm，而齿数与模数值都不变，试求改变齿轮哪个参数才能满足严密啮合的中心距要求。

解 (1) 分度圆直径为

$$d_1=\frac{m_nz_1}{\cos\beta}=\frac{5\times33}{\cos8°6'34''}=166.66\ (\text{mm})$$

$$d_2=\frac{m_nz_2}{\cos\beta}=\frac{5\times66}{\cos8°6'34''}=333.34\ (\text{mm})$$

(2) 中心距

$$a=\frac{d_1+d_2}{2}=\frac{166.66+333.34}{2}=250\ (\text{mm})$$

(3) 确定改变齿轮的参数

可以通过改变螺旋角 β 使其满足 $a=255\text{mm}$ 的要求，由中心距计算公式

$$a=\frac{m_n}{2\cos\beta}(z_1+z_2)$$

得　$$\beta=\arccos\frac{m_n(z_1+z_2)}{2a}=\arccos\frac{5\times(33+66)}{2\times255}=\arccos0.9706=13°55'48''$$

8.3.6　齿轮传动的失效形式和齿轮材料

8.3.6.1　齿轮传动的失效形式

由于齿轮主要用于传递动力，因而就会有载荷（力）作用在轮齿上。当载荷过大，就会导致齿轮传动的失效，也即齿轮不能正常工作，失去了传动的效能。齿轮传动的失效与其工作条件有关，形式多种多样，但归纳起来可分为两大类，即齿体损伤失效和齿面损坏失效。其中主要的失效形式有如下几种。

(1) 齿轮折断

齿轮工作时，轮齿的单侧受载，其根部有最大的弯曲应力，而且有应力集中，故轮齿常在根部发生折断，如图 8-27 所示。轮齿折断有两种情况，一种是在严重过载或受很大冲击载荷时突然折断，称为过载折断；另一种是由于循环变化的弯曲应力交替作用而引起弯曲疲劳折断。

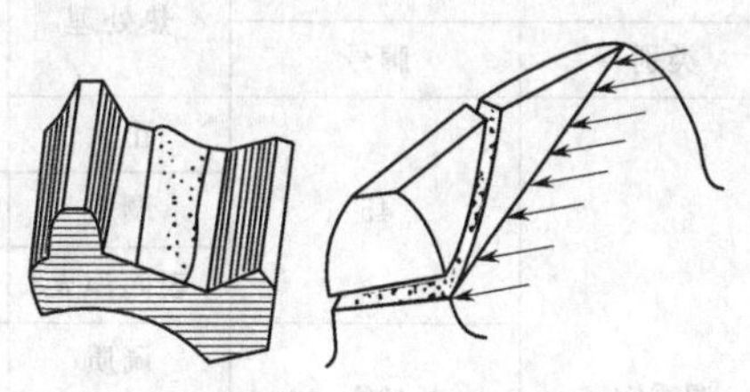

图 8-27　轮齿的折断

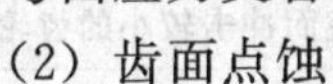

(2) 齿面点蚀

齿轮工作时，齿面的接触应力是按脉动循环变化的。若齿面接触应力超过材料的接触持久极限，在载荷的多次重复作用下，齿面的表层会产生疲劳裂纹，裂纹的扩展使金属剥落成麻坑，称为疲劳点蚀，如图 8-28 所示。点蚀使齿面减少承载面积，引起冲击和噪声，点蚀多发生在节线附近的齿根表面。在开式齿轮传动中，由于润滑条件差及箱体密封不严，使齿面磨损速度较快，即使齿面产生疲劳裂纹，但还未扩展到金属剥落，表层已被磨掉，因而一般看不到点蚀现象。

(3) 齿面胶合

在高速重载的齿轮传动中，当齿面间压力过大或瞬时升温过高时，润滑油膜将被破坏，使齿面金属直接接触，并使轮齿表面局部黏焊在一起，而在相对滑动时，较软齿面被较硬齿面一块块撕下，形成深宽不等的条状粗糙沟纹，这种现象称为胶合，如图 8-29 所示。胶合一旦产生，将加速齿面的磨损，使齿轮传动趋于失效。

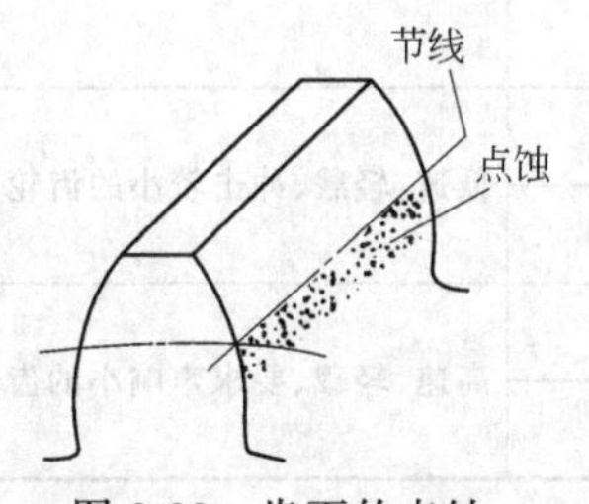

图 8-28　齿面的点蚀

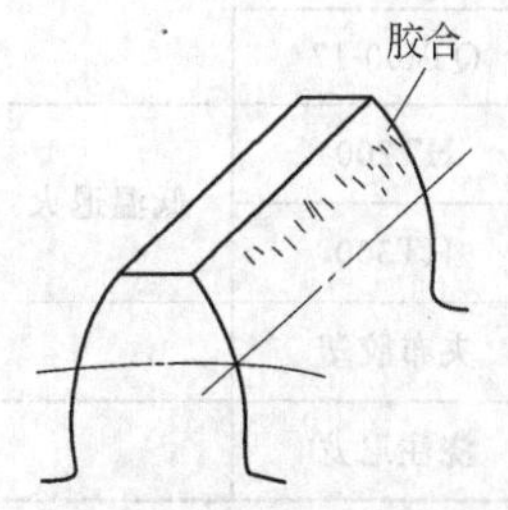

图 8-29　齿面的胶合

(4) 齿面磨损

轮齿在啮合过程中，齿面间存在相对滑动，因而使齿面发生磨损。如果润滑不良或属开

式传动，灰尘杂质进入轮齿工作面，也会加剧齿面磨损。因此，齿面磨损是开式齿轮传动的主要失效形式。磨损严重时，将造成运转不平稳，出现冲击和胶合，甚至因轮齿被磨薄而引起折断。

（5）齿面塑性变形

用软钢或其他较软的材料制造的齿轮在重载下工作，齿面产生局部的塑性变形，使轮齿失去应有的正确齿形，引起冲击和振动，造成传动失效。这种失效形式多在低速、启动频繁和瞬时过载的传动中发生。

8.3.6.2 齿轮材料

从轮齿的失效可知，对齿轮材料性能的要求是多方面的。其基本要求为：齿面要有足够的硬度和耐磨性，齿体要有足够的抗弯曲强度及冲击韧性，且便于加工及热处理。

制造齿轮最常用的材料是钢，其次是铸铁，有时也采用非金属材料。常用的齿轮材料列于表8-14。

表8-14 常用的齿轮材料

材料		热处理	硬度 HBS或HRC	应用范围
类别	牌号			
调质钢	45	正火	170～217HBS	低中速、中载的非重要齿轮
		调质	220～286HBS	低中速、中载的重要齿轮
		表面淬火	40～50HRC	低速、重载或高速、中载而冲击较小的齿轮
	40Cr	调质	240～286HBS	低中速、中载的重要齿轮
		表面淬火	50～55HRC	高速、中载、无猛烈冲击的重要齿轮
	40MnB	调质	240～280HBS	低中速、中载、中等冲击的重要齿轮
	35SiMn	调质	280～300HBS	中速、重载有冲击载荷的齿轮
	35SiMnMoV	调质	320～340HBS	
渗碳钢	15	渗碳-淬火	56～62HRC(齿面)	高速、中载并承受冲击的齿轮
	20Cr	渗碳-淬火	56～62HRC(齿面)	高速、中载并承受冲击的重要齿轮
	18CrMnTi	渗碳-淬火	56～62HRC(齿面)	
铸钢	ZG270-500	正火	140～170HBS	低中速、中载的大直径齿轮
	ZG310-570		160～200HBS	
球墨铸铁	QT500-5	正火	140～241HBS	低中速、轻载并有冲击的齿轮
	QT420-10		＜207HBS	
	QT400-17		＜179HBS	
灰铸铁	HT200	低温退火	170～241HBS	低速、轻载、冲击较小的齿轮
	HT300		187～255HBS	
夹布胶塑	夹布胶塑		30～40HBS	高速、轻载、要求声响小的齿轮
浇注尼龙	浇注尼龙		20HBS	

钢质齿轮按齿面硬度可分为如下两类。

ⅰ. 齿面硬度HBS≤350或38HRC。这类齿轮称为软齿面齿轮，多用于中、低速传动。其材料常用中碳钢并经调质或正火处理，热处理后再进行轮齿的精切。

ⅱ. 齿面硬度 HBS＞350 或 38HRC。这类齿轮称为硬齿面齿轮，其最终热处理在轮齿精切后进行。因热处理后轮齿会产生变形，故对于精度要求高的齿轮还需进行磨齿。这类齿轮材料可用中碳钢经表面淬火处理或用低碳钢经表面渗碳淬火处理。

当齿轮尺寸较大（如直径大于 400～600mm）不宜锻造时，可用铸钢齿轮。铸铁齿轮抗弯强度和耐冲击性能较差，多用于低速和受力不大的场合。非金属材料的齿轮一般用于高速、轻载的传动，这样可减少噪声和减轻重量。

8.4　蜗杆传动简介

蜗杆传动是由齿轮传动发展而来的。当传动装置的尺寸较小而传动比很大时，若用齿轮传动，就必须采取多级减速，这样，不仅使零件数目增多，传动装置的体积和重量也不可能很小。为了解决这个矛盾，就可以采用蜗杆传动。

8.4.1　蜗杆传动的特点和应用

蜗杆传动由蜗杆和蜗轮组成，如图 8-30 所示，通常用于传递空间交错轴间的运动和动力，交错角一般为 90°。其中蜗杆是主动的，蜗轮是被动轮。蜗杆有左旋、右旋和单头、多头之分，工程中通常多用右旋蜗杆，蜗轮的旋向与蜗杆相同。蜗杆的头数就是其齿数。

图 8-30　蜗杆传动

蜗杆传动具有传动比大、结构紧凑的优点。在动力传动中，其传动比一般为 8～100；在传递运动和分度机构中，其传动比可达 1000。此外，还有传动平稳、噪声小，不需要其他辅助机构即能获得传动自锁等。因而它广泛用于各种工业的传动系统中。蜗杆传动的主要缺点是传动效率低，此外，蜗轮通常需要用贵重的减摩材料（如青铜）制造，故成本较高。

8.4.2　蜗杆传动的分类

根据蜗杆形状的不同，蜗杆传动可分为圆柱蜗杆传动、环面蜗杆传动和锥蜗杆传动三类。圆柱蜗杆传动按蜗杆齿廓形状又分为普通圆柱蜗杆传动和圆弧圆柱蜗杆传动，其中普通圆柱蜗杆传动制造简单、应用较多。

普通圆柱蜗杆一般是在车床上用直线切削刃的车刀切制，切削刃平面相对工件的位置不同，切出的蜗杆齿面在端截面的齿廓曲线也不同，由此将普通圆柱蜗杆分为阿基米德蜗杆（ZA 蜗杆）、渐开线蜗杆（ZI 蜗杆）、法向直廓蜗杆（ZN 蜗杆）和锥面包络圆柱蜗杆（ZK 蜗杆）四种类型，其中较为常用的阿基米德蜗杆、渐开线蜗杆的示意图分别如图 8-31、图 8-32 所示。

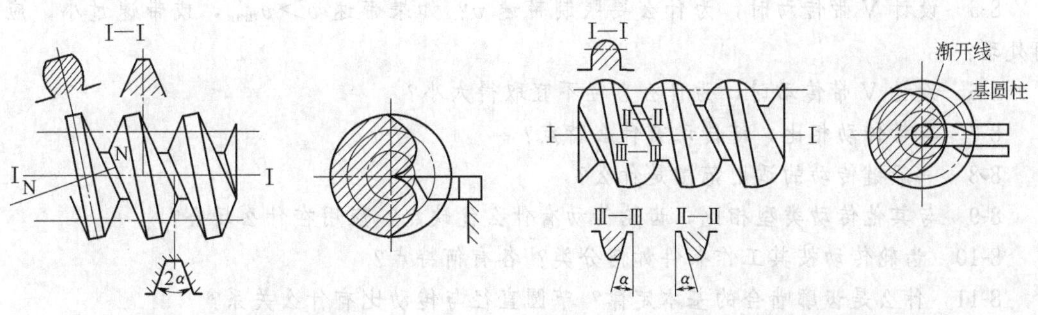

图 8-31　阿基米德蜗杆　　图 8-32　渐开线蜗杆

8.4.3 蜗杆传动的失效形式与材料选择

(1) 蜗杆传动的失效形式

蜗杆传动的失效形式和前述齿轮传动类似，有点蚀、弯曲折断、磨损以及胶合。又由于蜗杆传动啮合齿面间的相对滑动较大，因而摩擦磨损大、传动效率低且发热大，使得蜗杆传动更容易产生胶合和磨损，尤其在润滑不良等条件，齿面胶合和磨损的可能性就更大。在开式传动和润滑油不清洁的闭式传动中，磨损严重，因而蜗杆齿面必须具有较高的表面光洁度，在闭式传动中应注意润滑油的清洁。

由于材料和结构等因素，蜗杆螺旋齿的强度通常要比蜗轮轮齿的强度高，所以失效经常发生在蜗轮轮齿上，因此，一般只对蜗轮轮齿进行强度计算。

(2) 蜗杆传动的材料选择

鉴于前述的各种损坏形式，蜗杆与蜗轮的材料不仅要求有足够的强度，而更重要的是要有优良的减摩、耐磨性和抗胶合性能。

蜗杆一般采用碳钢或合金钢，并经调质、淬火或渗碳淬火等热处理。蜗杆的常用材料见表8-15。

表 8-15 蜗杆的常用材料

蜗轮材料	热处理	硬度	齿面粗糙度 $Ra/\mu m$	应用
15CrMn、20Cr、20CrMnTi、20MnVB	渗碳淬火	58～63HRC	1.6～0.4	高速重载，载荷变化大
45、40Cr、42SiMn、40CrNi、	表面淬火	45～55HRC	1.6～0.4	高速重载，载荷稳定
45、40	调质	≤270HBS	6.3～3.2	一般用途

在重要的高速传动中，蜗轮常用材料为铸造锡青铜 ZCuSn10Pb1 和 ZCuSn5Pb5Zn5 等，它们的减摩、耐磨及抗胶合性能好，允许的滑动速度 v_s 可达 25m/s，易于切削加工，但价格较高；在滑动速度 v_s 小于 4m/s 的传动中，蜗轮常采用铸造铝铁青铜 ZCuAl10Fe3，它的力学性能比锡青铜高，价格便宜，但抗胶合能力比锡青铜低；在滑动速度 v_s 小于 2m/s 的低速传动中，蜗轮可采用灰铸铁 HT300 和 HT200 等制造。

思考题

8-1 窄V带传动与普通V带传动有什么不同的地方？

8-2 带传动为什么会产生弹性滑动？弹性滑动与打滑有什么不同？

8-3 设计V带传动时，如果带根数过多，应如何处理？

8-4 设计V带传动时，如果小带轮包角 α_1 太小，应如何处理？

8-5 设计V带传动时，为什么要限制带速 v？如果带速 $v>v_{max}$，或带速过小，应如何处理？

8-6 设计V带传动时，为什么直径不宜取得太小？

8-7 与带传动相比，链传动有什么特点？

8-8 一般链传动的适用范围是什么？

8-9 与其他传动类型相比，齿轮传动有什么优缺点？应用在什么场合？

8-10 齿轮传动按其工作条件如何分类？各有何特点？

8-11 什么是齿廓啮合的基本定律？节圆直径与传动比有什么关系？

8-12 渐开线齿轮正确啮合的条件是什么？为什么要满足这些条件？

8-13　齿轮传动的主要失效形式有哪些？每种失效形式产生的主要原因是什么？

8-14　对齿轮的材料应有什么要求？常用的齿轮材料有哪些？

8-15　与直齿圆柱齿轮传动相比，斜齿圆柱齿轮传动有何特点？

8-16　什么是斜齿轮的端面模数和法面模数，哪种模数通常规定为标准模数？

8-17　蜗杆传动的主要优缺点是什么？其使用条件是什么？

8-18　与齿轮传动相比，蜗杆传动的失效形式有何特点？针对于此如何选择蜗杆和蜗轮的材料？

习　题

8-1　已知 V 带传动的主动轮直径 $d_{d1}=100$mm，从动轮直径 $d_{d2}=400$mm，主动轮装在三相异步电动机上，电动机转速 $n_1=1460$r/min，采用两根（A1800）V 带，三班制工作，载荷较平稳。试求该传动所能传递的功率。

8-2　试设计一液体搅拌机用的 V 带传动。小带轮装在电动机轴上，电动机功率 $P=2.5$kW，转速 $n_1=980$r/min，从动轮转速 $n_2=290$r/min，二班制工作，要求中心距不超过 500mm。

8-3　一对标准渐开线直齿圆柱齿轮，其模数 $m=4$mm，压力角 $\alpha=20°$，$z_1=20$，$z_2=100$。试计算两齿轮各部分尺寸和标准中心距。

8-4　搞技术革新需要一对传动比 $i=3$ 的齿轮，现从旧品库里找到两个齿轮，其压力角 $\alpha=20°$，$z_1=20$，$d_{a1}=44$mm，$z_2=60$，$d_{a2}=139.5$mm，问这两个齿轮能否应用，为什么？

8-5　通过测量已知一直齿圆柱齿轮的齿数 $z=50$，跨 7 个齿的公法线长度为 $L_7=49.5$mm，跨 6 个齿的公法线长度 $L_6=42.12$mm。如何计算其模数？如只测得 $z=50$，齿顶圆直径 $d_a=130$mm 时，又如何计算其模数。

8-6　已知斜齿圆柱齿轮的法向模数 $m_n=3$mm，齿数 $z=20$，螺旋角 $\beta=12°$。试求端面模数 m_t、分度圆直径 d、齿顶高 h_a、齿根高 h_f 及全齿高 h。

8-7　一对标准斜齿圆柱齿轮传动，已知：$z_1=28$，$z_2=112$；$m_n=3$mm，$\beta=8°$，试计算中心距 a 值。如安装的中心距改为 220mm，而齿数 z 与模数 m 都不变，试问改变齿轮哪个参数才能满足此严格的中心距要求？

8-8　有一单级斜齿圆柱齿轮减速器，已知：中心距 $a=300$mm，小齿轮齿数 $z_1=39$，大齿轮齿数 $z_2=109$。试计算确定该斜齿轮传动的模数 m_n 和分度圆螺旋角 β 及其他主要几何尺寸。

第9章 轴与轴承

9.1 轴

9.1.1 轴的分类

轴是过程装备中的重要零件，其功用在于支承转动的零部件（如齿轮、带轮和搅拌器等），使转动零部件具有确定的工作位置，并传递运动和动力。

根据所受载荷情况不同，轴可分为心轴、传动轴和转轴三类。心轴仅承受弯矩，如图9-1中铁路车辆的轴；传动轴主要承受扭矩，不承受或只承受较小的弯矩，如图9-2中的搅拌轴和图9-3的汽车传动轴，它是最常用的一种轴；转轴可同时承受弯矩和扭矩，如图9-2减速机中的轴。

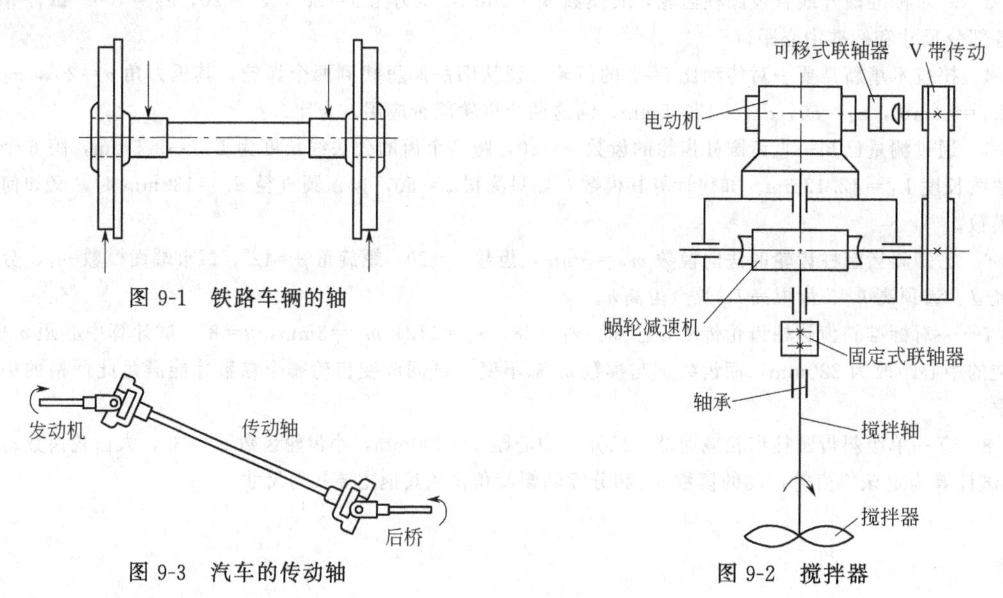

图9-1　铁路车辆的轴

图9-3　汽车的传动轴

图9-2　搅拌器

轴按其结构形状的不同，还可分为直轴和曲轴；直轴又分为光轴和阶梯轴。阶梯轴主要是为了便于轴上零件的装拆与定位，而曲轴则常用于往复式机械中，如往复式活塞压缩机。

9.1.2 轴常用的材料

轴的常用材料是碳素钢、合金钢和球墨铸铁三类。钢轴毛坯多是轧制圆钢或锻件。

（1）碳素钢

碳素钢是轴的常用材料之一，35、45、50钢等优质碳素结构钢因具有良好的综合力学性能，常用于比较重要或承载较大的轴，其中尤以45钢最为常用。为了进一步改善和提高其力学性能，还可进行调质或正火等热处理。碳素结构钢Q235、Q275等也可用于不甚重要或承载较小的轴。

（2）合金钢

合金钢具有更高的机械强度和更好的热处理性能，多用于某些具有特殊要求的轴，例如装有滑动轴承的高速轴，常用20Cr、20CrMnTi等低碳低合金钢，轴颈经渗碳、淬火处理以提高其耐磨性。对于非常重要、承载很大而重量、尺寸受限的情况，可采用 40Cr、35SiMn、45MnVB 等合金调质钢作为其材料，显然，在同样载荷条件下，其重量、尺寸都比采用碳素钢要小得多。在食品、医药和化工等行业的某些特殊应用场合，对轴要求有良好的耐腐蚀性能，则应根据腐蚀介质的性质及温度等选择合适的材料，如 30Cr13、12Cr18Ni9 等不锈钢或其他耐腐蚀材料。

采用合金钢作为轴的材料时，必须注意：ⅰ由于合金钢对应力集中的敏感性较高，设计轴时，更应在结构上避免或减小应力集中，并降低其表面粗糙度；ⅱ在一般温度下，钢材的种类和热处理对其弹性模量的影响较小，因此，如欲采用合金钢或通过热处理提高轴的刚度并无实效，但各种热处理、化学处理及表面强化处理（如喷丸、滚压等）可显著提高轴的疲劳强度或耐磨性。

（3）球墨铸铁

球墨铸铁适用于制造一些形状复杂的轴，如曲轴，它具有成本低廉、强度较高、吸振性较好、应力集中的敏感性较低和易切削等优点，但铸件品质不易控制、可靠性稍差。

轴的常用材料及其主要力学性能见表 9-1。

表 9-1　轴的常用材料及其主要力学性能

材料牌号	热处理	毛坯直径/mm	硬度/HBS	抗拉强度	屈服强度	弯曲疲劳极限	剪切疲劳极限	许用弯曲应力	应用
				/MPa					
Q235A	热轧或锻后空冷	≤100		400～420	225	170	105	40	用于不重要及受载不大的轴
		>100～250		375～390	215				
45	正火	≤100	170～215	590	295	255	140	55	应用最广泛
	回火	>100～300	162～217	570	285	245	135		
	调质	≤200	217～255	640	355	275	155	60	
40Cr	调质	≤100	241～286	785	510	355	205	70	用于载荷较大而无很大冲击的轴
		>100～300		685	490	335	185		
20Cr	渗碳、淬火、回火	≤60	渗碳 56～62HRC	640	390	305	160	60	用于要求强度及韧性均要求较高的轴
QT600-3			190～270	600	370	215	185		用于制造复杂外形的轴
QT800-2			245～335	800	480	290	250		

9.1.3　轴径的初步计算

轴的直径计算应根据轴的承载情况，依据其强度条件确定。对于只传递扭矩的圆截面轴，其强度条件为：

$$\tau=\frac{T}{W_{\rho}}=\frac{9.55\times10^{6}\dfrac{P}{n}}{\dfrac{\pi d^{3}}{16}}\leqslant[\tau] \tag{9-1}$$

式中　τ——轴的扭转切应力，MPa；

T——扭矩，N·m；

W_{ρ}——抗扭截面模量，mm^3；

P——轴所传递的功率，kW；

n——轴的转速，r/min；

d——轴的直径，mm；

$[\tau]$——轴材料的许用切应力，MPa。

根据式(9-1)，即可估算出轴的最小直径。但对于既承受扭矩又承受弯矩的转轴，在轴设计开始时，由于各轴段长度未定，也即轴的跨距和轴上弯矩的大小是未知的，因而不能按轴所受弯矩计算轴径。一般是按轴所传递的扭矩估算出轴上受扭轴段的最小直径，并以此作为初步参考轴径进行轴的结构设计，根据式(9-1) 将轴材料的许用切应力适当降低，以弥补弯矩对轴的影响。从而可得如下设计公式：

$$d \geqslant \sqrt[3]{\frac{9.55 \times 10^6 \dfrac{P}{n}}{\dfrac{\pi}{16}[\tau]}} = A\sqrt[3]{\frac{P}{n}} \quad (\mathrm{mm}) \tag{9-2}$$

式中 $[\tau]$——考虑弯曲影响轴材料的许用切应力，MPa；

A——计算常数，取决于轴的材料及受载情况，见表 9-2。

表 9-2 轴常用材料的 $[\tau]$ 和 A 值

轴的材料	Q235A、20	Q275A、35	12Cr18Ni9	45	40Cr、35SiMn、38SiMnMo、30Cr13
$[\tau]$/MPa	12～20	20～30	15～25	30～40	40～52
A	160～135	135～118	148～125	118～107	107～98

注：1. 表中的 $[\tau]$ 值是考虑了弯曲影响而降低了的许用切应力值。

2. 当轴所受弯矩较小或只受扭矩作用、载荷平稳、无轴向载荷或只有较小的轴向载荷、减速机的低速轴、轴只单向旋转时，$[\tau]$ 取较大值、A 取较小值；反之，$[\tau]$ 取较小值，A 取较大值。

应用式(9-2) 求得的 d 值，一般作为轴最细处的直径。若计算截面上开有键槽或浅孔时，应将计算出的轴径适当增大：单键槽或浅孔时增大 3%～7%；双键槽或浅孔时，增大 7%～15%；若轴上沿径向开有对穿销孔，孔径/轴径之比为 0.05～0.25 时，轴径至少应增大 15%。

计算的轴径一般应进行圆整，并按表 9-3 选取标准值。

表 9-3 标准直径（摘自 GB 2822）

mm

10*	11	12*	13	14	15	16*	17	18	19	20*	21	22
24	25*	26	28	30	32*	34	36	38	40*	42	45	48
50*	53	56	60*	63	67	71	75	80*	85	90	95	100*
105	110	112	125*	130	140	150	160*	170	180	190	200*	210
220	240	250*	260	280	300	320*	340	360	380	400*	420	450
480	500*											

注：1. 表中数字有 * 者，应优先选用；

2. 本标准不适用于另有其他标准的机械零件（如滚动轴承、螺纹和联轴器等）。

【例 9-1】 试计算如图 9-2 所示的搅拌轴直径。已知：搅拌轴的功率为 2.2kW，轴的转数 $n=60$r/min。

解 (1) 选取轴的材料为45 钢，由于搅拌轴主要承受扭矩，故由表 9-2 取 A 为较小值，即 $A=107$。

（2）由式(9-2) 得

$$d \geqslant A\sqrt[3]{\frac{P}{n}}=107\sqrt[3]{\frac{2.2}{60}}=35.55\ (\mathrm{mm})$$

考虑到搅拌时介质腐蚀等影响，故按表 9-3 取搅拌轴的最小直径为 40mm。

9.1.4　轴的结构设计

经初步计算确定轴的直径后，就可按结构上的要求进行轴的结构设计。轴的结构设计就是确定轴各部分的合理形状和尺寸，其主要的要求是：轴上零件在轴上可以得到准确的定位和可靠的固定；轴上零件易于装拆；轴应便于加工，尽量减少应力集中等。下面分别予以讨论，并结合图 9-4 所示的单级齿轮减速器的高速轴加以说明。

9.1.4.1　轴上零件的定位与固定

轴上零件要有准确的工作位置，这就要求轴上零件在轴上有可靠的轴向固定和周向固定。

（1）轴向固定

零件的轴向固定，可以通过轴肩、轴环、套筒、轴端挡圈、螺母、弹性挡圈、紧定螺钉与锁紧挡圈来实现，如图 9-4 中的带轮就是依靠轴肩和轴端挡圈实现轴向固定的。齿轮是依靠轴肩和套筒加以轴向固定，套筒由左滚动轴承的内圈进行轴向固定，而左滚动轴承则通过轴承盖作用于轴承外圈限制了其向左的移动；同时，右轴承由于其外圈受右轴承盖的约束限制了其向右移动的可能，轴段⑥、⑦处的轴肩与右轴承内圈相接触，从而限制了整个轴向右移动。这样轴上所有零件都具有了确定的轴向位置。

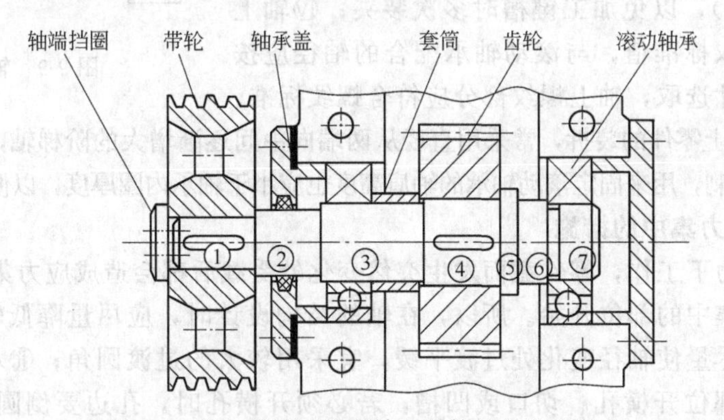

图 9-4　单级齿轮减速器轴上零件的定位和固定

轴上零件轴向固定的其他方法，如图 9-5（螺母固定）、图 9-6（弹性挡圈）和图 9-7（紧定螺钉）所示。

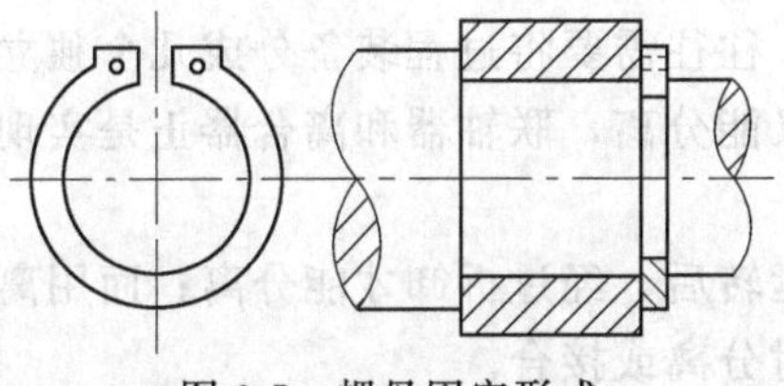

图 9-5　螺母固定形式

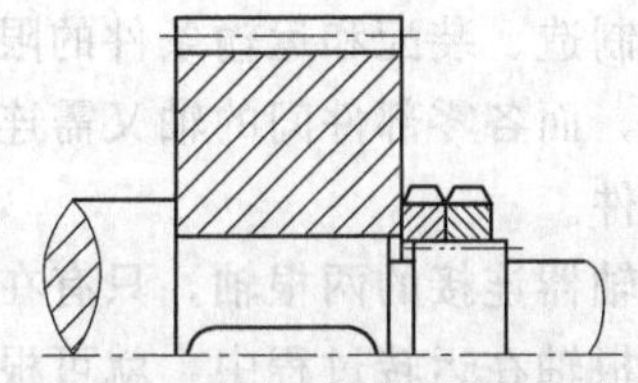

图 9-6　弹性挡圈的固定形式

必须注意的是：ⅰ轴上零件一般均应作双向固定，这时可将上述各种方法联合使用；ⅱ为保证固定可靠，与轴上零件中相配合的轴段长度应比轮毂宽度略短；ⅲ为保证轴上零件紧靠轴向定位面，轴肩或轴环的圆角半径 r 必须小于相配零件的圆角半径 R 或倒角 C_1，轴肩高 h 也必须大于 R 或 C_1（图 9-8）。

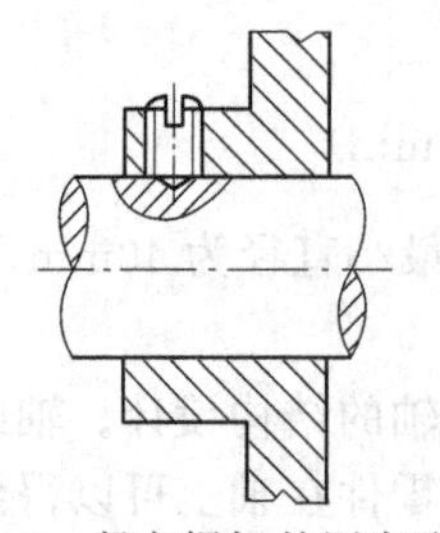
图 9-7 紧定螺钉的固定形式

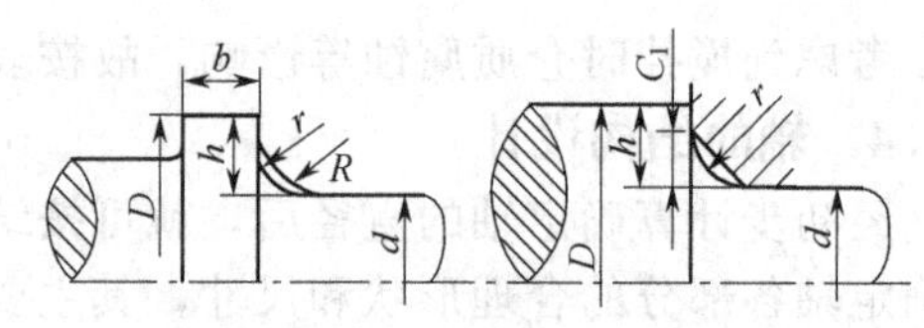

图 9-8 轴肩或轴环的结构要求

(2) 周向固定

轴上零件周向固定的常用方法有：键（图 9-4 中的带轮和齿轮固定）、花键、过盈配合或过渡配合（图 9-4 中滚动轴承内圈和轴的配合）、销连接和紧定螺钉连接等。

9.1.4.2 轴的加工与轴上零件装拆的要求

要使轴的各部分具有合理的形状和尺寸，显然，还必须做到如下几点。

ⅰ. 为了便于轴的加工，应注意：①轴的直径变化应尽可能少，这样既节省材料又可减少切削加工量；ⅱ轴上有磨削或切制螺纹处，要留砂轮越程槽或螺纹退刀槽（图 9-9）；ⅲ轴上有多个键槽时，应将它们开在同一直线上（图 9-4），以免加工键槽时多次装夹；ⅳ轴上配合轴的直径应取标准值，与滚动轴承配合的轴径应按滚动轴承内径尺寸选取，轴上螺纹部分应符合螺纹标准。

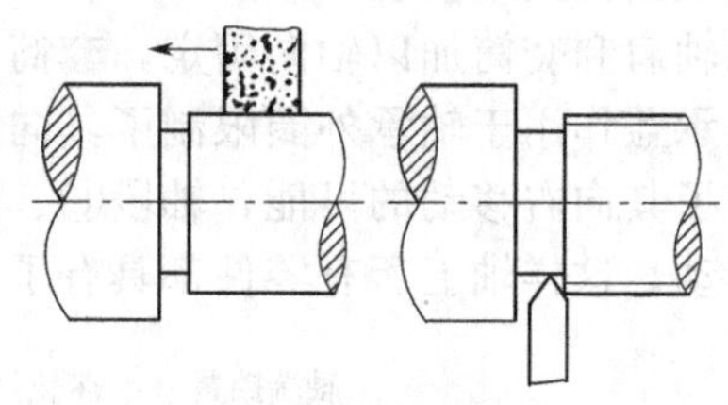
图 9-9 轴的加工

ⅱ. 为便于轴上零件的装拆，常采用直径从两端向中间逐渐增大的阶梯轴，如图 9-4 中的轴，轴端应倒角并去毛刺，用来固定滚动轴承的轴肩高度也应小于轴承内圈厚度，以便拆卸。

9.1.4.3 减少应力集中的措施

轴在交变应力下工作，零件截面发生突然变化处受载后都会造成应力集中，而且其损坏多数是从有应力集中的部位开始。所以，在轴的结构设计时，应尽量降低轴上的应力集中，主要措施有：①尽量使轴径变化处过渡平缓，宜采用较大的过渡圆角；ⅱ尽量避免在轴上，特别是应力大的部位开横孔、切口或凹槽，若必须开横孔时，孔边要倒圆；ⅲ键槽端部与阶梯处距离也不宜过小，以减少多种应力集中源重合的机会等。

9.2 轴的连接

由于制造、装配和运输条件的限制或使用要求，往往需要将过程装备分成几个独立的部件或零件，而各零部件间的轴又需连接或既能连接又能分离，联轴器和离合器正是实现这种功能的组件。

用联轴器连接的两根轴，只有在过程装备停止运转后，经过拆卸才能分离；而用离合器连接的两根轴在运转过程中，就可根据需要做到随时分离或接合。

联轴器和离合器大都已标准化，因此，其主要问题是如何合理选择满足工作任务与要求的联轴器和离合器。一般选择的程序为：①根据过程装备的工作条件与使用要求选择合适的类型；ⅱ根据其轴径、扭矩和转速从相应标准中选定具体型号，必要时还需对易损件进行强度校核计算。

在联轴器和离合器的选型过程中，其计算扭矩 T_c 应考虑过程装备在启动和工作中过载的影响，可按式(9-3) 确定。

$$T_c = kT \tag{9-3}$$

式中　T——名义扭矩；

k——载荷系数，其值列于表 9-4 中，对于固定式刚性联轴器和操纵离合器取表中较大值，对于可移式刚性联轴器、弹性联轴器和自动离合器取较小值。

表 9-4　联轴器和离合器载荷系数 k

机 械 类 型	应 用 举 例	k
扭矩变化极小、平稳运转的机械	胶带运输机、小型离心泵、小型通风机	1～1.5
扭矩有变化的机械	链式运输机、纺织机械、起重机、鼓风机、离心泵	1.25～2
中型和重型机械	带飞轮的压缩机、洗涤机、重型升降机	2～3.5
重型机械	制胶粉磨机、带飞轮的往复泵、压缩机、水泥磨	2.5～4
扭矩变化很大的重型机械	无飞轮的往复式压缩机、压延机械	3～5

注：本表中的 k 值系用于电动机驱动的机械。

9.2.1　联轴器

联轴器的类型很多，根据其是否含有弹性元件，可分为刚性联轴器和弹性联轴器两大类。刚性联轴器根据正常工作时是否允许两个半联轴器轴线产生相对位移又分为固定式刚性联轴器和可移式刚性联轴器。固定式刚性联轴器用于被连接两轴轴线能严格对中并在工作中不发生相对偏移的场合，其常用类型有：套筒联轴器、夹壳联轴器和凸缘联轴器；可移式刚性联轴器可以通过两个半联轴器间的相对运动补偿被连接两轴的相对位移，其常用类型有：十字滑块联轴器、齿式轮联轴器和万向联轴器。弹性联轴器因其弹性元件具有储存能量、弹性滞后能力，故它还有缓冲和吸振能力。

（1）固定式刚性联轴器

① 套筒联轴器　套筒联轴器是用套筒把两根轴线重合的轴连接起来，轴与套筒间用键或销固定（图 9-10）。这种联轴器结构简单、径向尺寸小和成本低，但装拆不便，适用于工作平稳、两轴能严格对中并要求径向尺寸小的场合。

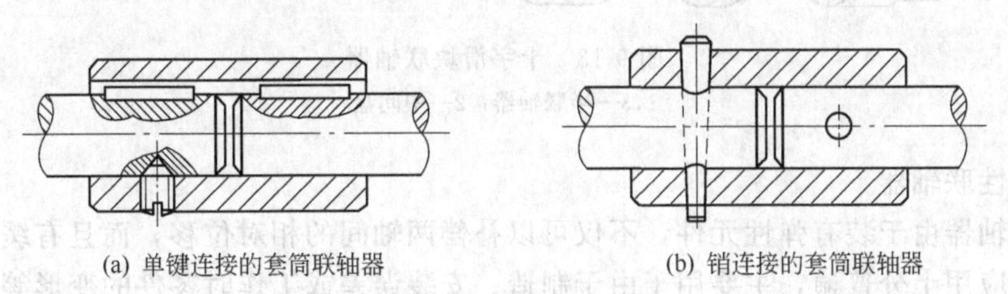

(a) 单键连接的套筒联轴器　　(b) 销连接的套筒联轴器

图 9-10　套筒联轴器

② 凸缘联轴器（GB/T 5843）　凸缘联轴器因其结构简单、制造方便且又能传递较大的扭矩，因而应用广泛。它由两个带凸缘的半联轴器组成，半联轴器分别由键与两轴连接，然后两半联轴器用螺栓连接，如图 9-11 所示，这种联轴器按其对中方式不同分为两种形式：①普通型［图 9-11(a)］，它是靠铰制孔用螺栓实现两轴对中的，螺栓杆与螺栓孔为过渡配合，联轴器是靠螺栓杆承受挤压与剪切传递转矩；ⅱ凹凸榫对中型［图 9-11(b)］，它是依靠半联轴器上的凸肩与凹槽相配合而对中，采用普通螺栓连接，此时螺栓杆与螺栓孔壁间存在间隙，扭矩靠半联轴器接合面的摩擦力矩传递，这种凸缘加工方便，但装拆时需沿轴向移动。

③ 夹壳联轴器　化工、轻工装备的立式搅拌轴的连接，也常采用夹壳联轴器（图 9-12）。它由两个半圆形的夹壳组成［图 9-12(a)］，被连接的上下两轴端部用剖分式的悬吊环定位后［图 9-12(b)］再装入夹壳中用螺栓、螺母锁紧，依靠轴与夹壳间的摩擦力传递扭

矩。有时轴端配以平键，以使连接可靠。

（2）可移式刚性联轴器

可移式刚性联轴器是利用自身具有相对可动的元件或间隙，以补偿被连接两轴之间的相对位移。但由于没有弹性元件，所以不能减振。常用的可移式刚性联轴器有十字滑块联轴器（图9-13）、齿式联轴器和万向联轴器。

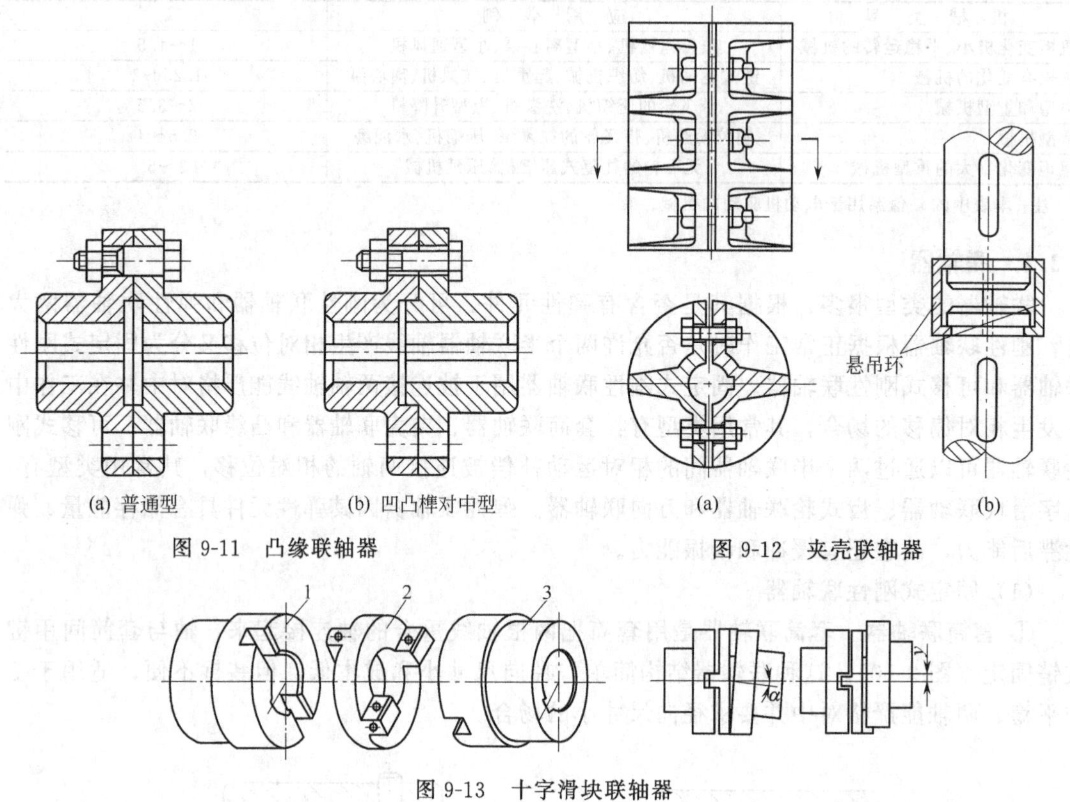

(a) 普通型　(b) 凹凸榫对中型

图 9-11　凸缘联轴器

(a)　(b)

图 9-12　夹壳联轴器

图 9-13　十字滑块联轴器

1,3—半联轴器；2—中间盘

（3）弹性联轴器

这类联轴器由于装有弹性元件，不仅可以补偿两轴间的相对位移，而且有缓冲及减振作用。因此，应用十分普遍，主要用于由于制造、安装误差或工作时零件的变形等原因而不可能保证严格对中的两轴连接。

① 弹性套柱销联轴器（GB/T 4323）　这种联轴器的结构与凸缘联轴器相似，如图 9-14 所示，不同之处只是用有弹性的柱销代替了刚性的螺栓。弹性套的材料常用耐油橡胶，作为缓冲吸振元件。柱销材料多用 35 钢，半联轴器的材料常用 HT200 或 ZG270-500，其与轴的配合可以采用圆柱或圆锥配合孔。弹性套柱销联轴器制造容易、装拆方便、成本较低，但弹性套易磨损、寿命较短，适用于载荷平稳、启动频繁及换向的中、小功率传动。

② 弹性柱销联轴器（GB/T 5014）　这种弹性联轴器结构如图 9-15 所示，工作时扭矩是通过两半联轴器及中间的尼龙柱销相而传递的。为了防止柱销脱落，在半联轴器的外侧采用了挡板。它与前述的弹性套柱销联轴器很相似，但其载荷传递能力更大、结构更为简单、使用寿命更长和缓冲吸振能力更强，适用于轴向窜动较大、启动频繁及换向较多的传动。不过，由于柱销采用尼龙材料，联轴器的工作温度限制在－20～70℃范围内。

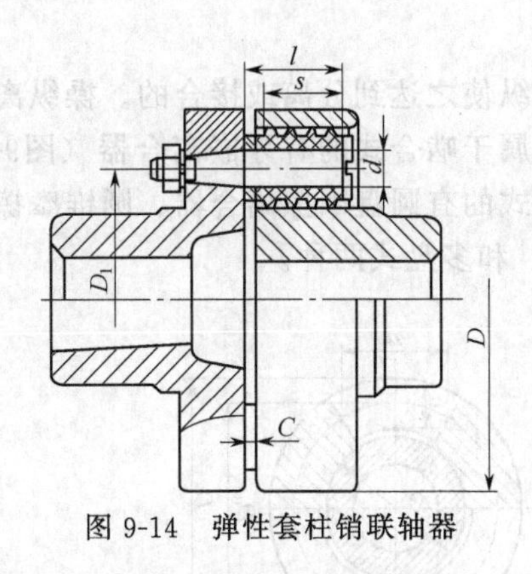

图 9-14 弹性套柱销联轴器

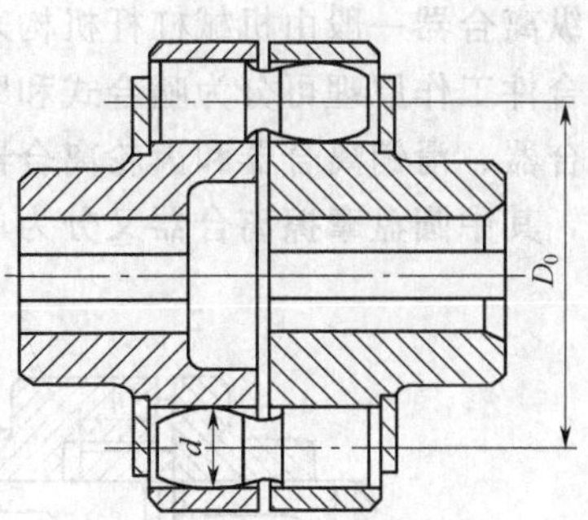

图 9-15 弹性柱销联轴器

(4) 联轴器类型的选择

选择联轴器类型时应着重考虑四个方面：①载荷的大小及性质；ⅱ轴转速的高低；ⅲ两轴相对位移的大小及性质；ⅳ工作环境及允许空间等。例如，对载荷平稳的低速轴，若刚度大而对中严格的轴，可选用固定式刚性联轴器；若刚度小且有相对位移的轴，可选用可移式刚性联轴器；对于有冲击振动及相对位移的高速轴，则只能选用弹性联轴器。常见联轴器的主要特性见表 9-5。选用时可根据具体情况，参考表中所列特性，进行类型选择。

表 9-5 几种常用联轴器的特性

类别	联轴器名称	扭矩范围 /(N·m)	轴径范围 /mm	最高转速 /(r·min^{-1})	特点
固定式刚性联轴器	套筒联轴器	圆柱销：0.3～4000 平键：71～5600 半圆键：8～450 花键：150～12500	4～100 20～100 10～35 25～102	一般 ≤200～250	结构简单，制造容易，装拆时需沿轴向移动较大的距离，一般用于连接两轴直径相同、工作平稳的小功率传动
	凸缘联轴器	10～20000	10～180	13000～2300	结构简单，制造容易，装拆方便，不能吸收冲击，适用于工作平稳的一般传动
	夹壳联轴器	85～9000	30～110	900～380	装拆方便，不需沿轴向移动两轴，但平衡困难，一般用于低速、传动平稳载荷为宜
弹性联轴器	弹性套柱销联轴器	6.3～16000	9～170	8800～1150	结构紧凑，装配方便，具有一定的弹性和缓冲能力，主要用于一般的中、小功率传动
	弹性柱销联轴器	160～160000	12～340	7100～850	结构简单，制造容易，更换方便，具有一定的缓冲能力，主要用于载荷较平稳、启动频繁和轴向窜动量较大的传动

联轴器类型选定之后，可根据轴的直径、转速及计算扭矩，从有关的标准系列中选择所需的型号和尺寸。

9.2.2 离合器

离合器连接是两轴连接的另一种形式，其最大的优点是利用离合器连接的两轴在运转过程中能做到按需要随时分离或接合，因此，在车辆等运输装备的两轴连接中应用非常广泛。按工作原理它可分为操纵离合器和自动离合器两大类。

(1) 操纵离合器

操纵离合器一般由机械杠杆机构来实现，通过操纵使之达到分离或接合的。操纵离合器根据接合件工作原理可分为啮合式和摩擦式两大类，属于啮合式的有牙嵌离合器（图9-16）、转键离合器、滑销离合器和齿轮离合器等，属于摩擦式的有圆盘摩擦离合器、圆锥摩擦离合器两类，其中圆盘摩擦离合器又分为单盘式(图 9-17) 和多盘式两种。

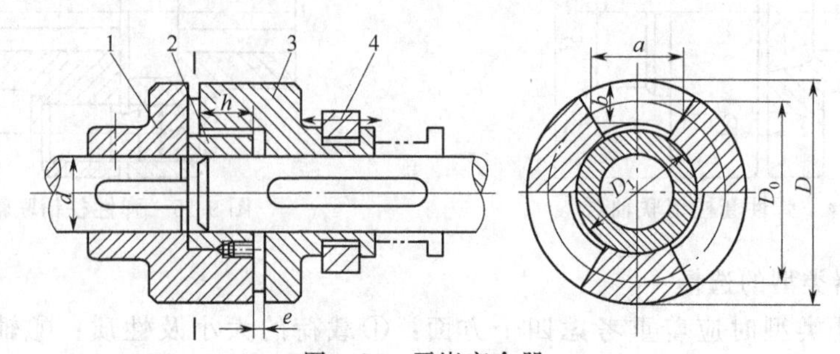

图 9-16 牙嵌离合器

1,3—半离合器；2—对中环；4—滑环

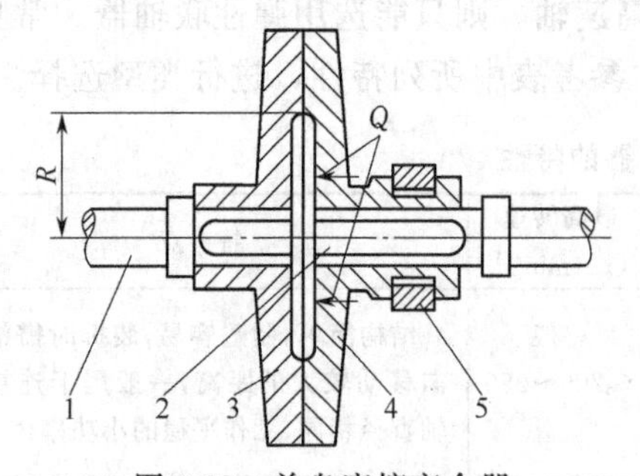

图 9-17 单盘摩擦离合器

1—主动轴；2—从动轴；3,4—摩擦盘；5—操纵环

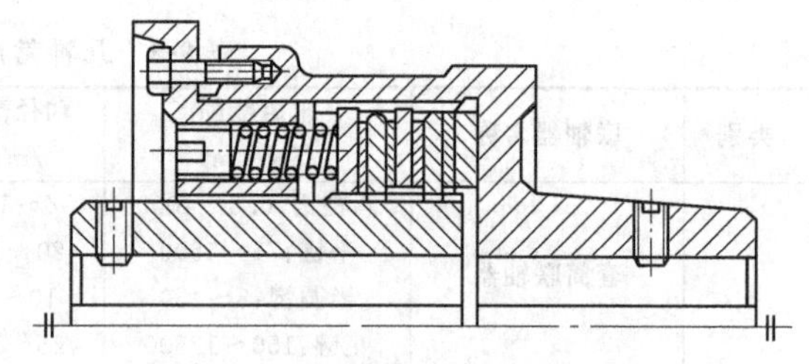

图 9-18 摩擦式安全离合器

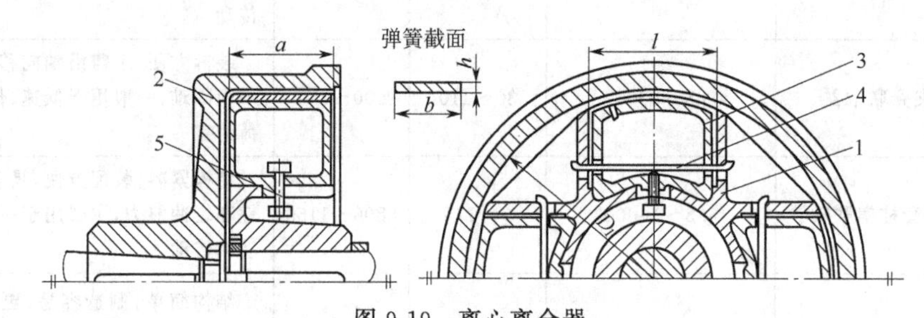

图 9-19 离心离合器

1—轴套；2—外鼓轮；3—瓦块；4—板弹簧；5—螺钉

(2) 自动离合器

自动离合器是一种能根据装备运动或动力参数（如扭矩、转速或转向）的变化而自动完成接合或分离动作的离合器，常用的有安全离合器、离心离合器和超越离合器。安全离合器如图 9-18 所示，其功能是当所传递的扭矩超过一定数值时能自动分离，以保证不发生过载现象。离心离合器如图 9-19 所示，它是通过转速变化、利用离心力的作用控制接合和分离的一种离合器。超越离合器如图 9-20 所示，则是一种利用装备本身转速、转向的变化控制两轴的接合和分离的离合器。

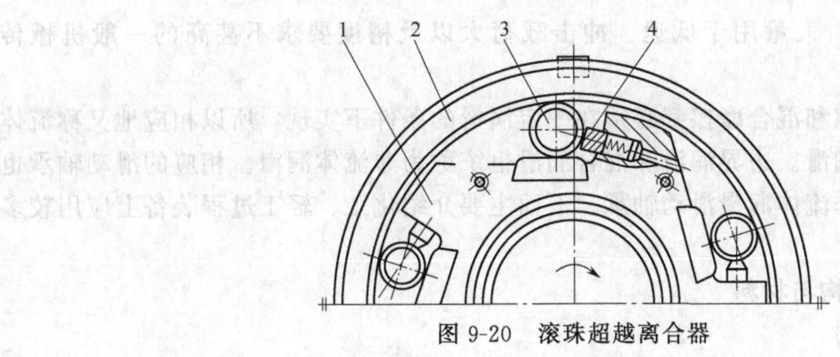

图 9-20 滚珠超越离合器

1—星轮；2—套筒；3—滚珠；4—弹簧顶杆

9.3 轴承

轴承是用于支承轴及轴上回转零件的部件，同时也起到保持轴的旋转精度、减少转轴与支承之间的摩擦与磨损的作用，轴上被轴承支承的部分称为轴颈。

根据轴承工作表面间的不同摩擦性质，轴承可分为滑动摩擦轴承（简称滑动轴承）和滚动摩擦轴承（简称滚动轴承）两类。

本节主要介绍过程装备中应用较多的滑动轴承、滚动轴承的类型、选用、润滑和结构设计等内容。

9.3.1 滑动轴承

9.3.1.1 滑动轴承的摩擦状态及特点

滑动轴承的运动形式是以轴颈与轴承工作表面间的相对滑动为主要特征，即摩擦性质为滑动摩擦。由于滑动轴承的润滑条件不同，会出现不同的摩擦状态。工作表面间的摩擦状态一般分为干摩擦状态、流体摩擦状态、边界摩擦状态和混合摩擦状态，如图 9-21 所示。

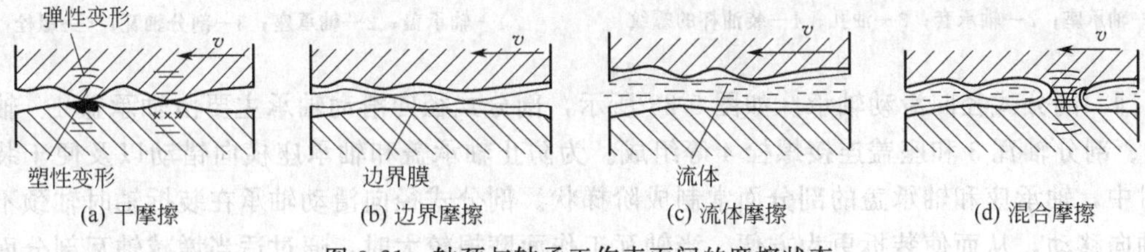

图 9-21 轴颈与轴承工作表面间的摩擦状态

两摩擦表面直接接触，相对滑动称为干摩擦；两摩擦表面被流体（液体或气体）层完全隔开，摩擦主要发生在流体内部，即摩擦性质取决于流体内部分子之间黏性阻力，称为流体摩擦；两摩擦表面被吸附在表面的边界膜隔开，摩擦性质取决于边界膜和表面吸附性质，称为边界摩擦；实际应用中，工作表面有时是边界摩擦和流体摩擦等摩擦状态的组合，称为混合摩擦。

干摩擦的摩擦系数大，磨损严重，轴承工作寿命短，在滑动轴承中应力求避免。流体摩擦状态，由于两相对滑动表面不直接接触，轴承几乎无磨损，但必须在一定条件（载荷、轴承工作面相对滑动速度、流体黏度或专门附属装置等）下才能实现，即在一定条件下实现的流体动压润滑轴承和流体静压润滑轴承。这类轴承多用于一些比较精密、重要的高速重载的机械设备（如发电机、汽轮机等）中。边界摩擦和混合摩擦介于上述两种摩擦之间，既能有效地减少摩擦、降低磨损、提高轴承的承载能力和延长使用寿命，实现条件又不那么苛求，是滑动轴承常见的状态，大量用于低速、冲击载荷大以及精度要求不甚高的一般机械传动中。

流体摩擦、边界摩擦和混合摩擦都必须在一定润滑的条件下实现，所以相应地又称流体润滑、边界润滑和混合润滑。边界润滑和混合润滑也统称为非流体润滑。相应的滑动轴承也称流体润滑滑动轴承或非流体润滑滑动轴承。下面主要介绍化工、轻工过程装备上应用较多的非流体润滑滑动轴承。

9.3.1.2 滑动轴承的结构与材料

(1) 滑动轴承的结构

根据所能承受载荷的方向，滑动轴承可分为两类：径向滑动轴承——承受与轴心线相垂直的载荷；推力滑动轴承——承受与轴心线方向相一致的载荷。

① 径向滑动轴承 常用的径向滑动轴承结构有整体式和剖分式两大类。

ⅰ. 整体式径向滑动轴承。如图 9-22 所示，整体式径向滑动轴承主要由轴承座 1 和轴承套 2 组成。轴承套 2 是为了减少磨损、延长寿命，采用减摩材料而制成的。轴承座用螺栓与机座连接，顶部设有安装油杯的螺纹孔。整体式径向滑动轴承结构简单、易于制造，但磨损以后，轴颈和孔间增大了的径向间隙无法调整，且轴颈只能从端部装拆。所以整体式轴承常用于低速、轻载的间歇操作机械中，如手动机械和农业机械等。

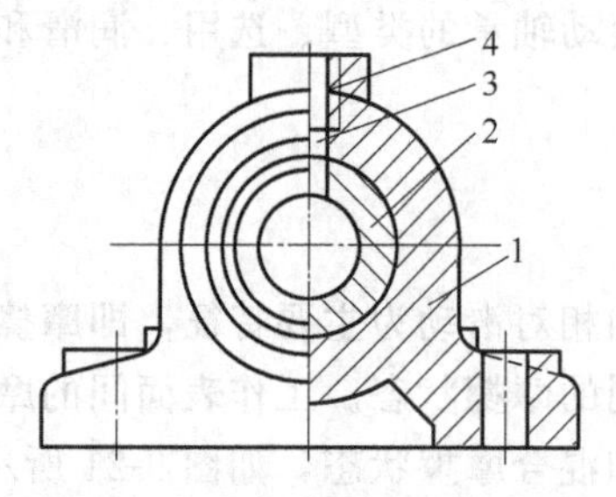

图 9-22 整体式径向滑动轴承

1—轴承座；2—轴承套；3—油孔；4—装油杯的螺纹

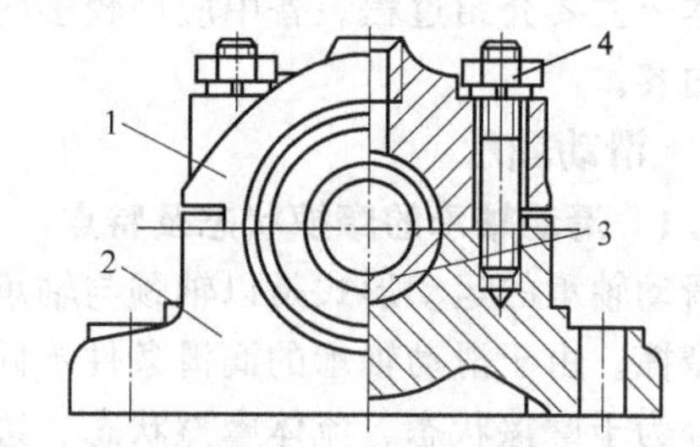

图 9-23 剖分式径向滑动轴承

1—轴承盖；2—轴承座；3—剖分轴瓦；4—螺栓

ⅱ. 剖分式径向滑动轴承。如图 9-23 所示，剖分式径向滑动轴承主要由轴承盖 1、轴承座 2、剖分轴瓦 3 和座盖连接螺栓 4 等组成。为防止轴承盖和轴承座横向错动以及便于装配时对中，轴承座和轴承盖的剖分面常制成阶梯状。剖分式径向滑动轴承在装拆轴时轴颈不需要轴向移动，从而使装拆更为方便。当轴瓦工作面磨损较大时，通过适当增减轴瓦剖分面间的调整垫片，并修刮工作面，能够调节轴颈与轴承之间的径向间隙。这种轴承克服了整体式径向滑动轴承的缺点，所以应用广泛。

当轴颈较长，如长径比（轴颈长度 l 与直径 d 之比）$l/d>1.5\sim1.75$ 时，或轴的刚性较小，或两端轴承不易精确对中时，最好采用自动调位滑动轴承（图 9-24）。它是利用轴套与轴承座间的球面配合，以适应轴的变形。轴承座一般制成剖分式的，以便轴套的安装。轴套内镶以轴承衬，以改善减摩性能。

② 推力滑动轴承 推力滑动轴承最简单的型式如图 9-25 所示，由轴承座和止推轴瓦组成，轴颈端面与止推轴瓦组成摩擦副。为了便于对中和使轴瓦沿圆周受力均匀，轴瓦底部制作成球面。轴承座上装有销钉，以防止轴瓦转动。由于工作面上相对滑动速度不等，愈靠近中心处相对滑动速度愈小，磨损愈轻，愈靠近边缘处相对滑动速度愈大，磨损愈严重，会造成工作面上压力分布不均。因此，为了避免工作面上压力严重不均，相对滑动端面通常采用

环形端面，单环轴颈见图 9-26(a)。当端面载荷较大时，可采用多环轴颈，如图 9-26(b) 所示，这种结构还能承受双向轴向载荷。

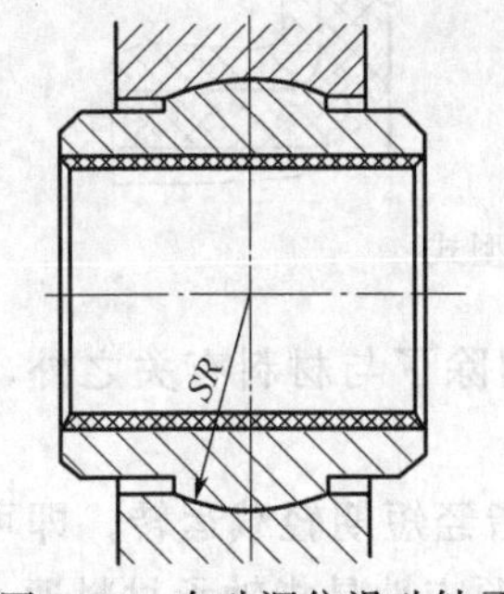

图 9-24 自动调位滑动轴承

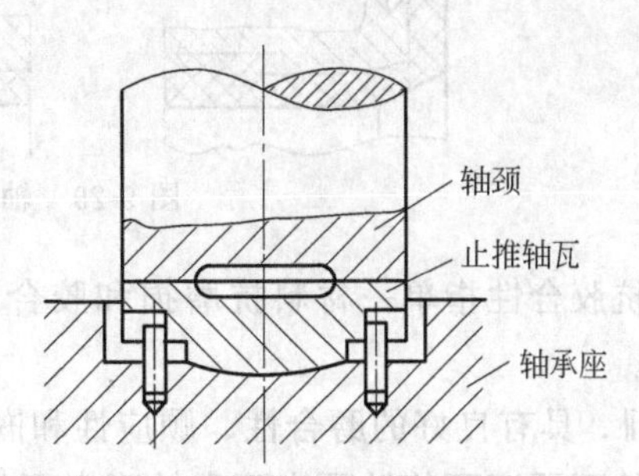

图 9-25 最简单的推力滑动轴承

(2) 轴瓦结构

轴瓦是与轴颈直接接触的零件，它与轴颈相对滑动构成滑动摩擦副。轴瓦一般用减摩材料制成，其结构是否合理对滑动轴承的性能有决定性影响。整体式径向滑动轴承的轴瓦为一整体套筒(轴套)(图 9-27)，剖分式径向滑动轴承的轴瓦由上、下两半组成(图 9-28)，推力滑动轴承的轴瓦如图 9-25 所示，轴瓦必须可靠地固定在轴承中。

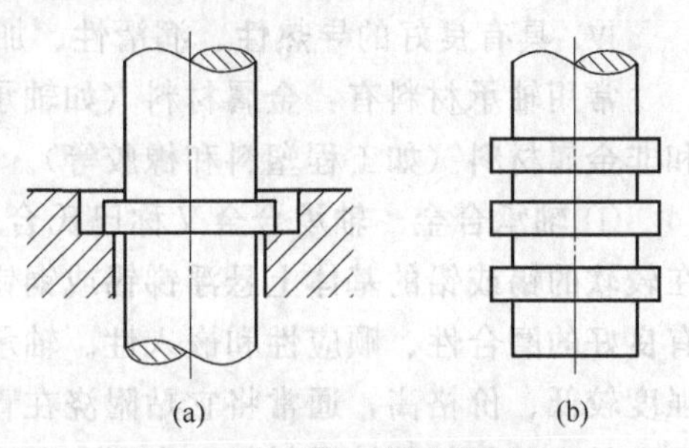

图 9-26 环形端面推力滑动轴承

为了将润滑油引入轴承并布满整个工作表面，轴瓦上要开有油孔和油沟。油孔和油沟应开在轴瓦的非承载区。油沟一般沿轴向布置并应有一定的长度，但不能通至端面，以免润滑油自油沟端部直接大量泄漏，如图 9-27、图 9-28 所示。

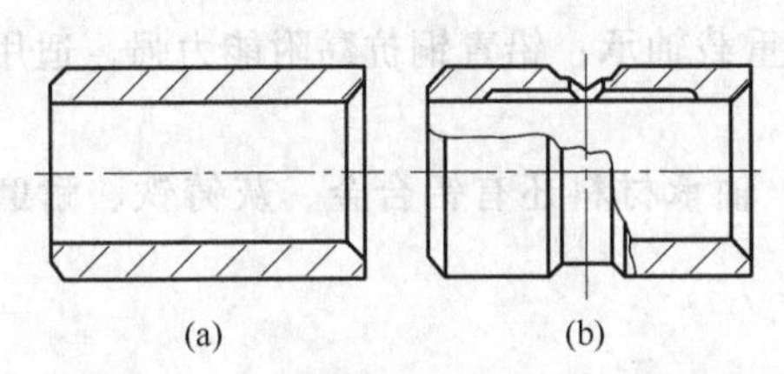

图 9-27 整体式径向滑动轴承的轴瓦

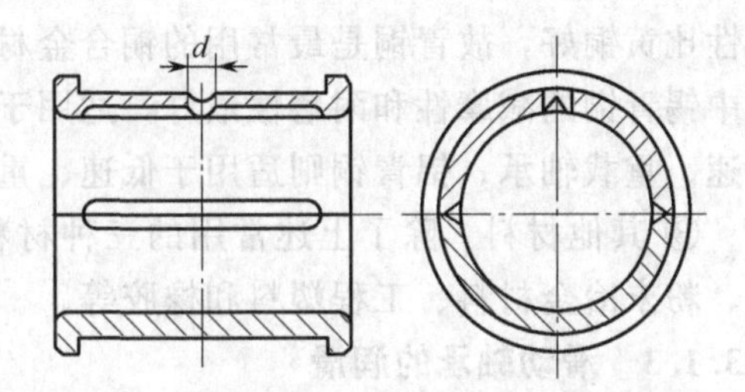

图 9-28 剖分式径向滑动轴承的轴瓦

为了提高轴承性能和节约贵重的有色金属，一些重要轴承的轴瓦内表面浇铸一层减摩性很好的材料(如轴承合金)，称为轴承衬，其厚度在 0.5～6mm 范围内。为了使轴承衬与轴瓦贴附牢固，常在轴瓦的内表面制出各种型式的沟槽，如图 9-29 所示。

(3) 滑动轴承的材料

滑动轴承常见的失效形式是与轴颈直接接触的轴瓦或轴承衬表面的磨损和胶合，也可能是由于强度不足而出现的疲劳破坏以及由于制造工艺原因而引起的轴承衬脱落，其中最主要的是磨损和胶合。由于滑动轴承的失效主要发生在轴瓦或轴承衬上，轴承其他部分对材料无特殊要求，故轴承材料主要指轴瓦和轴承衬材料。通常对轴瓦、轴承衬材料的要求如下。

ⅰ. 具有良好的减摩性、耐磨性和抗胶合性。减摩性是指配对材料的摩擦系数小；耐磨

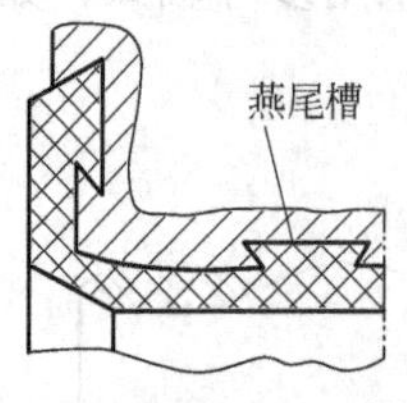

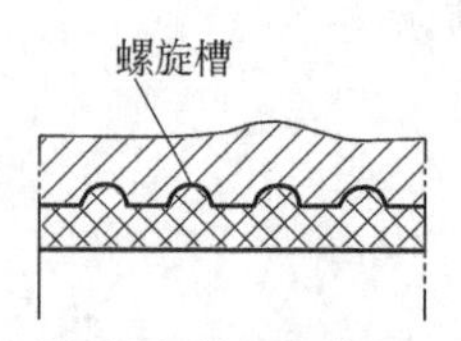

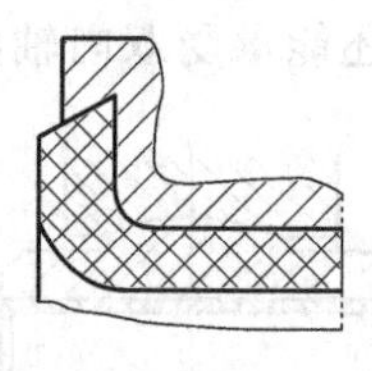

图 9-29 轴承衬背上沟槽的几种型式

性和抗胶合性指单一材料抗磨损和胶合磨损的性质。它们除了与材料有关之外，还与润滑有关。

ⅱ. 具有良好的磨合性、顺应性和嵌入性。磨合性是指经短期轻载运转，即可消除材料表面的不平度而使轴颈表面和轴瓦表面相互吻合的性质。顺应性是指轴承材料通过表层的弹塑性变形补偿滑动轴承初始配合不良的能力。嵌入性是指轴承材料容纳污物和外来硬质颗粒防止滑动表面发生刮伤和磨粒磨损的能力。

ⅲ. 具有足够的强度，包括抗冲击强度、抗压强度和抗疲劳强度。

ⅳ. 具有良好的导热性、润滑性、加工工艺性和耐腐蚀性能等。

常用轴承材料有：金属材料（如轴承合金、铜合金、铝合金和铸铁等）、粉末冶金材料和非金属材料（如工程塑料和橡胶等）。

① 轴承合金　轴承合金又称巴氏合金，有锡锑轴承合金和铅锑轴承合金两类，它们是在较软的锡或铅的基体上悬浮锑锡或铜锡硬晶粒而成。这些硬晶粒起耐磨作用，而软基体具有良好的磨合性、顺应性和嵌入性。轴承合金具备了作轴承材料的优良性质，但由于其机械强度较低、价格高，通常将它贴附浇在青铜、软钢或铸铁轴瓦上作为轴承衬材料。锡锑轴承合金是一种很好的轴承材料，常用于高速、重载的重要轴承。铅锑轴承合金的性能与锡锑轴承合金接近，但不适用于有冲击载荷的场合，一般用于中速、中载轴承。

② 铜合金　铜合金具有较高的强度、较好的减摩性和耐磨性。由于青铜的减摩性和耐磨性比黄铜好，故青铜是最常用的铜合金材料。青铜主要有锡青铜、铅青铜和铝青铜三种，其中锡青铜的减摩性和耐磨性最好，适用于中速、重载轴承；铅青铜抗黏附能力强，适用于高速、重载轴承；铝青铜则适用于低速、重载轴承。

③ 其他材料　除了上述常用的三种材料之外，轴承材料还有铝合金、灰铸铁、耐磨铸铁、粉末冶金材料、工程塑料和橡胶等。

9.3.1.3 滑动轴承的润滑

轴承润滑的目的主要在于：降低摩擦系数，减少功率损耗；减少磨损；冷却轴承；吸收振动及缓和冲击等。因此，滑动轴承的性能在很大程度上取决于润滑剂的性能和润滑方法及装置的可靠性。

(1) 润滑剂

滑动轴承常用的润滑剂为润滑油和润滑脂。有些情况下还可使用固体润滑剂（如石墨、二硫化钼）和气体润滑剂（如空气等），一些非金属轴承（如橡胶轴承和尼龙轴承）也可用水润滑。

最常用的润滑油是矿物油，其主要的性能指标有：黏度、凝点、闪点、燃点和油性等。最常用的润滑脂是钙基润滑脂、钠基润滑脂和锂基润滑脂，其主要的性能指标有：针入度和滴点等。

① 黏度　黏度是润滑油的重要性能指标，它反映了润滑油流动时内摩擦阻力的大小，

是润滑油膜厚度和承载能力的主要影响因素。流体的黏度有动力黏度 η 和运动黏度 υ 两种表示方法。动力黏度的单位 Pa·s，而运动黏度 υ 是动力黏度 η 与同温度下流体密度 ρ 的比值，则其单位为 m^2/s。

工业上常用运动黏度标定润滑油的黏度。根据国家标准，润滑油产品牌号一般按运动黏度的平均值（单位为 $10^{-6}m^2/s$）划分。例如 L-AN32 工业用全损耗通用润滑油（即机械油），表示在 40℃温度下其运动黏度平均值为 $32\times10^{-6}m^2/s$。常用润滑油牌号、性能及应用列于表 9-6。温度对润滑油的黏度影响很大：油温升高，黏度减小；反之，油温下降，黏度增大。

表 9-6 常用润滑油牌号、性能及应用

名称	牌号	运动黏度 $\upsilon_{40}/(10^{-6}m^2/s)$	主要用途
全损耗通用润滑油	L-AN7	6.12～7.48	用于 8000～12000r/min 高速轻负荷机械设备
	L-AN10	9.00～11.00	用于 5000～8000r/min 轻负荷机械设备
	L-AN15	13.5～16.5	用于 1500～5000r/min 轻负荷机械设备
	L-AN46	41.4～51.6	适用于各种机床、鼓风机和泵类
	L-AN68	61.2～74.8	适用于重型机床、蒸汽机、矿山、纺织机械
中负荷工业齿轮油	68	61.2～74.8	工业设备的齿轮、蜗轮及蜗杆传动润滑
	100	90.0～110	
	150	135～165	
	220	198～242	
	320	288～352	

② 凝点　润滑油冷却到不能流动时的温度称为凝点，表示了润滑油耐低温的性质。

③ 闪点和燃点　将润滑油加热，油样蒸汽与空气混合并接近明火发生闪光时的温度称为闪点，闪光时间连续达到五秒时的油温称为燃点，它们表示了润滑油耐高温的性质。

④ 油性　油性表示润滑油在摩擦表面上的吸附性能。油性愈好的润滑油，其吸附能力愈强，它能在金属表面上形成较为牢固的吸附膜，反之，油性差的润滑油，其吸附能力差。

⑤ 针入度　针入度是表征润滑脂稠度的指标，表明润滑脂内阻力的大小和流动性的强弱。针入度愈小，表示润滑脂愈稠，流动性愈小；反之，表示润滑脂愈稀，流动性愈大。

⑥ 滴点　滴点是在规定的条件下加热，当润滑脂自滴点计的小孔滴下第一滴液滴时的温度。它表示润滑脂的耐热性能，是确定润滑脂最高使用温度的依据。

(2) 润滑方法和润滑装置

为了保证轴承良好的润滑状态，要正确合理地选择润滑方法和润滑装置。

① 油润滑　油润滑的润滑方法有间歇供油和连续供油两种方法。间歇供油润滑是定期用注油枪或油壶向轴承上的油孔或油杯供油。此法最简单，仅用于低速、轻载、间歇运动或不重要的轴承。

对于重要轴承，必须采用连续供油装置。连续供油方法及装置主要有如下几种。

ⅰ. 滴油润滑。图 9-30(a) 为针阀式注油杯。它可通过手柄调节滴油速度及供油量。当扳起手柄时，就将针阀提起，润滑油便经杯下端的小孔滴入润滑部位；不需要润滑时，放下手柄，针阀即堵住油孔，从而关闭。这种润滑方法只用于润滑油量不需要太大的场合。

ⅱ. 油环润滑。图 9-30(b) 为油环润滑装置。油环套装在轴颈上，油杯的下部浸入油池

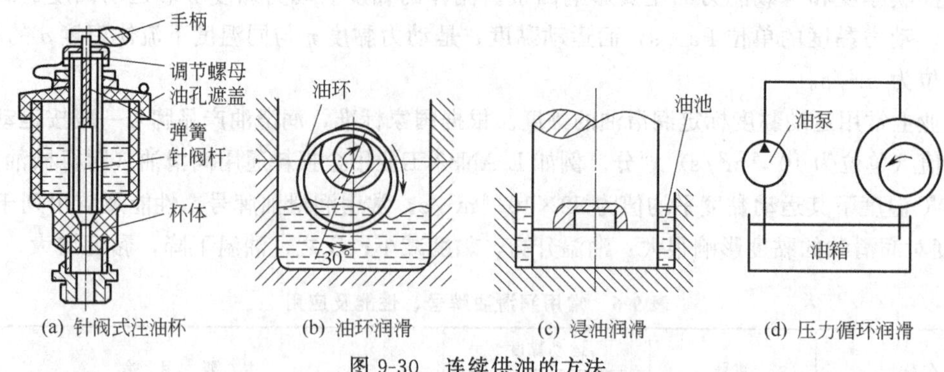

(a) 针阀式注油杯　(b) 油环润滑　(c) 浸油润滑　(d) 压力循环润滑

图 9-30　连续供油的方法

中，轴旋转时带动油环滚动，把润滑油带到轴颈上，并沿轴颈流入润滑部位。它只能用于水平位置的轴承，且轴的转速应在50～3000r/min范围内。

ⅲ. 浸油润滑。浸油润滑如图 9-30(c) 所示，将部分轴承直接浸在油池中以润滑轴承。

ⅳ. 飞溅润滑。在闭式传动中，利用传动件（如齿轮）将油池中的油飞溅成油滴或雾状，直接溅入或汇集到油沟流入润滑部位。但采用这种润滑方式时，对传动转速和浸油深度都有一定的要求。

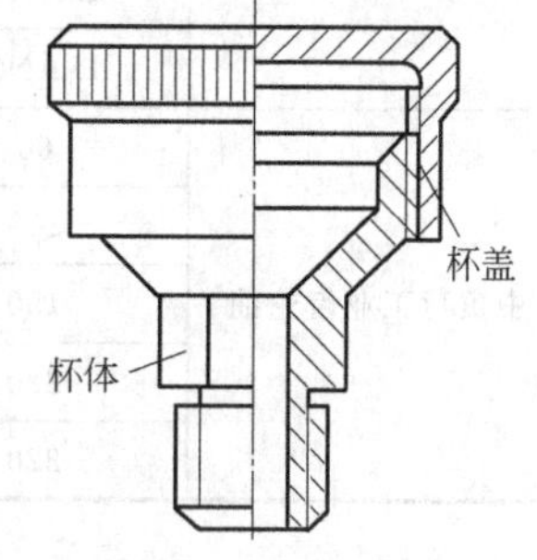

图 9-31　旋盖式油杯

ⅴ. 压力循环润滑。其原理是利用油泵供给具有足够压力和流量的润滑油润滑和冷却轴承，如图 9-30(d) 所示。它是一种完善的自动润滑方式，但由于结构较复杂，所以仅适用于重载、振动或交变载荷的工作场合。

② 脂润滑　脂润滑时只能间歇供给。应用最为广泛的脂润滑装置是如图 9-31 所示的旋盖式油杯，它是靠旋紧杯盖将杯内润滑脂挤压到润滑部位的。也可以使用油枪通过轴承上的油孔或油杯向轴承补偿润滑脂。

9.3.2　滚动轴承

滚动轴承是标准件，在各种装备中被广泛使用。它与滑动轴承相比，具有摩擦阻力小、启动灵敏、效率高和维护简便等优点。滚动轴承由专门的轴承工厂成批生产，制造成本较低，类型和尺寸系列广泛，选用及更换都很方便，因此，在机械设计中，只需根据工作条件正确合理地选择轴承的类型、尺寸和精度等级，根据安装、调整、润滑和密封等的要求进行组合结构设计。

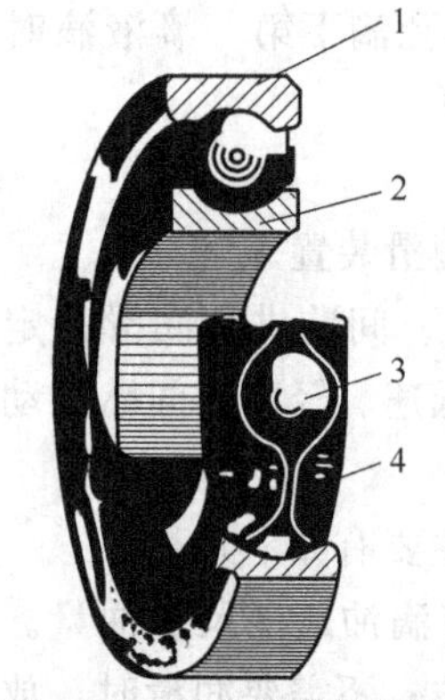

图 9-32　滚动轴承的结构
1—外圈；2—内圈；3—滚动体；4—保持架

9.3.2.1　滚动轴承的结构、类型和代号

（1）滚动轴承的总体结构

滚动轴承的通常结构如图 9-32 所示，由外圈 1、内圈 2、滚动体 3 和保持架 4 组成。内圈安装在轴颈上，外圈安装在轴承座的孔中，常见的是内圈随轴一起转动、外圈固定不动，但也可以使外圈转动而内圈不动，或是内、外圈同时转动。内、外圈上都制有弧形环状滚道，以保证滚动体作精确的运转，并可降低滚动体与内、外圈的接触应力。保持架的功用是使滚动体彼此均匀隔开，减少滚动体间的摩擦和磨损。滚动体是滚动轴承的核心元件，它有多种形状，以适应不同类型滚动轴承的要求，常见的滚

动体形状有球形、圆柱形、圆锥形和针形等。

(2) 滚动轴承的类型

滚动轴承中滚动体与外圈接触处的法线和垂直于轴承轴心线平面之间的夹角 α 称为公称接触角，简称接触角。公称接触角是滚动轴承的一个主要参数，滚动轴承的分类以及受力分析都与接触角有关，公称接触角愈大，轴承承受轴向载荷的能力也就愈大。

滚动轴承按照承受载荷的方向或公称接触角的不同，可分为两类：向心轴承——主要承受径向载荷、推力轴承——主要承受轴向载荷。

按滚动体的形状，滚动轴承可分为：球轴承和滚子轴承。滚子又分为圆柱滚子、滚针、圆锥滚子和球面滚子等。

根据国家标准（GB/T 271)《滚动轴承分类》，滚动轴承有多种分类方法，常用滚动轴承的特性和应用范围见表 9-7。

表 9-7　滚动轴承的基本类型、特性和应用

名称	类型代号	结构简图	承载方向	主要特性及应用
调心球轴承	1	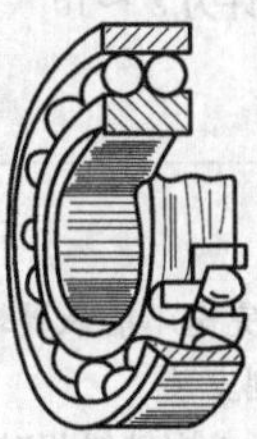	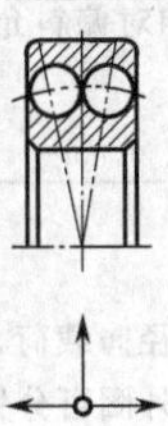	主要用于承受径向载荷，同时也能承受少量的轴向载荷 外圈滚道表面是以轴承中点为中心的球面，内、外圈允许有较大的轴线相对偏斜（2°～3°） 由于能自动调心，故适用于多支点轴、挠度较大的轴及不能精确对中的支承
调心滚子轴承	2	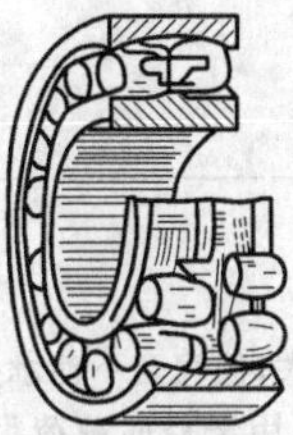	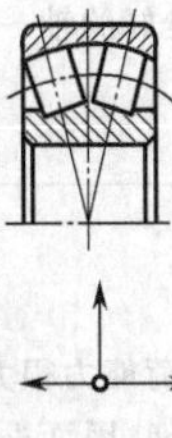	用于承受径向载荷，其承载能力比相同尺寸的调心球轴承大一倍。也能承受不大的轴向载荷。 具有调心球轴承相同的调心特性
圆锥滚子轴承	3	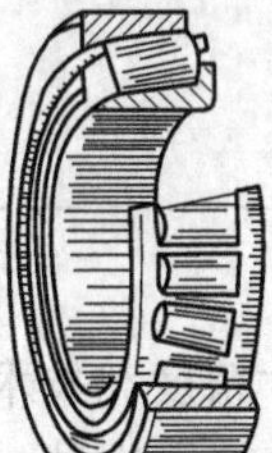	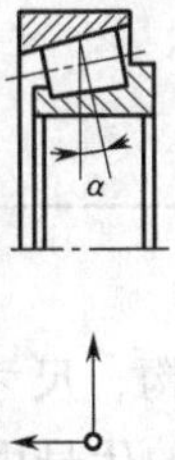 α	与角接触球轴承性能相似，但承载能力较大 锥面的 α 角有 15°、25°两种，内、外圈也分别安装。内、外圈轴线偏斜允许＜2′
推力球轴承	5	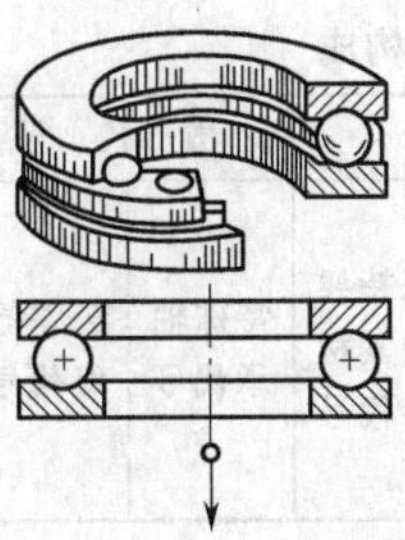		用于承受轴向载荷，且载荷作用线必须与轴线重合，并与轴承底面垂直 具体有两种类型： 单列——承受单向推力 双列——承受双向推力 高速时离心力大，不适用于高速

续表

名称	类型代号	结构简图 承载方向	主要特性及应用
深沟球轴承	6	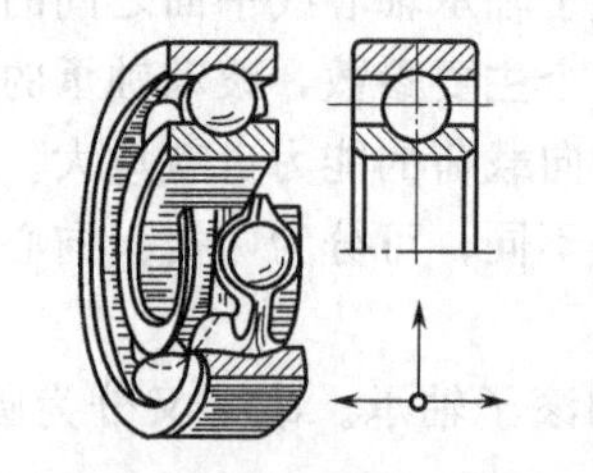	主要用于承受径向载荷，也可以同时承受一定的轴向载荷（两个方向都可以）。在转速很高而轴向载荷不大时，可代替推力球轴承 适用于高速、高精度处 工作时，内、外圈轴线相对偏斜不能超过 2′～10′，因而适用于刚性较大的轴
角接触轴承	7	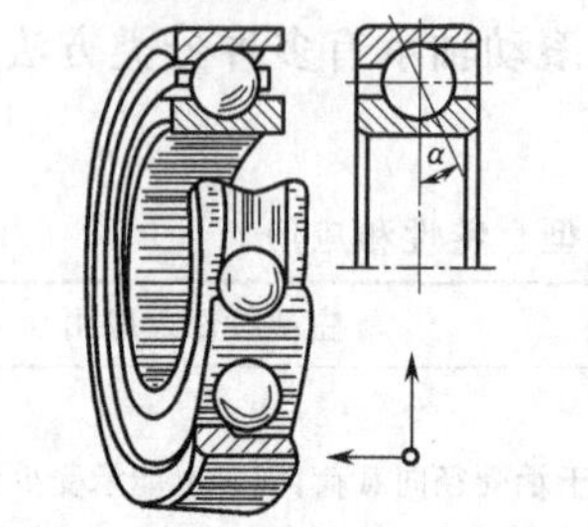	用于同时承受中等的径向载荷和一个方向的轴向载荷 球和外圈接触角 α 有 15°、25°、40°三种。α 角愈大，承受轴向载荷的能力愈大 通常成对使用，一般应反向安装以承受两个方向的轴向载荷，内、外圈轴线相对偏斜允许为 2′～10′
圆柱滚子轴承	N	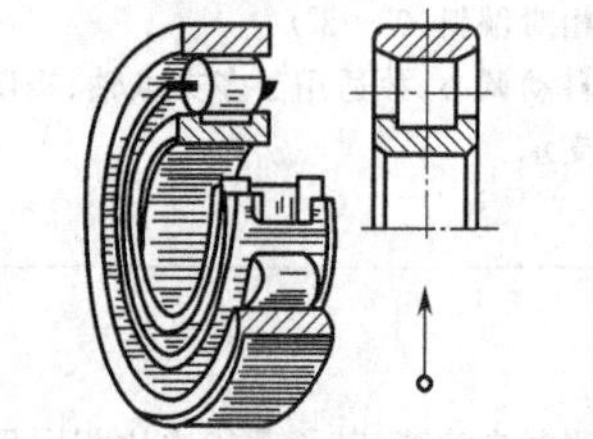	用于承受纯径向载荷，完全不能承受轴向载荷 安装时，内、外圈可分别安装 对轴的偏斜很敏感，内、外圈轴线相对偏斜≤2′～4′，适用于刚度很大、对中良好的轴
滚针轴承	NA	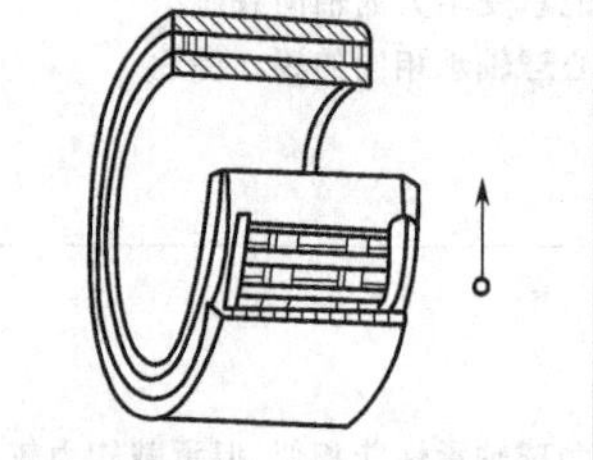	承受径向载荷能力很大，但完全不能承受轴向载荷。 一般无保持架，因而适用于径向载荷很大而径向尺寸又受限制的地方

(3) 滚动轴承的代号

滚动轴承的类型很多，而各类轴承又有不同的结构、尺寸精度和技术要求，为了便于组织生产和选用，国家标准 GB/T 272 规定了滚动轴承的代号由前置代号、基本代号和后置代号三部分构成，详见表 9-8。

表 9-8 滚动轴承的代号构成

<table>
<tr><td>前置代号</td><td colspan="5">基 本 代 号</td><td colspan="8">后 置 代 号</td></tr>
<tr><td rowspan="3">轴承分部件代号</td><td>五</td><td>四</td><td>三</td><td>二</td><td>一</td><td rowspan="3">内部结构代号</td><td rowspan="3">密封与防尘结构代号</td><td rowspan="3">保持架及其材料代号</td><td rowspan="3">特殊轴承代号</td><td rowspan="3">公差等级代号</td><td rowspan="3">游隙代号</td><td rowspan="3">多轴承配置代号</td><td rowspan="3">其他代号</td></tr>
<tr><td rowspan="2">类型代号</td><td colspan="2">尺寸系列代号</td><td colspan="2" rowspan="2">内径代号</td></tr>
<tr><td>宽（高）度系列代号</td><td>直径系列代号</td></tr>
</table>

注：基本代号下面的一～五表示代号自右向左的位置序数。

① 基本代号　基本代号用于表明滚动轴承的基本类型、结构和尺寸，是轴承代号的基础，它由轴承类型代号、尺寸系列代号和内径代号构成。

ⅰ. 类型代号。基本代号右起第五位为类型代号，用数字或字母表示，见表 9-7。

ⅱ. 尺寸系列代号。它是由基本代号右起第三位的直径系列代号和右起第四位的宽（高）系列代号组合而成。直径系列代号反映了具有相同内径的轴承在外径和宽度方面的变化，为了适应不同承载能力的需要，同一内径尺寸的轴承，可使用不同大小的滚动体，因而使轴承的外径和宽度也随着改变。直径系列代号用 7、8、9、0、1、2、3、4、5 表示外径尺寸依次递增的系列；宽度系列代号用 8、0、1、2、3、4、5、6 表示宽度依次递增的系列，推力轴承是指高度系列，代号用 7、9、1、2 表示。

ⅲ. 内径代号。基本代号右起第一、二位数字表示轴承公称内径尺寸，表示方法见表 9-9。

表 9-9　轴承内径代号

轴承公称内径/mm	内径代号	示例
10	00	深沟球轴承 6201 内径 $d=12$mm
12	01	
15	02	
17	03	
20～495 （22、28、32 除外）	用内径除以 5 得的商数表示。当商只有个位数时，需在十位处用 0 占位	深沟球轴承 6210 内径 $d=50$mm
≥500 以及 22、28、32	用内径毫米数直接表示，并在尺寸系列代号与内径代号之间用“/”号隔开	深沟球轴承 62/500，内径 $d=500$mm 62/22，内径 $d=22$mm

② 前置代号　前置代号用于表示轴承的分部件，用字母表示。主要代号及其含义为：L 表示可分离轴承的可分离套圈，如 LN207；R 表示不带可分离内圈或外圈的轴承，如 RNU207（NU 表示内圈无挡边的圆柱滚子轴承）；K 表示轴承的滚子和保持架组件，如 K81107；WS、GS 分别表示推力圆柱滚子轴承的轴圈和底圈，如 WS81107、GS81107。

③ 后置代号　后置代号位于基本代号的右边，用字母加数字表示，用于表达轴承的结构、公差及材料的特殊要求等。下面仅介绍几个常用代号。

ⅰ. 内部结构代号。表示同一类型轴承的不同内部结构，用字母表示。如用 C、AC、B 分别表示接触角为 15°、25°、40°的角接触轴承；D 表示剖分式轴承；E 表示轴承的加强型等。

ⅱ. 公差等级代号。表示不同的尺寸精度和旋转精度的特定组合。有/P0、/P6、/P6X、/P5、/P4、/P2，分别表示标准中规定的 0、6、6X、5、4、2 级公差等级，0 级最低，2 级最高。0 级为普通级，可以省略不写。6X 级只用于圆锥滚子轴承。

ⅲ. 游隙代号。表示轴承的径向游隙的大小。有/C1、/C2、（0 组不标注）、/C3、/C4、/C5，分别表示标准规定的 1、2、0、3、4、5 组游隙组别，径向游隙量依次由小到大，如 6210、6210C4。

后置代号的其他项目用得较少，必要时可查阅有关标准。

【例 9-2】　试说明轴承代号 6203、7312AC、33215/P6 的意义。

解　①6203　表示内径为 17mm 的深沟球轴承，其尺寸系列代号为 2（宽度系列代号为

0，直径系列代号为2）。

② 7312AC　表示内径为60mm的角接触球轴承，其尺寸系列代号为3（宽度系列代号为0，直径系列代号为3），公称接触角$\alpha=25°$。

③ 33215/P6　表示内径为65mm的圆锥滚子轴承，其尺寸系列代号为32（宽度系列代号为3，直径系列代号为2），公差等级为6级。

9.3.2.2　滚动轴承的选择

(1) 滚动轴承类型的选择

表9-7列出了常用各类轴承的特点和应用，可供选择类型时参考。选择类型时通常要考虑的主要因素如下。

① 载荷的大小、方向和性质　当载荷较大时，有振动和冲击时宜用滚子轴承；当载荷较小时，宜用球轴承。受纯轴向载荷，一般应用推力轴承；若同时承受径向载荷与轴向载荷时，以径向载荷为主可选用向心轴承；当转速很高时，可用角接触球轴承或深沟球轴承；径向载荷与轴向载荷两者都较大，则应采用角接触轴承。

② 结构尺寸的限制　轴承内径是根据与之配合的轴颈尺寸而定的，但其外径和宽度随轴承类型、直径系列及宽度系列的不同而不同，当受到安装结构尺寸的限制、需要减少轴承尺寸时，宜选用特轻或超轻系列的轴承。

③ 轴承转速　转速较高时，宜用球轴承；当转速较低时，可用滚子轴承。

④ 自动调心性能的要求　对多支点、跨距大和刚度差或由于种种原因而弯曲变形较大的轴，为了适应轴的变形，应选用具有自动调心的轴承。

⑤ 经济性　由于普通结构轴承比特殊结构轴承价廉，所以只要能满足基本要求，应优先选用普通结构轴承。同型号的轴承，精度高一级价格将成倍增长，因而选用高精度轴承必须慎重，在满足使用功能的前提下，应尽量选用低精度、价格便宜的轴承。

(2) 滚动轴承尺寸的选择

初步选定滚动轴承类型后，就需进一步确定其内径、外径和宽度等，也就是要确定其具体型号。轴承的内径（即轴颈直径）通常由轴的结构设计确定，然后根据载荷大小、方向和性质以及要求的使用寿命等，通过计算（本章从略，必要时可参阅有关资料）选择其具体型号。

9.3.2.3　滚动轴承部件的组合设计

为保证轴承正常工作，不仅要正确选用轴承类型和尺寸，而且还要进行合理的结构设计，处理好轴承与其相邻零件之间的关系。也就是必须考虑轴承组合的固定、轴承与其他零件的配合、轴承的调整、轴承装拆及轴承的润滑与密封等问题。

(1) 轴承组合的固定

轴承组合固定的目的，主要是为了使轴及轴上零件在机体内有固定的轴向位置，当受到轴向载荷作用时，能把载荷传到机座上去而不致引起轴承及轴上零件的轴向移动，另一方面，轴承应留有适当的轴向间隙，以免轴因受热膨胀而被卡住。

常用的轴承固定方法有两种：①双支点单向固定（图9-33）；ⓘ单支点双向固定（图9-34）。

如图9-33所示，双支点单向固定是使轴的两个支点中的每一个支点都能限制轴的单向移动，两个支点合起来就限制了轴的双向移动，它适用于工作温度变化不大的短轴。考虑到工作时轴总会因受热而膨胀，因此，在端盖与轴承外圈端面之间应留有0.2～0.3mm的膨胀补偿间隙。

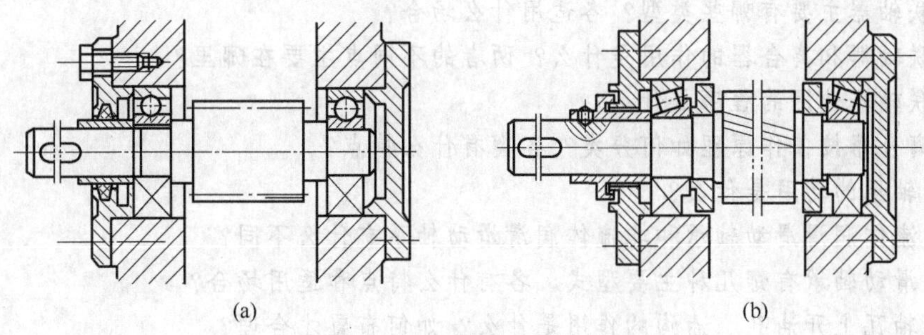

图 9-33　双支点单向固定示意图

对于工作温度较高或较长的轴，因随温度变化轴的伸长量较大，可采用图 9-34 所示的单支点双向固定方式，即一端轴承双向固定（图中左端）并限制了轴的双向位移，另一端轴承为游动支承，轴承可随轴的伸缩在轴承座中沿轴向游动。

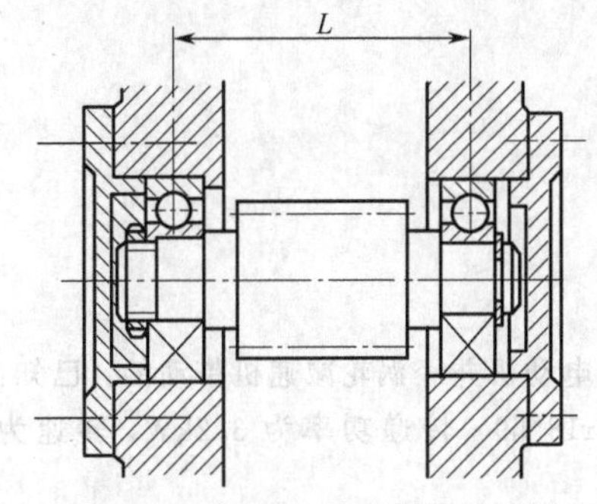

图 9-34　单支点双向固定示意图

（2）滚动轴承的配合

滚动轴承的配合是指内圈与轴颈、外圈与轴承座孔的配合，这些配合的松紧将直接影响轴承的运转精度和使用寿命。一般来说，转动圈（通常轴承工作时，内圈随轴一起转动，此时内圈为转动圈）的转速愈高，载荷愈大，工作温度愈高，愈应采用紧些的配合；游动圈、非转动圈或需经常拆卸的轴承套圈，则要采用松些的配合。通常情况下，当外载荷方向固定不变时，内圈随轴一起转动，内圈与轴的配合应选用紧一些且有过盈的过渡配合；而装在轴承孔中的外圈静止不转时，半圈受载，外圈与轴承座孔的配合常选用较松的过渡配合，以使外圈作极缓慢的转动，从而使受载区域有所变动，发挥非承载区的作用，延长轴承的使用寿命。

（3）滚动轴承的润滑和密封

良好的润滑和密封是使滚动轴承正常工作的重要条件，润滑的作用不仅可以降低摩擦阻力、减轻磨损，同时还起到吸振、冷却、防锈和密封等作用。滚动轴承的润滑方式可根据速度因数 dn 值选择：设 d 为滚动轴承内径（mm）、n 为轴承转速（r/min），则 dn 值间接反映了轴颈的线速度。当 $dn<(1.5\sim2)\times10^5$ mm·r/min 时，可选用脂润滑；当超过时，宜选用油润滑。

轴承的密封通过密封装置来实现，密封装置的作用是阻止润滑剂的流失和防止外界灰尘、水分等的侵入。密封装置的种类很多，常用的有毡圈式密封［如图 9-33(a) 中左侧轴承盖与轴上套筒间的一圈梯形截面的油毡］和迷宫式密封［如图 9-33(b) 中轴套与左轴承盖之间的密封］等。

思　考　题

9-1　根据所受载荷情况的不同，轴如何分类？各有什么特点？

9-2　轴常用的材料有哪几类？

9-3　轴的结构设计要求是什么？在进行轴的结构设计时主要应注意哪些问题？

9-4　为什么轴常需做成阶梯状？拟定各段直径和长度应根据什么条件？

9-5　常见的轴上零件固定方法有哪些？各有什么特点？

9-6 联轴器主要有哪些类型？各适用什么场合？

9-7 联轴器和离合器的作用是什么？两者的不同点主要在哪里？

9-8 联轴器选用的程序是什么？

9-9 离合器按工作原理如何分类？各类有什么特点？

9-10 轴承的功用是什么？

9-11 流体润滑滑动轴承和非流体润滑滑动轴承有什么不同？

9-12 滑动轴承有哪几种主要型式，各有什么特点和适用场合？

9-13 轴瓦上开油孔、油沟的作用是什么？如何布置才合理？

9-14 在轴瓦上贴附轴承衬的目的是什么？其厚度一般为多少？

9-15 对轴瓦、轴承衬材料的要求是什么？常用的轴瓦、轴承衬材料有哪些？

9-16 轴承润滑的目的是什么？常用的润滑剂有哪些？

9-17 润滑油和润滑脂的主要性能指标各有哪些？

9-18 滚动轴承的基本类型和特点是什么？

9-19 选择滚动轴承类型时，主要考虑哪些问题？

9-20 滚动轴承常用的密封方法有几种？

习 题

9-1 试设计某染料生产用高压釜上搅拌轴的直径。该搅拌轴由电动机并经涡轮减速机带动的，已知：电动机功率为 4.5kW，转速为 1460r/min，该搅拌轴材料为 12Cr18Ni9，传递功率为 3.2kW，转速为 80r/min。

9-2 有一带搅拌的立式釜式反应设备，釜内介质无腐蚀性，工作温度为 40℃。操作时搅拌功率为 2.2kW，搅拌轴转速为 100r/min，启动频繁，试确定搅拌轴的轴径及选择联轴器。

9-3 试说明下列滚动轴承代号的意义：

(1) 7210B；(2) 7210AC；(3) N210E；(4) 51210；(5) 30316；(6) 7305B/P4。

第 10 章　轮系及减速器

10.1 轮系的分类及功用

由一对齿轮组成的机构是齿轮传动的最简单型式，然而，在实际工业生产中，常需采用一系列互相啮合的齿轮将主动轴和从动轴连接起来，工程上这种由一系列齿轮所组成的传动系统称为轮系。轮系一般作为过程装备的一个独立部件，若成为原动机和工作机之间用以降低转速并相应增大扭矩的传动装置称为减速器或减速机；反之，若用以增加转速的则称为增速器。

10.1.1　轮系的分类

轮系根据运转时各齿轮轴线的相对位置是否固定，可分为两种基本类型：定轴轮系和动轴轮系。

(1) 定轴轮系

当轮系运转时，各齿轮的几何轴线都是固定不变的，如图 10-1 所示的圆柱齿轮减速器，这种轮系称为定轴轮系。

(2) 动轴轮系

当轮系运转时，至少有一个齿轮的几何轴线相对于其他齿轮的几何轴线有位置的变化，这种轮系称为动轴轮系或周转轮系，如图 10-2(a) 所示的轮系，其中齿轮 2 松套在构件 H 上，并分别与齿轮 1 和齿轮 3 相啮合，构件 H、齿轮 1、齿轮 3 分别可绕固定的且相互重合的几何轴线 O_H、O_1 和 O_3 转动。在运转时，轮 2 一方面绕自己的几何轴线 $O_1—O_1$ 转动（自转），同时又随构件 H 绕固定的几何轴线 $O—O$ 转动（公转）。这种运动和太阳系中的行星绕太阳转动类似，因而称为行星传动，其中兼有自转和公转的齿轮 2 称为行星齿轮，支承行星齿轮的构件 H 称为行星架或系杆。与行星齿轮相啮合，而且其几何轴线位置不变的齿轮称为中心轮，两个中心轮均转动的轮系称为差动轮系，如图 10-2(a)。其中一个中心轮固定不动的动轴轮系称为行星轮系，如图 10-2(b) 所示。

在实际应用中，有的轮系既包括定轴轮系又包括动轴轮系，形成了混合轮系。

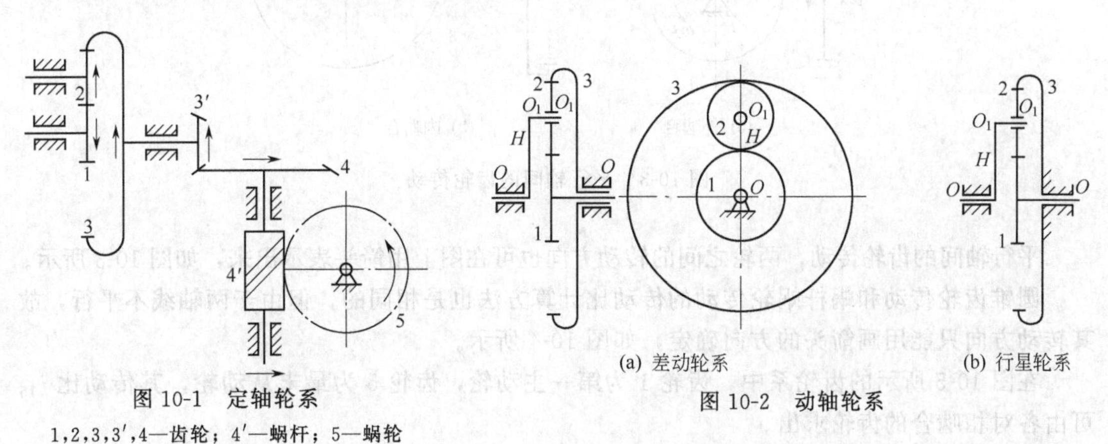

图 10-1　定轴轮系

1,2,3,3′,4—齿轮；4′—蜗杆；5—蜗轮

图 10-2　动轴轮系

10.1.2 轮系的功用

轮系在工程中的应用非常广泛，其功能可归纳如下。

ⅰ. 传递相距较远的两轴之间的运动，从而使齿轮尺寸不致过大；

ⅱ. 实现分路传动，当主动轴的转速一定时，利用轮系可将主动轴的运动同时传递到几根从动轴上，获得所需的各种转速；

ⅲ. 实现变速和换向传动，当主动轴转速不变时，利用轮系可使从动轴获得多种转速或反向转动，例如汽车、机床等机械上的变速系统；

ⅳ. 可获得大的传动比，利用定轴轮系和行星轮系可实现大传动比的传动，如各种减速器；

ⅴ. 可实现运动的合成与分解，利用差动轮系可实现运动的合成（如滚齿机的差动机构）或运动的分解（如汽车后桥差速器）。

本章主要就过程装备上常用的轮系和减速器进行分析与讨论。

10.2 定轴轮系的传动比

在轮系中，其第一主动轮的角速度与最末从动轮的角速度之比称为该轮系的传动比。定轴轮系的传动比可以通过轮系中各对啮合齿轮的传动比计算而得到。

如图 10-3(a) 所示的一对外啮合齿轮，两齿轮的转动方向相反，规定传动比取负号，即

$$i_{12}=\frac{\omega_1}{\omega_2}=\frac{n_1}{n_2}=-\frac{z_2}{z_1}$$

式中下标 1 和 2 分别表示主动轮 1 和从动轮 2。

图 10-3(b) 所示的一对内啮合齿轮，两齿轮的转动方向相同，规定传动比为正号（正号常可省略），即

$$i_{12}=\frac{\omega_1}{\omega_2}=\frac{n_1}{n_2}=\frac{z_2}{z_1}$$

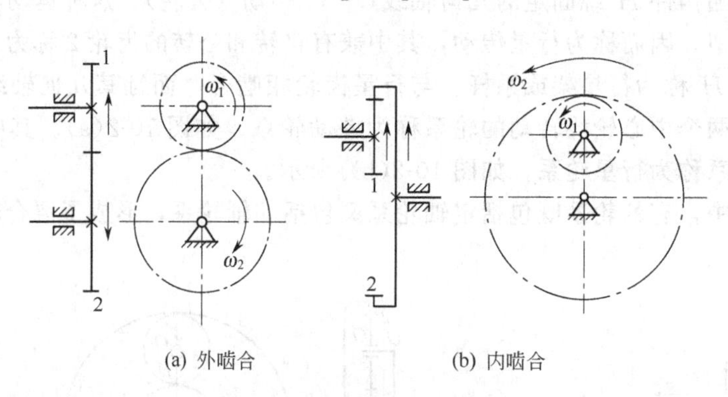

图 10-3 平行轴间的齿轮传动

平行轴间的齿轮传动，两轮之间的转动方向也可在图上用箭头表示出来，如图 10-3 所示。

圆锥齿轮传动和蜗杆蜗轮传动的传动比计算方法也是相同的，但由于两轴线不平行，故其转动方向只能用画箭头的方向确定，如图 10-4 所示。

在图 10-5 所示的齿轮系中，齿轮 1 为第一主动轮，齿轮 5 为最末从动轮，其传动比 i_{15} 可由各对相啮合的齿轮求出。

设 z_1、z_2、$z_{2'}$、z_3、$z_{3'}$、z_4 及 z_5 为各齿轮的齿数，n_1、n_2、$n_{2'}(=n_2)$、n_3、$n_{3'}(=n_3)$、

n_4 及 n_5 为各齿轮的转速。由于轮系中各轮的几何轴线互相平行，其各对相啮合齿轮的传动比分别为

$$i_{12}=\frac{n_1}{n_2}=-\frac{z_2}{z_1}, \qquad n_2=n_1\left(-\frac{z_1}{z_2}\right);$$

$$i_{2'3}=\frac{n_{2'}}{n_3}=\frac{z_3}{z_2}, \qquad n_3=n_{2'}\left(\frac{z_{2'}}{z_3}\right)=n_1\left(-\frac{z_1}{z_2}\right)\left(\frac{z_{2'}}{z_3}\right);$$

$$i_{3'4}=\frac{n_{3'}}{n_4}=-\frac{z_4}{z_{3'}}, \qquad n_4=n_{3'}\left(-\frac{z_{3'}}{z_4}\right)=n_1\left(-\frac{z_1}{z_2}\right)\left(\frac{z_{2'}}{z_3}\right)\left(-\frac{z_{3'}}{z_4}\right);$$

$$i_{45}=\frac{n_4}{n_5}=-\frac{z_5}{z_4}, \qquad n_5=n_4\left(-\frac{z_4}{z_5}\right)=n_1\left(-\frac{z_1}{z_2}\right)\left(\frac{z_{2'}}{z_3}\right)\left(-\frac{z_{3'}}{z_4}\right)\left(-\frac{z_4}{z_5}\right);$$

从而得到轮系的传动比为

$$i_{15}=\frac{\omega_1}{\omega_5}=\frac{n_1}{n_5}=\left(-\frac{z_2}{z_1}\right)\left(\frac{z_3}{z_{2'}}\right)\left(-\frac{z_4}{z_{3'}}\right)\left(-\frac{z_5}{z_4}\right)$$

$$=i_{12}i_{2'3}i_{3'4}i_{45}=(-1)^3\frac{z_2z_3z_4z_5}{z_1z_{2'}z_{3'}z_4}=-\frac{z_2z_3z_5}{z_1z_{2'}z_{3'}}$$

由以上计算可以看出，该定轴轮系的传动比等于组成轮系的各对啮合齿轮传动比的连乘积，也等于各对啮合齿轮传动中从动轮齿数的乘积与主动轮齿数的乘积之比；而首末两轮转向之相同或相反（传动比的正负号）则取决于外啮合的次数，也可用画箭头的方法确定，如图 10-5 所示。

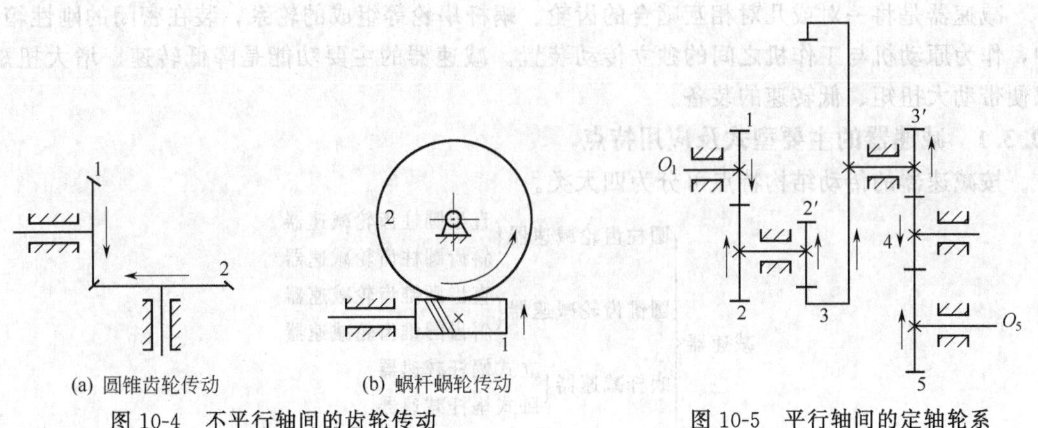

图 10-4　不平行轴间的齿轮传动　　图 10-5　平行轴间的定轴轮系

在图 10-5 所示的轮系中，齿轮 4 同时和齿轮 3′及齿轮 5 相啮合，既是齿轮 3′、齿轮 4 啮合的从动轮，又是齿轮 4、齿轮 5 啮合的主动轮，在计算公式中分子、分母同时出现 z_4 而互相抵消，这表明轮 4 的齿数不影响传动比的大小，但它却使外啮合的次数改变，从而改变传动比的符号，这种齿轮称为惰轮或过桥齿轮。

综上所述，将以上结论推广到一般情况，设 1、N 为定轴轮系的第一主动齿轮和最末从动齿轮，m 为外啮合次数，则

$$i_{1N}=\frac{n_1}{n_N}=(-1)^m\frac{\text{所有从动轮齿数的乘积}}{\text{所有主动轮齿数的乘积}} \tag{10-1}$$

如果定轴轮系中有圆锥齿轮、蜗杆蜗轮等空间齿轮，其传动比的大小仍可用上式计算，但由于一对空间齿轮的轴线不平行，不存在转动方向相同或相反的问题，也就不可

能根据外啮合的次数确定转向关系，因此，这类轮系中各齿轮的转向只能通过在图上画箭头确定。

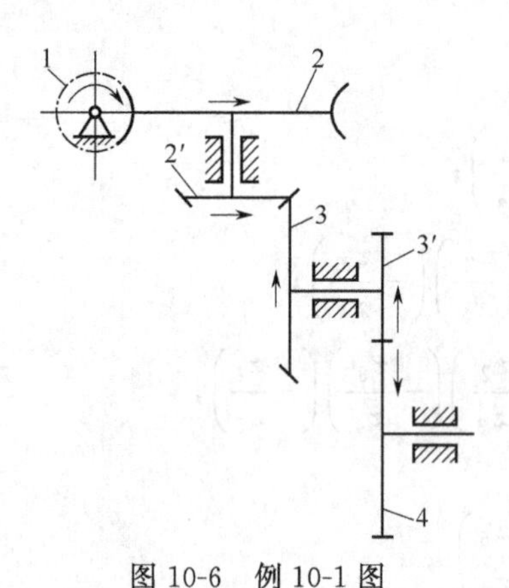

图 10-6 例 10-1 图

【例 10-1】 由蜗杆蜗轮（1、2)、圆柱齿轮（2′、3）和圆锥齿轮（3′、4）所组成的定轴轮系，如图 10-6 所示。已知蜗杆 1 为左旋蜗杆，头数 $z_1=2$，其余各轮数 $z_2=50$，$z_2'=20$，$z_3=40$，$z_3'=30$，$z_4=60$。蜗杆 1 主动轮的转速 $n_1=1450\text{r/min}$，转向如图所示，试求出齿轮 4 的转速和转向。

解 (1) 由式(10-1) 得该定轴轮系的传动比为

$$i_{14}=\frac{n_1}{n_4}=\frac{z_2z_3z_4}{z_1z_{2'}z_{3'}}=\frac{50\times40\times60}{2\times20\times30}=100$$

从而齿轮 4 的转速为

$$n_4=\frac{n_1}{i_{14}}=\frac{1450}{100}=1.45\ (\text{r/min})$$

(2) 因为该定轴轮系中有圆锥齿轮、蜗杆蜗轮等空间齿轮，故只能通过画箭头确定齿轮 4 的转向，如附图所示。

10.3 减速器

减速器是将一对或几对相互啮合的齿轮、蜗杆蜗轮等组成的轮系，装在密闭的刚性箱体中，作为原动机与工作机之间的独立传动装置。减速器的主要功能是降低转速、增大扭矩，以便带动大扭矩、低转速的装备。

10.3.1 减速器的主要型式及应用特点

按减速器的传动结构特点可分为四大类。

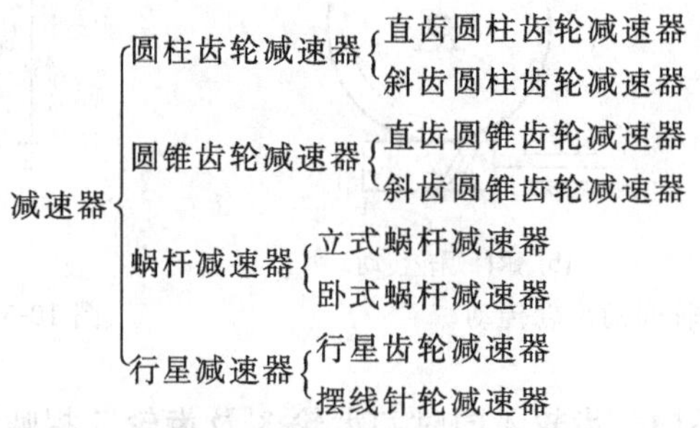

按减速器的传动级数可分为单级减速器、两级减速器和多级减速器。按安装方式可分为卧式减速器和立式减速器。

常用减速器的型式、特点和应用见表 10-1。

表 10-1 常用减速器的型式、特点和应用

减速器的型式	主要特点及应用
单级圆柱齿轮减速器	结构简单，制造容易，精度容易保证，在工业生产中应用最广，但仅适用于输出、输入轴平行且传动比 $i\leqslant8\sim10$ 的场合
展开式两级圆柱齿轮减速器	结构简单，制造也较为容易，应用广泛，能适用于输出、输入轴平行且传动比 $i=8\sim60$ 的场合

续表

减速器的型式	主要特点及应用
单级圆锥齿轮减速器	当输出、输入轴必须布置成相交位置时，如化工过程装备搅拌器上的传动装置，便可采用这种减速器。制造、安装复杂，成本高
蜗杆下置式单级蜗杆减速器	其传动比合适（$i=8\sim80$），机构紧凑，啮合处冷却和润滑较好，但传动效率较低，在工业生产中应用较多
单级行星齿轮减速器	与齿轮和蜗杆减速器相比，具有体积小、重量轻、承载能力大、效率高和工作平稳等优点，但结构比较复杂，制造较为困难，因而只在特殊应用条件下才使用

10.3.2　减速器的组成、结构和润滑

减速器主要由传动零件（齿轮或蜗杆）、轴、轴承及其附件所组成，图 10-7 为单级圆柱齿轮减速器的结构图，图 10-8 为单级行星齿轮减速器的结构图，其基本结构可分为三大部分：ⅰ齿轮、轴及轴承组合；ⅱ箱体；ⅲ减速器附件。

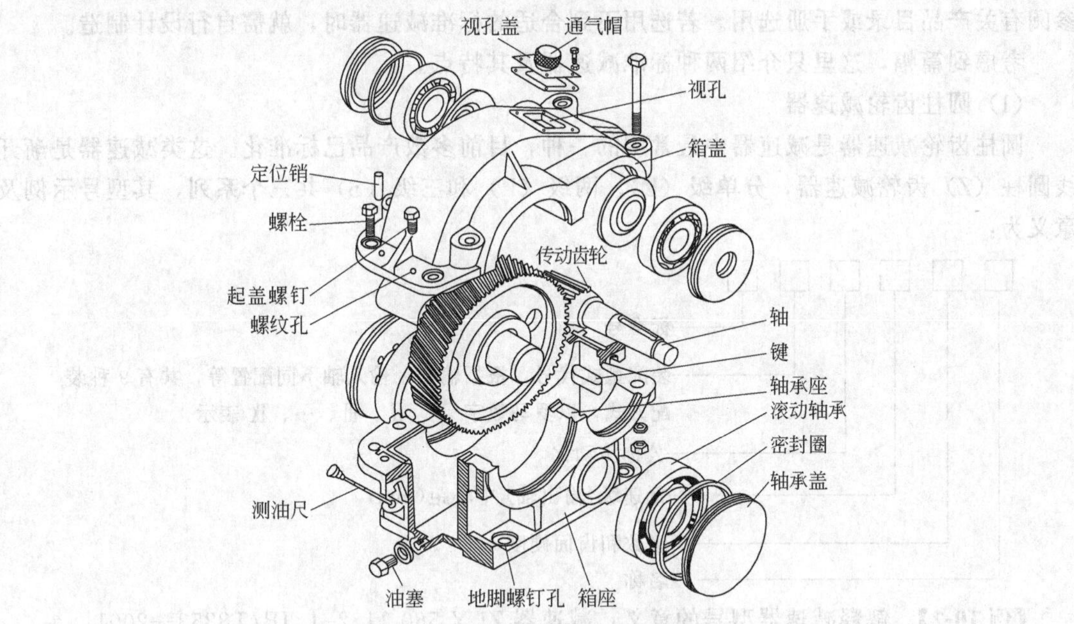

图 10-7　单级圆柱齿轮减速器的结构图

齿轮、轴及轴承组合是减速器的主要组成部分。

箱体是减速器中用于支承和固定轴及其相关零件，保证传动零件的啮合精度、良好润滑和密封的重要组成部分。它是传动零件的基础，应具有足够的强度和刚度。箱体通常用灰铸铁（HT150 或 HT200）铸成，对于受冲击载荷的重型减速器箱体可采用高强度铸钢（ZG200-400 或 ZG230-450）铸造。单件生产时，也可用钢板焊接制成。

附件是为了保证减速器的正常工作，考虑到为减速器润滑油池注油、排油、检查油面高度、加工及拆装检修时箱盖与箱座的精确定位、吊装等辅助零件和部件。主要有检查孔、通气器、轴承盖、定位销、油面指示器、放油螺塞、启箱螺钉和起吊装置等。

减速器的润滑是一个值得注意的问题，由于润滑的目的是减少摩擦损失和散热，正确合理地选择和应用润滑油及润滑方式是保证减速器长期高速稳定运行的关键。

当选择润滑油的牌号和润滑方式时，主要是考虑齿轮（或蜗轮）的工作条件。圆周速度

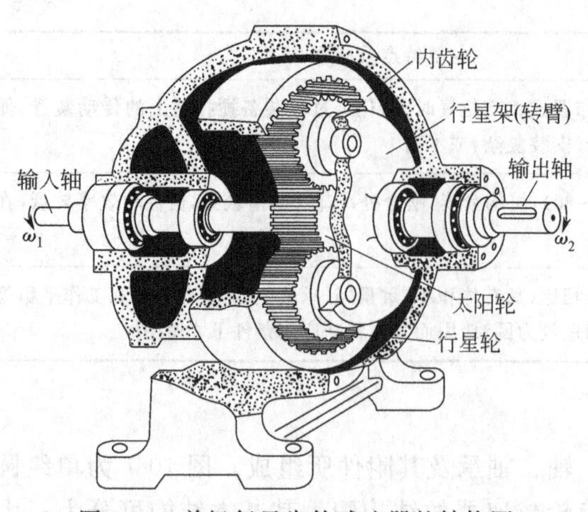

图 10-8 单级行星齿轮减速器的结构图

愈低，齿面压力愈大，应选用较高黏度牌号的润滑油。具体选用可参考有关机械手册和产品样本。

润滑方式有浸油润滑和喷油润滑两种。减速器及滚动轴承可以用润滑脂润滑，也可用润滑油润滑，大多数情况下采用润滑脂润滑。

10.3.3 标准减速器

为了提高减速器质量和大幅度降低生产成本，某些类型的减速器已有了标准系列并由专业厂家制造，用户可以根据传动比、工作条件、转速、载荷大小及特性、在装备总体布置中的要求等，参阅有关产品目录或手册选用。若选用不到合适的标准减速器时，就需自行设计制造。

考虑到篇幅，这里只介绍两种标准减速器及其特点。

(1) 圆柱齿轮减速器

圆柱齿轮减速器是减速器中最常用的一种，目前多数产品已标准化。这类减速器是渐开线圆柱（Z）齿轮减速器，分单级（D）、两级（L）和三级（S）共三个系列，其型号示例及意义为：

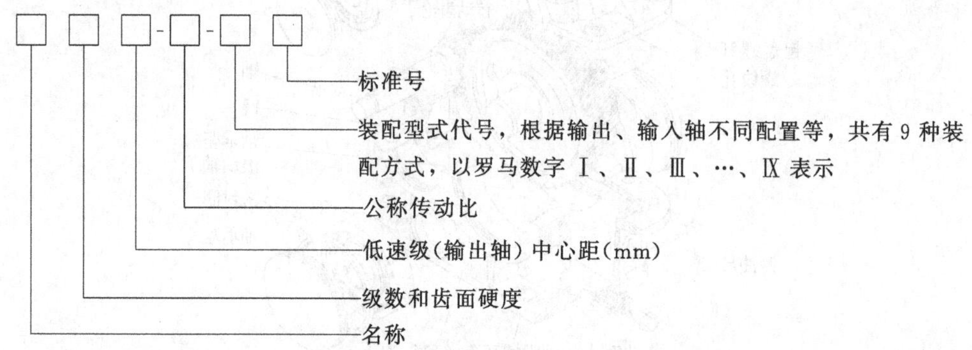

【例 10-2】 解释减速器型号的意义：减速器 ZLY 560-11.2-Ⅰ JB/T8853—2001

表示型号为两级圆柱齿轮（硬齿面）减速器，其低速级（输出轴）中心距为 560mm，公称传动比为 11.2，采用第一种装配型式，标准号为 JB/T8853—2001。

这种减速器结构简单、制造容易、传动可靠，噪声和振动较低，减速器可正反两个方向运转，广泛应用于冶金、矿山、运输、水泥、建筑、化工、纺织和轻工等行业的过程装备上。其适用条件为：减速器高速轴转速不大于 1500r/min，齿轮的圆周速度不大于 20m/s；工作环境温度为－40～45℃，低于 0℃时，启动前润滑油应进行预热。

这种减速器的承载能力受机械强度和热平衡许用功率两方面的限制，因此，减速器的选用必须满足这两方面的要求，其许用输入功率和热平衡功率需查阅“减速器技术手册”或其相关资料。

(2) 行星齿轮减速器

行星齿轮减速器与普通齿轮减速器相比有许多突出的优点，已成为世界各国机械传动发展的重点，目前已被广泛应用于冶金、运输、建材、轻工、能源和交通等行业的过程装备上。不仅适用于高速、大功率的场合，而且在低速、大扭矩的设备上也能推广应用。

行星齿轮减速器的类型很多，但应用最为广泛的是 NGW 型行星齿轮减速器及其派生的行星减速器。

NGW 型行星齿轮减速器的一个重要特点是，内啮合与外啮合之间共用一个行星齿轮，NGW 就是由“内、公、外”三字的汉语拼音的第一个字母组成，其结构示意图如图 10-8 所示。

这种减速器具有重量轻、体积小，工作平稳，传动效率高，传动功率范围大，可以从小于 1kW 到 1300kW 甚至更高，传动比范围大（$i=2.8\sim200$），适应性广等优点。NGW 行星齿轮减速器有一级、二级和三级三种类型，高速轴最高转速不超过 1500r/min，齿轮的圆周速度不得大于 15～20m/s，工作环境温度为－40～45℃，可以正反两向运转。其型号示例及意义为：

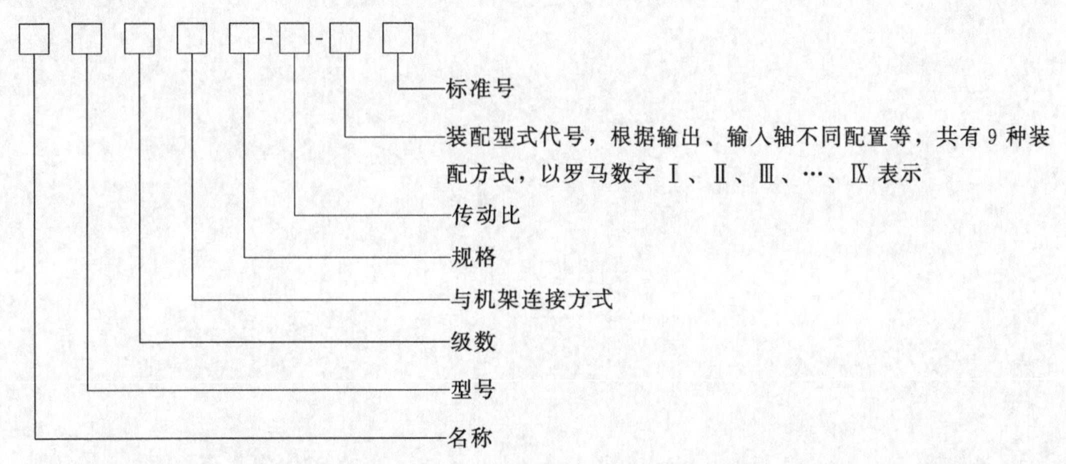

【例 10-3】 解释减速器型号的意义：减速器 N A D 280-5-Ⅰ JB/T6502—1993

表示型号为 NGW 型、一级行星齿轮减速器，与机架连接方式采用底座连接，规格为 280，传动比为 5，采用第一种装配型式，标准号为 JB/T 6502—1993。

思考题

10-1　采用轮系的目的是什么？它在工程中有哪些应用？

10-2　定轴轮系与动轴轮系的不同点在哪？

10-3　定轴轮系的传动比如何计算？首、末两轮的转向如何判断？

10-4　减速器主要有哪些类型，各有什么特点？

10-5　减速器的基本组成是什么？

10-6　减速器的润滑的目的是什么？保证减速器长期稳定运行的关键是什么？

10-7　标准减速器选用应考虑哪些因素？

10-8　NGW 型行星齿轮减速器的一个重要特点是什么？

习题

10-1　试确定如图 10-9 所示的两级齿轮减速器输出轴的转速 n_2 及转向，已知：$n_1=1460$r/min。

10-2　某一定轴轮系中如图 10-10 所示，已知：$n_1=1460$r/min，$z_1=20$，$z_2=30$，$z_3=100$，$z_{3'}=25$，$z_4=40$，$z_{4'}=2$，$z_5=60$。试确定该定轴轮系的总传动比 i_{15}、蜗轮的转速 n_5 及方向（用箭头表示）。

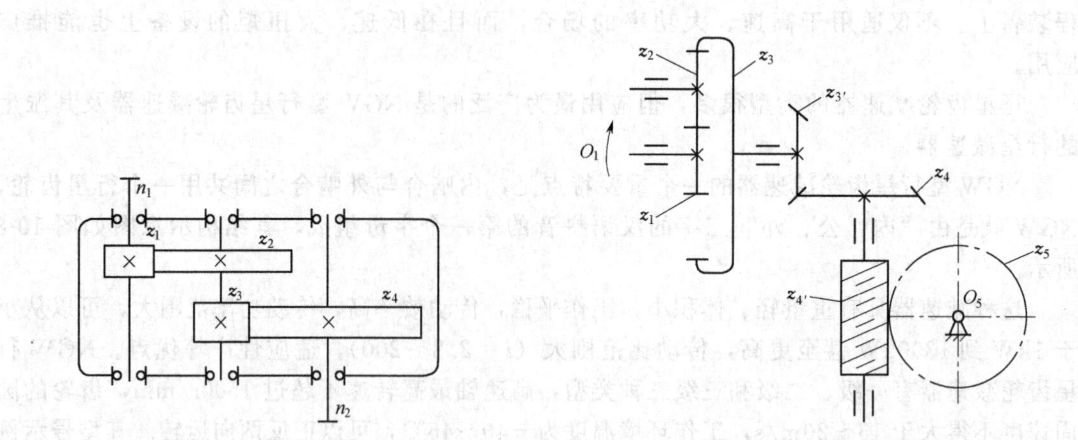

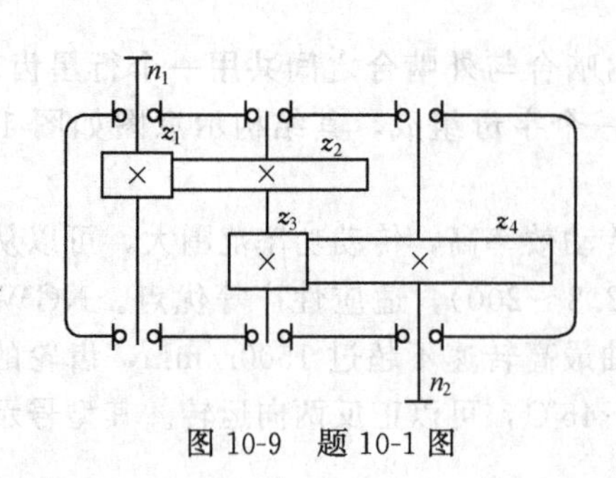

图 10-9 题 10-1 图

图 10-10 题 10-2 图

第4篇　压力容器及压力管道

过程工业生产过程中的物料常常是气体、液体和粉粒体，并且这些物料常表现有毒、易燃和易爆的性能，生产过程往往在各种内、外压力下进行。因此，过程工业的生产设备几乎都具有密闭的外壳，通常把这种承受一定压力的密闭壳体称为压力容器；各种压力容器之间都需要采用管道连接，这些管道大多属于压力管道。压力容器及压力管道的设计、制造、使用与管理是过程装备基础中的重要内容之一，是从事过程工业的工程技术人员必备的专业知识。通过本篇内容的学习，可以综合运用所学基本理论，从材料、强度、结构、制造及其质量保证等方面对压力容器及压力管道进行分析，能够应用相关的国家标准和规范进行一般压力容器及压力管道的设计和零部件选用，具备压力容器及压力管道工程设计的初步能力，并能够对一般压力容器及压力管道进行使用管理。

第11章　压力容器设计

11.1 概述

压力容器广泛应用于化工、石油、轻工、制药、食品、动力、核能、冶金、航空、航天、海洋、纺织和国防等工业部门。在使用过程中，压力容器既要适应生产工艺过程所要求的压力和温度条件，又要承受各种介质的作用。本章根据压力容器的基本理论，结合中国相关的压力容器规范和标准，着重介绍承受中低压的压力容器工程设计。

11.1.1　压力容器设计内容及有关规范

压力容器设计一般包括结构设计、材料选择和强度计算等内容。其中，结构设计除了考虑压力容器自身的要求之外，还需考虑压力容器内部的工艺及结构要求。材料选择是根据生产条件（如工作压力、工作温度和介质的腐蚀性等）选择合适的结构材料。强度计算则是根据压力容器所承受的各种载荷和工作条件，利用相应的设计规范和标准进行计算使所确定的压力容器结构具有足够的强度。整个设计应密切结合工艺过程的要求，从安全、可靠、经济的观点综合考虑，努力做到既符合安全性的要求又符合经济性的要求。

由于压力容器是有爆炸性危险的承压设备，一旦发生事故，将引起严重后果。因此，国家对压力容器的设计、制造、检验和验收等制定了严格的强制性法规、规范和标准，如GB 150《压力容器》、JB/T 4732《钢制压力容器——分析设计标准》等。毫无疑问，这些法规和标准是压力容器设计时必须要严格遵守和执行的。

11.1.2　压力容器的总体结构及其设计特点

典型的压力容器参见附图。压力容器的总体结构通常由筒体、封头、法兰、开孔与接管、支座和安全附件等组成，如图11-1所示。

① 筒体　筒体是压力容器的重要组成之一，其形状通常有圆筒形和球形两种。

② 封头　封头是压力容器的重要组成之一，具有多种结构形式，按照几何形状的不同，常见的封头可分为半球形封头、椭圆形封头、碟形封头、球冠形封头、锥形封头及平盖等。

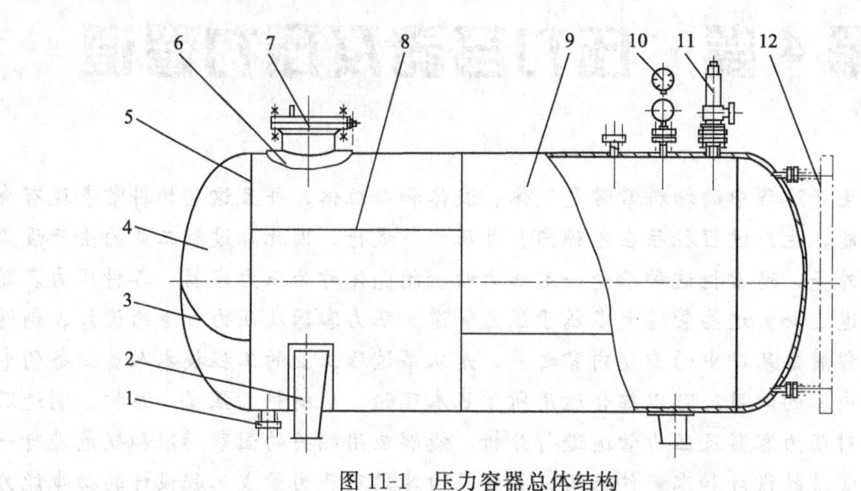

图 11-1 压力容器总体结构

1—法兰；2—支座；3—封头拼接焊缝；4—封头；5—环焊缝；6—补强圈；
7—人孔；8—纵焊缝；9—筒体；10—压力表；11—安全阀；12—液面计

在选用时，应根据工艺过程、承载能力和制造要求等因素确定。

③ 法兰 法兰连接是压力容器中最常用的密封结构，其作用是通过螺栓连接使压力容器密封可靠。在一般的压力容器结构中，封头与筒体、人孔与人孔盖、压力容器各种接管与外管道间的连接大多采用法兰连接形式。

④ 开孔与接管 压力容器常因生产工艺和安装检修等的需要，在其筒体、封头上开设各种孔口（如人孔、手孔等）和安装多种接管（如进料管、出料管、排气管、排液管、液面计接管和仪表接管等）。

⑤ 支座 压力容器靠支座支承并固定在基础上，其形式主要由压力容器自身的结构确定，圆筒形容器和球形容器的支座各不相同。圆筒形容器的支座分为卧式容器支座（如鞍座、圈座和支腿）和立式容器支座（如耳式支座、支承式支座、腿式支座和裙式支座）两大类。球形容器的支座则多采用柱式支座或裙式支座。

⑥ 安全附件 压力容器的安全附件主要有安全阀、爆破片装置、紧急切断阀、安全联锁装置、压力表、液面计和测温仪表等，其作用是监控压力容器内部工作介质的工艺参数，确保压力容器的使用安全和正常运行。

基于以上分析可看出，在工业生产中所使用的各类压力容器，虽然服务对象不同、操作条件各异和结构形式不一，但从设计的角度分析，压力容器的设计都有其共同的特点，即可以将压力容器整体分解为筒体、封头、法兰、开孔与接管、支座和安全附件等几种零部件，通常压力容器的筒体和封头需要根据其使用条件和要求进行设计计算，而其他零部件则大多已有标准，可以直接选用。

11.1.3 压力容器的分类

压力容器结构型式很多，相应的分类方法也有多种。为了便于压力容器的设计与分析，常见的分类方法主要有如下两种。

(1) 根据承压方式分类

压力容器可分为内压容器和外压容器两类。当压力容器内部介质压力大于外部压力时称为内压容器，反之，则称为外压容器。

内压容器按其设计压力 p 的大小，又可分为如下四种。

低压容器（代号 L） $0.1\text{MPa} \leqslant p < 1.6\text{MPa}$

中压容器（代号 M）　　1.6MPa≤p<10MPa
高压容器（代号 H）　　10MPa≤p<100MPa
超高压容器（代号 U）　p≥100MPa

外压容器中，当容器的内压力小于一个绝对大气压（约 0.1MPa）时又称为真空容器。

（2）根据在生产工艺过程中所起的作用分类

压力容器可分为如下四种。

反应压力容器（代号 R）　主要是用于完成介质的物理、化学反应的压力容器。如各种反应器、反应釜、聚合釜、合成塔和煤气发生炉等。

换热压力容器（代号 E）　主要是用于完成介质热量交换的压力容器。如各种热交换器、冷却器、冷凝器和蒸发器等。

分离压力容器（代号 S）　主要是用于完成介质的流体压力平衡缓冲和气体净化分离的压力容器。如各种分离器、过滤器、洗涤塔和吸收塔等。

储存压力容器（代号 C，其中球罐代号 B）　主要是用于储存、盛装气体、液体、液化气体等介质的压力容器。如各种型式的储罐、缓冲罐、烘缸和蒸锅等。

11.1.4　压力容器的设计载荷条件

（1）设计时应考虑的载荷

载荷是指能够在压力容器上产生应力和应变的因素，压力容器设计时应考虑如下载荷。

① 基本载荷

ⅰ. 内压、外压或最大压差；

ⅱ. 液体静压力，当液体静压力小于设计压力的 5%时，可忽略不计。

② 选择性载荷　需要时，还应考虑下列载荷：

ⅰ. 容器的自重（包括内件和填料等），以及正常工作条件或耐压试验状态下内装介质的重力载荷；

ⅱ. 附属设备及隔热材料、衬里、管道、扶梯、平台等的重力载荷；

ⅲ. 风载荷、地震载荷和雪载荷；

ⅳ. 支座、底座圈、支耳及其他型式支承件的反作用力；

ⅴ. 连接管道和其他部件的作用力；

ⅵ. 温度梯度或热膨胀量不同引起的作用力；

ⅶ. 冲击载荷，包括压力急剧波动引起的冲击载荷、流体冲击引起的反力等；

ⅷ. 运输或吊装时的作用力。

需要注意的是，并不是所有的压力容器设计时都需要全部考虑以上载荷，而是设计者应根据压力容器的实际所受载荷，结合规范和标准的要求，确定出设计载荷。

（2）载荷工况

压力容器在正常操作、耐压试验、开停工及检修等过程中，其载荷工况是不同的，也即所承受的载荷是不同的，因此，压力容器设计时，应根据不同的载荷工况分别计算相应的载荷，从而确定设计载荷条件。

11.1.5　压力容器的失效形式与设计准则

压力容器在规定的使用环境和时间内，由于尺寸、形状或者材料性能变化而危及安全或者丧失正常功能的现象，称为压力容器的失效。因此，为了确保压力容器的安全性，在进行压力容器设计时应分析其可能出现的各种失效形式，从而采用与失效相对应的设计准则进行设计。

(1) 压力容器的失效形式

压力容器在运行过程中，其失效形式一般可分为强度失效、刚度失效、屈曲失效和泄漏失效四类。

① 强度失效　是指压力容器在确定的压力或其他载荷的作用下，因材料发生屈服或断裂而引起的失效。

② 刚度失效　是指压力容器的变形大到足以影响其正常工作而引起的失效。

③ 屈曲失效　是指压力容器在压应力作用下，突然失去其原有几何形状而引起的失效。

④ 泄漏失效　是指压力容器由于介质泄漏而引起的失效。

由上述分析可知，强度、刚度和稳定性是压力容器设计中必须考虑的基本问题，其中最重要的是强度问题。

(2) 压力容器的设计准则

为了有针对性地避免压力容器的失效，确保压力容器的安全运行，在压力容器设计时，必须根据压力容器在运行中可能出现的失效形式，正确选用与失效相对应的设计准则，确定适用的设计规范和标准，再按该规范和标准要求进行设计与校核。压力容器的设计准则大致可分为强度失效设计准则、刚度失效设计准则、屈曲失效设计准则和泄漏失效设计准则，其中强度失效设计准则又分为弹性失效设计准则、塑性失效设计准则、爆破失效设计准则、弹塑性失效设计准则、疲劳失效设计准则、蠕变失效设计准则和脆性断裂失效设计准则，其中弹性失效设计准则是最早提出的，已有丰富的使用经验，是 GB 150 采用的设计准则，而其他设计准则目前在工程应用上还缺乏经验。

11.1.6 压力容器零部件标准的两个最基本参数——公称直径（尺寸）与公称压力

压力容器零部件是压力容器不可缺少的组成部分。通用的零部件包括筒体、封头、法兰、支座、人孔和手孔等。为了便于设计、制造、检验和维修，压力容器零部件多数已经标准化。在压力容器零部件的标准中，需要用到的两个最基本参数为公称直径（尺寸）和公称压力。

(1) 公称直径（尺寸）

公称直径（尺寸）是压力容器和管道标准化后的尺寸系列，用 DN 表示，单位为 mm。对于压力容器和管道，两者公称尺寸的意义有所不同。

① 压力容器的公称直径　由钢板卷制而成的筒体，其公称直径的数值等于内直径。当筒体直径较小时，可直接采用无缝钢管制作，此时公称直径的数值等于钢管外直径。

设计时，应将工艺计算初步确定的压力容器直径，圆整为符合表 11-1 所规定的公称直径系列尺寸。

表 11-1　压力容器的公称直径 DN　　mm

<table>
<tr><td rowspan="7">筒体由钢板卷制而成</td><td>300</td><td>350</td><td>400</td><td>450</td><td>500</td><td>550</td><td>600</td><td>650</td><td>700</td><td>750</td></tr>
<tr><td>800</td><td>850</td><td>900</td><td>950</td><td>1000</td><td>1100</td><td>1200</td><td>1300</td><td>1400</td><td>1500</td></tr>
<tr><td>1600</td><td>1700</td><td>1800</td><td>1900</td><td>2000</td><td>2100</td><td>2200</td><td>2300</td><td>2400</td><td>2500</td></tr>
<tr><td>2600</td><td>2700</td><td>2800</td><td>2900</td><td>3000</td><td>3100</td><td>3200</td><td>3300</td><td>3400</td><td>3500</td></tr>
<tr><td>3600</td><td>3700</td><td>3800</td><td>3900</td><td>4000</td><td>4100</td><td>4200</td><td>4300</td><td>4400</td><td>4500</td></tr>
<tr><td>4600</td><td>4700</td><td>4800</td><td>4900</td><td>5000</td><td>5100</td><td>5200</td><td>5300</td><td>5400</td><td>5500</td></tr>
<tr><td>5600</td><td>5700</td><td>5800</td><td>5900</td><td>6000</td><td>—</td><td>—</td><td>—</td><td>—</td><td>—</td></tr>
<tr><td>筒体由无缝钢管制作</td><td colspan="2">159</td><td colspan="2">219</td><td colspan="2">273</td><td colspan="2">325</td><td>377</td><td>426</td></tr>
</table>

注：本表摘自 GB/T 9019《压力容器公称直径》，该标准并不限制直径在 6000mm 以上的圆筒使用。

② 管子的公称尺寸 管子的公称尺寸，既不是管子的内直径，也不是管子的外直径，而是一种为了使管子与管件之间实现相互连接、具有互换性而标准化后的系列尺寸。管子的公称尺寸与管子的外直径是逐一对应的，而同一公称尺寸管子的内直径则因管壁厚度的不同而有多种数值。管子的公称尺寸同样用 DN 表示，单位为 mm。

中国标准 HG/T 20592～20635 使用两套配管的钢管外径尺寸系列：一套是国际上通用的配管系列，也是国内石油化工引进装置中广泛使用的钢管尺寸系列，俗称英制管；另一套钢管尺寸系列是国内化工及其他工业部门至今仍然广泛使用的钢管外径尺寸系列，俗称公制管。两套钢管外径尺寸系列与公称尺寸的对应关系见表 11-2。

表 11-2 钢管外直径尺寸系列 mm

DN	10	15	20	25	32	40	50	65	80	100	125	150	200	250
公制管	14	18	25	32	38	45	57	76	89	108	133	159	219	273
英制管	17.2	21.3	26.9	33.7	42.4	48.3	60.3	76.1	88.9	114.3	139.7	168.3	219.1	273
DN	300	350	400	500	600	700	800	900	1000	1200	1400	1600	1800	2000
公制管	325	377	426	530	630	720	820	920	1020	1220	1420	1620	1820	2020
英制管	323.9	355.6	406.4	508	610	711	813	914	1016	1219	1422	1626	1829	2032

③ 其他零部件的公称直径（尺寸） 与压力容器筒体或钢管相配的零部件，如压力容器法兰、容器支座、封头和管法兰等，其公称尺寸就是相配筒体或钢管的公称尺寸。压力容器筒体公称直径的规定，主要是为了方便与筒体相配的零部件尺寸的标准化和系列化，特别是为了便于与筒体相配封头的制造。例如标准椭圆形封头需要用模具进行冲压成型，筒体公称直径的规定使冲压模具的数量成为有限值，从而极大地便于封头的制造。因此，凡是与某一容器筒体相配的零部件都具有相同的公称直径，即筒体的公称直径。还有一些零部件的公称尺寸往往是指结构上的某一重要尺寸，如液面计、视镜和人孔等的公称尺寸，具体意义可查阅相关标准。

（2）公称压力

对于公称直径（尺寸）相同的同类零部件，只要其工作压力不同，则某些尺寸必定会有所不同。因此，在制订零部件标准时，仅有公称直径这一个参数是不够的，还需要将压力容器和管子等零部件所承受的压力也规定为若干个压力等级，公称压力就是标准零部件在一定的温度和采用一定的材料时所能承受的最高压力。对于支座等非受压元件，则没有公称压力的概念，但仍要考虑其所受的载荷。

① 压力容器零部件和管道元件的公称压力意义和表示方法 压力容器的零部件，如压力容器法兰，其公称压力是指在规定的螺栓材料和垫片的基础上，用 Q345R 材料制造的法兰在 200℃时所允许的最高工作压力，用 PN 表示，单位为 MPa。如 PN0.60 的压力容器法兰，是指该法兰用 Q345R 材料制作、在 200℃时所允许的最高工作压力为 0.60MPa。

根据 GB/T 1048 的规定，管道元件的公称压力是指管道系统元件的力学性能和尺寸特性相关、用于参考的字母和数字组合的标识，由字母 PN 和后跟量纲为一的数字组成。需要注意的是，该数字不代表测量值，不应用于计算目的，除非在有关标准中另有规定；除了与相关的管道元件标准有关联之外，术语 PN 不具有意义；管道元件允许压力取决于元件的 PN 数值、材料和设计以及允许工作温度等，允许压力在相应标准的压力-温度等级表中给出；具有同样 PN 和 DN 数值的所有管道元件同与其相配的法兰应具有相同的配合尺寸。如

PN2.5的管法兰，其公称压力为2.5bar（1bar=0.1MPa），其允许压力取决于管法兰的PN数值、材料和设计以及允许工作温度等，允许压力值在相应标准的压力-温度等级表中查取。

② 公称压力等级的大小　国际通用的公称压力等级有两大体系，即欧洲体系和美洲体系。欧洲体系采用PN系列表示公称压力等级，如PN2.5、PN50等。美国等一些国家习惯采用Class系列表示压力等级，如Class150、Class300等。然而，需要注意的是PN和Class都是用于表示公称压力等级系列的符号，其本身量纲为一。PN系列中常用的公称压力等级有0.25MPa、0.60MPa、1.0MPa、1.6MPa、2.5MPa、4.0MPa、6.3MPa、10.0MPa、16.0MPa等；Class系列中常用的公称压力等级有2.0MPa、5.0MPa、11.0MPa、15.0MPa、26.0MPa、42.0MPa等。PN系列与Class系列间的相互对应关系以及所表示的公称压力值见表11-3。

表11-3　PN系列与Class系列间的相互对应关系以及所表示的公称压力值

PN	20	50	110	150	260	420
Class	150	300	600	900	1500	2500
压力值/MPa	2.0	5.0	11.0	15.0	26.0	42.0

(3) 在选用标准零部件时的应用

在压力容器设计选用标准零部件时，则应依据相应标准的规定，由零部件的设计温度、设计压力及所用材料确定所选标准零部件的公称压力。公称直径（尺寸）和公称压力是选择标准零部件的主要参数。所选的标准零部件应按相应标准的规定进行标记。零部件标记是设计与制造之间沟通的工程语言，它表明了所选具体零部件的结构尺寸、规格性能、材料及其制造技术要求等丰富内容。非外购零部件标记本质上就相当于一张（套）标准零部件的施工图，设备制造厂根据其标记就可以将所要求的零部件制造出来，而对于外购标准件（如液面计）制造厂则依据其标记进行采购。因此，正确标记对于设备零部件的设计是至关重要的。每一零部件的标记必须准确无误地写到设备装配图的明细栏内。

11.2 内压薄壁容器设计基础

11.2.1 概述

过程装备中的压力容器通常是由板、壳通过焊接的方法组合而成，常见的壳体结构有圆筒形壳体、球形壳体、锥形壳体、椭球形壳体和由它们构成的组合壳体，这些壳体大多属于回转壳体。

壳体是一个方向的尺寸远小于其他两个方向的尺寸且至少有一个方向的曲率不为零时的构件，回转壳体是轴对称体，在垂直于对称轴平面上的投影是正圆形，其内、外表面都是由一条平面曲线绕同一对称轴形成的回转曲面。与壳体的内、外表面等距离的面称为壳体的中间面，而内、外表面之间的法向距离称为壳体厚度，用δ表示。壳体可分为薄壁壳体和厚壁壳体，其中薄壁壳体是指厚度与直径相比很小的壳体，对于圆筒形壳体，若圆筒的厚度与内直径之比$\delta/D_i\leqslant1/10$，即圆筒的外直径与内直径之比$D_o/D_i\leqslant1.2$的，称为薄壁圆筒，反之，则称为厚壁圆筒。

过程装备中的大多数中低压容器都属于回转薄壁壳体，这些薄壁壳体在气压或液压作用下将产生何种应力，其分布规律如何？为此，本节首先简要介绍回转薄壁壳体的几何特性，然后利用无力矩理论对回转薄壁壳体的薄膜应力进行分析，最后对回转薄壁壳体中的边缘应力进行简要的分析。

11.2.2　回转薄壁壳体的几何特性

图 11-2 为一般回转薄壁壳体的中间面，由于回转薄壁壳体的厚度很小，故通常可用中间面来代表回转薄壁壳体的几何特性。

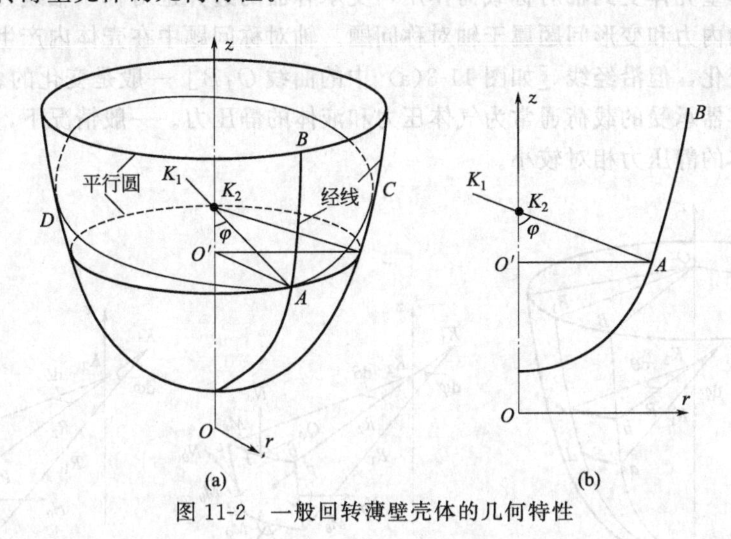

图 11-2　一般回转薄壁壳体的几何特性

(1) 坐标系

回转薄壁壳体在任一包含对称轴纵向截面内的图形是完全相同的，因此，采用柱坐标，在 r-z 坐标面上研究回转薄壳的几何特性，如图 11-2 所示。

(2) 经线、平行圆

通过回转轴的平面称为经线平面，经线平面与壳体中间面的交线称为**经线**。显然，经线是经线平面上的一条平面曲线（如图 11-2 中的曲线 AB），中间面就是以经线为母线绕轴线回转而形成的。垂直于回转轴的平面与中间面的交线形成的圆称为**平行圆**，该圆的半径称为平行圆半径，用 r 表示。

(3) 第一曲率半径、第二曲率半径

经线上任一点 A 处的曲率半径称为**第一曲率半径**，用 R_1 表示。通过经线上任一点 A 作垂直于经线的平面，该平面与中间面相交形成一条平面曲线，如图 11-2(a) 中 D、A、C 三点所在的曲线，该曲线在 A 点的曲率半径称为**第二曲率半径**，用 R_2 表示。第一和第二曲率半径的曲率中心都位于 A 点的法线上，且第二曲率半径的曲率中心必落在对称轴上。在图 11-2 中，$R_1=AK_1$，$R_2=AK_2$。

由高等数学知，只要已知经线方程 $z=z(r)$，经线上任一点的第一曲率半径 R_1 可用下式求解：

$$R_1=\frac{\left[1+\left(\frac{\mathrm{d}z}{\mathrm{d}r}\right)^2\right]^{3/2}}{\left|\frac{\mathrm{d}^2z}{\mathrm{d}r^2}\right|} \tag{11-1}$$

第二曲率半径 R_2 可根据图 11-2 中的几何关系求得。对于特殊回转薄壁壳体，如圆筒形壳体、球形壳体、锥形壳体和椭球形壳体，根据定义可直接得到第一曲率半径和第二曲率半径。

在图 11-2 中，平行圆半径 r 与第二曲率半径 R_2 之间有如下关系：

$$r=R_2\sin\varphi \tag{11-2}$$

11.2.3 回转薄壁壳体的无力矩理论

11.2.3.1 无力矩理论概述

如果回转薄壁壳体受到轴对称载荷作用，支承容器的边界也对称于轴线，则壳体因外载荷作用而引起的内力和变形问题属于轴对称问题。轴对称问题中在壳体内产生的应力在同一平行圆上没有变化，但沿经线［如图 11-3(a) 中的曲线 O_1B］一般是变化的。

内压薄壁容器承受的载荷通常为气体压力和液体的静压力。一般情况下，气体压力是主要的载荷，液体的静压力相对较小。

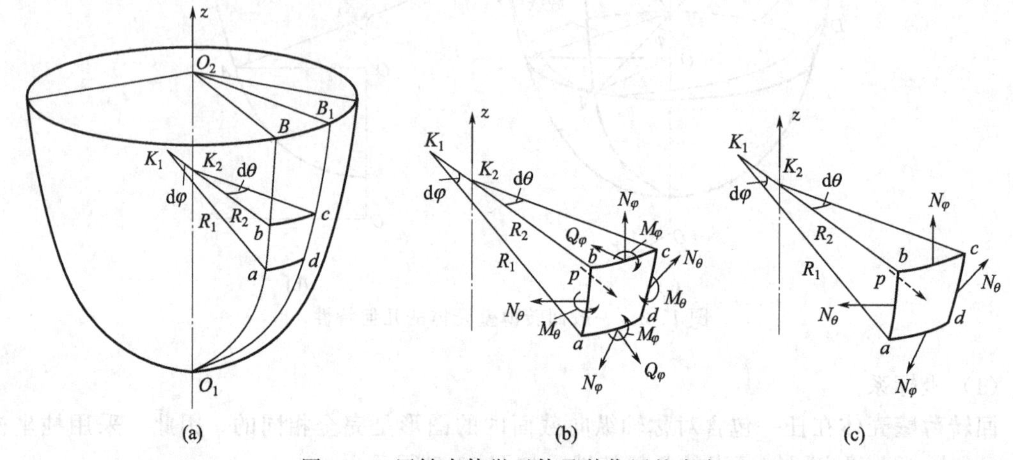

图 11-3 回转壳体微元体及其作用的内力

为了分析薄壁壳体中一点的应力状态，通常如图 11-3(a) 截取微元体，用经向平面截壳体形成的截面称为**纵截面或经向截面**，以第二曲率半径 R_2 为母线形成的锥面截壳体形成的截面称为**锥截面**，$abcd$ 为微元体的中间面，所代表的微元体是由两个夹角很微小的经向截面（O_1、O_2、B 三点所在的半平面和 O_1、O_2、B_1 三点所在的半平面）和两个相距很近的锥面截取壳体形成的。ab 边和 cd 边所在单元面为经向截面，bc 边和 ad 边所在单元面为锥截面，与壳体法线垂直的单元面为壳体的内、外表面。图 11-3(b)、(c) 表示了如此截取的壳体微元（为避免图示复杂，只画出了壳体微元的中间面，未表示出厚度）上作用的内力。一般情况下，经向截面两侧材料在经向和壳体法线方向，锥截面两侧材料在周向，都不会存在相对错动的剪切变形，因而在经向截面上和锥截面的周向都不可能存在剪力。弯矩 M_θ、M_φ 是由于周向和经向的曲率变化引起的，横剪力 Q_φ 则是由于锥截面两侧材料在沿壳体法线方向可能存在的剪切变形引起的。N_θ 和 N_φ 是由于壳体中间面的拉伸或压缩变形而产生的，称为薄膜内力。

在壳体理论中，如果全部考虑上述内力，这种理论称为**“有力矩理论”**或**“弯曲理论”**。但是，在一般只承受气体压力和液体静压力的情况下，在容器壳体的大部分区域，其弯矩和横剪力与薄膜内力相比是很小的，如果略去不计，将使壳体的应力分析大大简化而不致引起大的误差。此时，壳体的应力状态仅由薄膜内力 N_θ 和 N_φ 确定，称为“无矩应力状态”，如图 11-3(c) 所示。基于这一近似假设求解这些薄膜内力的理论，称为**“无力矩理论”**或**“薄膜理论”**。薄壁容器壳体的应力分析和强度计算都是以无力矩理论为基础的。

由于构成薄膜内力的应力沿壳体厚度均匀分布，所以当壳体主要通过薄膜内力承受载荷时，充分发挥了材料的作用，强度和刚度较好，材料最省，重量最轻，这是压力容器大都采用薄壁壳体结构的重要原因。

11.2.3.2　无力矩理论的基本方程式

壳体处于“无矩应力状态”时，类似于薄膜（如气球承受内部气压）仅靠张力承压，故称之为“薄膜理论”。图 11-4 为微段柔索承受法向力的示意图，柔索不能承受弯曲变形，不能像梁一样产生剪力和弯矩平衡外力。假设该微段柔索上作用的法向总力是一微小的力，在图 11-4 中为水平方向，用 $\mathrm{d}P$ 表示。由于柔索具有一定的曲率，截面上的拉伸内力（张力）N 不是作用在同一条直线上，其合力可以平衡法向总力 $\mathrm{d}P$。由图 11-4 易知其平衡方程，即

$$\mathrm{d}P=2N\sin\frac{\mathrm{d}\alpha}{2}$$

由于夹角很微小，则有 $\sin\frac{\mathrm{d}\alpha}{2}\approx\frac{\mathrm{d}\alpha}{2}$，代入上式后可得

$$\mathrm{d}P=N\mathrm{d}\alpha \tag{11-3}$$

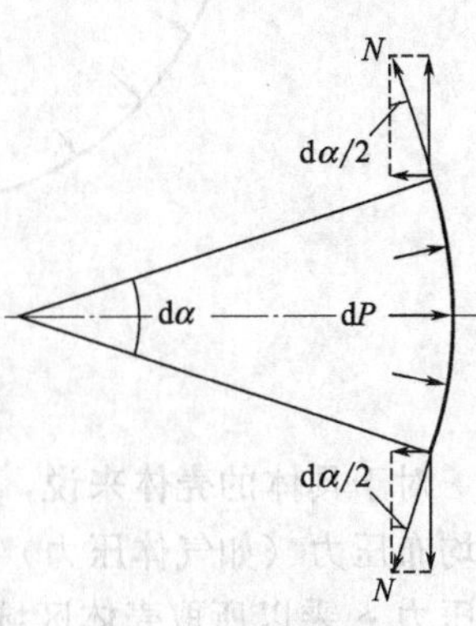

图 11-4　柔索承受法向力示意图

薄膜或薄壁壳体承受内压与柔索承受法向力是相似的，区别仅在于薄壁壳体是在经向和周向均有曲率，两个方向的薄膜内力都对平衡内压 p（图 11-3）有贡献，但每一方向所平衡的内压部分都可应用式(11-3) 进行计算。如图 11-3(c) 所示，按照式(11-3)，由 N_θ 平衡的内压部分为 $N_\theta\mathrm{d}\theta$，而由 N_φ 平衡的内压部分为 $N_\varphi\mathrm{d}\varphi$，于是有

$$\mathrm{d}P=N_\theta\mathrm{d}\theta+N_\varphi\mathrm{d}\varphi \tag{11-4}$$

式中，$\mathrm{d}P$ 为在壳体微元内表面上作用的法向总力，其值为内压 p 与壳体微元中间面（可视为矩形平面）面积的乘积。设壳体微元的厚度为 δ，经向截面上的薄膜应力为 σ_θ，称为**周向应力或环向应力**，锥截面上的薄膜应力为 σ_φ，称为**经向应力**，则有

$$\mathrm{d}P=p\times R_1\mathrm{d}\varphi\times R_2\mathrm{d}\theta,\ N_\varphi=\sigma_\varphi\delta R_2\mathrm{d}\theta,\ N_\theta=\sigma_\theta\delta R_1\mathrm{d}\varphi$$

将以上结果代入式(11-4)，整理后可得

$$\frac{\sigma_\varphi}{R_1}+\frac{\sigma_\theta}{R_2}=\frac{p}{\delta} \tag{11-5}$$

式(11-5) 表示了回转壳体上任一点的两向薄膜应力 σ_φ、σ_θ 与内压力 p 的平衡关系，称为**微体平衡方程式**。

为了对式(11-5) 有更好的理解，特指出如下几点。

ⅰ. 经向和周向具有曲率才能平衡内压。由于回转壳体是轴对称的，周向方向总是有曲率的，故周向应力对于平衡内压总是有贡献的。

ⅱ. 经线可以是曲线也可以是直线，因此，经向应力不一定对平衡一点的内压有贡献。

ⅲ. 当经线为直线时，一点的内压仅由周向应力平衡，而经向应力的值，取决于壳体的轴向平衡条件，或说经向应力承担壳体轴向平衡的重任。

前已述及，在轴对称问题中，壳体中点的应力在同一平行圆上是不变的，但沿经线一般来说是变化的。由于经向应力作用在锥截面上，因此，可以按照锥截面把薄壁壳体截开，取其中任一部分，研究所取壳体的轴向平衡条件，就可以将经向应力求出来。如此截取壳体的部分区域得到的轴向平衡方程称为**区域平衡方程式**。这个方法本质上与采用横截面把直杆截开，求杆横截面上正应力的方法是一样的，只不过截壳体是用锥面而不是用平面。事实上，与直杆横截面相当的应是锥面，因为锥面与壳体中间面是垂直的，如此截壳体得到的锥截面

才能体现出壳体厚度，其上作用的才是均匀分布的经向应力。图 11-5 表示了用锥面截取的壳体轴向平衡的情况。图 11-5(b) 是在经线平面上表示的轴向平衡，并且表示出了壳体的厚度。

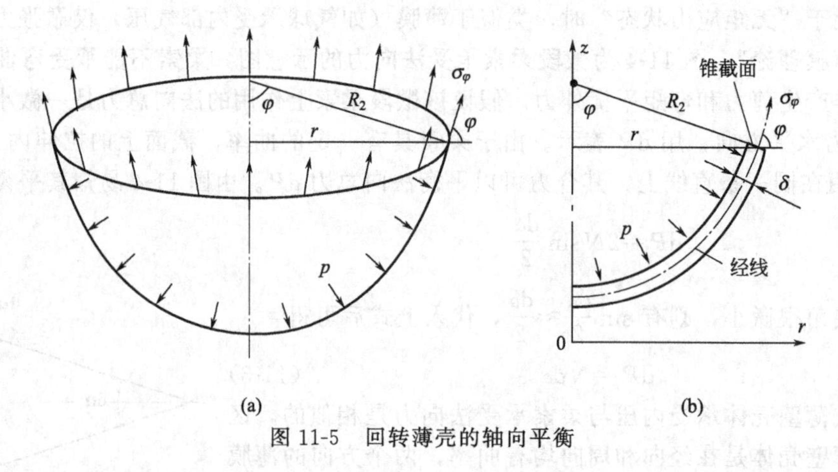

图 11-5 回转薄壳的轴向平衡

对于具体的壳体来说，写出区域平衡方程式，求取经向应力并不困难。对于容器壳体承受均布压力（如气体压力）的情况，如图 11-5 所示，压力的合力方向为沿轴线向下，大小为压力 p 乘以所取壳体区域在轴线方向的正投影面积（图 11-5 半径为 r 的平行圆之面积），而经向应力的合力方向为沿轴线向上，大小为经线上每点的微元经向力 $\sigma_\varphi \delta \mathrm{d}l_\theta$（$\mathrm{d}l_\theta$ 为平行圆的微元弧长）在轴线方向的分力之和。于是，由图 11-5 易知，壳体承受均布气压时的轴向平衡条件，即区域平衡方程式为

$$p\pi r^2=\int_0^{2\pi r}\sigma_\varphi \delta \sin\varphi \mathrm{d}l_\theta = 2\pi r\delta\sigma_\varphi \sin\varphi$$

故

$$\sigma_\varphi=\frac{pr}{2\delta\sin\varphi}=\frac{pR_2}{2\delta} \tag{11-6}$$

代入微体平衡方程式(11-5)，得

$$\sigma_\theta=R_2\left(\frac{p}{\delta}-\frac{\sigma_\varphi}{R_1}\right)=\sigma_\varphi\left(2-\frac{R_2}{R_1}\right) \tag{11-7}$$

式(11-6) 和式(11-7) 即为承受气体压力作用的容器壳体内两向薄膜应力的计算公式。

11.2.4 特殊回转薄壳中的薄膜应力

根据容器壳体内物料性质的不同，容器壳体有承受气压、液压或同时承受气压、液压等三种可能，其中气体压力是薄壁容器通常承受的最主要载荷。为此，下面仅分析几种承受气压作用的特殊回转薄壳中的薄膜应力。

(1) 球形壳体

如图 11-6 所示，由于球形壳体的几何形状对称于球心，所以第一曲率半径 R_1 和第二曲率半径 R_2 相等且等于球壳的中间面半径 R，即 $R_1=R_2=R$，代入式(11-6) 和式(11-7) 得

$$\sigma_\varphi=\sigma_\theta=\frac{pR}{2\delta}=\frac{pD}{4\delta} \tag{11-8}$$

式中 D——球壳的中间面直径或平均直径，mm。

球壳中的两向薄膜应力相等，各点具有同样的应力状态，做到了等强度，充分发挥了材料的作用，强度和刚度是最好的，从力学上来说是最理想的壳体结构。

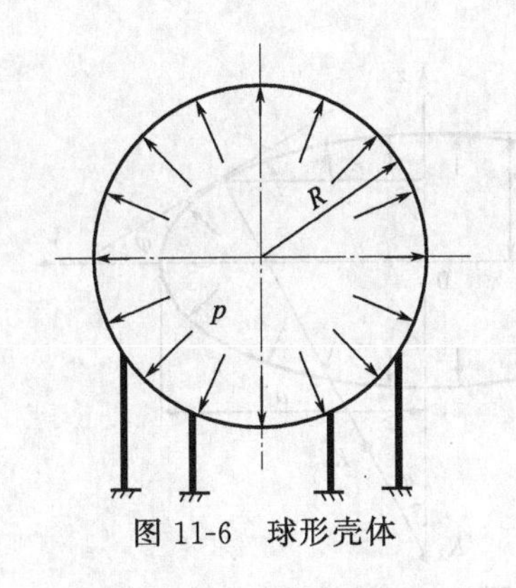

图 11-6　球形壳体

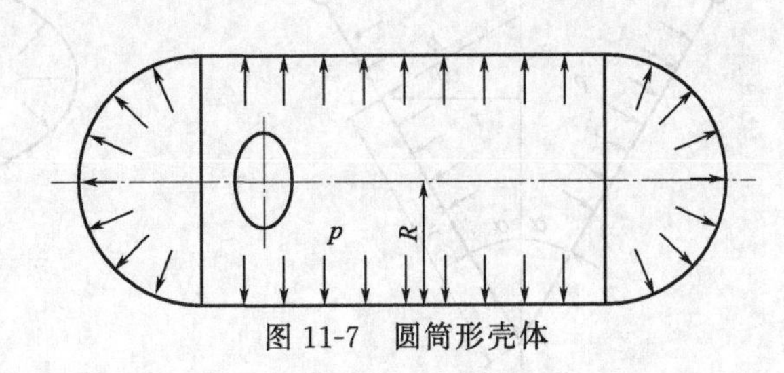

图 11-7　圆筒形壳体

球壳在工程上常用于制作储存容器，即球形储罐。半个球壳则用作压力容器的封头。

(2) 圆筒形壳体

如图 11-7 所示，由于圆筒形壳体的经线为直线，所以 $R_1=\infty$，$R_2=R$，代入式(11-6)和式(11-7) 得

$$\sigma_{\varphi}=\frac{pR}{2\delta}=\frac{pD}{4\delta} \tag{11-9a}$$

$$\sigma_{\theta}=\sigma_{\varphi}\left(2-\frac{R}{\infty}\right)=2\sigma_{\varphi}=\frac{pR}{\delta}=\frac{pD}{2\delta} \tag{11-9b}$$

圆筒形壳体承受气压作用时，周向应力为经向应力的两倍是很重要的应力分析结果，例如在圆筒形壳体上开椭圆形孔时，开孔方向应如图 11-7 所示，其原因就在于此。

由圆筒形壳体和两端的封头所形成的容器是大多数压力容器采用的结构形式。因此，上述两个薄膜应力计算公式在压力容器的设计中占有重要地位。

(3) 圆锥形壳体

如图 11-8 所示，由于圆锥形壳体的经线为直线，所以 $R_1=\infty$，$R_2=r/\cos\alpha$，代入式(11-6) 和式(11-7) 得

$$\sigma_{\varphi}=\frac{pR_2}{2\delta}=\frac{pr}{2\delta\cos\alpha} \tag{11-10a}$$

$$\sigma_{\theta}=\sigma_{\varphi}\left(2-\frac{R_2}{\infty}\right)=2\sigma_{\varphi}=\frac{pr}{\delta\cos\alpha} \tag{11-10b}$$

圆锥形壳体两向薄膜应力沿经线线性变化，在圆锥形壳体大端薄膜应力最大，强度最差；在圆锥形壳体的顶点薄膜应力为零，强度最高。因此，圆锥形壳体的受力不佳，强度不高。

(4) 椭球形壳体

如图 11-9 所示，由于椭球形壳体的经线为一椭圆曲线，其方程为：

$$\frac{r^2}{a^2}+\frac{z^2}{b^2}=1$$

根据式(11-1)，可得到经线上任一点第一曲率半径的表达式，即

$$R_1=\frac{[a^4-r^2(a^2-b^2)]^{3/2}}{a^4b}$$

$$R_2=\frac{r}{\sin\varphi}=\frac{r}{\tan\varphi/\sqrt{1+\tan^2\varphi}}=\frac{[a^4-r^2(a^2-b^2)]^{\frac{1}{2}}}{b}$$

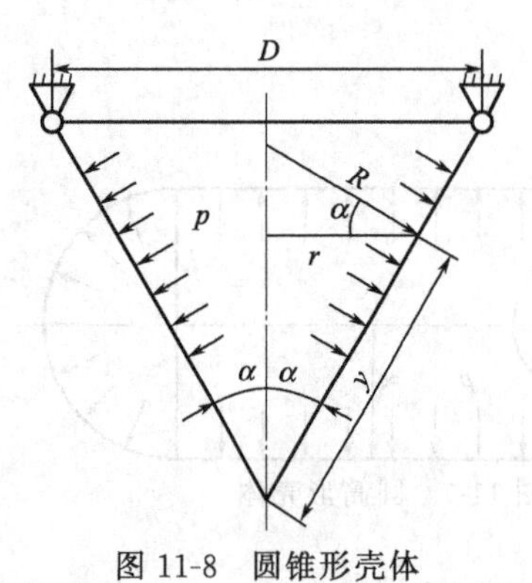

图 11-8 圆锥形壳体

图 11-9 椭球形壳体

将 R_1、R_2 代入式(11-6) 和式(11-7)，可得到椭球形壳体上任一点薄膜应力的计算式为：

$$\sigma_\varphi=\frac{pR_2}{2\delta}=\frac{p}{2\delta b}[a^4-r^2(a^2-b^2)]^{1/2} \tag{11-11a}$$

$$\sigma_\theta=\sigma_\varphi\left(2-\frac{R_2}{R_1}\right)=\sigma_\varphi\left[2-\frac{a^4}{a^4-r^2(a^2-b^2)}\right] \tag{11-11b}$$

从以上两式可看出，对椭球形壳体，只要点的位置即 r 值确定，就可求出 σ_φ 和 σ_θ 的大小。为了研究椭球形壳体的应力分布规律，现分析几个特殊点的两向薄膜应力。

① 在椭球形壳体的顶点（即 $r=0$，$z=b$ 处）

$$\sigma_\theta=\sigma_\varphi=\frac{pa}{2\delta}\left(\frac{a}{b}\right)$$

② 在椭球形壳体的赤道点（即 $r=a$，$z=0$ 处）

$$\sigma_\varphi=\frac{pa}{2\delta}$$

$$\sigma_\theta=\sigma_\varphi\left[2-\left(\frac{a}{b}\right)^2\right]=\frac{pa}{2\delta}\left[2-\left(\frac{a}{b}\right)^2\right]$$

由以上分析可知，椭球形壳体上各点的两向薄膜应力随径向坐标 r 而变化的，如图11-10所示。在椭球形壳体的顶点（$r=0$，$z=b$）处应力最大，经向应力与周向应力相等且为拉应力。随着 r 的增大，经向应力和周向应力都连续减小，但无论 r 为何值，经向应力都为拉应力。当 $a=\sqrt{2}b$ 时，赤道点的周向应力为零，说明赤道既不扩大也不缩小；当 $a>\sqrt{2}$

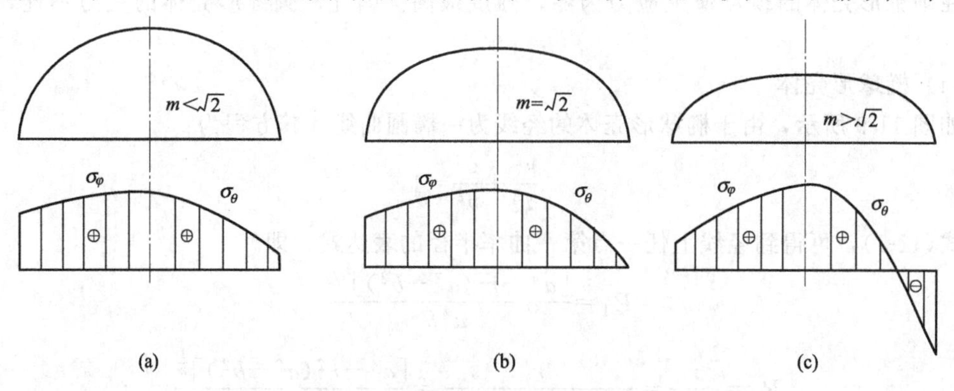

图 11-10 椭球形壳体的薄膜应力分布（$m=a/b$）

b 时，周向应力在赤道附近变成了压应力，说明在内压的作用下赤道附近周向纤维在收缩，属于压缩变形。

椭球形壳体的一半用于制作压力容器的封头，工程上将 $a/b=2$ 的椭圆形封头称为标准椭圆形封头，它是中低压容器最为常用的一种封头型式。

以上讨论均为只承受气压的薄壁壳体应力分析实例，对于承受液压或同时承受气压、液压的薄壁壳体应力分析，则各点的应力值需考虑液体静压力并利用微体平衡方程式和区域平衡方程式确定，这里从略。

【例 11-1】 有一外径为 $\phi 219$ 的氧气瓶，厚度为 5.7mm，工作压力为 15MPa，试求氧气瓶在此压力作用下筒壁内的薄膜应力。

解 氧气瓶筒身的平均直径

$$D=D_o-\delta=219-5.7=213.3\ (\text{mm})$$

根据承受气压的圆筒形壳体应力计算公式(11-9a) 和 (11-9b)，可得氧气瓶筒壁内的经向应力、周向应力分别为：

经向应力 $$\sigma_\varphi=\frac{pD}{4\delta}=\frac{15\times 213.3}{4\times 5.7}=140.33\ (\text{MPa})$$

周向应力 $$\sigma_\theta=\frac{pD}{2\delta}=\frac{15\times 213.3}{2\times 5.7}=280.66\ (\text{MPa})$$

11.2.5　回转薄壁壳体中的边缘应力

根据无力矩理论的假设，轴对称问题的薄壁壳体中只有薄膜应力而没有弯曲应力和切应力。对于实际的压力容器，由于壳体总有一定的抗弯刚度，能够承受弯矩和剪力，只要壳体经向和周向的曲率有变化，就说明存在弯曲变形，在壳体中有弯曲应力和切应力存在。但在一定条件下，壳体内的薄膜应力比弯曲应力大得多，以致可以忽略不计，此时即为近似薄膜应力状态。实现这种无矩应力状态，壳体的几何形状、加载方式和边界条件必须满足如下条件：

ⅰ. 壳体的厚度、中间面曲率和载荷连续，没有突变，且构成壳体的材料物理性能相同；

ⅱ. 壳体的边界处不受横向剪力、弯矩和扭矩作用；

ⅲ. 壳体边界处的约束沿经线的切向方向，不得限制边界处的转角与挠度。

总之，薄壁壳体无矩应力状态必须满足壳体材料、几何形状及载荷的连续性，同时必须保证壳体具有自由边界。若以上任一条件不能满足，就不能应用无力矩理论进行分析。对于实际的压力容器，并不能完全满足上述条件，比如在压力容器的支座、接管处，不仅壳体的受力发生了突变，而且壳体的几何形状和受力的轴对称性都受到了破坏。此外，薄膜变形属于无约束自由变形，这种自由，不仅要求边界是自由的，而且要求不同类型的壳体之间不能相互约束，这在实际的壳体中也是不可能实现的。实际的压力容器通常是由不同类型壳体组成的，不同类型壳体在压力的作用下，各自的薄膜变形即无约束自由变形通常在连接边缘处是不相同的，因而薄膜变形不是壳体在连接边缘处的真实变形。不同类型的壳体之间必然要相互约束使变形协调，产生附加的弯曲变形。这种由于不同类型的壳体相互约束产生的约束力和约束力矩，称为**边缘力和边缘力矩**。

图 11-11 表示了 $a>\sqrt{2}b$ 的椭圆形封头与筒体连接边缘处的边缘力和边缘力矩的产生原因。在均布内压的作用下，若封头和筒体在连接处不相互约束而各自自由变形，则两者的变形均为薄膜变形。由 11.2.4 节特殊回转薄壳中的薄膜应力分析可知，椭球形壳体在赤道附

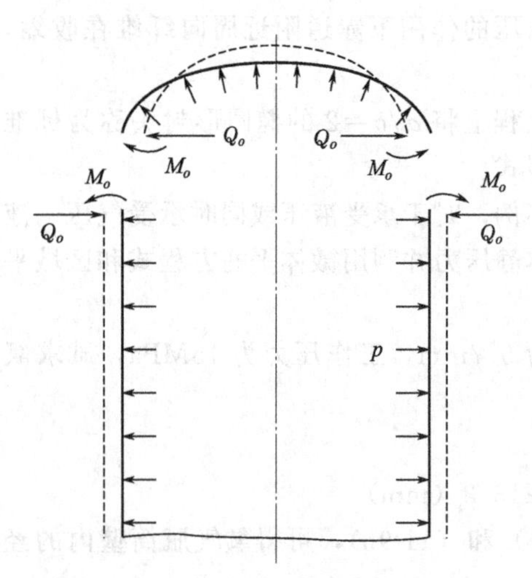

图 11-11 边缘力与边缘力矩产生示意图

近平行圆直径会减小，而筒体的周向薄膜应力是大于零的，直径必然要扩大，两者的薄膜变形即自由变形如图 11-11 中的虚线所示。显然，两者的薄膜变形在连接处是不连续的。因此，两者必然要相互约束使变形协调，产生相互约束的边缘力 Q_o 和边缘力矩 M_o。在 Q_o 和 M_o 的作用下，椭圆形封头和筒体都会产生相应的变形，使两者在连接处具有相同的径向位移和转角，即两者连接在一起，从而保持了变形的连续性，同时在各自的壳体内产生了相应的应力，这种应力称为**边缘应力**。

边缘应力中包括由于经线的弯曲而产生的弯曲正应力和切应力；由于平行圆直径的增加或减小，会产生相应于平行圆曲率变化的弯曲应力和相应于周向纤维的拉伸或压缩变形的拉伸应力或压缩应力。边缘应力应通过边缘连接处的变形协调方程求解，比求解薄膜应力要复杂得多。壳体中的真实应力可看作是薄膜应力与边缘应力的叠加。

由此可见，壳体中的薄膜应力满足了壳体受载的平衡条件，而边缘应力则是为了满足变形连续性要求而产生的。正是由于如此，边缘应力具有如下两个基本特性。

(1) 局部性

由于边缘应力满足的是连接边缘处的变形连续性要求，因而随着离开连接边缘处距离的增加，薄膜变形逐渐趋向于协调，从而边缘应力很快就衰减至零。研究表明，不同性质的连接边缘产生不同的边缘应力，但都具有明显的衰减特性。对于钢制圆筒而言，边缘应力的作用区域局限于在距离边缘处大约为 $2.5\sqrt{R\delta}$（R 为圆筒平均半径，δ 为圆筒厚度）经线长度的范围内。在这个边缘影响区之外的大部分区域为薄膜应力区，即无力矩理论成立的区域。

(2) 自限性

边缘应力的产生，其根本原因是由于薄膜变形不连续。连接边缘两侧材料相互约束使各自不能自由变形，但当连接边缘局部的材料发生屈服时，这种约束就趋向缓解，边缘应力的值也会自动限制，不会随着压力的增加而无限制地增加。这就是边缘应力的自限性。

薄膜应力由于要满足平衡外载荷的要求，只要在压力作用的地方都会有薄膜应力，并且随着压力的增加而增大。因此，薄膜应力的作用范围遍布于压力容器整个壳体，不具有自限性。薄壁压力容器的大部分区域为薄膜应力区，而在边缘影响区，薄膜应力与边缘应力属于同一数量级，有时边缘应力还具有较高的数值。与薄膜应力相比，边缘应力由于具有局部性和自限性，使压力容器直接发生破坏的危险性较小。

薄膜应力是影响压力容器整体强度的主要应力成分，因此，压力容器常规设计（按规则设计）中，强度条件是根据薄膜应力来建立的，将壳体的大部分区域限制在弹性变形的范围内，以保证压力容器运行的安全性。对于大多数由塑性较好的材料（如低碳钢、奥氏体不锈钢等）制成的压力容器，受静载荷时，一般不对边缘应力作特殊考虑，只是在结构上作某些局部处理，如妥善处理连接边缘的结构，在连接边缘采取局部加强，保证边缘区的焊缝质量，降低边缘区的残余应力，避免边缘区附加局部应力或产生应力集中（如避免在边缘区附近开孔）等。

11.3 内压薄壁容器的设计

压力容器的筒体和封头是压力容器的主体，需要根据GB 150、使用条件和要求进行设计计算。为此，下面首先介绍压力容器的结构，然后介绍内压容器的设计计算。

11.3.1 压力容器的结构

11.3.1.1 筒体的结构

筒体是压力容器的重要组成之一，根据形状通常可分为圆筒形和球形两种结构类型。圆筒形结构是最为常见的一种压力容器筒体结构形式，具有结构简单、制造容易和内件安装方便等优点，因而应用最广。球形结构则由于制造稍难和内件安装不便，一般仅用作储罐。

圆筒形结构根据其结构特征可分为单层式和组合式两大类。

① 单层式筒体结构　是指筒体的器壁在厚度方向由一整体材料构成，根据制造方式又分为单层卷焊式、整体锻造式、锻焊式三种结构，其中单层卷焊式结构是目前制造和使用最多的一种筒体形式，尤其是在承受中低压的压力容器结构中。

② 组合式筒体结构　是指筒体的器壁在厚度方向由两层或两层以上互不连续的材料构成，主要应用于承受高压的压力容器结构中。根据制造方式又分为多层包扎式、多层热套式、多层绕板式、多层绕带式和整体多层包扎式五种结构，若需要详细了解，可参考相关文献资料。

11.3.1.2 封头的结构

封头也是压力容器的重要组成之一，常见的形状有：凸形（包括半球形、椭圆形、碟形和球冠形）、锥形和平盖等。

(1) 半球形封头

半球形封头是由半个球壳构成。直径不大和厚度较小时，半球形封头通常采用整体冲压成型；直径较大（$D_i > 2500$mm）时，半球形封头则采用先分瓣冲压成型后拼装焊接的方法制作。由于半球形封头的深度较大，故冲压成型较椭圆形封头和碟形封头困难，多用于大型高压容器和压力较高的储罐上。

(2) 椭圆形封头

椭圆形封头是由半个椭球壳和高度为 h_0 的短圆筒（常称为直边段）组成，如图11-12所示。直边段 h_0 的作用是为了使封头和筒体的连接环焊缝不出现在经向曲率半径突变处，以改善焊缝的受力状况，其高度一般为25mm或40mm。由于封头曲面深度 h_i 比半球形封头浅（半球形封头：$h_i/D_i = 0.5$；标准椭圆形封头：$h_i/D_i = 0.25$），故冲压成型较为方便，是目前中低压容器中最为常用的一种封头型式。

(3) 碟形封头

碟形封头由三部分组成：第一部分是以 $R_i \leqslant D_i$ 的球面部分，第二部分是 $r \geqslant 10\% D_i$ 且 $r \geqslant 3\delta_{nh}$ 的过渡环壳部分，第三部分是高度为 $h_0 = 25$mm或40mm的短圆筒，如图11-13所示。对于标准碟形封头，$R_i = 0.9D_i$，$r = 0.17D_i$。由于碟形封头在相同直径和深度条件下的应力分布不如椭圆形封头均匀，因此，仅在加工椭圆形封头有困难或直径较大、压力较低的情况下才选用碟形封头。

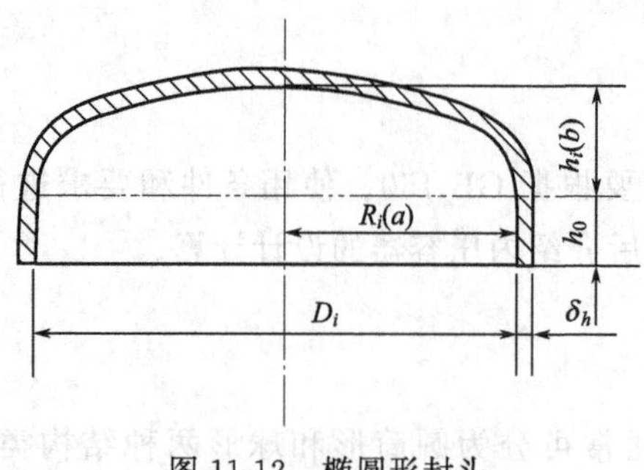

图 11-12 椭圆形封头

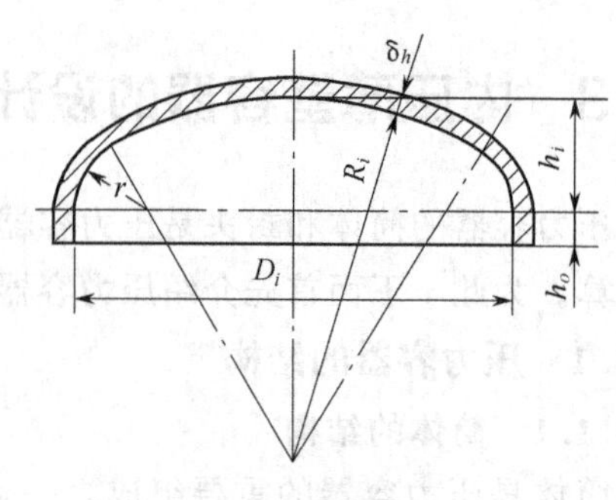

图 11-13 碟形封头

(4) 球冠形封头

有些压力容器由于结构上的要求，需要降低凸形封头的高度，此时可将碟形封头的直边段和过渡圆弧去掉，就成为了球冠形封头，如图 11-14 所示。球冠形封头可用作端封头［图 11-14(a)］，也可用作容器中两独立受压室的中间封头［图 11-14(b)］。这种封头结构简单、制造方便，但由于球面与圆筒连接处没有转角过渡，所以在连接处附近的封头与筒体上都存在相当大的不连续应力，其应力分布很不合理。因此，封头与筒体连接的 T 形焊缝必须采用全焊透结构。这种封头一般只用于压力较低和直径不大的压力容器上。

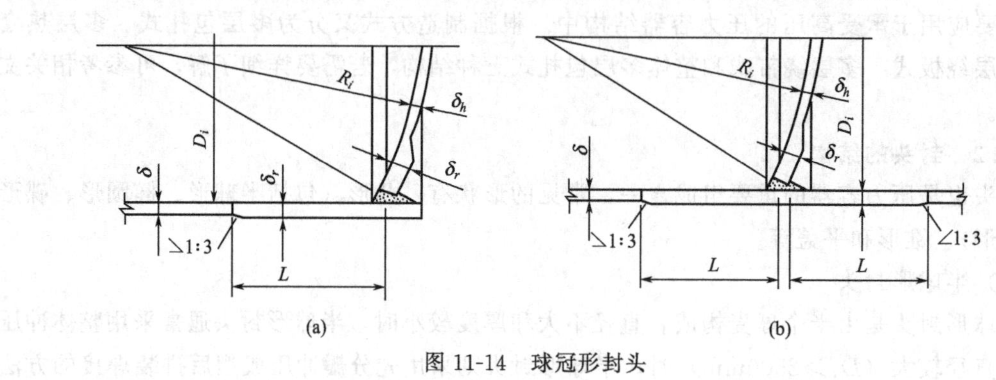

图 11-14 球冠形封头

(5) 锥形封头

锥形封头可分为无折边锥壳和折边锥壳，如图 11-15 所示。它经常用于从压力容器底部排出含有固体颗粒或晶粒的料液，或被用于连接两段直径不同的圆筒以利于流体均匀分布和

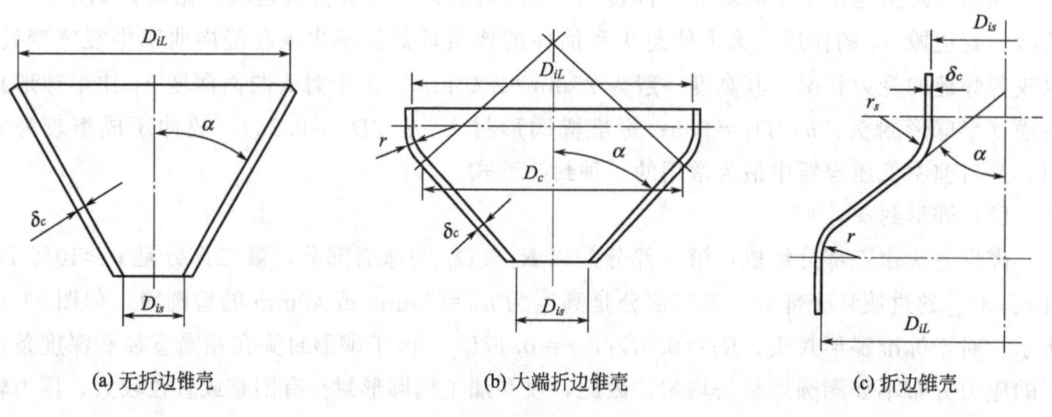

图 11-15 锥形封头

改变流体流速。一般情况下，锥形封头的制造较为方便，但受压稍大时，其大小端可能需要局部加强，其结构就较复杂了。就其强度而言，锥形封头与半球形、椭圆形等封头相比较差，但高于平盖。锥形封头与圆筒的连接应采用全焊透焊缝。

(6) 平盖

平盖又称平板封头，有圆形、椭圆形、长圆形、矩形和方形等多种型式，最常用的是圆形平盖。圆形平盖作为封头承受内压时，在板内要产生两向弯曲应力，因而它所需的厚度比同直径筒体的厚度大很多，比其他任何封头所需的厚度都大，因此，压力容器一般都不采用平盖。但是，由于它结构简单和制造方便，故压力容器上常需要拆卸的人孔和手孔的盖板、某些换热设备的端盖等都采用平盖。此外，高压容器中也可采用平盖。

11.3.2 内压薄壁容器的设计

11.3.2.1 内压筒体设计

(1) 内压圆筒

根据前述 11.2.4 节特殊回转薄壳中的薄膜应力，对于承受均布内压的薄壁圆筒来说，周向薄膜应力是经向薄膜应力的两倍。在有液体静压力存在的情况下，由于液体静压力相对较小，仍然是周向薄膜应力的值较大。因此，按照第一强度理论（该理论认为材料破坏是由最大拉应力引起的），圆筒强度取决于周向薄膜应力，可按照周向薄膜应力建立强度条件：

$$\sigma_\theta=\frac{p_c D}{2\delta}\leqslant[\sigma]^t \tag{11-12}$$

式中 D——圆筒平均直径，mm

p_c——计算压力，即为圆筒承受的最大流体压力，或者说圆筒内部承受的气体压力加上液柱静压力，MPa；

$[\sigma]^t$——设计温度下圆筒材料的许用应力，MPa。

由于圆筒除了采用无缝钢管之外，一般采用钢板卷焊而成。在施焊后，焊接接头处可能存在一定的缺陷以及由于焊接过程中焊缝热影响区等所造成的强度削弱，故引进焊接接头系数 ϕ，通常 $\phi\leqslant1.0$。于是上式变为：

$$\frac{p_c D}{2\delta}\leqslant[\sigma]^t\phi$$

考虑到内直径 D_i 一般是由容器工艺设计计算确定的尺寸，在容器筒体的厚度设计时是已知量，而中径 D 中包含了“厚度”未知项，即 $D=D_i+\delta$，于是有

$$\frac{p_c(D_i+\delta)}{2\delta}\leqslant[\sigma]^t\phi$$

将上式中的厚度项解出，并取等号，则有：

$$\delta=\frac{p_c D_i}{2[\sigma]^t\phi-p_c} \tag{11-13}$$

式(11-13) 称为中径公式，其适用范围为 $p_c\leqslant0.4[\sigma]^t\phi$。显然，按照式(11-13) 计算的厚度 δ 是容器筒体仅在承受内压时所需的最小厚度，称之为计算厚度。

(2) 内压球壳

参照圆筒厚度计算公式的推导过程，可得到球壳计算厚度的计算公式为：

$$\delta=\frac{p_c D_i}{4[\sigma]^t\phi-p_c} \tag{11-14}$$

此式的适用范围为 $p_c \leqslant 0.6[\sigma]^t\phi$。

11.3.2.2 内压封头设计

对于受均匀内压封头的设计，原则上应根据封头的几何形状和尺寸，除了考虑由内压引起的薄膜应力之外，还应考虑连接边缘的不连续应力，但实际上由于按照应力分析进行设计甚为复杂，故封头设计中采用了比较简单的方法。对承受静载荷的一般封头，仅以远离边缘区域的薄膜应力或弯曲应力进行分析并加以限制，对于由各种原因引起的边缘应力，仅在结构形式上定性地加以限制，或在设计公式中引入形状系数或应力增强系数，把按薄膜应力或弯曲应力求得的厚度适当予以放大。

（1）半球形封头

半球形封头的设计公式与内压球壳相同，即半球形封头的计算厚度 δ_h 为：

$$\delta_h=\frac{p_c D_i}{4[\sigma]^t\phi-p_c} \tag{11-15}$$

此式的适用范围为 $p_c \leqslant 0.6[\sigma]^t\phi$。

受内压时，由于半球形封头的薄膜应力较其他封头为最小，故所需厚度最小。根据设计规定，封头中只有半球形封头的最小厚度可以小于圆筒体厚度。不过，有时为了焊接方便，也可取与圆筒体等厚度。

（2）椭圆形封头

根据前述 11.2.4 节特殊回转薄壳中的薄膜应力，椭圆形封头中最大薄膜应力与椭圆的长短轴之比 a/b 有关，从椭球形壳体的应力分析中可看出，其计算公式较为复杂。椭圆形封头上的最大综合应力（薄膜应力与边缘应力的合成应力）可由下式计算：

$$\sigma_{max}=K\frac{p_c D}{2\delta}$$

式中 K——椭圆形封头形状系数，由 $a/b=D_i/2h_i$ 的比值确定，$K=\frac{1}{6}\left[2+\left(\frac{D_i}{2h_i}\right)^2\right]$。

根据弹性失效设计准则，考虑焊接接头系数 ϕ，并代入 $D=D_i+\delta$，则有：

$$K\frac{p_c(D_i+\delta)}{2\delta}\leqslant[\sigma]^t\phi$$

进行适当简化后，即得一般椭圆形封头的设计公式为：

$$\delta_h=\frac{Kp_c D_i}{2[\sigma]^t\phi-0.5p_c} \tag{11-16a}$$

对于标准椭圆形封头（$a/b=D_i/2h_i=2$），$K=1$，则上式可写成

$$\delta_h=\frac{p_c D_i}{2[\sigma]^t\phi-0.5p_c} \tag{11-16b}$$

当椭圆形封头 $D_i \leqslant 1500$mm 时，一般采用整块钢板冲压成型，此时 $\phi=1.0$；当 $D_i>$ 1500mm 时，因受钢板尺寸的限制，需要由几块钢板拼焊成坯料，然后加热冲压成型，此时 ϕ 值须视焊接结构及其无损检测情况而定。

（3）碟形封头

由于在球面、柱面与过渡环壳的连接点，都存在曲率半径的不连续，因而在这两点处必须按照有力矩理论求解其边缘应力。但这样处理，在设计时又过于复杂，因而在工程设计时，在椭圆形封头设计公式的基础上并考虑到碟形封头的形状特征，得到标准碟形封头的设

计公式为：

$$\delta_h=\frac{Mp_cR_i}{2[\sigma]^t\phi-0.5p_c} \tag{11-17}$$

式中 M——碟形封头的形状系数，由 R_i/r 的比值确定，$M=\frac{1}{4}\left(3+\sqrt{\frac{R_i}{r}}\right)$。

R_i——碟形封头的球面部分内半径，$R_i\leqslant D_i$。

(4) 其他封头

对于承受内压的球冠形封头、锥形封头和平盖的设计详见 GB 150。

11.3.2.3 设计技术参数的确定

前述内压容器厚度设计公式中的一些技术参数，均应根据 GB 150 的有关规定取值。

(1) 设计压力与计算压力

① 压力 除注明者外，压力均指表压力。

② 工作压力 p_w 工作压力是指正常工作情况下，容器顶部可能达到的最高压力。

③ 设计压力 p 设计压力是指设定的容器顶部的最高压力，与相应的设计温度一起作为容器的基本设计载荷条件，其值不低于工作压力。设计压力的确定原则是应该根据容器最危险的操作情况而定。

对于装有超压泄放装置的压力容器，其设计压力 p 应根据超压泄放装置的不同种类分别进行确定。例如，装有安全阀的压力容器，考虑到安全阀开启动作的滞后而使容器不能及时泄压，其设计压力 p 不应低于安全阀的开启压力，通常可取工作压力的 1.05～1.10 倍；装有爆破片的压力容器，其设计压力 p 不得低于爆破片的爆破压力。

对于盛装液化气体的容器，其设计压力取决于正常操作时可能达到的最高介质温度即最高操作温度下对应的饱和蒸汽压，设计压力的具体确定方法可参考 TSG 21 确定。

④ 计算压力 p_c 计算压力是指在相应设计温度下，用以确定元件厚度的压力，包括液柱静压力等附加载荷。

(2) 设计温度

设计温度是指容器在正常工作情况下，设定元件的金属温度（沿元件金属截面的温度平均值）。确定设计温度时，应考虑设计温度不得低于元件金属在工作状态可能达到的最高温度。对于0℃以下的金属温度，设计温度不得高于元件金属可能达到的最低温度。容器各部分在工作状态下的金属温度不同时，可分别设定每部分的设计温度。

设计温度与设计压力一起作为设计载荷条件，对有不同工况的压力容器，应按最苛刻的工况设计，必要时还需考虑不同工况的组合，并在图样或相应技术文件中注明各工况操作条件和设计条件下的压力和温度值。

(3) 许用应力与安全系数

许用应力 $[\sigma]^t$ 是压力容器筒体、封头等受压元件的材料许用强度，其确定方法与前述第5章介绍的方法相同，即取材料的极限应力与材料安全系数之比而得到，其中材料的极限应力有屈服强度 R_{eL}（或 $R_{p0.2}$）、抗拉强度 R_m、蠕变极限 R_n 和持久强度 R_D 等。

由于压力容器所采用的材料都是塑性较好的材料，在蠕变温度以下，通常取材料常温下的抗拉强度 R_m、屈服强度 R_{eL} 和设计温度下的屈服强度 R_{eL}^t 除以相应的材料安全系数后所得的最小值，作为压力容器受压元件设计时的许用应力，即

$$[\sigma]=\min\left\{\frac{R_m}{n_b},\frac{R_{eL}}{n_s},\frac{R_{eL}^t}{n_s}\right\} \tag{11-18}$$

当设计温度超过材料的蠕变起始温度，例如，当碳素钢或低合金钢的温度超过420℃，铬钼合金钢的温度超过450℃，奥氏体不锈钢的温度超过550℃时，就有可能产生蠕变，因而还须同时考虑高温蠕变极限 R_n^t 或持久强度 R_D^t，即

$$[\sigma]^t=\frac{R_n^t}{n_n}\text{或}[\sigma]^t=\frac{R_D^t}{n_D} \tag{11-19}$$

GB 150不仅给出了钢板、钢管、锻件以及螺栓材料在设计温度下的许用应力值，同时也给出了确定钢材许用应力的依据。为便于设计，表11-4列出了钢材（螺栓材料除外）许用应力确定的依据，附录中还列出了GB 150中常用的钢板和钢管许用应力值。

表11-4　钢材（螺栓材料除外）许用应力的取值

材　料	许用应力 取下列各值中的最小值/MPa
碳素钢、低合金钢	$\frac{R_m}{2.7},\frac{R_{eL}}{1.5},\frac{R_{eL}^t}{1.5},\frac{R_D^t}{1.5},\frac{R_n^t}{1.0}$
高合金钢	$\frac{R_m}{2.7},\frac{R_{eL}(R_{p0.2})}{1.5},\frac{R_{eL}^t(R_{p0.2}^t)^{①}}{1.5},\frac{R_D^t}{1.5},\frac{R_n^t}{1.0}$

① 对奥氏体高合金钢制受压元件，当设计温度低于蠕变范围，且允许有微量的永久变形时，可适当提高许用应力至 $0.9R_{eL}^t$（$R_{p0.2}^t$），但不得超过 $\frac{R_{eL}(R_{p0.2})}{1.5}$。此规定不适用于法兰或其他有微量永久变形就产生泄漏或故障的场合。

（4）焊接接头系数

大多数压力容器采用焊接结构，而焊接接头又是容器上强度比较薄弱的环节，较多事故发生都是由于焊接接头金属部分焊接热影响区的破裂引起的。由于焊接过程会使金属组织成分发生变化，导致晶粒变粗、韧性下降，同时焊缝中可能存在夹渣、气孔和未熔透等缺陷致使焊接接头本身的强度削弱。因此，在强度计算中需引入焊接接头系数 ϕ，表示焊缝金属与母材强度的比值，反映容器强度受削弱的程度。根据受压元件对接接头的焊缝形式及无损检测的长度比例确定，中国钢制压力容器的焊接接头系数可按表11-5选取。

表11-5　钢制压力容器的焊接接头系数

焊接接头形式	结构简图	焊接接头系数 ϕ	
		全部无损检测	局部无损检测
双面焊对接接头和相当于双面焊的全焊透对接接头		1.00	0.85
单面焊对接接头（沿焊缝根部全长有紧贴基本金属的垫板）		0.90	0.80

（5）厚度及厚度附加量

① 厚度附加量　厚度附加量 C 按式(11-20)确定：

$$C=C_1+C_2 \tag{11-20}$$

式中　C_1——钢材的厚度负偏差，mm；

C_2——腐蚀裕量，mm。

钢板或钢管厚度负偏差 C_1 应按相应钢材标准的规定选取。根据GB/T 709《热轧钢板和钢带的尺寸、外形、重量及允许偏差》的规定，热轧钢板按厚度偏差可分为N、A、B、C

四个类别，其中 N 类的正偏差和负偏差相等；A 类按公称厚度规定负偏差；B 类的固定负偏差为 0.30mm；C 类的固定负偏差为 0，按公称厚度规定正偏差。GB 713《锅炉和压力容器用钢板》和 GB 3531《低温压力容器用低合金钢板》中列举的锅炉和压力容器专用钢板的厚度允许偏差按 GB/T 709 中的 B 类要求，即 Q245R、Q345R 和 16MnDR 等锅炉和压力容器常用钢板的厚度负偏差均为 0.30mm。GB24511《承压设备用不锈钢钢板和钢带》中对于热轧不锈钢厚钢板（公称厚度≥5mm）的负偏差也规定为 0.30mm。

为了防止压力容器受压元件由于腐蚀、机械磨损而导致厚度削弱减薄，对与腐蚀介质直接接触的筒体、封头、接管等受压元件，均应考虑腐蚀裕量 C_2，具体规定如下：

ⅰ. 对有均匀腐蚀或磨损的元件，应根据预期的容器设计使用年限和介质对金属材料的腐蚀速率（及磨蚀速率）确定腐蚀裕量；

ⅱ. 容器各元件受到的腐蚀程度不同时，可采取不同的腐蚀裕量；

ⅲ. 介质为压缩空气、水蒸气或水的碳素结构钢或低合金结构钢制容器，腐蚀裕量不小于 1mm。

② 各种厚度的定义及表示　分别说明如下。

计算厚度 δ　计算厚度是指按相应公式计算得到的厚度。需要时，尚应计入其他载荷所需厚度。

设计厚度 δ_d　设计厚度是指计算厚度与腐蚀裕量之和，即 $\delta_d=\delta+C_2$。

名义厚度 δ_n　名义厚度是指设计厚度加上钢材厚度负偏差后向上圆整至钢材标准规格的厚度，这一厚度规定为图样上标注的厚度。

有效厚度 δ_e　有效厚度是指名义厚度减去钢材厚度负偏差和腐蚀裕量，即 $\delta_e=\delta_n-C_1-C_2$。它也是容器在整个使用期内可以依靠用于承受介质压力的厚度。

③ 压力容器的最小厚度　在压力容器设计中，对于压力较低（如低压或常压）的容器，按强度计算公式得到的厚度很小，往往不能满足制造、运输和安装时的刚度要求，因此，对壳体元件规定了加工成形后不包括腐蚀裕量的最小厚度。GB 150 对压力容器壳体的最小厚度的规定为：

ⅰ. 对碳素钢、低合金钢制容器，不小于 3mm；

ⅱ. 对高合金钢制容器，一般应不小于 2mm。

【例 11-2】　某厂需设计一回流罐，已知罐的计算压力为 2.5MPa，温度为 45℃，罐的内直径为 1200mm，罐体长度为 32000mm，腐蚀裕量为 2mm，试确定罐体厚度、封头形式和厚度。

解　由已知条件，按下列步骤进行。

(1) 确定罐体厚度

罐体采用圆筒形，材料选用 Q345R，圆筒的计算厚度按式(11-13) 计算

$$\delta=\frac{p_cD_i}{2[\sigma]^t\phi-p_c}$$

式中　p_c——计算压力，$p_c=2.5$MPa；

D_i——罐体内直径，$D_i=1200$mm；

$[\sigma]^t$——材料许用应力，假定罐体厚度范围为 3～16mm，查附录 2 得 $[\sigma]^t=189$MPa；

ϕ——焊接接头系数，采用双面焊对接接头、局部无损检测，由表 11-5 查得 $\phi=0.85$。

将以上所有数据代入式(11-13)，得罐体计算厚度为：

$$\delta=\frac{2.5\times1200}{2\times189\times0.85-2.5}=9.41\ (\mathrm{mm})$$

设计厚度 $\delta_d=\delta+C_2=9.41+2=11.41\mathrm{mm}$。

对于Q345R，钢板厚度负偏差 $C_1=0.30\mathrm{mm}$，根据钢板厚度规格，可选用名义厚度 $\delta_n=12\mathrm{mm}$ 的钢板。

由于强度计算得到的罐体厚度与假定的厚度范围相同，故计算有效，即取名义厚度 $\delta_n=12\mathrm{mm}$ 是合适的。

(2) 确定封头的形式和厚度

为了便于制造，封头的材料也选为Q345R。

① 若采用半球形封头，其计算厚度按式(11-15)计算：

$$\delta_h=\frac{p_cD_i}{4[\sigma]^t\phi-p_c}$$

式中，p_c、D_i 及 $[\sigma]^t$ 与罐体相同，由于封头的内直径 $D_i=1200\mathrm{mm}$，选取整体冲压成型，则焊接接头系数 $\phi=1.0$，将这些数据代入式(11-15)，得半球形封头的计算厚度为：

$$\delta_h=\frac{2.5\times1200}{4\times189\times1.0-2.5}=3.98\ (\mathrm{mm})$$

设计厚度 $\delta_{dh}=\delta_h+C_2=3.98+2=5.98\ (\mathrm{mm})$。

对于Q345R，钢板厚度负偏差 $C_1=0.30\mathrm{mm}$，根据钢板厚度规格，可选用名义厚度 $\delta_n=8.0\mathrm{mm}$ 的钢板。

由于强度计算得到的罐体厚度与假定的厚度范围相同，故计算有效，即取名义厚度 $\delta_n=8.0\mathrm{mm}$ 是合适的。

② 若采用标准椭圆形封头，其计算厚度按式(11-16b)计算：

$$\delta_h=\frac{p_cD_i}{2[\sigma]^t\phi-0.5p_c}$$

式中，p_c、D_i 及 $[\sigma]^t$ 与罐体相同，由于封头的内直径 $D_i=1200\mathrm{mm}$，选取整体冲压成型，则焊接接头系数 $\phi=1.0$，将这些数据代入式(11-16b)得椭圆形封头的计算厚度为：

$$\delta_h=\frac{2.5\times1200}{2\times189\times1.0-0.5\times2.5}=7.96\ (\mathrm{mm})$$

设计厚度 $\delta_{dh}=\delta_h+C_2=7.96+2=9.96\ (\mathrm{mm})$。

对于Q345R，钢板厚度负偏差 $C_1=0.30\mathrm{mm}$，根据钢板厚度规格，可选用名义厚度 $\delta_n=11\mathrm{mm}$ 的钢板。

由于强度计算得到的罐体厚度与假定的厚度范围相同，故计算有效，即取名义厚度 $\delta_n=11\mathrm{mm}$ 是合适的。

③ 若采用标准碟形封头，其计算厚度按式(11-17)计算：

$$\delta_h=\frac{Mp_cR_i}{2[\sigma]^t\phi-0.5p_c}$$

式中　R_i——球面部分半径，取 $R_i=0.9D_i=1080\mathrm{mm}$。

而
$$M=\frac{1}{4}\left(3+\sqrt{\frac{R_i}{r}}\right)$$

取 $r=0.17D_i=204\text{mm}$，将 R_i、r 代入得

$$M=\frac{1}{4}\left(3+\sqrt{\frac{1080}{204}}\right)=1.325$$

由于 p_c、D_i 及 $[\sigma]^t$ 和罐体相同，由于封头球面部分半径 $R_i=1080\text{mm}$，选取整体冲压成型，则焊接接头系数 $\phi=1.0$，将所有数据代入式(11-17) 得碟形封头的计算厚度为：

$$\delta_h=\frac{1.325\times2.5\times1080}{2\times189\times1.0-0.5\times2.5}=9.50\ (\text{mm})$$

设计厚度 $\delta_{dh}=\delta_h+C_2=9.50+2=11.50\text{mm}$。

对于 Q345R，钢板厚度负偏差 $C_1=0.30\text{mm}$，根据钢板厚度规格，可选用名义厚度 $\delta_n=12\text{mm}$ 的钢板。

由于强度计算的罐体厚度与假定的厚度范围相同，故计算有效，即取名义厚度 $\delta_n=12\text{mm}$ 是合适的。

将上面各种封头的计算结果列表比较如下：

封头型式	所需厚度/mm	单位容积的表面积	制造难易程度
半球形封头	8.0	最小	难
椭圆形封头	11	次之	较易
碟形封头	12	与椭圆形封头接近	较易

由表可见，半球形封头单位容积的表面积最小、厚度最小、最节省材料，但制造困难。椭圆形封头材料的消耗仅次于半球形，但制造容易，因此，综合比较后选用椭圆形封头为宜。

11.4 外压薄壁容器设计基础

11.4.1 概述

11.4.1.1 外压薄壁壳体的稳定性

薄壁壳体承受外压作用时，在壳壁内会产生压缩薄膜应力，其值同样可用无力矩理论进行计算。此时，壳体的失效形式可能有两种：一种是由于强度不足而发生压缩屈服破坏；另一种是当外压载荷增大到某一值时，壳体会突然失去原来的形状，出现被压扁或出现波折等现象，此时壳体发生了屈曲。图 11-16 是外压薄壁圆筒被压瘪的实例，图 11-17 表示了外压薄壁圆筒屈曲时在圆筒的横截面上可能出现的几何形状，即在周向呈现波纹状。外压壳体屈曲时，伴随着突然的变形，在壳壁上产生了以弯曲应力为主的复杂附加应力，并迅速发展到壳壁被压瘪为止。壳体发生屈曲是外压薄壁壳体破坏的常见形式之一，外压薄壁圆筒的稳定性问题是本节讨论的重点。

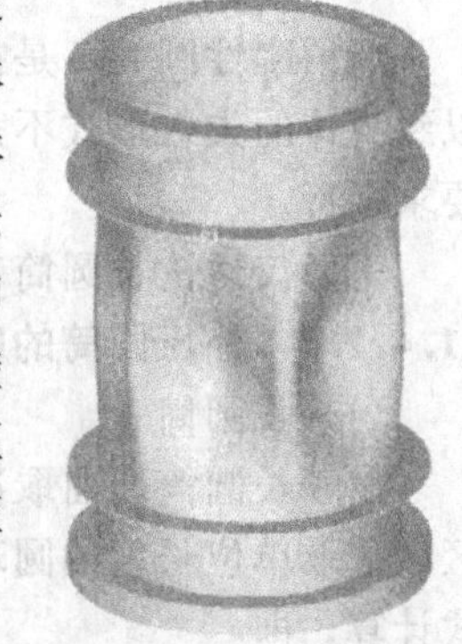

图 11-16 外压薄壁圆筒的压瘪现象

11.4.1.2 外压薄壁壳体的临界压力

外压壳体发生屈曲时的相应压力称为**临界压力**，以 p_{cr} 表示，此

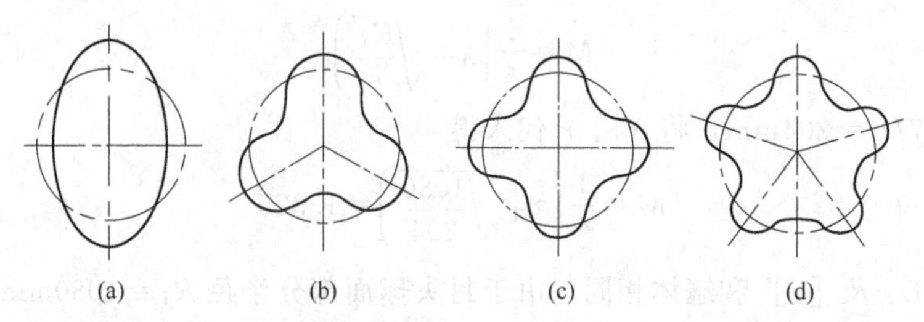

图 11-17 外压圆筒的横截面受压屈曲后的几何形状变化

时壳壁中产生的压缩应力称为**临界应力**，以 σ_{cr} 表示。大量的实验表明，外压薄壁圆筒的临界压力与圆筒的几何尺寸（主要为筒体的厚度 δ、筒体外直径 D_o 和计算长度 L，其中计算长度 L 是指筒体上两相邻支撑线之间的距离）及其材料性能（主要为材料的弹性模量 E 和泊松比 μ）有关，此外，载荷的均匀性和对称性、边界条件等因素也对筒体的临界压力有一定影响。

应该指出，外压圆筒丧失稳定性并不是由于壳体不圆或材料不均匀所致。即使圆筒的形状很均匀、材料很均匀，当外压力达到临界值时，圆筒也会丧失稳定性。但是，圆筒初始几何形状及材料不均匀能使临界压力的数值降低，即能使其屈曲提前发生。

11.4.2 外压圆筒的稳定性计算

薄壁圆筒承受均布外压时，不仅在侧面受均布外压，同时可能在轴向受到均匀压缩载荷。理论分析表明，这种轴向外压对圆筒屈曲影响不大。因此，这里仅介绍受侧向均匀外压圆筒的稳定性计算。

11.4.2.1 外压圆筒的分类

外压圆筒按其屈曲时出现的波数情况，可分为长圆筒、短圆筒和刚性圆筒三种类型。

(1) 长圆筒

当筒体的长径比 L/D_o 较大时，其中间部分将不受筒体两端约束或刚性构件的支撑作用，壳体刚性较差，屈曲时的波数 $n=2$。这样的圆筒称为长圆筒。长圆筒的临界压力 p_{cr} 仅与筒体的厚径比 δ/D_o 有关，而与筒体的长径比 L/D_o 无关。

(2) 短圆筒

当筒体的长径比 L/D_o 较小及厚径比 δ/D_o 较大，以致使壳体所有部分都受到两端约束或刚性构件的支撑作用时，壳体刚性较大，屈曲时的波数 n 为大于 2 的整数。这样的圆筒称为短圆筒。短圆筒屈曲时的临界压力 p_{cr} 不仅与筒体的厚径比 δ/D_o 有关，而且与筒体的长径比 L/D_o 有关。

(3) 刚性圆筒

所谓刚性圆筒，是指筒体的长径比 L/D_o 较小和厚径比 δ/D_o 很大，壳体刚性相当大，以致壳体的失效形式不是屈曲，而是压缩屈服破坏。对于这种圆筒，在设计时只需满足强度要求即可。

下面仅讨论长圆筒和短圆筒临界压力的计算方法。

11.4.2.2 外压圆筒的临界压力计算

(1) 长圆筒

由于长圆筒屈曲取决于未受到约束支撑作用的壳体中间部分的稳定性，所以，可在这个区域截取单位长度的圆环进行稳定性分析。因此，长圆筒的临界压力可用圆环的临界压力公式计算，即

$$p_{cr}=\frac{2E}{1-\mu^2}\left(\frac{\delta}{D}\right)^3 \tag{11-21}$$

式中　D——圆筒的平均直径，可近似取为圆筒的外直径，$D \approx D_o$，mm；

p_{cr}——圆筒的临界压力，MPa；

E——圆筒材料在设计温度下的弹性模量，MPa；

μ——材料的泊松比。

式(11-21) 常称为 Bresse 公式。

对于钢质圆筒，$\mu=0.3$，故式(11-21) 可简写成：

$$p_{cr}=2.2E\left(\frac{\delta}{D_o}\right)^3 \tag{11-22}$$

由上式可见，长圆筒的临界压力 p_{cr} 仅与圆筒的材料和筒体的厚径比 δ/D_o 有关，而与筒体的长径比 L/D_o 无关。

相应于临界压力的临界应力，仍可用圆筒周向薄膜应力的计算公式，即

$$\sigma_{cr}=\frac{p_{cr}D_o}{2\delta_e}=1.1E\left(\frac{\delta}{D_o}\right)^2 \tag{11-23}$$

值得注意的是，式(11-21) 和式(11-22) 仅适用于弹性屈曲的情况，即要求满足 $\sigma_{cr}<R_{eL}^t$。

(2) 短圆筒

由于短圆筒刚性较好，受到了约束的支撑作用，故短圆筒的临界压力计算比长圆筒复杂得多。经过简化后的短圆筒临界压力的近似计算公式为：

$$p_{cr}=2.59\frac{E\delta^2}{LD_o\sqrt{\dfrac{D_o}{\delta}}} \tag{11-24}$$

式(11-24) 也称为 B. M. Pamm（拉姆）公式，其计算结果偏低，故偏于安全。

由上式可见，短圆筒的临界压力 p_{cr} 除了与圆筒的材料和筒体的厚径比 δ/D_o 有关之外，还与筒体的长径比 L/D_o 有关。

相应的临界应力为：

$$\sigma_{cr}=\frac{p_{cr}D_o}{2\delta}=\frac{1.3E(\delta/D_o)^{1.5}}{L/D_o} \tag{11-25}$$

同样，式(11-24) 也仅适用于弹性屈曲的情况，即要求满足 $\sigma_{cr}<R_{eL}^t$。

(3) 临界长度

以上分别介绍了长圆筒和短圆筒的临界压力计算公式。那么，长圆筒和短圆筒如何区分呢？长、短圆筒的区别在于是否受边界支撑的影响。对于已知直径和厚度的圆筒，临界长度就是区分长、短圆筒的界限。当圆筒的厚径比 δ/D_o 相同时，长圆筒的临界压力必定低于短圆筒。但是，若短圆筒计算长度 L 增加，边界的支撑作用减弱，短圆筒的临界压力也不断减小，当短圆筒计算长度 L 增加到某一值时，边界对筒壁的支撑作用开始完全消失，这时短圆筒的临界压力就会下降到与长圆筒的临界压力相等，此时圆筒的计算长度 L 称为**临界长度**，用 L_{cr} 表示。若 $L>L_{cr}$，属长圆筒，按式(11-22) 计算临界压力；若 $L<L_{cr}$，属短圆筒，按式(11-24) 计算临界压力；若圆筒长度 $L=L_{cr}$，则按两式计算得到的临界压力应该相同，即

$$2.2E\left(\frac{\delta_e}{D_0}\right)^2=\frac{2.59E\delta_e^2}{L_{cr}D_0\sqrt{\dfrac{D_0}{\delta_e}}}$$

由此可得临界长度为：

$$L_{cr}=1.17D_0\sqrt{\frac{D_0}{\delta_e}} \tag{11-26}$$

因此，若圆筒的计算长度 $L>L_{cr}$ 时，属长圆筒；若 $L<L_{cr}$ 时，属短圆筒。

【例 11-3】 有一圆筒，材料为 Q245R，弹性模量 $E=2.1\times10^5$MPa，内直径 $D_i=$ 1000mm，厚度 $\delta=9.7$mm，计算长度 $L=20$m，圆筒内的介质无腐蚀性、常温操作，试求其临界压力 p_{cr}。

解 (1) 计算圆筒的外直径

$$D_o=D_i+2\delta=1000+2\times9.7=1019.4\text{ (mm)}$$

(2) 根据式(11-26)，计算该圆筒的临界长度

$$L_{cr}=1.17D_0\sqrt{\frac{D_0}{\delta_e}}=1.17\times1019.4\sqrt{\frac{1019.4}{9.7}}=12227\text{ (mm)}=12.23\text{ (m)}$$

由于 $L=20\text{m}>L_{cr}$，故此圆筒受外压时为长圆筒。

(3) 根据式(11-22)，可计算该圆筒的临界压力

$$p_{cr}=2.2E\left(\frac{\delta}{D_o}\right)^3=2.2\times2.1\times10^5\left(\frac{9.7}{1019.4}\right)^3=0.40\text{ (MPa)}$$

11.5 外压容器的设计

11.5.1 外压圆筒设计

根据 11.4.2 节外压圆筒的稳定性计算，如果需要采用解析法（即利用外压圆筒临界压力的理论计算公式）计算筒体的许用外压力，必须通过假设圆筒的名义厚度 δ_n 反复多次试算才能得到，非常烦琐。此外，外压圆筒临界压力的计算公式都是在假定材料处于弹性状态下推导出来的，仅适用于弹性屈曲分析计算；若屈曲前圆筒的薄膜应力处于非弹性状态，仍按这些理论公式计算必定会使误差较大。因此，中国的 GB 150 以及其他各国设计规范均推荐采用图算法。

(1) 图算法的由来

根据 11.4.2 节外压圆筒的稳定性计算，对于受外压的圆筒，其临界压力的计算公式分别为：

长圆筒
$$p_{cr}=2.2E\left(\frac{\delta_e}{D_o}\right)^3$$

短圆筒
$$p_{cr}=2.59\frac{E\delta_e^2}{LD_o\sqrt{\dfrac{D_o}{\delta_e}}}=2.59E\frac{\left(\dfrac{\delta_e}{D_o}\right)^{2.5}}{\dfrac{L}{D_o}}$$

圆筒在临界压力的作用下，产生的周向应力为：

$$\sigma_{cr}=\frac{p_{cr}D_o}{2\delta_e}$$

为了避开材料的弹性模量 E（因材料在塑性状态时为变量），采用应变表征屈曲时的特征。不论长圆筒或者短圆筒，屈曲时的周向应变（按单向应力时的虎克定律）为

$$\varepsilon_{cr}=\frac{\sigma_{cr}}{E}=\frac{p_{cr}D_o}{2E\delta_e} \tag{11-27}$$

将长、短圆筒的临界压力计算公式分别代入式（11-27）中，得

长圆筒
$$\varepsilon_{cr}=\frac{1.1}{\left(\frac{D_o}{\delta_e}\right)^2} \tag{11-28}$$

短圆筒
$$\varepsilon_{cr}=\frac{1.3}{\left(\frac{L}{D_o}\right)\left(\frac{D_o}{\delta_e}\right)^2} \tag{11-29}$$

由式（11-28）和式（11-29）可以看出，圆筒屈曲时周向应变 ε_{cr} 仅与筒体结构特征参数 L/D_o 和 D_o/δ_e 的函数，与材料性质无关，因而可以用如下函数式表示为

$$\varepsilon_{cr}=f(L/D_o,D_o/\delta_e) \tag{11-30}$$

在GB 150中，ε_{cr} 采用字母 A 表示，称为外压应变系数；以 A 为横坐标，L/D_o 为纵坐标，D_o/δ_e 为参变量，得到适用于所有材料的外压应变系数 A 的曲线图，如图11-18所示。在图11-18的曲线中，与纵坐标平行的直线簇表示长圆筒情况，屈曲时的应变量与 L/D_o 无关；图下方的斜线簇属短圆筒情况，屈曲时的应变量与 L/D_o 和 D_o/δ_e 都有关。

对于圆筒的临界压力 p_{cr}，引入稳定性安全系数 m 就可得到圆筒的许用外压力 $[p]$，故 $p_{cr}=m\,[p]$。将此关系式代入式（11-27），整理后得到

$$\varepsilon_{cr}=\frac{m[p]D_o}{2E\delta_e}$$

也即
$$\frac{D_o[p]}{\delta_e}=\frac{2}{m}E\delta_{cr}$$

令 $B=\frac{[p]\ D_o}{\delta_e}$，称为外压应力系数，GB 150取圆筒的稳定性安全系数 $m=3$，将 B 和 m 代入上式可得

$$B=\frac{2}{3}E\varepsilon_{cr}=\frac{2}{3}\sigma_{cr} \tag{11-31}$$

由于 $A=\varepsilon_{cr}$，而 $B=\frac{2}{3}\sigma_{cr}$，故 B 与 A 的关系即为 $\frac{2}{3}\sigma_{cr}$ 与 ε_{cr} 的关系。若利用材料单向拉伸应力-应变关系，将纵坐标乘以 $\frac{2}{3}$，就可作出 B 与 A 的关系曲线，即外压应力系数 B 的计算图。若圆筒屈曲时发生了塑性变形，工程上通常采用正切弹性模量，即应力-应变曲线上任一点的斜率 $E_t=\frac{d\sigma}{d\varepsilon}$，因此，图算法对于非弹性屈曲也同样适用。图11-19～图11-21为几种常用钢材的外压应力系数 B 的计算图。

(2) 工程设计方法

对于 $D_o/\delta_e\geqslant 20$ 的圆筒和管子，其步骤如下。

ⅰ. 假设一个名义厚度 δ_n，则有效厚度 $\delta_e=\delta_n-C_1-C_2$，计算出 L/D_o 和 D_o/δ_e。

ⅱ. 在图11-18的左方找到 L/D_o 值，将此点沿水平方向右移与 D_o/δ_e 线相交（遇中间值用内插法），过此交点沿垂直方向下移，在图的下方得到系数 A。若 L/D_o 值大于50，则用 $L/D_o=50$ 查图；若 L/D_o 值小于0.05，则用 $L/D_o=0.05$ 查图。

ⅲ. 确定外压应力系数 B。根据所用材料选用相应的外压应力系数 B 曲线图（图11-19～图11-21），由 A 值查取 B 值（遇中间值用内插法）。若 A 值超出设计温度曲线的最大值，

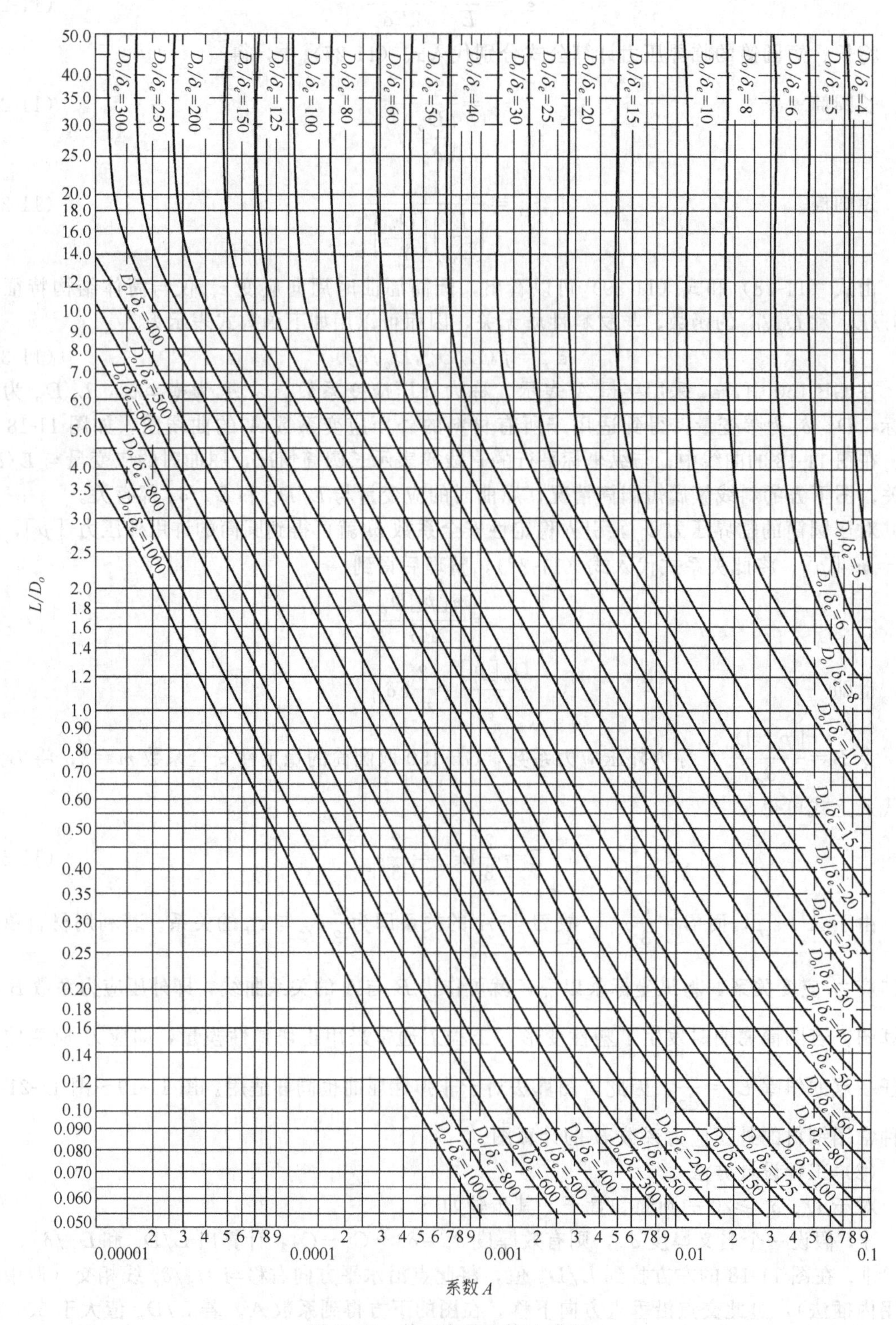

图 11-18　外压应变系数 A 曲线

（适用于所有材料）

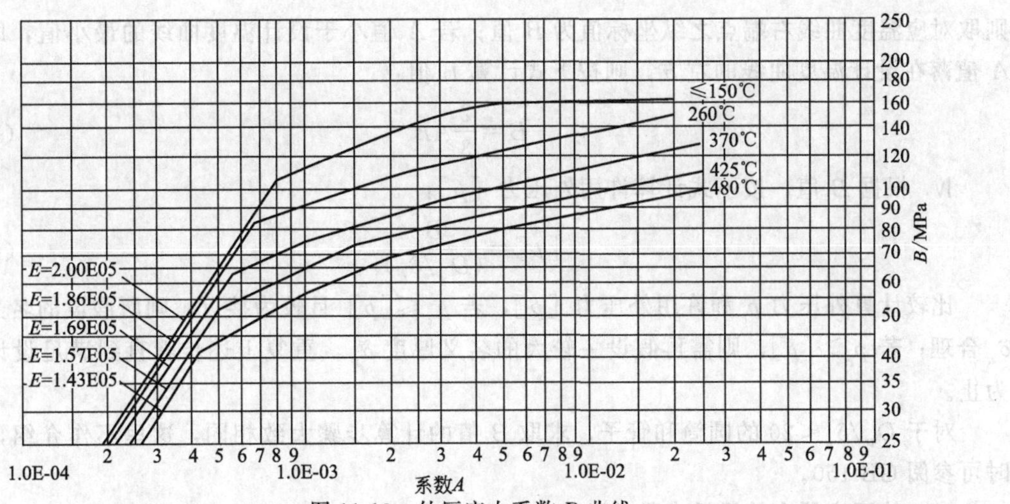

图 11-19　外压应力系数 B 曲线

（用于屈服强度 $R_{eL}>207\mathrm{MPa}$ 的碳钢、低合金钢和 06 Cr13 钢等）

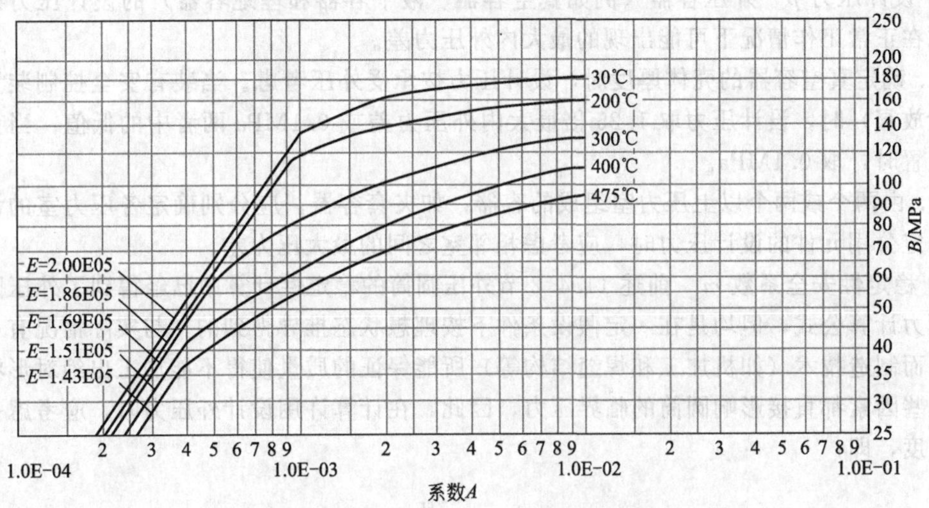

图 11-20　Q345R 外压应力系数 B 曲线

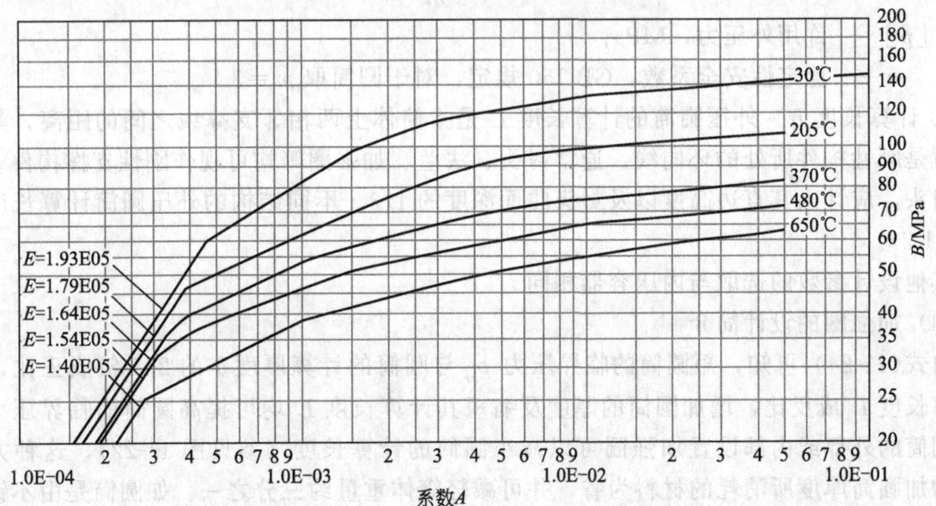

图 11-21　06Cr19Ni10 外压应力系数 B 曲线

则取对应温度曲线右端点之纵坐标值为 B 值；若 A 值小于设计温度曲线的最小值，即所得 A 值落在设计温度曲线的左方，则按下式计算 B 值：

$$B=\frac{2}{3}AE \tag{11-32}$$

ⅳ. 根据 B 值，按下式计算许用外压力 $[p]$：

$$[p]=\frac{B}{(D_o/\delta_e)} \tag{11-33}$$

比较计算外压力 p_c 和许用外压力 $[p]$，若 $p_c \leqslant [p]$ 且较为接近，则所假设的名义厚度 δ_n 合理；若 $p_c > [p]$，则需再假设一较大的名义厚度 δ_n，重复上述步骤直到满足设计要求为止。

对于 $D_o/\delta_e < 20$ 的圆筒和管子，求取 B 值的计算步骤大致相同，这里不作介绍，必要时可参阅 GB 150。

(3) 外压容器有关设计参数

① 设计压力 p　外压容器（例如真空容器、液下容器和埋地容器）的设计压力确定时应考虑在正常工作情况下可能出现的最大内外压力差。

ⅰ. 确定真空容器的壳体厚度时，设计压力按承受外压考虑。当装有安全控制装置（如真空泄放阀）时，设计压力取1.25倍最大内外压力差或0.1MPa两者中的低值；当无安全控制装置时，取0.1MPa。

ⅱ. 由两个或两个以上压力室组成的容器，如夹套容器，应分别确定各压力室的设计压力。确定公用元件的设计压力时，应考虑相邻室之间的最大压力差。

② 稳定性安全系数 m　前述11.4.2节外压圆筒的稳定性计算中已经得到了外压圆筒的临界压力计算公式，但均是在一定假设条件下按理想状态推导得到的，与实际情况有一定的差别，而制造技术（如机加工和焊缝结构等）所能保证的质量使得不能加工出绝对形状的圆筒。这些因素都直接影响圆筒的临界压力，因此，在计算许用设计外压力时，应考虑一定的安全裕度，即：

$$[p]=\frac{p_{cr}}{m} \tag{11-34}$$

式中　$[p]$——许用外压力，MPa；

m——稳定性安全系数，GB 150规定：对于圆筒取 $m=3$。

③ 计算长度 L　外压圆筒的计算长度 L 是指筒体上两相邻支撑线之间的距离，其中支撑线就是刚性构件所处的环向线。通常封头、法兰、加强圈等均可视作刚性支撑构件。对于凸形封头，应计入其直边高度以及封头曲面深度的1/3。不同结构的外压圆筒计算长度取法见图11-22。

其他设计参数的选取与内压容器相同。

(4) 加强圈的设计简介

由式(11-24)可知，短圆筒的临界压力 p_{cr} 与圆筒的计算厚度 δ 的2.5倍成正比，与圆筒计算长度 L 成反比，增加圆筒的厚度及缩短其计算长度 L 均可提高圆筒的临界压力。在外压圆筒的外部或内部设置加强圈可以减小圆筒的计算长度（参见图11-22），这种方法往往比增加圆筒厚度所消耗的材料为省，并可减轻筒体重量约三分之一。如圆筒是由不锈钢或其他贵重有色金属组成，可在筒体外部设置碳钢制的加强圈，则更为经济。此外，加强圈还可减少大直径薄壁圆筒形状缺陷的影响，提高结构的可靠性。因此，加强圈结构在外压圆筒

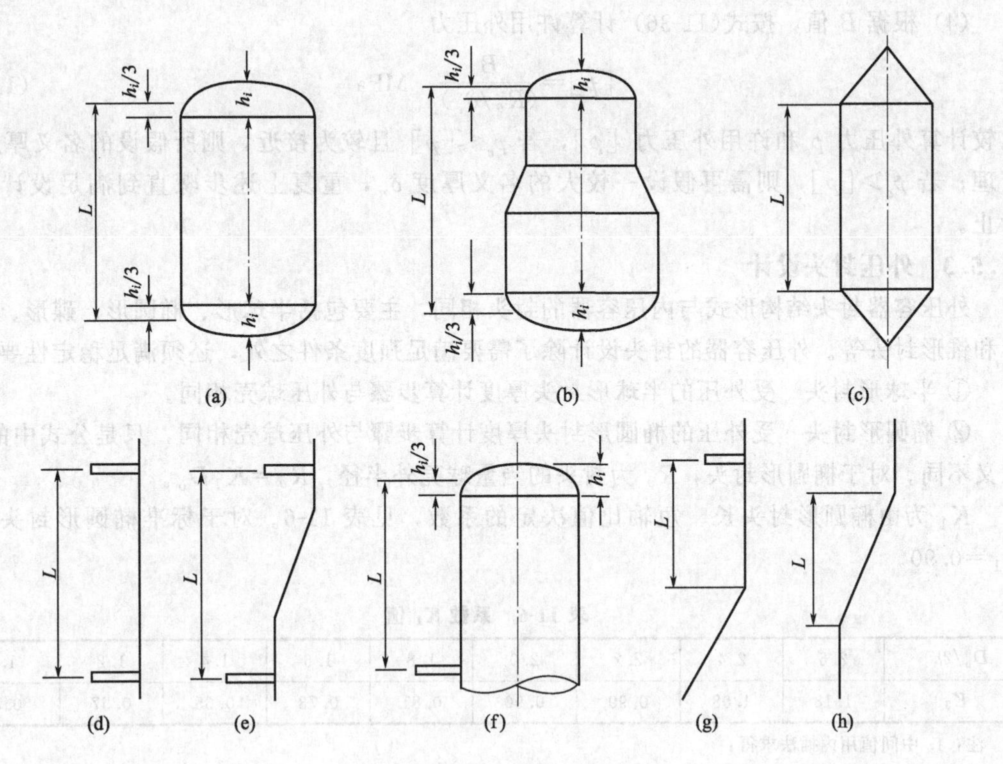

图 11-22　外压圆筒的计算长度

设计中得到了广泛应用。

加强圈应有足够的刚性，常用扁钢、角钢、槽钢、工字钢或其他型钢制成，可以设置在容器的外部或内部。为了保证圆筒与加强圈的加强作用，加强圈应整圈围绕在圆筒的圆周上，不能任意削弱或割断。

加强圈的具体设计计算参见 GB 150。

11.5.2　外压球壳设计

外压球壳厚度计算步骤如下。

(1) 计算 R_o/δ_e

假设一个名义厚度 δ_n，则有效厚度 $\delta_e=\delta_n-C_1-C_2$，计算出 R_o/δ_e；

(2) 用式(11-35) 计算系数 A

$$A=\frac{0.125}{(R_o/\delta_e)} \tag{11-35}$$

式中　R_o——球壳外半径，mm。

(3) 确定外压应力计算系数 B

ⅰ. 根据所用的材料，选用相应的外压应力计算系数 B 曲线图（图 11-19～图 11-21），由 A 值查取 B 值。

ⅱ. 若 A 值超出设计温度曲线的最大值，则取对应温度曲线的右端点之纵坐标值为 B 值；

ⅲ. 若 A 值小于设计温度曲线的最小值，即所得 A 值落在设计温度曲线的左方，则按式(11-32) 计算 B 值。

(4) 根据 B 值，按式(11-36) 计算许用外压力

$$[p]=\frac{B}{(R_o/\delta_e)}\quad \text{MPa} \tag{11-36}$$

比较计算外压力 p_c 和许用外压力 $[p]$，若 $p_c \leqslant [p]$ 且较为接近，则所假设的名义厚度 δ_n 合理；若 $p_c > [p]$，则需再假设一较大的名义厚度 δ_n，重复上述步骤直到满足设计要求为止。

11.5.3 外压封头设计

外压容器封头结构形式与内压容器的封头相同，主要包括半球形、椭圆形、碟形、球冠形和锥形封头等。外压容器的封头设计除了需要满足强度条件之外，还须满足稳定性要求。

① 半球形封头　受外压的半球形封头厚度计算步骤与外压球壳相同。

② 椭圆形封头　受外压的椭圆形封头厚度计算步骤与外压球壳相同，只是公式中的 R_o 意义不同。对于椭圆形封头，R_o 为封头的当量球壳外半径，$R_o=K_1D_o$。

K_1 为由椭圆形封头长、短轴比值决定的系数，见表 11-6。对于标准椭圆形封头，则 $K_1=0.90$。

表 11-6　系数 K_1 值

$D_o/2h_o$	2.6	2.4	2.2	2.0	1.8	1.6	1.4	1.2	1.0
K_1	1.18	1.08	0.99	0.90	0.81	0.73	0.65	0.57	0.50

注：1. 中间值用内插法求得；

2. $h_o=h_i+\delta_{nh}$。

③ 碟形封头　受外压的碟形封头厚度计算步骤与外压球壳相同，只是 R_o 为碟形封头的球面部分外半径。

④ 其他封头　对于承受外压的球冠形封头和锥形封头的设计详见 GB 150。

【例 11-4】 某圆筒形容器，其内直径为 2400mm，长 14000mm，两端为标准椭圆形封头，直边高度为 40mm，材料为 Q345R，最高操作温度为 200℃，其弹性模量 $E=1.86\times10^5$ MPa，真空下操作，无安全控制装置，介质为腐蚀性较小的气体，可取腐蚀裕量 $C_2=$ 2mm。试用图算法求筒体和封头的厚度。

解　(1) 筒体厚度

① 设筒体名义厚度 $\delta_n=22$mm，题中已知 $C_1=0.30$mm，$C_2=2$mm，则

$$\delta_e=\delta_n-C_1-C_2=22-0.30-2=19.70\ (\text{mm})$$

$$D_o=2400+2\times22=2444\ (\text{mm})$$

L——计算长度，等于圆筒长度加上两封头的直边高度及曲面深度的 1/3，即

$$L=14000+2\times40+2\times1/3\times600=14480\ (\text{mm})$$

p_c——计算外压力，真空下操作且无安全控制装置，取 $p_c=0.1$MPa。

② 计算 L/D_o、D_o/δ_e

$$\frac{L}{D_o}=\frac{14480}{2444}=5.92$$

$$\frac{D_o}{\delta_e}=\frac{2444}{19.70}=124.06$$

③ 在图 11-18 的左方找出 $L/D_o=5.92$ 的点，将此点沿水平方向右移，与 $D_o/\delta_e=$ 124.06 线相交于一点，过此交点垂直下移，在图的下方得到系数 $A=0.00014$。

④ 材料为 Q345R，选用算图 11-20，$A=0.00014$ 落在设计温度曲线的左方，故按式(11-32)计算系数 B

$$B=\frac{2}{3}AE=\frac{2}{3}\times 0.00014\times 1.86\times 10^5=17.36$$

⑤ 根据 B 值，计算许用外压力 $[p]$

$$[p]=\frac{B}{(D_o/\delta_e)}=\frac{17.36}{124.06}=0.14\ (\text{MPa})$$

由于 $p_c<[p]$ 且较为接近，则所选筒体名义厚度合适，即 $\delta_n=22\text{mm}$。

(2) 封头厚度

① 设封头名义厚度 $\delta_n=8\text{mm}$，则 $\delta_e=\delta_n-C_1-C_2=8-0.30-2=5.70\ (\text{mm})$

由表 11-6 查得 $K_1=0.90$，于是 $R_o=K_1D_o=0.90\times 2444=2199.6\ (\text{mm})$

$$\frac{R_o}{\delta_e}=\frac{2199.6}{5.70}=385.89$$

② 利用式(11-35) 计算系数 A

$$A=\frac{0.125}{(R_o/\delta_e)}=\frac{0.125}{385.89}=0.00032$$

③ 材料为 Q345R，选用算图 11-20，由图查得系数 $B=42.3$，于是，根据式(11-36) 计算许用外压力 $[p]$：

$$[p]=\frac{B}{(R_o/\delta_e)}=\frac{42.3}{385.89}=0.11\ (\text{MPa})$$

由于 $p_c<[p]$ 且较为接近，则所选封头名义厚度合适，即 $\delta_n=8\text{mm}$。

11.6 法兰密封设计

考虑到生产工艺的需要以及制造、运输、安装和检修的方便，压力容器的筒体与筒体、筒体与封头、管道与管道、管道与阀门之间常采用可拆的密封结构。压力容器中可拆的密封结构有多种类型，由于螺栓法兰连接具有密封可靠、强度足够和适用尺寸范围宽等优点，在压力容器和管道上都能应用，所以应用最为普遍。

11.6.1 螺栓法兰连接结构与密封原理

螺栓法兰连接结构主要由一对法兰（被连接件）、垫片（密封元件）、若干螺栓和螺母（连接件）组成，如图 11-23 所示。

螺栓法兰连接是通过连接螺栓压紧垫片而实现密封的。预紧时，螺栓力通过法兰压紧面作用到垫片上，当垫片表面单位面积上所受的压紧力达到一定值时，垫片就发生弹性或塑性变形，填满法兰密封面上凹凸不平的间隙，从而为阻止介质泄漏形成了初始密封条件。操作时，随着通入介质的压力上升，使法兰密封面趋于分离，作用在垫片上的压紧力下降，如果垫片具有足够的回弹能力，能够使压缩变形的回复补偿螺栓和压紧面的变形，而使垫片比压力值至少降到不小于某一值（这一比压值称为操作密封比压，往往用介质计算压力的 m 倍表示，称为垫片系数），则密封良好。反之，如

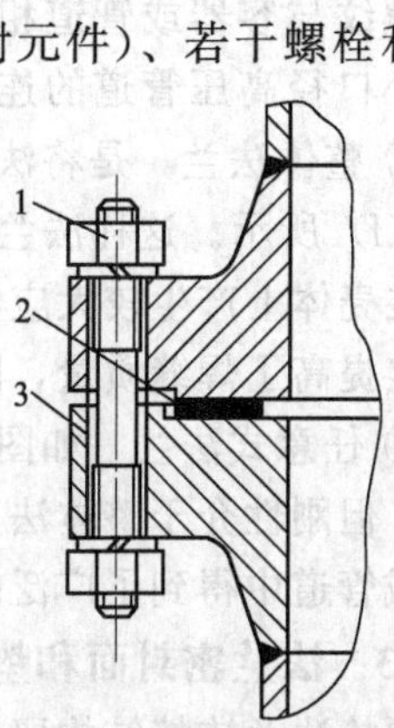

图 11-23 螺栓法兰连接结构

1—螺栓；2—垫片；3—法兰

果垫片的回弹能力不足，垫片比压力下降到操作密封比压之下，则密封失效。

11.6.2 法兰结构类型

根据组成法兰的圆筒、法兰环及锥颈三部分的整体性程度，法兰结构类型可分为松式法兰、整体法兰和任意式法兰三种，如图 11-24 所示。

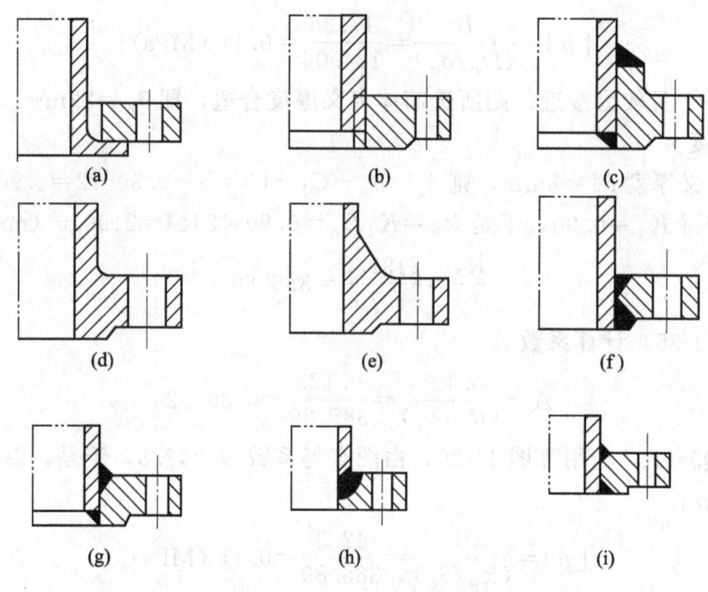

图 11-24 法兰结构类型

① 松式法兰 是指法兰不直接固定在壳体上或者虽固定而不能保证法兰与壳体作为一个整体承受螺栓载荷的结构，如活套法兰、螺纹法兰和搭接法兰等，这些法兰可以带颈或不带颈，如图 11-24(a)、(b)、(c) 所示。其中活套法兰是典型的松式法兰，其法兰力矩完全由法兰环本身承担，对容器或管道不产生附加弯曲应力，并且由于它与容器或管道没有刚性的连接而是活套在容器或管道上，所以这种法兰可以采用与容器或管道不同的材料制造，适用于有色金属和不锈钢制容器或管道，且法兰还可采用碳素钢制作，以节省贵重金属。但法兰刚度小，厚度较厚，一般只适用于压力较低的场合。螺纹法兰是用螺纹与容器或管道相连接的一种法兰，受力后对器壁或管壁产生的附加应力小，可用于小口径高压管道的连接。

② 整体法兰 是将法兰与壳体锻或铸成一体或经全焊透的平焊法兰，如图 11-24(d)、(e)、(f) 所示。这种法兰结构能使壳体与法兰同时受力，因而法兰环的厚度可以适当减薄，但会在壳体上产生较大应力。其中的带颈法兰能提高法兰与壳体的连接刚度，且与壳体的对接焊接提高了焊缝质量，因此，整体法兰一般适用于压力、温度较高的重要场合。

③ 任意式法兰 如图 11-24(g)、(h)、(i) 所示。从结构来看，任意式法兰与壳体连成一体，但刚性介于整体法兰与松式法兰之间。这类法兰结构简单、加工方便，所以在中低压容器或管道中得到了广泛的应用。

11.6.3 法兰密封面和垫片的选择

螺栓法兰连接结构要保证容器或管道在正常压力下严密不漏，以防止容器或管道内有压力的气体向外泄漏。为了不影响压力容器或管道的正常运行，就必须装有防漏的垫片，法兰上还要有压紧垫片的密封面。

11.6.3.1　法兰密封面

法兰密封面的选择主要根据工艺条件（介质、工作压力和工作温度等）、法兰的几何尺寸以及选用垫片等因素来决定。压力容器法兰和管法兰常用的密封面如图 11-25 所示，主要有五种型式：全平面［图 11-25(a)］、突面［图 11-25(b)］、凹凸面［图 11-25(c)］、榫槽面［图 11-25(d)］和环连接面［图 11-25(e)］，代号分别为 FF、RF、MFM、TG 和 RJ。其中以突面、凹凸面和榫槽面应用较多。

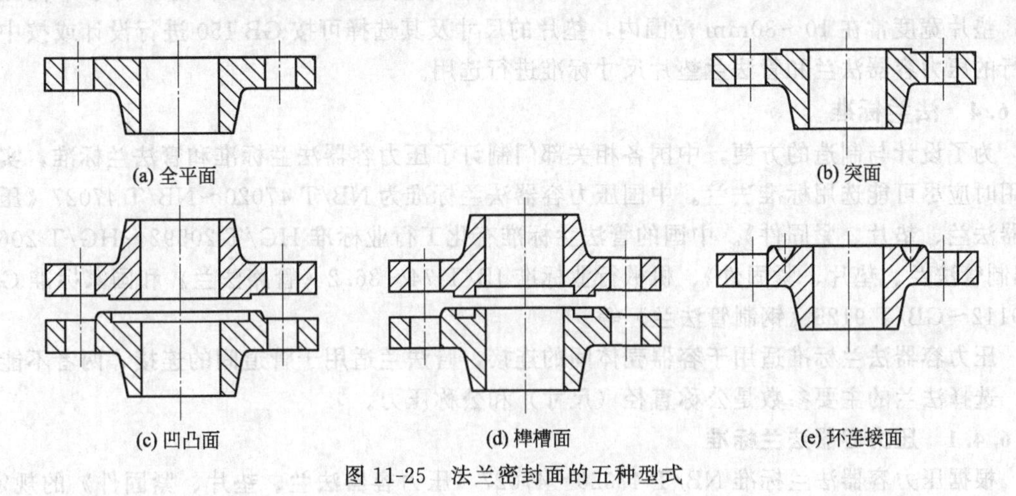

图 11-25　法兰密封面的五种型式

① 突面　是一光滑平面或在该平面上车制出两圈或多圈 V 形沟槽，结构简单，容易加工，但安装时垫片不易装正，密封性能较差。一般仅用于压力不高、介质无毒的场合。

② 凹凸面　是一个制成凹面和另一个制成凸面的一对法兰密封面，安装时把垫片放在凹面上，因此，垫片容易装正，而且紧固螺栓时也不会向外挤出，密封性能比突面为好。但加工比较困难，一般多用于压力稍高或介质易燃、易爆和有毒的场合。

③ 榫槽面　是一个制成凸榫和另一个制成凹槽组成的一对法兰密封面。因为垫片被固定安放在榫槽内，不可能向两边挤出，所以其密封性能较好，而且可以用较窄的垫片，减轻压紧垫片所需的螺栓力，减少螺栓尺寸。但结构较为复杂，加工就更为困难。更换垫片时要从榫槽中取出旧垫片比较费时，榫面容易被破坏，这种密封面一般只用于压力较高、介质剧毒的场合。

11.6.3.2　垫片的选择

（1）垫片材料的选择

用于制作垫片的材料，要求能耐介质腐蚀，不与介质发生化学反应，不污染产品和环境，具有良好的弹性，有一定的机械强度和适当的柔软性，在工作温度和压力下不易变质（变质主要指硬化、老化或软化）。根据不同的介质及其工作温度和压力，垫片材料可分为金属、非金属和金属-非金属组合型三大类。金属垫片的材料有软铝、钢、软钢和不锈钢等，用于中、高温和中、高压的法兰连接中。非金属垫片的材料中用得较多的是橡胶、石棉橡胶和聚四氟乙烯等，与金属垫片材料相比，耐温度和压力的性能较差，但耐蚀性及柔软性则比金属材料好，因而适用于中、低压和常、中温容器的法兰连接中。为了改善垫片的某些性能，可以采用金属-非金属组合型垫片，例如：在非金属材料外包以金属薄片，以改善其强度和耐热性；或将金属薄带和非金属填充物石棉、石墨等相间缠绕成缠绕式垫片，其耐热性和弹性都较好。选用垫片材料时，可参考相关的设计手册。

(2) 垫片尺寸的选择

垫片的几何尺寸主要表现在其厚度和宽度，垫片愈厚，变形量就愈大，所需的密封比压较小、弹性较大，故适应性较强。一般内压较高的场合宜采用较厚的垫片。然而，若垫片过厚，其比压分布就可能不均匀，垫片就容易压坏。中低压容器及管道适用垫片厚度通常为1～3mm。其次，垫片并不是愈宽愈好。宽度愈大，需要预紧力也愈大，从而使螺栓数量增多或螺栓直径变大。对于给定的法兰，垫片宽度根据法兰密封面大小而定。对于中低压容器，垫片宽度常在10～30mm范围内，垫片的尺寸及其选择可按GB 150进行设计或按中国现行的压力容器法兰和管法兰垫片尺寸标准进行选用。

11.6.4 法兰标准

为了设计与制造的方便，中国各相关部门制订了压力容器法兰标准和管法兰标准，实际使用时应尽可能选用标准法兰。中国压力容器法兰标准为NB/T 47020～NB/T 47027《压力容器法兰、垫片、紧固件》。中国的管法兰标准有化工行业标准HG/T 20592～HG/T 20635《钢制管法兰、垫片、紧固件》、机械行业标准JB/T 74～86.2《管路法兰》和国家标准GB/T 9112～GB/T 9125《钢制管法兰》等。

压力容器法兰标准适用于容器壳体间的连接，管法兰适用于管道间的连接，两者不能互换。选择法兰的主要参数是公称直径（尺寸）和公称压力。

11.6.4.1 压力容器法兰标准

根据压力容器法兰标准NB/T 47020～47027《压力容器法兰、垫片、紧固件》的规定，压力容器法兰可分为平焊法兰和长颈法兰两类。平焊法兰又分为甲、乙两种形式，由于乙型平焊法兰的刚性较甲型平焊法兰为好，因而可用于压力较高、直径较大的场合。长颈对焊法兰由于采用对焊结构，其刚性更好，可用于压力更高的场合。各类法兰的分类及参数见表11-7，法兰、垫片、螺栓和螺母材料匹配见表11-8。

选用标准法兰时，法兰的公称直径就是与其相配容器的公称直径，是已知量；法兰的公称压力则须视法兰的材料与工作温度而定。

还要指出的是，法兰的每个公称压力是表示一定材料和一定温度下的最大工作压力。工作温度升高，金属材料的许用应力值将降低，对既定法兰，其允许工作压力也就降低，反之亦然。材料不同，许用应力值也就自然不同，允许工作压力也相应改变。例如，公称压力PN0.25的法兰指用材料Q345R制作的法兰，在200℃时它的最大允许工作压力是0.25MPa，见表11-9。如果这个PN0.25的法兰用在300℃温度下，由于这时材料的许用应力值降低，则它的最大允许工作压力只有0.21MPa（即所谓降压使用）。关于甲型、乙型平焊法兰的公称压力与其实际能承受的最大允许工作压力的变换关系见表11-9。

在选定法兰的公称直径和公称压力之后，根据工艺要求和物料性质，即可确定法兰类型和密封面型式，然后由相应的法兰标准得到各部分尺寸。

压力容器法兰标记由五部分代号组成：法兰名称及代号；密封面型式代号；公称直径，mm；公称压力，MPa；标准号。

其中，法兰名称及代号见表11-10，密封面型式代号见表11-11。

【例11-5】 公称压力为1.6MPa、公称直径为800mm、带衬环的榫面乙型平焊法兰，标记为：

法兰 C-T 800-1.60 NB/T 47022—2012

11.6.4.2 管法兰标准

HG/T 20592～HG/T 20635《钢制管法兰、垫片、紧固件》标准包括国际通用的欧洲和美洲两大体系，是一套内容完整、体系清晰、适合国情并与国际接轨的标准，自颁布以来

表 11-7 压力法兰分类及参数表

类型	平焊法兰										对焊法兰					
	甲型				乙型						长颈					
标准号	NB/T 47021				NB/T 47022						NB/T 47023					
简图																
公称直径 DN mm	公称压力 PN MPa															
	0.25	0.6	1.00	1.60	0.25	0.60	1.00	1.60	2.50	4.00	0.60	1.00	1.60	2.50	4.00	6.40
300																
350	按 PN=1.00															
400																
450								—								
500																
550	按 PN=1.00															
600											—					
650																
700																
800																
900					—											
1000																
1100																
1200																
1300																
1400																—
1500			—							—						
1600		—							—							
1700																
1800																
1900																
2000								—								
2200					按 PN=0.6											
2400							—									
2600			—												—	
2800																
3000											—	—	—	—		

表 11-8 法兰、垫片、螺柱、螺母材料匹配表（NB/T 47020—2012）

法兰类型	垫片			匹配	法兰		匹配	螺柱与螺母		
	种类		适用温度范围/℃		材料	适用温度范围/℃		螺柱材料	螺母材料	适用温度范围/℃
甲型法兰	非金属软垫片	橡胶	按 NB/T 47024 表 1	可选配右列法兰材料	板材 GB/T 3274 Q235B、C	Q235B：20～300 Q235C：0～300	可选配右列螺柱螺母材料	GB/T 699 20	GB/T 700 15	−20～350
		石棉橡胶						GB/T 699 35	20	0～350
		聚四氟乙烯			板材 GB 713 Q245R Q345R	−20～450			GB/T 699 25	0～350
		柔性石墨								
乙型法兰与长颈法兰	非金属软垫片	橡胶	按 NB/T 47024 表 1	可选配右列法兰材料	板材 GB/T 3274 Q235B、C	Q235B：20～300 Q235C：0～300	按表 3 选定右列螺柱材料后选定螺母材料	35	20 25	0～350
		石棉橡胶			板材 GB 713 Q245R Q345R	−20～450		GB/T 3077 40MnB 40Cr 40MnVB	45 40Mn	0～400
		聚四氟乙烯			锻件 NB/T 47008 20 16Mn	−20～450				
		柔性石墨								
	缠绕垫片	石棉或石墨填充带	按 NB/T 47025 表 1、表 2	可选配右列法兰材料	板材 GB 713 Q245R Q345R	−20～450	按表 4 选定右列螺柱材料后选定螺母材料	40MnB 40Cr 40MnVB		
		聚四氟乙烯填充带			锻件 NB/T 47008 20 16Mn	−20～450		GB/T 3077 35CrMoA	45 40Mn	>−10～400
					15CrMo 14Cr1Mo	0～450			GB/T 3077 30CrMoA 35CrMoA	−70～500
		非石棉纤维填充带			锻件 NB/T 47009 16MnD	−40～350	选配右列螺柱螺母材料			
					09MnNiD	−70～350				
	金属包垫片	铜、铝包覆材料	按 NB/T 47026 表 1、表 2		锻件 NB/T 47008 12Cr2Mo1	0～450	按表 5 选定右列螺柱材料后选定螺母材料	40MnVB	45 40Mn	0～400
								35CrMoA	45、40Mn	−10～400
									30CrMoA 35CrMoA	−70～500
								GB/T 3077 25Cr2MoVA	30CrMoA 35CrMoA	−20～500
									25Cr2MoVA	−20～550
		低碳钢、不锈钢包覆材料			锻件 NB/T 47008 20MnMo	0～450	PN≥2.5	25Cr2MoVA	30CrMoA 35CrMoA	−20～500
									25Cr2MoVA	−20～550
							PN<2.5	35CrMoA	30CrMoA	−70～500

注：1. 乙型法兰材料按表列板材及锻件选用，但不宜采用 Cr-Mo 钢制作。相匹配的螺柱、螺母材料按表列规定。

2. 长颈法兰材料按表列锻件选用，相匹配的螺柱、螺母材料按表列规定。

表 11-9 甲型、乙型平焊法兰的最大允许工作压力 MPa

公称压力PN /MPa	法兰材料(板材)	工作温度/℃				备 注
		>-20 ~200	250	300	350	
0.25	Q235B	0.16	0.15	0.14	0.13	工作温度下限为0℃
	Q235C	0.18	0.17	0.15	0.14	工作温度下限为0℃
	Q245R	0.19	0.17	0.15	0.14	
	Q345R	0.25	0.24	0.21	0.20	
0.60	Q235B	0.40	0.36	0.33	0.30	工作温度下限为0℃
	Q235C	0.44	0.40	0.37	0.33	工作温度下限为0℃
	Q245R	0.45	0.40	0.36	0.34	
	Q345R	0.60	0.57	0.51	0.49	
1.00	Q235B	0.66	0.61	0.55	0.50	
	Q235C	0.73	0.67	0.61	0.55	
	Q245R	0.74	0.67	0.60	0.56	
	Q345R	1.00	0.95	0.86	0.82	
1.60	Q235B	1.06	0.97	0.89	0.80	工作温度下限为0℃
	Q235C	1.17	1.08	0.98	0.89	工作温度下限为0℃
	Q245R	1.19	1.08	0.96	0.89	
	Q345R	1.60	1.53	1.37	1.31	
2.50	Q235C	1.83	1.68	1.53	1.38	工作温度下限为0℃
	Q245R	1.86	1.69	1.50	1.40	
	Q345R	2.50	2.39	2.14	2.05	
4.00	Q245R	2.97	2.70	2.39	2.24	
	Q345R	4.00	3.82	3.42	3.27	

表 11-10 法兰名称及代号

法兰类型	名称及代号
一般法兰	法兰
衬环法兰	法兰 C

表 11-11 密封面型式代号

密封面型式		代 号
平面密封面	平密封面	RF
凹凸密封面	凹密封面	FM
	凸密封面	M
榫槽密封面	榫密封面	T
	槽密封面	G

在化工、炼油、冶金、电力、轻工、医药和化纤等领域得到了广泛的应用。为此，下面主要介绍欧洲体系 HG/T 20592 的部分内容。

(1) 管法兰的类型和密封面型式

根据 HG/T 20592 的规定，管法兰可分为 10 种类型，其结构类型名称及其代号如图

11-26 所示，各种类型法兰的密封面型式及其适用范围见表 11-12。

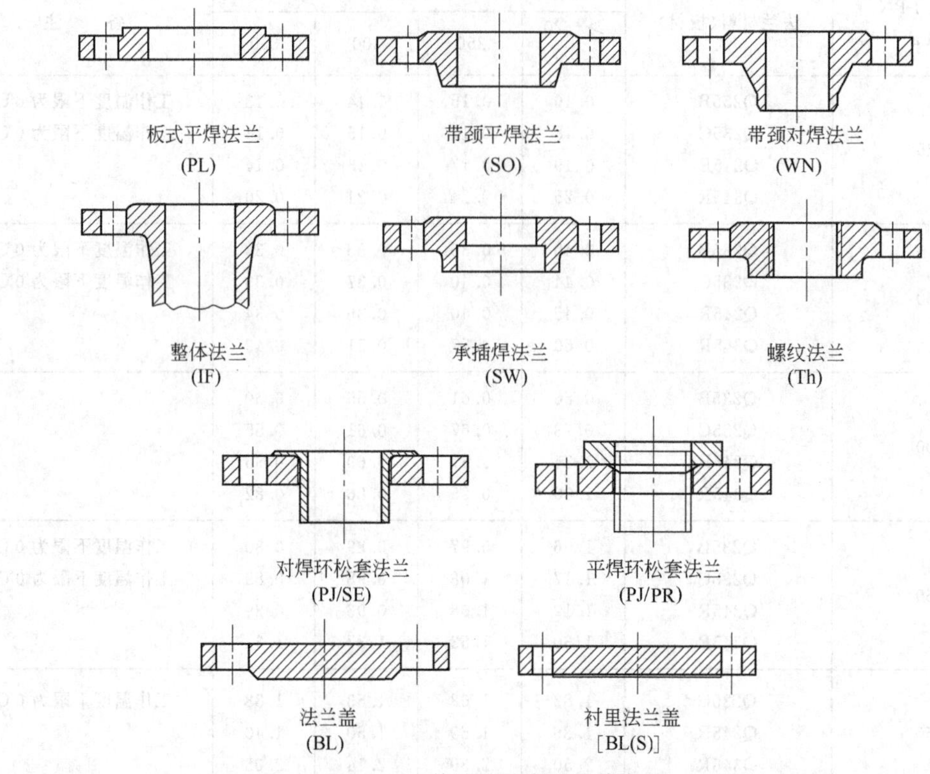

图 11-26 管法兰的类型及其代号

表 11-12 各种类型法兰的密封面型式及其适用范围

法兰类型	密封面型式	公称压力/bar					
		2.5	6.0	10	16	25	40
板式平焊法兰（PL）	突面(RF)	DN10～DN2000	DN10～DN600				
	全平面(FF)	DN10～DN2000	DN10～DN600	—			
带颈平焊法兰（SO）	突面(RF)	—	DN10～DN300	DN10～DN600			
	凹面(FM) 凸面(M)	—		DN10～DN600			
	榫面(T) 槽面(G)	—		DN10～DN600			
	全平面(FF)	—	DN10～DN300	DN10～DN300			
带颈对焊法兰（WN）	突面(RF)	—		DN10～DN2000		DN10～DN600	
	凹面(FM) 凸面(M)	—		DN10～DN600			
	榫面(T) 槽面(G)	—		DN10～DN600			
	全平面(FF)	—	DN10～DN2000			—	

续表

法兰类型	密封面型式	公称压力/bar					
		2.5	6.0	10	16	25	40
整体法兰(IF)	突面(RF)	—	DN10～DN2000			DN10～DN1200	DN10～DN600
	凹面(FM) 凸面(M)	—		DN10～DN600			
	榫面(T) 槽面(G)	—		DN10～DN600			
	全平面(FF)	—	DN10～DN2000				
承插焊法兰 (SW)	突面(RF)	—		DN10～DN50			
	凹面(FM) 凸面(M)	—		DN10～DN50			
	榫面(T) 槽面(G)	—		DN10～DN50			
螺纹法兰(Th)	突面(RF)	—	DN10～DN150				
	全平面(FF)	—	DN10～DN150			—	
对焊环松套法兰 (PJ/SE)	突面(RF)	—	DN10～DN600				
平焊环松套法兰 (PJ/RJ)	突面(RF)	—	DN10～DN600			—	
	凹面(FM) 凸面(M)	—		DN10～DN600		—	
	榫面(T) 槽面(G)	—		DN10～DN600		—	
法兰盖 (BL)	突面(RF)	DN10～DN2000		DN10～DN1200		DN10～DN600	
	凹面(FM) 凸面(M)	—		DN10～DN600			
	榫面(T) 槽面(G)	—		DN10～DN600			
	全平面(FF)	DN10～DN2000		DN10～DN1200		—	
衬里法兰盖 [BL(S)]	突面(RF)	—	DN40～DN600				
	凸面(M)	—		DN40～DN600			
	槽面(G)	—		DN40～DN600			

注：环连接面（RJ）仅在带颈对焊法兰、整体法兰、法兰盖三种法兰类型的公称直径 DN15～DN400mm、公称压力>40bar 的场合下才能应用。

（2）管法兰标记

管法兰标记由八部分代号组成：标准号；法兰类型代号；公称尺寸，mm；公称压力等级 PN；密封面型式代号；钢管厚度，mm；材料牌号；其他。

【例 11-6】 公称尺寸为 DN1200、公称压力为 PN6、配用公制管的突面板式平焊钢制管法兰，材料为 Q235A，其标记为：

HG/T 20592　法兰　PL1200 (B)-6　RF　Q235A

【例 11-7】 公称尺寸为DN300、公称压力为PN25、配用英制管的凸面带颈平焊钢制管法兰，材料为20钢，其标记为：

HG/T 20592　法兰　SO300-25　M　20

【例 11-8】 公称尺寸为DN100、公称压力为PN100、配用公制管的凹面带颈对焊钢制管法兰，材料为16Mn，钢管厚度为8mm，其标记为：

HG/T 20592　法兰　WN100 (B)-16　FM　S=8mm　16Mn

11.7 容器支座

压力容器上的支座是支撑容器重量和固定容器位置用的一种不可缺少的附件。它的结构形式很多，根据容器自身的型式，支座的形式可分为两大类：卧式容器支座和立式容器支座。

11.7.1 卧式容器支座

卧式容器的支座有三种形式：鞍座、圈座和支腿，如图11-27所示。

常见的卧式容器和大型卧式储槽、换热设备等多采用鞍座，它是一种应用最为广泛的卧式容器支座。但对大直径薄壁容器和真空操作的容器或多于两个支承的长容器时，采用圈座比鞍座受力情况要好，而支腿一般只适用于小直径的容器。

11.7.1.1 鞍座

(1) 鞍座的结构

鞍座是由腹板、筋板和底板焊接而成，如图11-28所示，在与容器连接处，有带加强垫板和不带加强垫板两种结构，加强垫板的材料应与容器壳体材料相同，鞍座的材料（加强垫板除外）为Q235AF。在鞍座中，垫板的作用是改善容器壳体局部受力情况，通过垫板，鞍座承受容器的载荷；筋板的作用是将垫板、腹板和底板连接在一起，加大刚性，一起有效地传递压缩力和抵抗弯矩。因此，腹板和筋板的厚度与鞍座的高度（即自筒体圆周最低点至基础表面的距离）直接决定着鞍座允许负荷的大小。此外，鞍座包角和宽度的大小也直接影响着支座处筒壁应力值的高低，标准鞍座的包角为120°和150°两种规格，鞍座宽度则随筒体直径的增加而增大。

鞍座的标准为JB/T4712.1，其公称直径即为筒体公称直径，每一公称直径的规格都有轻型（A型）和重型（B型）两种，A型鞍座有DN1000～4000mm的23种系列尺寸，而B型鞍座则有DN159～426mm和DN300～4000mm的几十种系列。对于每一种型式，根据鞍座底板上地脚螺栓孔的形状不同又可分为F型（固定支座）和S型（滑动支座）。F型和S型支座的底板尺寸，除了地脚螺栓孔之外，其余各部分尺寸相同。在一台容器上，F型和S型支座总是配对使用。滑动支座底板上的螺栓孔为长圆形，安装地脚螺栓时采用两个螺母，第一个螺母拧紧后倒退一圈，然后用第二个螺母锁紧，以便能使鞍座在基础面上自由滑动。

卧式容器一般采用双支座，一个固定支座，一个滑动支座。为了充分利用封头对筒体邻近部分的加强作用，应尽可能将支座设计得靠近封头处，即鞍座中心线至封头切线间距离A在满足$A \leqslant 0.2L$（L为两封头切线间距离，如图11-27所示）下应尽量使$A \leqslant 0.5R_a$（R_a为筒体平均半径）。特殊的场合下也可采用两个以上的鞍座，如铝制设备等。

(2) 标准鞍座的选用

标准鞍座的选用，首先是按鞍座实际承载的大小确定选用轻型（A型）和重型（B型）

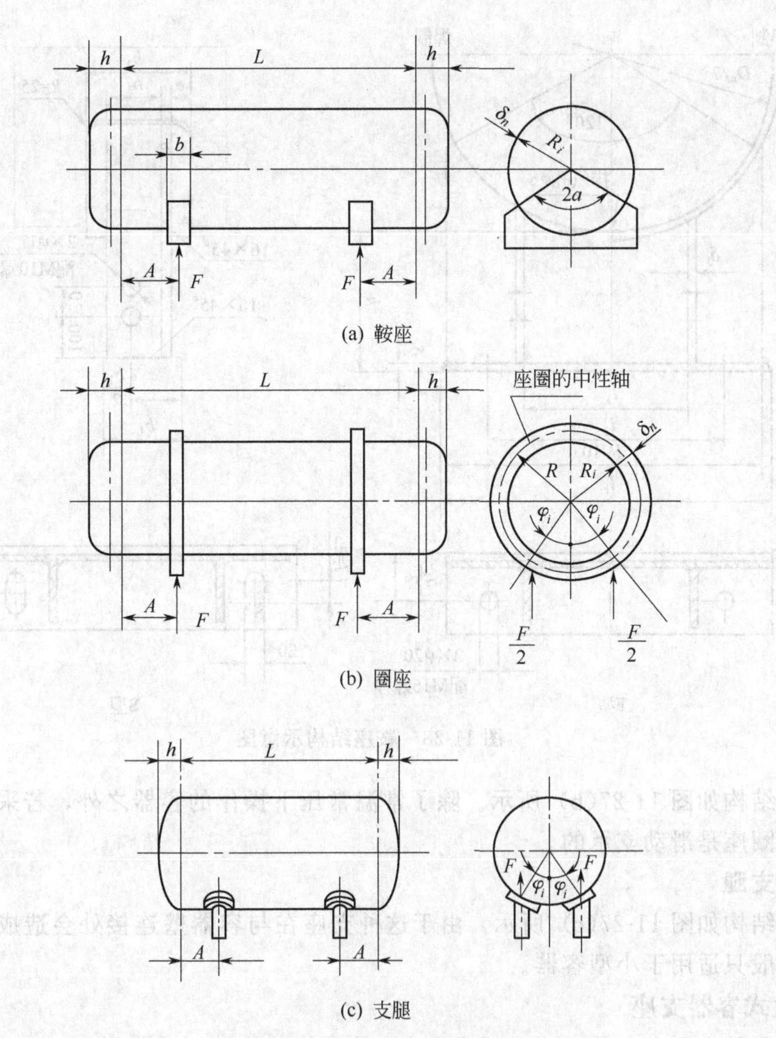

(a) 鞍座

(b) 圈座

(c) 支腿

图 11-27　卧式容器的支座型式

鞍座，然后是根据容器圆筒强度的需要确定选用 120°或 150°包角的鞍座。

(3) 鞍座的标记

鞍座的标记由六部分代号组成：标准号；鞍座；型号；公称直径，mm；支座型式；其他。

【例 11-9】 公称直径为 DN325、120°包角、重型不带垫板、标准尺寸的弯制固定式鞍式支座，材料为 Q235AF。标记为：

JB/T 4712.1—2007，鞍座 BV325-F（Q235AF 则注于材料栏内）

【例 11-10】 公称直径为 DN1600、150°包角、重型滑动鞍座，鞍座材料为 Q235AF，垫板材料为 06Cr19Ni10，鞍座高度 400mm，垫板厚度 12mm，滑动长孔长度为 60mm。标记为：

JB/T 4712.1—2007，鞍座 BⅡ 1600-S，$h=400$，$\delta_4=12$，$l=60$（材料栏内注：Q235AF/06Cr19Ni10）

11.7.1.2　圈座

圈座的适用范围是：因自身重量而可能造成严重挠曲的薄壁容器；多于两个支承的长容

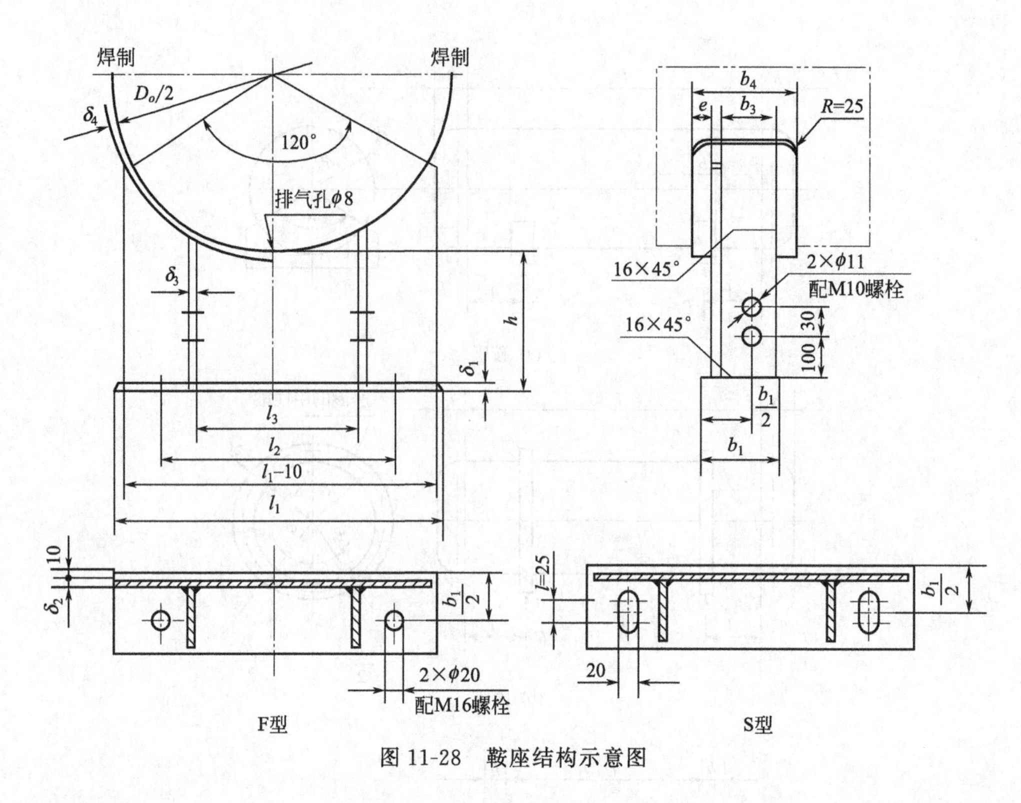

图 11-28 鞍座结构示意图

器，圈座的结构如图 11-27(b) 所示。除了常温常压下操作的容器之外，若采用圈座时则至少应有一个圈座是滑动支承的。

11.7.1.3 支腿

支腿的结构如图 11-27(c) 所示，由于这种支座在与容器壁连接处会造成严重的局部应力，因而一般只适用于小型容器。

11.7.2 立式容器支座

立式容器的支座有四种型式：耳式支座、支承式支座、腿式支座和裙式支座。中、小型直立容器常采用前三种支座，高大的塔设备则广泛采用裙式支座。

11.7.2.1 耳式支座

耳式支座又称为悬挂式支座，是一种应用较广的立式容器支座。它通常是由筋板和支脚板组成，支脚板的作用是与基础接触及连接，筋板的作用是增加支座的刚性，使作用在容器上的外力通过支脚板作用在支承梁上，图 11-29 为一带有垫板的耳式支座。耳式支座的优点是简单、轻便，但对器壁会产生较大的局部应力。因此，当容器较大或器壁较薄时，应在支座与器壁间加一垫板。对于不锈钢容器，当用碳素钢作支座时，为防止器壁与支座在焊接过程中不锈钢合金元素的流失，也需要在支座与器壁间加一不锈钢垫板。

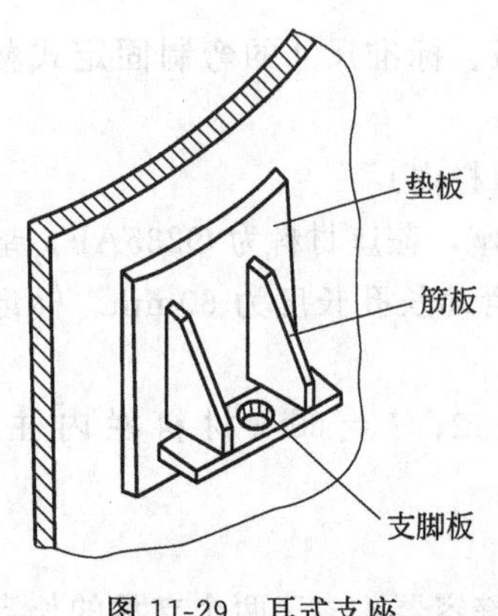

图 11-29 耳式支座

耳式支座的标准为 JB/T 4712.3，标准中将耳式支座分为 A 型（短臂）、B 型（长臂）和 C 型（加长臂）三类。鉴于 B 型、C 型耳式支座有较宽的安装尺寸，当容器外面包有保温层或将容器直接放置在楼板上时，采用 B 型、C 型耳式支座为宜。

耳式支座的选用方法是：根据公称直径DN和JB/T 4712.3中规定的方法计算出每个支座承受的实际载荷Q，按此载荷Q值在标准中选取一标准耳式支座，并使$Q \leqslant [Q]$，其中［Q］为支座允许载荷；一般情况下，还应校核耳式支座处圆筒所受的支座弯矩M_L，并使$M_L \leqslant [M_L]$，其中［M_L］为耳式支座处圆筒的许用弯矩。

耳式支座的标记由五部分代号组成：标准号；耳座；型号；支座号；其他。

【例11-11】 A型、带垫板、3号耳式支座，支座材料为Q235A，垫板材料为Q235A。标记为：

JB/T 4712.3—2007，耳式支座 A3-Ⅰ

材料：Q235A

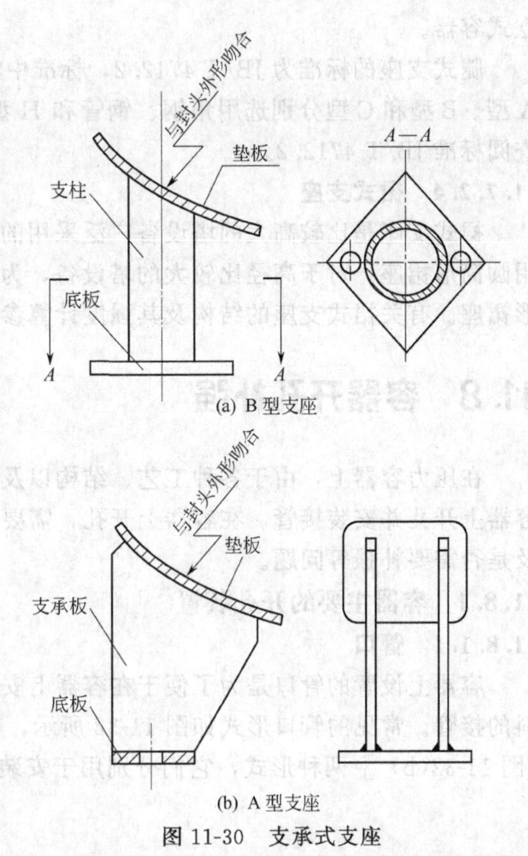

图11-30 支承式支座

11.7.2.2 支承式支座

对于高度不大、安装位置距基础面较近且具有凸形封头的立式容器，可采用支承式支座，其结构如图11-30所示。支承式支座支撑在容器的底封头上，由于其在与容器连接处可能会造成较大的局部应力，故这种支座只适宜于中小型立式容器中。

支承式支座的标准为JB/T 4712.4，标准中将支承式支座分为A型、B型两类（图11-30），其中A型支座由钢板焊制，带垫板；B型支座由钢管制作，带垫板。支座垫板厚度一般与封头相等，也可根据实际需要确定。

支承式支座的选用方法是：根据公称直径DN和JB/T 4712.4中规定的方法计算出每个支座承受的实际载荷Q，满足$Q < [Q]$的要求，其中［Q］为支座允许载荷；对于B型支座，还应校核由容器封头限定的允许垂直载荷，即要求$Q \leqslant [F]$，其中［F］为由容器封头限定的B型支座允许垂直载荷。

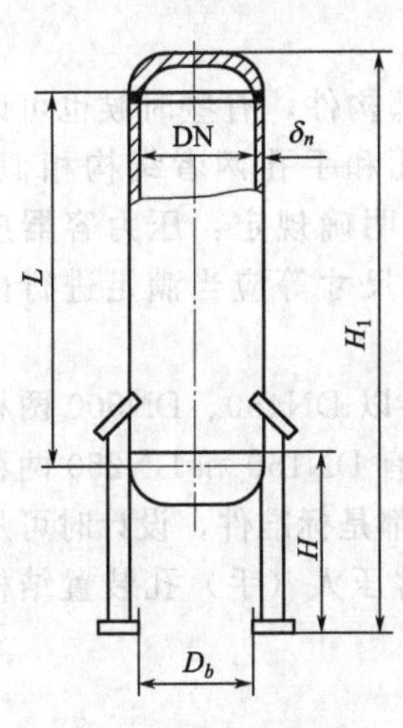

图11-31 腿式支座

支承式支座的标记由四部分代号组成：标准号；支座；型号A、B；支座号。

【例11-12】 钢板焊制的3号支承式支座，支座材料为Q235A，垫板材料为Q235B。标记为：

JB/T 4712.4—2007，支座 A3

材料：Q235A/Q235B

11.7.2.3 腿式支座

腿式支座由支柱、垫板、盖板和底板组成，支撑在容器的圆筒体部分，如图11-31所示。它具有结构简单、轻巧和安装方便等优点，且在容器下面具有较大的操作维修空间，适用于直接安装在刚性地基上，公称直径为DN400～1600mm、容器总高h_1不大于8000mm、圆筒切向长度L与公称直径DN之比不大于5的立式容器。

腿式支座的标准为JB/T 4712.2，标准中将腿式支座分为A型、B型和C型三类，其中A型、B型和C型分别选用角钢、钢管和H型钢作为支柱。腿式支座的选用和标记可直接查阅标准JB/T 4712.2。

11.7.2.4 裙式支座

裙式支座是比较高大的塔设备广泛采用的一种支座。为了便于制造和节省材料，通常选用圆筒形裙座。对于高径比较大的塔设备，为了使其具有较好的稳定性，可以考虑采用圆锥形裙座。有关裙式支座的结构及其强度计算参见NB/T 47041《塔式容器》。

11.8 容器开孔补强

在压力容器上，由于各种工艺、结构以及操作、维修等方面的要求，不可避免地需要在容器上开孔并安装接管。在容器上开孔，需要考虑孔的位置、大小对容器强度的削弱程度以及是否需要补强等问题。

11.8.1 容器主要的开孔装置

11.8.1.1 管口

容器上设置的管口是为了便于在容器上安装测量、控制仪表或连接各种输送气、液相物料的接管。常见的管口形式如图11-32所示，有焊接的法兰管口［图11-32(a)］、螺纹管口［图11-32(b)］两种形式，它们分别用于安装接管、检测仪表。

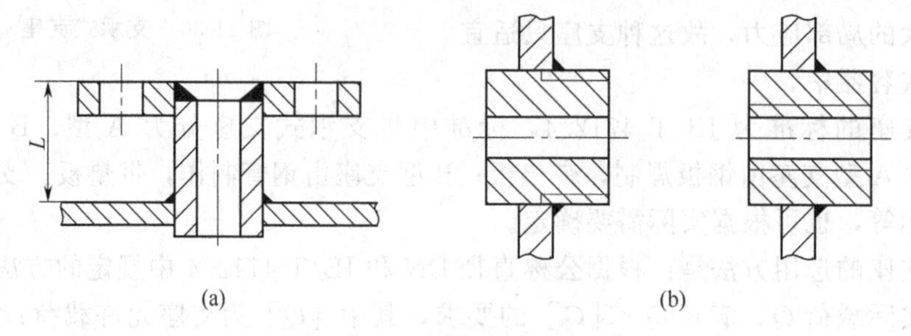

图11-32 容器上常见的管口形式

11.8.1.2 人孔和手孔

在容器上开设人孔和手孔的目的是为了便于安装、检修其内部构件，有些时候也可以作为容器间歇作业时，液、固相物料投放和输出的出入口。人孔和手孔两者结构相似，只是大小不同而已。中国《固定式压力容器安全技术监察规程》明确规定：压力容器应当根据需要设置人孔、手孔等检查孔，检查孔开设位置、数量和尺寸等应当满足进行内部检验的需要。

人孔直径一般有DN400、DN450、DN500、DN600四种规格，以DN450、DN500两种最为常用。手孔直径一般为150～250mm，标准中手孔的公称直径有DN150和DN250两种规格。它们的公称压力有常压至6.4MPa的各种规格。人孔、手孔都是标准件，设计时可从HG/T 21514～21535《钢制人孔和手孔》中直接选用。最简单的常压人（手）孔装置结构如图11-33所示。

11.8.2 开孔补强的结构与设计

压力容器开孔之后，必定使其器壁的强度受到削弱，并使得在孔口附近的局部区域应力

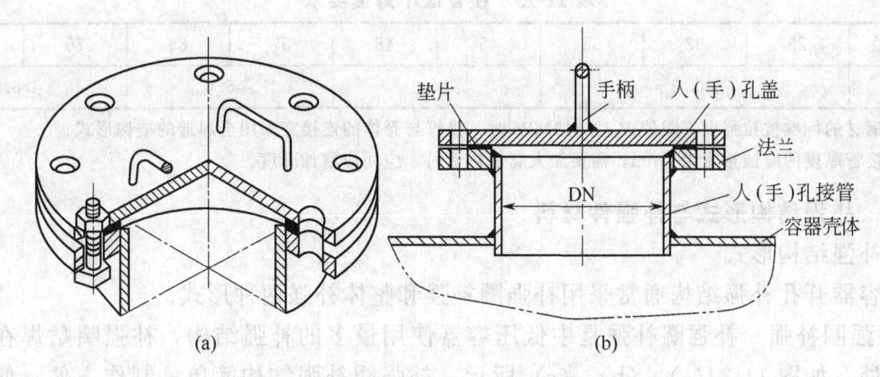

图 11-33　常压人（手）孔装置结构示意图

达到很大的数值。这种由于容器开孔而在器壁局部区域出现的应力增大现象称为应力集中。压力容器开孔接管之后，除了存在应力集中现象之外，接管处有时还受到其他外载荷的作用，由于材质和制造缺陷等各种因素的综合作用，开孔接管处就可能成为裂纹源，从而引起裂纹扩展，直至压力容器发生破坏。因此，对于开孔附近的应力集中及其补强措施必须予以足够重视。

11.8.2.1　容器上的允许开孔范围

由于在容器的筒体和封头上开孔直径越大，则相应的应力集中系数也越大，因此，容器的筒体和封头开孔直径受到一定限制。采用等面积补强法时，GB 150 对容器的筒体和封头上开孔大小作了如下规定。

① 圆筒　当圆筒内直径 $D_i \leqslant 1500\text{mm}$ 时，开孔最大直径 $D_{op} \leqslant D_i/2$ 且 $D_{op} \leqslant 520\text{mm}$；当筒体内直径 $D_i > 1500\text{mm}$ 时，开孔最大直径 $D_{op} \leqslant D_i/3$ 且 $d_{op} \leqslant 1000\text{mm}$。

② 凸形封头或球壳　开孔的最大直径 $D_{op} \leqslant D_i/2$，开孔位于封头中心 80% D_i 范围内。

③ 锥形封头　开孔的最大直径 $D_{op} \leqslant D_i/3$，D_i 为开孔中心处的锥壳内直径。

11.8.2.2　容器上不需另行补强的开孔最大直径

(1) 容器开孔不需另行补强的原因

ⅰ. 容器制造过程中，由于各种原因，壳体的厚度往往超过强度的需要，厚度增加，则薄膜应力减小，并相应使最大应力值降低。这种情况可视为容器已进行整体加强，因而不需另行补强。

ⅱ. 容器上的开孔一般总有接管相连，其接管厚度也往往多于实际需要，多余的金属已起到补强作用，故对一定口径的开孔，不需另行补强。

(2) 容器上允许不另行补强的开孔最大直径

根据 GB 150 的规定，壳体开孔满足下述全部要求时，可不另行补强。

ⅰ. 设计压力≤2.5MPa；

ⅱ. 两相邻开孔中心的间距（对曲面间距以弧长计算）应不小于两孔直径之和；对于三个或三个以上相邻开孔，任意两孔中心的间距（对曲面间距以弧长计算）应不小于两孔直径之和的 2.5 倍；

ⅲ. 接管外直径≤89mm；

ⅳ. 接管厚度满足表 11-13 要求。

表 11-13 接管最小厚度要求

mm

接管外直径	25	32	38	45	48	57	65	76	89
最小厚度	≥3.5			≥4.0		≥5.0		≥6.0	

注：1. 钢材的标准抗拉强度下限值 R_m≥540MPa 时，接管与壳体的连接宜采用全焊透的结构形式；

2. 表中接管厚度的腐蚀裕量为 1mm，需要加大腐蚀裕量时，应相应增加厚度。

11.8.2.3 补强结构形式与补强件材料

(1) 补强结构形式

压力容器开孔补强结构通常采用补强圈补强和整体补强两种形式。

① 补强圈补强　补强圈补强是中低压容器使用最多的补强结构，补强圈贴焊在壳体与接管连接处，如图 11-34(a)、(b)、(c) 所示。补强圈补强结构简单、制作方便，使用经验丰富，有一定的补强效果，但补强金属分散、补强的效果不好。补强圈与壳体采用搭接连接，难以与壳体形成整体，抗疲劳性能差；补强圈与壳体金属之间不能完全贴合，传热效果差，在补强的局部区域往往会产生温差应力。为此，GB 150 规定这种补强结构的使用范围为：钢材的标准抗拉强度下限值 R_m<540MPa；补强圈的厚度≤1.5δ_n；壳体名义厚度 δ_n≤38mm。若条件许可，推荐以厚壁接管代替补强圈进行补强，接管名义厚度 δ_{nt} 与壳体名义厚度 δ_n 之比宜控制在 0.5～2。补强圈的尺寸及与壳体接管的焊接接头型式可按 JB/T 4736 进行选用。

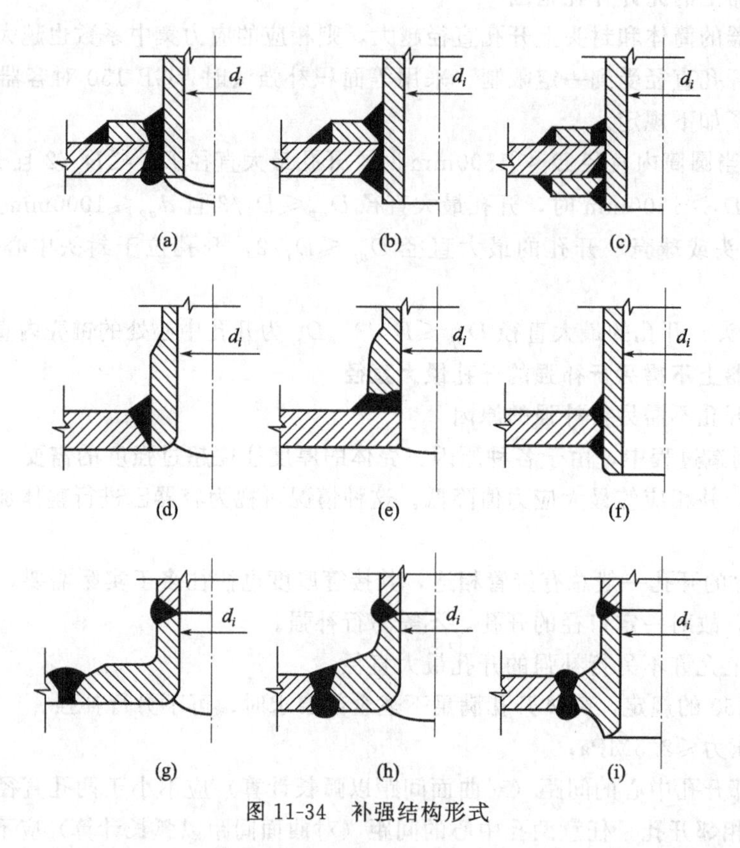

图 11-34 补强结构形式

② 整体补强　整体补强是通过增加壳体的厚度，或用全截面焊透的结构形式将厚壁接管或整体补强锻件与壳体相焊，以达到所需补强要求的。

增加壳体厚度的补强方法由于相当不经济，只有在特定的场合（如容器上开排孔等）才选用。

厚壁接管补强结构是在开孔处焊上一段厚壁接管，如图 11-34(d)、(e)、(f) 所示。由于用作补强的金属都直接处在开孔最大应力区域，所以补强效果好，尤其适用于低合金高强度钢制容器的开孔补强。

整体锻件补强结构是将接管和部分壳体连同补强部分做成整体锻件，再与壳体和接管焊接，如图 11-34(g)、(h)、(i) 所示。它能有效地降低应力集中系数，全部焊接接头采用对接焊缝，质量容易保证，抗疲劳性能最好。缺点是制造麻烦、成本较高，一般只在重要压力容器中应用，如承受低温、高温、疲劳载荷的大直径开孔容器、高压容器和核容器等。

(2) 补强件材料

补强材料宜与壳体材料相同。若补强材料许用应力小于壳体材料许用应力，则补强面积应按壳体材料与补强材料许用应力之比而增加。若补强材料许用应力大于壳体材料许用应力，则所需补强面积不得减少。

对于接管材料与壳体材料不同时，需要引入强度削弱系数 $f_r=[\sigma]_t^t/[\sigma]^t$，表示设计温度下接管材料与壳体材料许用应力的比值，当 $f_r>1.0$ 时，取 $f_r=1.0$。

11.8.2.4 开孔补强的设计方法

容器本体开孔补强的设计方法有等面积法、分析法两种，考虑到工程上应用较多，下面就着重介绍容器本体上单个开孔等面积补强法的设计方法。

等面积补强设计方法主要用于补强圈结构的补强计算。其基本原则是：在有效的补强范围内，补强金属的截面积等于或大于开孔所削弱的金属截面积，即

$$A_e\geqslant A \tag{11-37}$$

式中 A_e——有效的补强范围内可作为补强的截面积，mm^2；

A——开孔削弱所需最小补强截面积，mm^2。

(1) 开孔削弱所需最小补强截面积 A 的计算

ⅰ. 对于受内压的圆筒、球壳和椭圆形、碟形、锥形等封头

$$A=D_{op}\delta+2\delta\delta_{et}(1-f_r) \tag{11-38}$$

式中 D_{op}——开孔直径，圆形孔等于接管内直径加两倍厚度附加量，椭圆形或长圆形孔取所考虑截面上的尺寸（弦长）加两倍厚度附加量，mm；

δ——壳体开孔处按内压计算确定的计算厚度，mm；

δ_{et}——接管的有效厚度，$\delta_{et}=\delta_{nt}-C$，mm。

ⅱ. 对于受外压的圆筒、球壳

$$A=0.5[D_{op}\delta+2\delta\delta_{et}(1-f_r)] \tag{11-39}$$

式中 δ——壳体开孔处按外压计算确定的计算厚度，mm。

ⅲ. 容器存在内压与外压两种设计工况时，开孔所需补强截面积应同时满足ⅰ和ⅱ的要求。

ⅳ. 对于平盖开孔直径 $D_{op}\leqslant 0.5D_o$（D_o 取平盖计算直径，对非圆形平盖取短轴长度）时，开孔削弱所需最小补强截面积 A 为

$$A=0.5D_{op}\delta_p \tag{11-40}$$

式中 δ_p——平盖的计算厚度，按 GB 150 中的相关公式进行计算，mm。

对于平盖开孔直径 $D_{op}>0.5D_o$（D_o 取平盖计算直径，对非圆形平盖取短轴长度）时，开孔削弱所需最小补强截面积 A 的计算较为复杂，参见 GB 150。

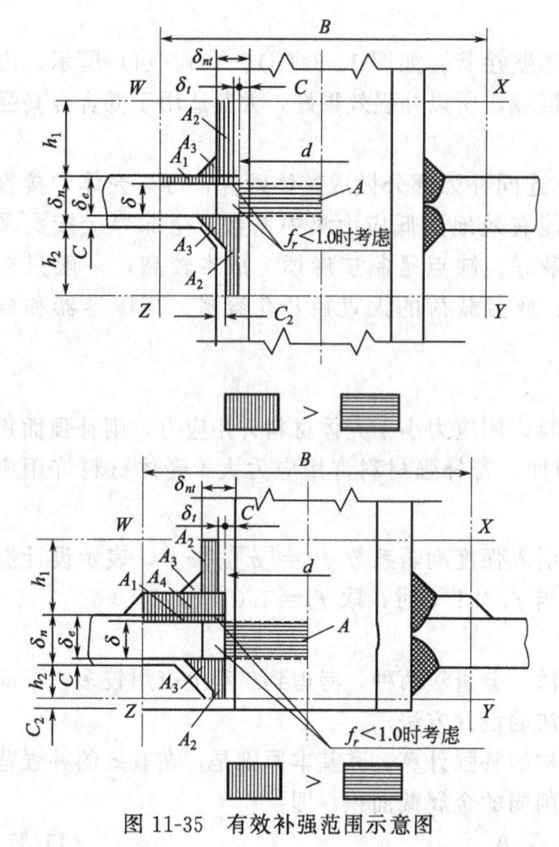

图 11-35 有效补强范围示意图

(2) 有效补强范围

壳体进行开孔补强时，其补强区的有效范围按图 11-35 中的矩形 $WXYZ$ 范围确定。

① 有效宽度 B 按式(11-41) 计算，取两者中较大值。

$$B=\begin{cases}2D_{op}\\D_{op}+2\delta_n+2\delta_{nt}\end{cases}\tag{11-41}$$

式中 δ_n——壳体开孔处的名义厚度，mm；

δ_{nt}——接管的名义厚度，mm。

② 有效高度按式(11-42) 和式(11-43) 计算，分别取式中的较小值。

ⅰ. 外伸接管有效补强高度

$$h_1=\begin{cases}\sqrt{D_{op}\delta_{nt}}\\\text{接管实际外伸高度}\end{cases}\tag{11-42}$$

ⅱ. 内伸接管有效补强高度

$$h_2=\begin{cases}\sqrt{D_{op}\delta_{nt}}\\\text{接管实际内伸高度}\end{cases}\tag{11-43}$$

(3) 补强面积的计算

在有效补强范围内，可作为补强的截面积 A_e

$$A_e=A_1+A_2+A_3\tag{11-44}$$

式中 A_1——壳体有效厚度减去计算厚度之外的多余截面积 (mm^2)，其值为

$$A_1=(B-D_{op})(\delta_e-\delta)-2\delta_{et}(\delta_e-\delta)(1-f_r)\tag{11-45}$$

A_2——接管有效厚度减去计算厚度之外的多余截面积 (mm^2)，其值为

$$A_2=2h_1(\delta_{et}-\delta_t)f_r+2h_2(\delta_{et}-C_2)f_r\tag{11-46}$$

A_3——有效补强区内焊缝金属截面积，mm^2；

δ_e——壳体开孔处的有效厚度，mm；

δ_t——接管计算厚度，mm。

若 $A_e\geqslant A$，则开孔后不需要另行补强；

若 $A_e<A$，则开孔需另加补强，其另加补强截面积 A_4 (图 11-35) 为

$$A_4\geqslant A-A_e\tag{11-47}$$

11.9 耐压试验与泄漏试验

11.9.1 耐压试验

11.9.1.1 试验目的和要求

压力容器制造过程中，从选材、加工、焊接至组装，虽然每一工序都有严格的检验，但制成的压力容器是否能承受规定的工作压力、承压过程中容器是否会发生过大的变形以及法兰连接处、焊缝处是否会发生局部渗漏等，这些都需要通过压力容器制成后的耐压试验进行

验证。压力容器的耐压试验是在超设计压力下进行的，分为液压试验、气压试验和气液组合试验三种。压力容器的耐压试验通用要求如下。

ⅰ. 压力容器制成后应经耐压试验，试验的种类、要求和试验压力值应在图样上注明。

ⅱ. 压力容器的耐压试验一般采用液压试验，试验液体应符合 GB 150 或相关引用标准的要求。对于不适宜进行液压试验的容器，可采用气压试验，进行气压试验的容器应满足 GB 150 或相关引用标准的要求。采用气液组合试验时，试验用液体和气体应分别满足液压试验和气压试验的要求，试验压力按气压试验的规定。

ⅲ. 外压容器以内压进行耐压试验。

11.9.1.2　耐压试验压力

根据 GB 150 的规定，压力容器的试验压力是指容器进行耐压试验或泄漏试验时，容器顶部的压力，用 p_T 表示，其最低值。根据下面方法计算。

(1) 内压容器

$$p_T=\begin{cases}1.25p\dfrac{[\sigma]}{[\sigma]^t}(\text{液压试验})\\[2ex]1.10p\dfrac{[\sigma]}{[\sigma]^t}(\text{气压试验或气液组合试验})\end{cases}\tag{11-48}$$

式中　p——压力容器的设计压力，MPa；

$[\sigma]$——容器元件材料在耐压试验温度下的许用应力，MPa；

$[\sigma]^t$——容器元件材料在设计温度下的许用应力，MPa。

(2) 外压容器

$$p_T=\begin{cases}1.25p(\text{液压试验})\\1.10p(\text{气压试验或气液组合试验})\end{cases}\tag{11-49}$$

(3) 多腔容器

对于由两个或两个以上压力室组成的多腔容器，每个压力室的试验压力按其设计压力确定，各压力室分别进行耐压试验。

需要注意的是，虽然压力容器试验压力最低值 p_T 是按式(11-48)、式(11-49) 计算得到的，但是，对于立式容器采用卧置进行液压试验时，试验压力应计入立置试验时的液柱静压力；工作条件下内装介质的液柱静压力大于液压试验的液柱静压力时，应适当考虑相应增加试验压力。

(4) 耐压试验时容器强度校核

ⅰ. 如果采用按式(11-48)、式(11-49) 计算得到的压力容器试验压力最低值 p_T 进行耐压试验，试验时容器的强度一定会满足，不需要校核。

ⅱ. 只有当采用大于式(11-48)、式(11-49) 计算得到的压力容器试验压力最低值 p_T 的试验压力进行耐压试验时，在耐压试验前应校核各受压元件在试验条件下的应力水平，例如对壳体元件应校核最大总体薄膜应力 σ_T。

对于圆筒壳
$$\sigma_T=\frac{p_T(D_i+\delta_e)}{2\delta_e}\tag{11-50}$$

对于球壳
$$\sigma_T=\frac{p_T(D_i+\delta_e)}{4\delta_e}\tag{11-51}$$

式中　D_i——壳体的内直径，mm；

δ_e——壳体的有效厚度，mm。

壳体最大总体薄膜应力 σ_T 应满足下列条件：

$$\begin{cases}\text{液压试验时} & \sigma_T \leqslant 0.9\,R_{eL}\phi \\ \text{气压试验或气液组合试验时} & \sigma_T \leqslant 0.8\,R_{eL}\phi\end{cases} \tag{11-52}$$

式中 ϕ——壳体的焊接接头系数，由表11-5查取；

R_{eL}——壳体材料在试验温度下的屈服强度（或0.2%的非比例延伸强度），MPa。

11.9.1.3 耐压试验温度

在耐压试验时，为了避免材料的低温脆性破坏，试验温度（容器器壁金属温度）应当比容器器壁金属无延性转变温度高30℃或者按照TSG 21规程引用标准的规定执行。根据中国压力容器用材的情况，Q245R、Q345R钢制压力容器在液压试验时，液体温度不得低于5℃；其他低合金钢制压力容器，液体温度不得低于15℃。碳素钢和低合金钢制压力容器气压试验用气体温度不得低于15℃，其他材料制压力容器气压试验用气体温度应符合设计图样规定。

11.9.2 泄漏试验

11.9.2.1 试验目的和要求

对于介质毒性程度为极度、高度危害或设计上不允许有微量泄漏的压力容器，制造完毕应在耐压试验合格后进行泄漏试验，以考证容器的致密程度，保证符合设计要求的泄漏率。应该注意的是，设计单位应当提出压力容器泄漏试验的方法和技术要求；压力容器需进行泄漏试验时，试验压力、试验介质和相应的检验要求应在图样上和设计文件中注明。

11.9.2.2 试验方法

泄漏试验根据试验介质的不同，分为气密性试验以及氨检漏试验、卤素检漏试验和氦检漏试验等。

(1) 气密性试验

气密性试验的目的是检查压力容器的致密性，包括对焊缝的检查（对接焊缝的针孔缺陷、角焊缝的焊接质量等），对容器法兰密封性能的检查，对接管法兰密封性能的检查（与管道、安全附件的连接法兰等）。介质的毒性程度为极度、高度危害或设计上不允许有微量泄漏的压力容器，必须进行气密性试验。

压力容器气密性试验压力为其设计压力。压力容器进行气密性试验时，一般应将安全附件装配齐全，如需投用前在现场装配安全附件，应在压力容器质量证明书的气密性试验报告中注明装配安全附件后需再次进行现场气密性试验。

(2) 氨检漏试验、卤素检漏试验和氦检漏试验

氨检漏、卤素检漏和氦检漏都是灵敏度较高的检漏方法，广泛应用在真空绝热容器、换热器、分离器、再沸器、氨合成塔、衬里容器、有色金属容器和核能容器等的检漏中。压力容器进行氨检漏试验、卤素检漏试验和氦检漏试验时，试验压力、保压时间以及试验程序等均需按照设计图样的要求执行。

思 考 题

11-1 压力容器的总体结构由哪几部分组成？

11-2 压力容器根据承压性质如何分类？

11-3 压力容器根据在生产工艺过程中所起的作用如何分类？

11-4 压力容器设计载荷条件如何确定？

11-5 压力容器运行中的失效形式一般有哪几种类型？

11-6 压力容器的强度失效设计准则有哪几种？中国的压力容器国家标准是采用哪个准则进行设计的？

11-7 压力容器零部件两个最基本参数是什么？

11-8 压力容器的公称直径与管子的公称尺寸的意义是什么？

11-9 何谓公称压力？

11-10 圆筒形壳体一般如何分类？

11-11 什么叫第一曲率半径和第二曲率半径？第二曲率半径和平行圆半径有何关系？

11-12 什么叫有力矩理论？如何理解无力矩理论？

11-13 轴对称问题中，薄膜应力在同一平行圆上是否变化？沿经线是否变化？

11-14 什么叫经向截面？什么叫锥截面？

11-15 经向应力作用在何种截面上？周向应力作用在何种截面上？

11-16 经向应力如何求解？周向应力能否用两个具有一定夹角的经向截面截出的壳体区域的平衡条件来求解？

11-17 椭球形壳体在何种条件下在赤道附近会出现周向受压的情况？

11-18 无力矩理论的应用条件是什么？

11-19 边缘应力是如何产生的？具有什么特性？在设计中如何处理？

11-20 为什么说边缘应力对于压力容器破坏的危险性较小？薄膜应力在压力容器设计中的地位如何？

11-21 压力容器的筒体结构根据形状如何进行分类？

11-22 圆筒形结构根据其结构特征如何进行分类？

11-23 压力容器常见的封头形式有哪几种？各有什么特点。

11-24 设计压力如何定义？对于内压容器一般根据什么原则确定？

11-25 焊接接头系数的意义是什么？

11-26 压力容器设计时为什么要规定容器的最小厚度？容器的最小厚度如何确定？

11-27 外压壳体的主要失效形式是什么？

11-28 何谓外压圆筒的临界压力？它与哪些因素有关？

11-29 外压圆筒如何分类，其依据是什么？

11-30 外压圆筒图算法设计的具体步骤是什么？

11-31 外压容器和内压容器的设计压力确定原则是否完全相同？为什么？

11-32 外压圆筒的稳定性安全系数是基于什么考虑的？

11-33 外压容器的封头设计与内压容器的封头设计有什么不同？

11-34 外压容器设置加强圈的作用是什么？常用哪些材料进行制作？

11-35 螺栓法兰连接结构的基本组成是什么？其密封原理如何？

11-36 根据组成法兰的圆筒、法兰环及锥颈三部分的整体性程度，法兰结构如何分类？

11-37 法兰常用的密封面形式有哪几种？

11-38 压力容器的标准法兰如何选用？

11-39 压力容器支座的作用是什么？根据其自身的型式，支座的形式如何分类？

11-40 卧式容器支座的形式有哪几种，各有什么适用范围？

11-41 立式容器支座的形式有哪几种，各有什么适用范围？

11-42 压力容器上设置人孔和手孔的目的是什么？

11-43 为什么压力容器上有的开孔不需另行补强？

11-44 容器开孔补强结构形式如何分类？

11-45 压力容器进行耐压试验的目的是什么？其试验方法有哪几种？

11-46 压力容器进行泄漏试验的目的是什么？其试验方法有哪几种？

习 题

11-1 圆锥形壳体的中间面由一与对称轴成 α 角（称为半顶角）的直线段为母线绕对称轴回转而成，若已知经线上任一点的平行圆半径 r，试导出经线上任一点第一曲率半径 R_1 和第二曲率半径 R_2 的表达式。

11-2 椭球形壳体的经线为一椭圆曲线（图11-9）。试证明椭球形壳体经线上任一点的第一曲率半径、第二曲率半径的计算公式如下：

$$R_1=\frac{[a^4-r^2(a^2-b^2)]^{3/2}}{a^4b},R_2=\frac{[a^4-r^2(a^2-b^2)]^{\frac{1}{2}}}{b}$$

11-3 一压力容器由圆筒形壳体、两端为椭圆形封头组成，已知圆筒内直径为 $D_i=2000$mm，厚度 $\delta=20$mm，所受内压 $p=2$MPa，试确定：

(1) 圆筒形壳体上的经向应力和周向应力各是多少？

(2) 如果椭圆形封头 a/b 的值分别为 2、$\sqrt{2}$ 和 3 时，封头厚度为 20mm，分别确定封头上顶点和赤道点的经向应力与周向应力的值，并确定压应力的作用范围（用角度在图上表示出来）。

(3) 若封头改为半球形，与筒体等厚度，则封头上的经向应力和周向应力又为多少？

11-4 半顶角 $\alpha=30°$、厚度为 10mm 的圆锥形壳体，在经线上距顶点为 100mm 点的两向薄膜应力为多少？

11-5 现有内直径为 2000mm 的圆筒形壳体，经实测其厚度为 10.5mm。已知圆筒形壳体材料的许用应力 $[\sigma]=133$MPa。试按最大薄膜应力来判断该圆筒形壳体能否承受 1.5MPa 的压力。

11-6 敞口圆筒形容器中盛有某种密度为 ρ 的液体，试求在如下两种情况下筒壁中的最大薄膜应力：(1) 放在地面上 [图11-36 (a)]；(2) 被提离地面后 [图11-36 (b)]。设圆筒形容器的内直径为 D、厚度为 δ。

11-7 有一立式圆筒形储油罐，如图11-37所示，罐体内直径为 5000mm，厚度为 10mm，油的密度为 700kg/m³。设当地大气压力 $p_0=0.1$MPa，试计算油面上方气体压力 $p=0.1$MPa（绝压）和 $p=0.25$MPa（绝压）两种情况下油罐筒体中的最大经向应力和最大周向应力。

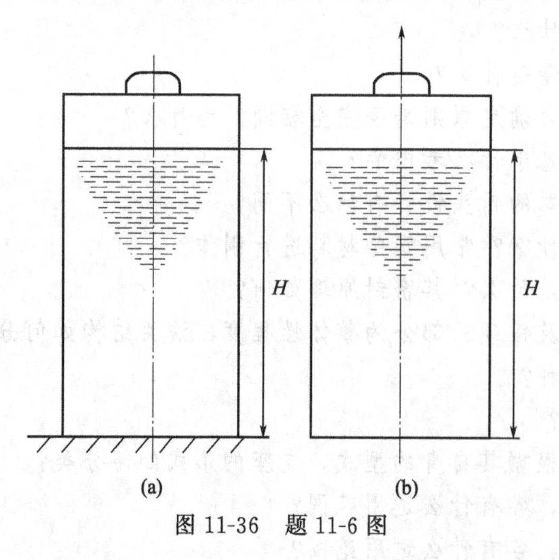

图11-36 题11-6图

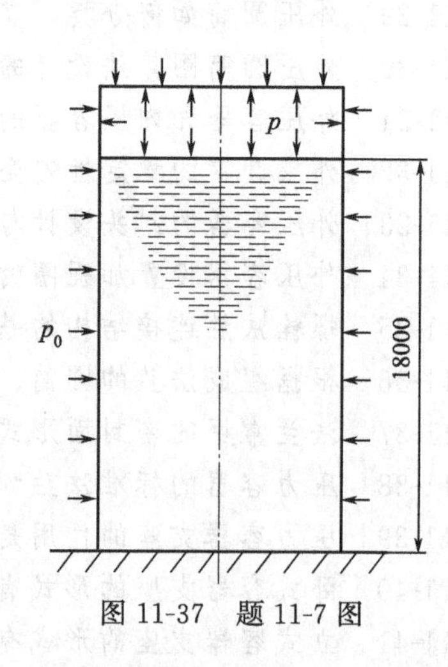

图11-37 题11-7图

11-8　某化工厂需设计一台液氨储槽，其内直径为 2600mm，工作温度为－10～50℃，最高工作压力为 1.6MPa，材料选用 Q345R，若封头采用椭圆形封头，试设计筒体与封头的厚度。

11-9　设计一台不锈钢（06Cr19Ni10）制承压容器，最大工作压力为 1.2MPa，装设安全阀，工作温度为 150℃，容器内直径为 1m，筒体纵向对接焊缝采用双面焊对接接头、局部无损检测，试确定筒体厚度。

11-10　试设计一圆筒形容器，已知圆筒的内直径 $D_i=800$mm，设计压力 $p=3$MPa，设计温度为 100℃，材料选为 Q245R，腐蚀裕量可取 $C_2=2$mm，试确定：

(1) 筒体的厚度；

(2) 分别计算半球形封头、标准椭圆形封头和碟形封头的厚度，并对计算结果进行比较。

11-11　试确定某一圆筒形容器的名义厚度。已知该容器内直径为 1600mm，计算压力为 0.2MPa，设计温度为 100℃，材料为 Q345R，容器纵向对接焊缝采用双面焊对接接头、局部无损检测，腐蚀裕量为 2mm。

11-12　一材质为 Q245R 的反应釜内直径为 1600mm，正常操作压力为 1.3MPa，安全阀的开启压力为 1.4 MPa，反应温度为 200℃，介质有轻微腐蚀性，取 $C_2=2$mm，反应釜纵向对接焊缝采用双面焊对接接头、局部无损检测，经检修实测最小厚度为 12.5mm，试判断该反应釜能否继续使用？

11-13　有一圆筒形壳体，外直径为 2020mm，厚度为 10mm，计算长度为 5000mm，材料为 Q245R，弹性模量为 2.1×10^5 MPa，承受外压，试计算其临界压力 p_{cr}。

11-14　有一外压圆筒，外直径为 1010mm，厚度为 5mm，计算长度为 6000mm，材料为 Q245R，弹性模量为 2.1×10^5 MPa，承受外压，试判定该圆筒属于长圆筒还是短圆筒，并计算其临界压力 p_{cr}。

11-15　用 Q245R 钢制造的圆筒形容器，其内直径为 1600mm，长 10000mm，两端为标准椭圆形封头，直边高度为 40mm，在室温下真空操作，无安全控制装置，腐蚀裕量 $C_2=2$mm。试用图算法求筒体厚度。

11-16　某外压容器，其内直径为 2000mm，筒体计算长度为 6000mm，材料为 Q245R，最高操作温度为 150℃，最大压力差为 0.15MPa，腐蚀裕量 $C_2=1$mm。试用图算法求筒体厚度。

11-17　一圆筒形容器，其外直径为 1024mm，筒体计算长度为 6000mm，材料为 Q245R，在室温下真空操作，无安全控制装置。试问有效厚度为 12mm 时操作是否安全？

11-18　有一外直径为 1220mm，计算长度为 5000mm 的真空操作筒体，用有效厚度为 4mm 的 Q345R 钢板制造，是否能满足稳定性要求，可否采取其他措施？

11-19　一减压塔内直径为 2400mm，塔体长度为 18000mm，采用标准椭圆形封头。设计温度为 150℃，设计压力为 300mmHg 柱（0.04MPa），塔体和封头的材料均为 Q245R，试计算塔的厚度（假设无加强圈）。

第12章 压力容器的制造、使用与管理

12.1 概述

不少压力容器工作时不仅承受较高的压力，而且压力容器内同时又承受较高的工作温度以及工艺介质的强烈腐蚀作用。在如此这样严苛的工况下，要保证压力容器在实际工业生产中长期的运行安全、可靠使用，就必须在设计、选材、制造、检验和使用管理上有一整套严格的要求，否则，压力容器一旦发生爆破，后果不堪设想，危害极大。鉴于压力容器安全问题的重要性，世界各个工业国家都给予了高度的重视，制定了压力容器相应的标准或规范，这些标准或规范也就成为了压力容器行业必须严格遵守和执行的法律性文件。例如，中国国家质量监督检验检疫总局制定了一系列的法规和条例，以便能够有效地管理和控制压力容器的设计、材料、制造、检验和使用等各个方面，保证压力容器的制造质量和安全性能，从而确保其在工业生产中的安全可靠性。本章根据压力容器的安全技术基础，结合中国相关压力容器管理方面的法规和条例，着重介绍压力容器在制造、使用过程中的安全管理。

12.1.1 国内压力容器管理方面的主要法规和条例

(1)《中华人民共和国特种设备安全法》

特种设备是指对人身和财产安全有较大危险性的锅炉、压力容器（含气瓶）、压力管道、电梯、起重机械、客运索道、大型游乐设施、场（厂）内专用机动车辆，以及法律、行政法规规定适用本法的其他特种设备。《中华人民共和国特种设备安全法》是为了加强特种设备安全工作，预防特种设备事故，保障人身和财产安全，促进经济社会发展而制定的，《中华人民共和国特种设备安全法》已由中华人民共和国第十二届全国人民代表大会常务委员会第三次会议于2013年6月29日通过，自2014年1月1日起施行。《中华人民共和国特种设备安全法》对特种设备的生产（包含设计、制造、安装、改造和维修）、经营、使用、检验、检测和特种设备安全的监督管理等各个环节都作了规定。

(2) TSG 21《固定式压力容器安全技术监察规程》和TSG R0005《移动式压力容器安全技术监察规程》

固定式压力容器是指安装在固定位置使用的压力容器，移动式压力容器是指由罐体或者大容积钢质无缝气瓶与行走装置或者框架采用永久性连接组成的运输装备，包括铁路罐车、汽车罐车、长管拖车、罐式集装箱和管束式集装箱等。这两个规程是为了保障固定式压力容器和移动式压力容器的安全运行、保护人民生命和财产安全、促进国民经济发展，根据《中华人民共和国特种设备安全法》《特种设备安全监察条例》而制定的。TSG 21《固定式压力容器安全技术监察规程》是中国国家质量监督检验检疫总局2016年4月22日颁布的特种设备安全技术规范，对固定式压力容器的材料、设计、制造、安装、改造、维修、使用管理与定期检验等各个环节都作了规定；TSG R0005《移动式压力容器安全技术监察规程》是中国国家质量监督检验检疫总局2011年11月15日颁布的特种设备安全技术规范，对移动式压力容器的材料、设计、制造、使用管理、充装、维修、改造和定期检验等各个环节都作了规定。

(3) GB 150《压力容器》

GB 150《压力容器》是中国的第一部压力容器国家标准，在中国具有法律效用，是强

制性的压力容器标准。该标准适用于金属制压力容器的建造，对于钢制容器的设计压力不大于35MPa、设计温度范围：−269～900℃。该标准不仅是压力容器的设计依据，而且也规定了压力容器材料、制造、检验和验收的要求。

(4) TSG R1001《压力容器压力管道设计许可规则》

TSG R1001《压力容器压力管道设计许可规则》是为了加强对压力容器、压力管道的设计单位的安全监察，确保压力容器、压力管道的设计质量而制定的。该规则是中国国家质量监督检验检疫总局颁布的特种设备安全技术规范，于2008年4月施行，对设计单位条件、设计许可程序、增项和变更、换证和监督管理等各个环节都作了规定。

(5)《锅炉压力容器制造监督管理办法》

《锅炉压力容器制造监督管理办法》是为了加强对锅炉压力容器产品制造的监督管理、保证锅炉压力容器的安全质量、保障人身财产安全而制定的。该管理办法由中国国家质量监督检验检疫总局制定，于2003年1月施行，对锅炉压力容器的制造许可、许可证管理、产品监督检验和罚则等各个环节都作了规定。

(6)《锅炉压力容器使用登记管理办法》

《锅炉压力容器使用登记管理办法》是为了加强锅炉压力容器使用登记管理，规范使用登记行为，根据《特种设备安全监察条例》的规定而制定的。该管理办法由中国国家质量监督检验检疫总局制定，于2003年9月施行，对锅炉压力容器的使用登记、变更登记和监督管理等各个环节都作了规定。

12.1.2　压力容器的类别划分

压力容器结构形式很多，相应的类别也有多种。为了便于压力容器的安全技术管理，常见的类别划分方法有如下两种。

(1) 根据安装方式分类

压力容器根据安装方式可分为固定式压力容器和移动式压力容器两类。

固定式压力容器由于安装位置固定，其特点是固定安装和使用地点、工艺条件和操作人员也比较固定，如生产车间内安装的各种容器、储罐和釜式反应设备等。

移动式压力容器由于需要经常搬运，其特点是流动范围大、环境变化大、没有固定的操作人员等，如铁路罐车、汽车罐车和罐式集装箱等。

(2) 根据中国《固定式压力容器安全技术监察规程》分类

基于设计压力、容积和介质危害性三个因素对压力容器进行分类，将所适用范围内的压力容器划分为第Ⅰ类压力容器、第Ⅱ类压力容器和第Ⅲ类压力容器。其分类方法简述如下。

① 介质分组　压力容器的介质为气体、液化气体以及介质最高工作温度高于或者等于标准沸点的液体，按其毒性危害程度和爆炸危险程度分为如下两组。

ⅰ. 第一组介质：毒性危害程度为极度危害、高度危害的化学介质，易爆介质，液化气体。

ⅱ. 第二组介质：除了第一组介质之外的介质。

介质危害性是指压力容器在生产过程中因事故致使介质与人体大量接触，发生爆炸或者因经常泄漏引起职业性慢性危害的严重程度，用介质毒性程度和爆炸危害程度表示。

毒性程度：综合考虑急性毒性、最高容许浓度和职业性慢性危害等因素，极度危害最高容许浓度小于0.1mg/m^3；高度危害最高容许浓度0.1 mg/m^3～1.0mg/m^3；中度危害最高容许浓度1.0 mg/m^3～10.0mg/m^3；轻度危害最高容许浓度大于或者等于10.0mg/m^3。

易爆介质：指气体或者液体的蒸汽、薄雾与空气混合形成的爆炸混合物，并且其爆炸下限小于10%，或者爆炸上限和爆炸下限的差值大于或者等于20%的介质。

介质毒性危害程度和爆炸危险程度按照HG 20660《压力容器中化学介质毒性危害和爆炸危险程度分类》确定；HG 20660没有规定的，由压力容器设计单位参照GBZ 230《职业性接触毒物危害程度分级》的原则，确定介质组别。

② 压力容器类别划分方法

压力容器分类的划分应当先按照介质特性，按照如下要求选择类别划分图，再根据设计压力 p（单位MPa）和容积V（单位L），标出坐标点，确定压力容器类别。

ⅰ. 对于第一组介质，压力容器类别的划分见图12-1。

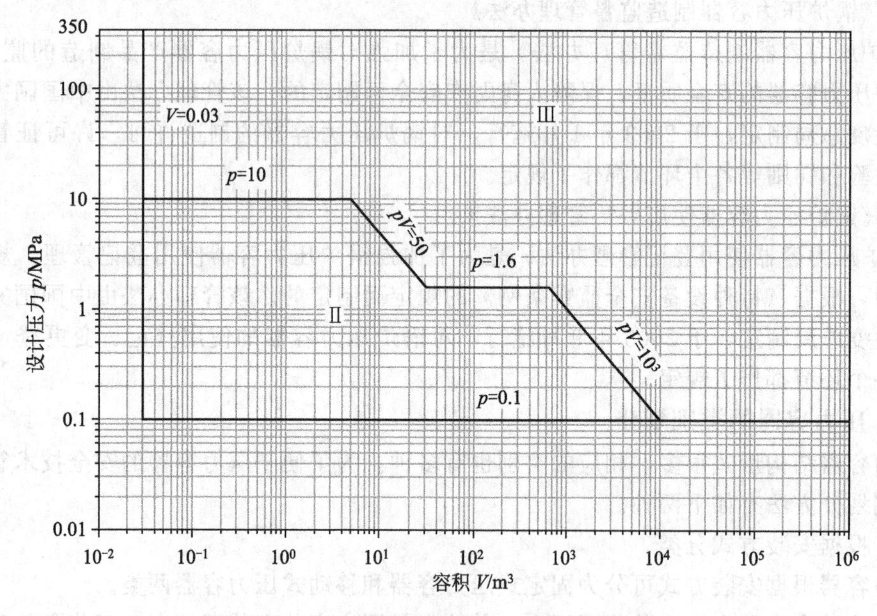

图12-1 压力容器分类图——第一组介质

ⅱ. 对于第二组介质，压力容器类别的划分见图12-2。

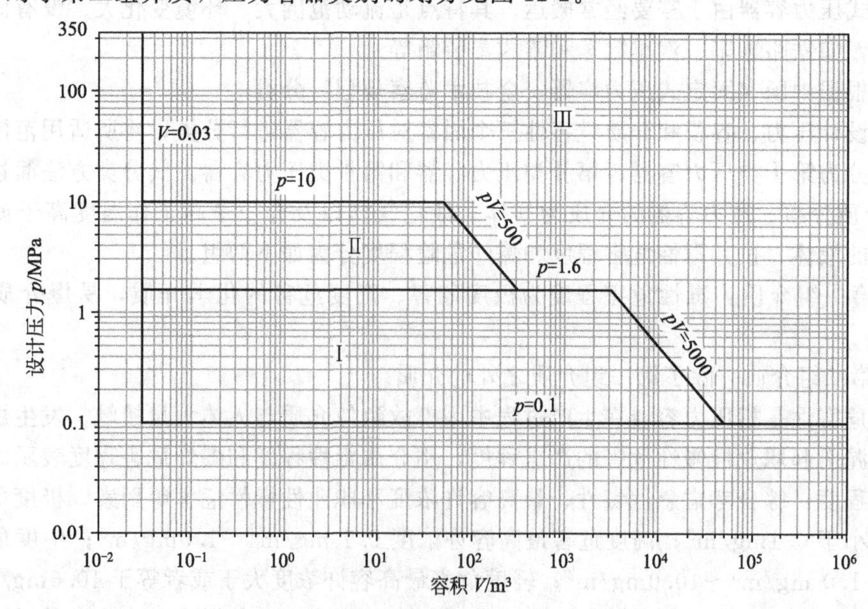

图12-2 压力容器分类图——第二组介质

对于多腔压力容器（如热交换器的管程和壳程、夹套压力容器等），应当分别对各压力腔进行分类，划分时设计压力取本压力腔的设计压力，容积取本压力腔的几何容积；以各压力腔的最高类别作为该多腔压力容器的类别并且按照该类别进行使用管理，但是应当按照每个压力腔各自的类别分别提出设计、制造技术要求。

一个压力腔内有多种介质时，按照组别高的介质分类。当某一危害性物质在介质中含量极小时，应当根据其危害程度及其含量综合考虑，按照压力容器设计单位决定的介质组别分类。

坐标点位于图 12-1 或者图 12-2 的分类线上时，按照较高的类别划分；简单压力容器统一划分为第Ⅰ类压力容器。

12.1.3　在用压力容器安全状况等级的划分

为了便于对在用压力容器的使用管理，特别是在用压力容器定期检验之后确定下次的检验周期，根据中国《固定式压力容器安全技术监察规程》，对在用压力容器的安全状况等级划分为 2、3、4、5 四个等级，每个等级的划分原则如下。

(1) 2 级

技术资料基本齐全；设计制造质量基本符合有关法规和标准的要求；根据检验报告，存在某些不危及安全且不易修复的一般性缺陷；在规定的定期检验周期内，在规定的操作条件下能安全使用。

(2) 3 级

技术资料不够齐全；主体材料、强度、结构基本符合有关法规和标准的要求；制造时存在的某些不符合法规和标准的问题或缺陷，焊缝存在超标的体积性缺陷，根据检验报告，未发现缺陷发展或扩大；其检验报告确定在规定的定期检验周期内，在规定的操作条件下能安全使用。

(3) 4 级

主体材料不符合有关规定，或材料不明，或虽属选用正确，但已有老化倾向；主体结构有较严重的不符合有关法规和标准的缺陷，强度经校核尚能满足要求；焊接质量存在线性缺陷；根据检验报告，未发现缺陷由于使用因素而发展或扩大；使用过程中产生了腐蚀、磨损、损伤、变形等缺陷，其检验报告确定为不能在规定的操作条件下或在正常的检验周期内安全使用。必须采取相应措施进行修复和处理，提高安全状况等级，否则只能在限定的条件下短期监控使用。

(4) 5 级

缺陷严重、难于或无法修复、无修复价值或修复后仍难于保证安全使用的压力容器，检验报告结论为判废，不得继续作承压设备使用。

12.2　压力容器的制造管理

为了确保压力容器在使用过程中的运行安全，防止其发生事故，其中最为重要的是能够保证压力容器的制造质量。然而，压力容器的制造质量能不能达到设计要求，在很大程度上是取决于制造单位的技术能力和制造过程中的质量管理工作水平，因此，压力容器的制造管理对于保证压力容器的制造质量具有重要意义，并且需从如下三个方面切实认真把好关卡。

(1) 制造单位的许可制度

凡从事压力容器制造的单位，必须经过制造资格的审查，取得制造许可证才能进行压力容器制造。压力容器制造单位应当取得特种设备制造许可证，按照批准的范围进行制造，依据有关法规、技术规范的要求建立压力容器质量保证体系且有效运行，单位法定代表人必须对压力容器制造质量负责；制造单位应当严格执行相关法规、安全技术规范及其相应标准，严格按照设计文件制造压力容器。同时，压力容器制造单位应当接受特种设备检验检测机构对其制造过程的监督检验。

(2) 压力容器的制造质量保证体系的建立和运作

压力容器无论什么结构，都是通过选材、加工、焊接和组装等工序制造出来的，其制造质量主要取决于材料质量、加工质量、焊接质量和检验质量。虽然压力容器的制造质量管理与一般工业产品的质量管理之基本原理是相类似的，但由于压力容器的质量特性中安全性能尤为重要，因此，压力容器的制造质量管理与一般工业产品的质量管理并不完全相同，需要通过建立压力容器的制造质量保证体系来实现。

压力容器的制造质量保证体系是在明确的质量管理方针和质量目标指导下，把影响压力容器制造质量的人、机、料、法、环等各主要因素组成一个有机的统一体，把各项技术法规的全部要求完全融汇于制造和质量控制的所有活动之中，形成一个完整的体系。显然，压力容器制造质量保证体系需要根据压力容器的制造特点及制造单位本身实际情况来建立，并通过一个完整的制造质量保证机构进行组织、控制和管理。制造质量保证机构通常是在制造单位领导主持下，包括各质量控制系统、环节、控制点责任人员在内，能够独立而有效地从事压力容器产品质量控制和质量管理活动。在建立压力容器的制造质量保证体系之后，通过制造质量保证机构的有效组织、运作和监督管理，针对压力容器从选材、加工、焊接至组装等制造过程中的每一项工作，严格实施有关的技术法规和各项质量控制管理制度，从而确保压力容器产品的制造质量。

(3) 压力容器制造的质量监督

根据中国《锅炉压力容器制造监督管理办法》和《锅炉压力容器产品安全性能监督检验规则》的规定，在中国境内锅炉压力容器制造单位的锅炉压力容器产品安全性能监检工作，由单位所在地的省级质量技术监督部门特种设备安全监察机构授权有相应资格的检验单位承担。

锅炉压力容器产品的监检工作应当在锅炉压力容器制造现场且在制造过程中进行。监检是在受检单位质量检验（简称自检）合格的基础上，对锅炉压力容器产品安全性能进行的监督验证。监检不能代替受检企业的自检，监检单位应当对所承担的监检工作质量负责。

对实施监检的锅炉压力容器产品，必须逐台进行产品安全性能监督检验。经监检合格的产品，监检单位应当及时汇总并审核见证材料，按台出具《锅炉压力容器产品安全性能监督检验证书》，并在产品铭牌上打监检钢印。

12.3 压力容器的使用管理

12.3.1 使用单位的主要基础工作

(1) 压力容器的使用登记和变更

压力容器的使用单位在压力容器投入使用前或者使用后 30 日内，应当按要求到直辖市或者所在市的质量技术监督部门逐台办理使用登记手续。登记标志的放置位置应当符合有关规定。

压力容器改造、长期停用、移装、过户或者使用单位更名，相关单位应当向登记机关申请变更登记。

(2) 压力容器的安全管理制度

压力容器的使用单位应当按照相关法律、法规和安全技术规范的要求建立健全压力容器使用安全管理制度，安全管理制度应至少包括如下内容：

ⅰ. 相关人员岗位职责；

ⅱ. 安全管理机构职责；

ⅲ. 压力容器安全操作规程；

ⅳ. 压力容器技术档案管理规定；

ⅴ. 压力容器日常维护保养和运行记录规定；

ⅵ. 压力容器经常性安全检查、年度检查和隐患整治规定；

ⅶ. 压力容器定期检验报检和实施规定；

ⅷ. 压力容器作业人员管理和培训规定；

ⅸ. 压力容器设计、采购、安装、改造、维修、报废等管理规定；

ⅹ. 压力容器事故报告和处理规定；

ⅺ. 贯彻执行本规则以及有关安全技术规范和接受安全监察规定。

(3) 压力容器的技术档案

压力容器的使用单位应当逐台建立压力容器技术档案并且由其管理部门统一保管，其技术档案至少包括如下内容：

ⅰ. 压力容器使用登记证；

ⅱ. 压力容器使用登记卡；

ⅲ. 压力容器设计、制造技术文件和资料；

ⅳ. 压力容器安装、改造和维修的方案、图样、材料质量证明书和施工质量证明文件等技术资料；

ⅴ. 压力容器日常维护保养和检查记录；

ⅵ. 压力容器年度检查、定期检验报告；

ⅶ. 安全附件校验、修理和更换记录；

ⅷ. 有关事故的记录资料和处理报告。

(4) 压力容器的操作规程

压力容器的使用单位应当在工艺操作规程和岗位操作规程中，明确提出压力容器安全操作要求，操作规程至少包括如下内容：

ⅰ. 压力容器的操作工艺参数，包括工作压力、最高或最低工作温度等；

ⅱ. 压力容器的岗位操作方法，包括开、停车的操作程序和注意事项；

ⅲ. 压力容器运行中应当重点检查的项目和部位，运行中可能出现的异常现象和防止措施，以及紧急情况的处置和报告程序；

ⅳ. 压力容器停用时的维护和保养。

(5) 压力容器的日常维护保养

压力容器使用单位应当对压力容器及其安全附件、安全保护装置、测量调控装置、附属仪器仪表进行日常维护保养，及时消除压力容器的“跑、冒、滴、漏”现象，对发现的异常情况，应当及时妥善处理，并且做好记录。

(6) 压力容器的年度检查

压力容器的使用单位应当实施压力容器的年度检查，年度检查至少包括压力容器安全管理情况检查、压力容器本体及运行状况检查和压力容器安全附件检查等。对年度检查中发现的压力容器安全隐患要及时消除。

年度检查工作可以由压力容器使用单位的专业人员进行，也可以委托有资格的特种设备检验机构进行。

12.3.2 压力容器的定期检验

(1) 定期检验的目的

压力容器在使用过程中，不仅长期承受压力和其他载荷，而且有的还要受到介质的腐蚀作用以及高温或低温的条件下工作等，因而在使用过程中有可能产生缺陷。此外，有的压力容器由于原材料或制造、安装过程中存在的某些缺陷，可能在使用过程中进一步扩展。这些缺陷如果不能及时发现并消除，必定会导致严重的事故。对在用压力容器进行定期检验的目的，就是及早发现缺陷、消除隐患，防止事故的发生，从而确保压力容器安全运行。

(2) 定期检验的实施

使用单位应当于压力容器定期检验有效期届满前1个月向特种设备检验机构提出定期检验要求，特种设备检验机构接到定期检验要求后，应当及时安排检验检测人员开展压力容器的定期检验工作。特种设备检验机构应当接受质量技术监督部门的监督，并且对压力容器定期检验结论的正确性负责。

(3) 定期检验周期

定期检验是指在压力容器的使用过程中，每隔一定的期限由特种设备检验机构对压力容器停机进行的检验和安全状况等级评定。

压力容器一般应当于投用后3年内进行首次定期检验。下次的检验周期由检验机构根据压力容器的安全状况等级，按照如下要求确定：

ⅰ.安全状况等级为1、2级的，一般每6年一次；

ⅱ.安全状况等级为3级的，一般3～6年一次；

ⅲ.安全状况等级为4级的，应当监控使用，其检验周期由检验机构确定，累计监控使用时间不得超过3年；

ⅳ.安全状况等级为5级的，应当对缺陷进行处理，否则不得继续使用；

ⅴ.压力容器安全状况等级的评定按照《压力容器定期检验规则》进行，符合其规定条件的，可以适当缩短或者延长检验周期；

ⅵ.应用基于风险的检验(RBI)技术的压力容器，按照TSG 21 8.10 7.8.3的要求确定检验周期。

(4) 定期检验的项目与方法

检验前，特种设备检验机构应当根据压力容器的使用情况、失效模式制定检验方案，检验方案由特种设备检验机构授权的技术负责人审查批准。对于有特殊要求的压力容器的检验方案，检验机构应当征求使用单位及原设计单位的意见。检验人员应当严格按照批准后的检验方案进行检验工作。使用单位应当与特种设备检验机构密切配合，做好停机后的技术性处理和检验前的安全检查，确认符合检验工作要求后，方可进行检验，并在检验现场做好配合工作。

压力容器定期检验的项目以宏观检查、壁厚测定、表面缺陷检测为主，必要时增加埋藏缺陷检测、材质检查、密封紧固件检查、强度校核、安全附件检查、耐压试验和泄漏试验等项目。

安全状况等级根据压力容器的检验结果综合评定，以其中项目等级最低者，作为评定级别。需要改造或者维修的压力容器，按改造或者维修后的复检结果进行安全状况等级评定。经过检验，安全附件不合格的压力容器不允许投入使用。

思　考　题

12-1　如何才能确保压力容器的安全可靠?

12-2　国内压力容器管理方面的主要法规和条例有哪些?

12-3　压力容器根据安装方式如何进行分类?

12-4　为便于安全技术管理，根据中国《固定式压力容器安全技术监察规程》如何具体将压力容器进行分类?

12-5　为什么要对在用压力容器安全状况等级进行划分?具体如何进行划分?

12-6　怎样进行压力容器的制造管理，才能保证压力容器的制造质量?

12-7　何谓压力容器的制造质量保证体系?它应该如何运作?

12-8　压力容器的安全管理制度应至少包括哪些内容?

12-9　压力容器的技术档案至少应包括哪些内容?

12-10　压力容器的操作规程至少包括哪些内容?

12-11　压力容器的年度检查至少包括哪些内容?如何实施?

12-12　压力容器定期检验的目的是什么?

12-13　压力容器定期检验的周期如何确定?

12-14　压力容器定期检验的项目有哪些?

第13章 压力管道

一套完整的工艺装置，只有通过管道按照流程需要将工艺过程所必需的各种过程装备加以连接才能进行正常的生产，另外，工艺装置能否长期安全生产和具有足够的使用寿命也与管道结构的好坏密切相关，因此，管道是工业生产装置不可缺少的重要组成部分，必须给予高度的重视。

压力管道是一门涉及工艺、设备、材料、生产操作、使用管理、检修和施工等多方面知识的综合性技术，但考虑到篇幅，本章主要介绍压力管道及其设计、使用管理的基础知识等内容，目的是让读者能了解和熟悉管道零部件的选用、压力管道的设计常识和使用管理以及理解所制定的相关标准。

13.1 概述

13.1.1 压力管道定义

根据中国《压力管道安全技术监察规程——工业管道》，压力管道是指利用一定的压力，用于输送气体或者液体的管状设备，其范围规定为最高工作压力大于或者等于0.1MPa（表压）的气体、液化气体、蒸汽介质或者可燃、易爆、有毒、有腐蚀性、最高工作温度高于或者等于标准沸点的液体介质，且公称尺寸大于25mm的管道。由于压力管道大多数情况下输送的都是可燃、易爆、有毒和有腐蚀性的介质，必须进行严格的使用管理和安全监察，否则，一旦发生泄漏或断裂等失效，必定会影响正常的安全生产，严重时可能还会导致安全事故。

13.1.2 压力管道的分类

压力管道根据不同的特性有各种不同的分类方法。但为了便于对同类型的管道进行研究与管理，主要采用如下几种常见的分类方法。

ⅰ. 按管道承受内压的不同，压力管道可分为中低压管道、高压管道和超高压管道三类。

ⅱ. 按输送介质的不同，压力管道可分为蒸汽管道、燃气管道和工艺管道三类，其中工艺管道又根据所输送介质的名称命名为各种管道。

ⅲ. 按压力管道使用的材料，压力管道可分为合金钢管道、不锈钢管道、碳素钢管道、有色金属管道、非金属管道和复合材料管道，其中有色金属管道又分为铜管道、铝管道等，复合材料管道又分为金属复合管道、非金属复合管道、金属与非金属复合管道等。

ⅳ. 从压力管道监察的需要出发，为了针对不同的管道类型建立不同的安全监察制度和相应的安全管理办法，中国《压力管道安全管理与监察规定》将压力管道分为工业管道、公用管道和长输管道三类。

13.1.3 压力管道的类别和级别划分

根据中国《压力容器压力管道设计许可规则》的规定，压力管道的类别和级别划分如下。

(1) 长输管道（GA类）

长输（油气）管道是指产地、储存库、使用单位之间的用于输送商品介质的管道，划分为GA1级和GA2级。

① GA1级 符合下列条件之一的长输管道为GA1级：

ⅰ. 输送有毒、可燃、易爆气体介质，最高工作压力大于4.0MPa的长输管道；

ⅱ. 输送有毒、可燃、易爆液体介质，最高工作压力大于或者等于6.4MPa，并且输送距离（指产地、储存库、用户间的用于输送商品介质管道的长度）大于或者等于200km的长输管道。

② GA2级 GA1级之外的长输（油气）管道为GA2级。

(2) 公用管道（GB类）

公用管道是指城市或乡镇范围内的用于公用事业或民用的燃气管道和热力管道，划分为GB1级和GB2级。

① GB1级 城镇燃气管道；

② GB2级 城镇热力管道。

(3) 工业管道（GC类）

工业管道是指企业、事业单位所属的用于输送工艺介质的工艺管道、公用工程管道及其他辅助管道，划分为GC1级、GC2级和GC3级。

① GC1级 符合下列条件之一的工业管道为GC1级：

ⅰ. 输送GBZ 230《职业性接触毒物危害程度分级》中规定的毒性程度为极度危害介质、高度危害气体介质和工作温度高于标准沸点的高度危害液体介质的管道；

ⅱ. 输送GB 50160《石油化工企业设计防火规范》及GB 50016《建筑设计防火规范》中规定的火灾危险性为甲、乙类可燃气体或甲类可燃液体（包括液化烃），并且设计压力大于或者等于4.0MPa的管道；

ⅲ. 输送流体介质并且设计压力大于或者等于10.0MPa，或者设计压力大于或者等于4.0MPa，并且设计温度大于或者等于400℃的管道。

② GC2级 除了如下规定的GC3级管道之外，介质毒性危害程度、火灾危险性（可燃性）、设计压力和设计温度小于以上规定的GC1级管道。

③ GC3级 输送无毒、非可燃流体介质，设计压力小于或者等于1.0MPa，并且设计温度大于−20℃但小于185℃的管道。

(4) 动力管道（GD类）

火力发电厂用于输送蒸汽、汽水两相介质的管道，划分为GD1级、GD2级。

① GD1级 设计压力大于等于6.3MPa，或者设计温度大于或者等于400℃的管道。

② GD2级 设计压力小于6.3MPa，且设计温度小于400℃的管道。

13.1.4 压力管道的基本组成

压力管道由于所处的位置不同、功能有差异，其组成也就不同，但为了能将其应用于工业生产中，压力管道至少要包括管子、管件、阀门、连接件、附件和支架等管道元件，即为压力管道的基本组成，下面将逐一介绍。

13.2 管道元件及其选择

13.2.1 管子及其选择

(1) 管子的分类

管子的品种、型号和规格繁多，因而有多种分类方法，如按用途分类、按材质分类和按形状分类等。其中按材质分类方法可参见表13-1。

表13-1 管子按不同材质分类表

大分类	中分类	小分类	名称
金属管	铁管	铸铁管	高级铸铁管
	钢管	碳素钢管	普通钢管、高压钢管、高温钢管
		低合金钢管	低温用钢管、高温用钢管
		合金钢管	奥氏体钢管
	有色金属管	铜及铜合金管	铜管、铝黄铜管、铝砷高强度黄铜(Albrac)管、铜镍合金管
		镍基合金管	耐腐蚀蒙乃尔(Monel)合金管、耐高温镍基合金(Incoloy)管、耐腐蚀哈氏合金(Hastelloy C,即固溶强化镍基合金)管
		铅管、铝管、钛管、镍管	
非金属管	—	橡胶管	橡胶软管、橡胶衬里管
		塑料管	聚氯乙烯、聚乙烯、聚四氟乙烯
		石棉管	石棉管
		混凝土管	混凝土管
		玻璃陶瓷管	玻璃管、玻璃衬里管

(2) 管子的种类及标准

管子的种类、型号、规格和应用范围，各国均由自己国家或协会（学会）的标准或生产厂家标准作出规定。例如中国的GB标准（国家标准）、HG（化工行业标准）、SH（石油化工行业标准）、JB（机械行业标准）、SY（石油天然气行业标准）和YB（冶金行业标准）等；日本的JIS（日本工业标准）、JPI（日本石油学会标准）；美国的ASTM（美国材料与试验协会标准）、ANSI（美国国家标准）、API标准（美国石油学会标准）；欧盟的EN标准（欧盟标准）等。

压力管道常用的标准通常可分为三类：设计标准、施工标准和管材标准。这三类标准（或规范）比较多，常用的标准见表13-2。

(3) 钢管的尺寸系列

① 钢管的公称尺寸　钢管的公称直径有公制和英制两种，公制的单位为mm，英制的单位为in。例如，中国某一钢管标记为DN100，则表示该钢管的公称尺寸为100mm。

② 钢管的外径系列　配管用钢管的尺寸系列尚不统一，各国都有自己的钢管尺寸系列标准。在世界各国的钢管外径尺寸中，中国、日本和国际标准化组织等都用mm表示外径尺寸，美国有公制和英制两种表示法，日本则对管子的公制和英制分别用A、B表示，如公制公称尺寸100mm表示为100A，英制公称尺寸4in表示为4B。在世界国际贸易上多数采用的是美国的ASTM标准、欧盟的EN标准等。中国的冶金行业标准和旧的DIN标准接近。

国际标准化机构（ISO）统一制定了全世界通用的钢管标准外径，即ISO标准外径，表13-3列出了ISO配管用钢管标准尺寸的规格概要，必要时可以参考。

③ 钢管的壁厚系列　各种标准的钢管，其壁厚的表示方法也各不相同。钢管的壁厚系列主要有如下三种表示方法。

表 13-2 中国压力管道常用标准（或规范）举例

1. 设计标准

标准号	标准名称	标准号	标准名称
GB 50316	工业金属管道设计规范	GB 50030	氧气站设计规范
GB 50251	输气管道工程设计规范	GB 50031	乙炔站设计规范
GB 50253	输油管道工程设计规范	GB 50041	锅炉房设计规范
GB 50029	压缩空气站设计规范	GB 50049	小型火力发电厂设计规范
GB 50028	城镇燃气设计规范	GB 50177	氢氧站设计规范
GB 50264	工业设备及管道绝热工程设计规范	GB 50195	发生炉煤气站设计规范
SH 3043	石油化工设备管道表面色和标志	HG/T 20695	化工管道设计规范

2. 施工标准

标准号	标准名称	标准号	标准名称
GB 50235	工业金属管道工程施工及验收规范	SH 3501	石油化工剧毒、可燃介质管道工程施工及验收规范
GB 50236	现场设备、工业管道焊接工程施工及验收规范	SH/T 3517	石油化工钢制管道工程施工工艺标准
GB 50184	工业金属管道工程质量检验评定标准	HGJ 229	工业设备、管道防腐蚀工程施工及验收规范

3. 管材标准

标准号	标准名称	标准号	标准名称
GB/T 17395	无缝钢管尺寸、外形、重量及允许偏差	GB/T 13793	直缝电焊钢管
GB/T 14976	流体输送用不锈钢无缝钢管	SY/T 5037	低压流体输送管道用螺旋缝埋弧焊钢管
GB/T 8163	输送流体用无缝钢管	SY/T 5038	普通流体输送管道用螺旋缝高频焊钢管
GB 3087	低中压锅炉用无缝钢管	GB/T 9112	钢制管法兰类型与参数
GB 5310	高压锅炉用无缝钢管	HG20592～20635	钢制管法兰、垫片、紧固件
GB 6479	化肥设备用高压无缝钢管	JB/T 74	管路法兰及垫片
GB 9948	石油裂化用无缝钢管	SH 3406	石油化工钢制管法兰
GB/T 3091	低压流体输送用焊接钢管	SH 3043	石油化工设备管道表面色和标志
GB 13296	锅炉、热交换器用不锈钢无缝钢管	GB/T 12459	钢制对焊无缝管件
YB(T) 44	流体输送用电焊钢管		
GB/T 12771	流体输送用不锈钢焊接钢管		

表 13-3 ISO 配管用钢管标准尺寸的规格概要

标准	标准名称	外径范围	尺寸数量	备注
ISO65 (1975)	钢管螺纹与国际标准 ISOR-7 一致	重的、普通的 公称尺寸 6～150mm；轻Ⅰ、轻Ⅱ 公称尺寸 6～100mm	14 12	外径由最大～最小的范围确定壁厚有重的、普通的、轻Ⅰ、轻Ⅱ四种
DIS4200 (1978)	焊接和无缝平头钢管的尺寸和常用的单位长度重量的一般表	外直径 10.2～2220mm	68	外径分为三个系列，其中系列Ⅰ是配管用
ISO559 (1975)	水、蒸汽和气体用焊接和无缝钢管	公称尺寸 40～2200mm 外直径 48.3～2220mm	26	外径 26 种中仅 762mm 在 DIS4200 系列中没有
ISO3183 (1975)	石油和天然气工业用钢管	外直径 60.3～1420mm	32	参考了世界上通用的美国 API-5L 标准

ⅰ. 管子表号法（Sch.），这是 1938 年由美国国家标准协会 ANSI B36.10（焊接和无缝钢管）标准制定的。管子表号是指工作压力与工作温度下的材料许用应力比值乘以 1000 并

经圆整后的数值。例如，ANSI B36.10 和 JIS 标准中的管子表号有：Sch-10、20、30、40、60、80、100、120、140 和 160，ANSI B36.19 和 JIS 标准中还有不锈钢管的管子表号：Sch-5S、10S、20S、30S、40S 和 80S。

ⅱ. 管子重量法，这是美国制造厂标准化协会 MMS 和美国国家标准协会 ANSI B36.19 规定的。根据这种表示法，管壁厚度系列有标准重量管 Std、加厚管 XS 和特厚管 XXS 三种类型。

ⅲ. 壁厚尺寸法，直接以钢管壁厚尺寸表示壁厚，中国规定用管子外径×壁厚表示钢管厚度。例如，$\phi 57 \times 3$ 表示该钢管的外径为 57mm、壁厚 3mm，详见 GB/T 8163。

(4) 钢管的选择

管子是管道的基本组成部分，钢管有各种规格、材料及压力等级，要正确将工艺过程所必需的各种机械装备加以连接进行正常的生产，合理选用钢管是非常重要的一环。现代工业生产条件很复杂：温度从低温到高温；压力从真空（负压）到超高压；物料有易燃、易爆、剧毒或强腐蚀等。不同的生产条件对钢管的规格、材料、压力等级有不同的要求，必须根据生产的具体实际情况进行选择。

① 钢管选择的总体原则　钢管选择的总体原则应是将安全性和经济性有机地结合起来，尽可能同时满足安全性和经济性的要求。为此，钢管的规格、材料及压力等级等的选定，首先可从管内流速、压力损失确定经济的管径，其次是根据设计压力、设计温度、介质腐蚀、经济性、安全性或耐用年数（使用寿命）等因素综合考虑、研究并选择合适的钢管材料、壁厚和压力等级。

② 钢管选择中的两个考虑　要考虑如下两方面。

ⅰ. 材料选择。材料是构成管道的物质基础，生产条件的不同必定会对管道材料有不同的要求：有的要求材料具有良好的力学性能和加工工艺性能；有的要求材料耐高温或低温；有的要求材料具有良好的物理性能；有的要求材料具有良好的耐腐蚀性等。因此，在钢管的材料选择中，应全面熟悉常用钢管材料的规格、性能、特点及适用范围，针对生产装置的具体操作条件，正确合理地选用管道的材料，这对于保证生产装置的正常安全运行、延长其使用寿命与检修周期以及充分发挥材料本身的性能等都起着积极的作用。

ⅱ. 管壁厚度的确定。一般管壁厚度不需计算，由管系的工作温度、工作压力和管材的许用应力，根据管子表号的定义求出其管子表号（Sch.）后，从钢管壁厚表查出钢管的壁厚即可。但对于公称尺寸 DN400 以上的大口径管和 Sch.160 以上的厚壁管，出于经济原因应逐根计算，具体可以参考相关标准进行计算确定。

13.2.2 管件及其选择

管件是将管子连接起来的元件，在管系中若要改变走向、标高或改变管径以及由主管中引出支管等，均需采用管件配置。管件可用钢板焊制、钢管冲压、铸造或锻制等方法制作。

(1) 管件的种类

管件的种类很多，可以有多种分类方法。例如，按管件的用途、形状的分类分别见表 13-4 及表 13-5。

表 13-4 管件按用途分类表

使用场合	管件名称	使用场合	管件名称
直管的连接处	法兰、活接头、管接头	异径处	变径管(大小头)、变径管接头、补心、变径接管
弯管处	弯头、弯管	管末端封闭处	法兰盖、管帽、堵头、封头
分支处	三通、四通、单头螺纹管接头等	其他	螺纹短节、翻边管接头、加强管嘴、高压管嘴

注：法兰、法兰盖虽属管件，但常单独作为紧固件。

表 13-5　管件按形状分类表

1	弯头	5	管接头	9	管帽(封头)
2	异径管	6	活接头	10	堵头
3	三通	7	加强管嘴	11	补心
4	四通	8	螺纹短节	12	其他

（2）管件连接处的形状

管件连接处的形状取决于管件的连接方式，不同的管件连接方式，其连接处的形状也就不一样。常用的管件连接处形状一般有对焊连接型、螺纹连接型、承插焊接型以及法兰连接型四种。

① 对焊连接型管件　这种型式的管件如图 13-1 所示，通常用于 2in 以上的管线。国家标准 GB/T 12459《钢制对焊无缝管件》规定了碳素钢、合金钢和奥氏体不锈钢制对焊无缝管件的尺寸、公差、技术条件、检验和标志，该标准适用于石油、化工、水电及冶金等部门的管道工程用对焊无缝管件。石油化工标准 SH3408《钢制对焊无缝管件》则适用于石油化工企业管道用公称尺寸 DN15～600 钢制对焊无缝管件。两标准基本上是一致的，只是国标中包括的管件比石油化工标准多。国外标准中的对焊连接型管件可见 ANSI B16.9、ISO R258、BS 1965、BS 1640、DN600 以上见 MSS-SP-48，不锈钢对焊连接型管件见 MSS-SP-43、BS 1965。中国钢制对焊管件的国家标准、中国石油化工总公司标准基本与 ANSI B16.9、ISO R258、BS 1965、BS 1640 相同，与 JIS、JPI-7S-1、JPI-7S 也基本相同。

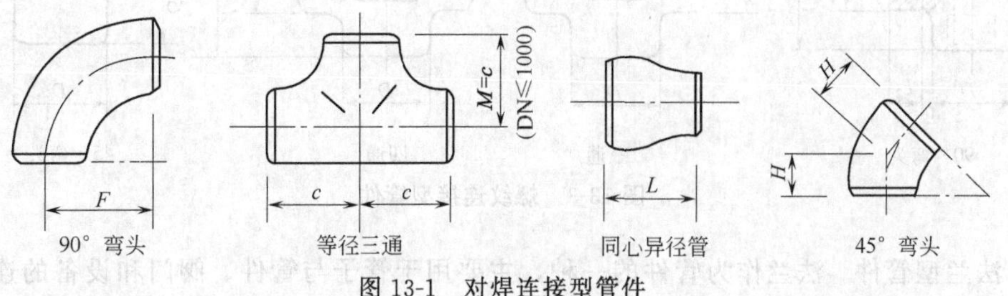

图 13-1　对焊连接型管件

管件中的弯头、三通是采用钢管冲压方法制造，而大小头（异径管）则是采用锻造方法制造。弯头是用于改变管系的 45°、90°走向经常使用的管件，有曲率半径为 1.5DN（也称长半径）和 1.0DN（也称短半径）两种，并有异径弯头，其曲率半径为大端的 1.5DN。大小头用于不同管径的连接，有同心大小头和偏心大小头之分。

异径三通，支管尺寸比主干管尺寸小，例如，6in×6in×3in 的异径三通，表示主干管尺寸为 6in，支管尺寸为 3in。

② 承插焊接型管件　这种型式的管件如图 13-2 所示。GB/T 14383《锻制承插焊和螺纹管件》适用于工业管道系统中公称尺寸不大于 DN100 的金属材料锻制承插焊和螺纹管件，包括 45°弯头、90°弯头、三通、45°斜三通（又称 Y 型三通）、四通、单双承口管箍和管帽，而且有等径管件与异径管件之分。中国石油化工总公司也制定了相关标准 SH3410《锻钢制承插焊管件》，内容相近。日本的标准是 JPI-7S-3，其壁厚与管子表号一致。美国 ANSI B16.9 则规定为 2000 lb/in^2、3000 lb/in^2、4000 lb/in^2、6000 lb/in^2 级管件，用锻造后再机械加工的方法制造，用于高温、高压，尺寸为 DN3～DN100、有 12 个规格，其材质为碳素钢、钼钢和铬钼钢等。管件规格尺寸见 ANSI B16.11、ASME M16 和 BS 3799。

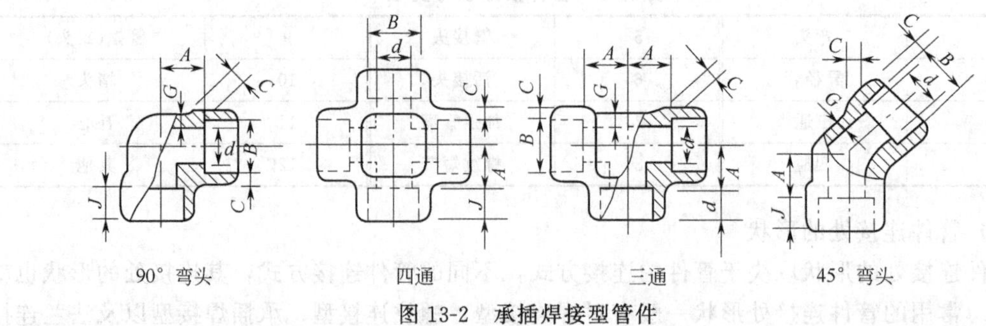

图 13-2 承插焊接型管件

③ 螺纹连接型管件 这种型式的管件如图 13-3 所示，通常由锻钢、铸铁、可锻铸铁和铸钢等制造。美国的铸铁螺纹管件尺寸至 DN150，适用于 1.5MPa 以下的水管和 1.15MPa 以下的蒸汽、空气管，规格尺寸见 ANSI B16.3、4 和 BS 143 1556。铸钢管螺纹管件作为高温、高压管件，材质为碳素钢、钼钢和铬钼钢等，尺寸见 ANSI B16.19、MSS-SP-49 和 BS 3799。

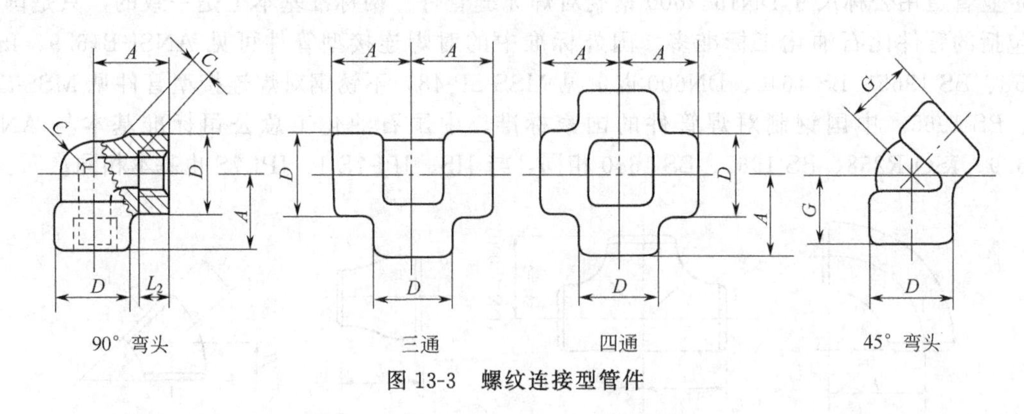

图 13-3 螺纹连接型管件

④ 法兰型管件 法兰作为管件的一种，主要用于管子与管件、阀门和设备的连接，为了与压力容器法兰相区别，有时也称为管法兰。法兰的种类很多，各种类型的法兰又有不同的与管子连接的方式、密封面形状、压力-温度等级以及适用场合，这些内容前面有所介绍，详见 11.6 节法兰密封设计。

(3) 管件的选择

管件的选择主要是根据其用途和使用场合确定管件的种类。例如，在管道转向的地方可以根据方向要求选择使用各种弯头，在管路中有分支、相交的情况时可以考虑使用三通和四通，在不同管径的管子连接处可以采用异径管等。以公称压力表示其等级的管件则应当按照其所在管线的设计压力、设计温度确定其压力-温度等级。一般 DN50 以上的管线采用对接焊接管件，而 DN50 以下的管线采用承插焊接型管件或螺纹连接型管件加密封焊。

13.2.3 阀门

阀门是各种管道系统中的重要组成部分，其主要作用是：接通和截断介质；防止介质倒流；调节介质压力、流量；分离、混合或分配介质；防止介质压力超过规定数值，以保证管道或容器的安全运行等。

(1) 阀门的种类

阀门的作用不尽相同，所以阀门有很多品种，见表 13-6。

表 13-6 阀门的种类

按材料分类	按结构分类		按特征分类
①青铜阀 ②铸铁阀 ③铸钢阀 ④锻钢阀 ⑤不锈钢阀 ⑥特种钢阀 ⑦非金属阀 ⑧其他	①闸阀：楔式（单闸板、双闸板、弹性闸板）；平行式（单闸板、双闸板） ③止回阀：升降式、旋启式、弹簧式、底阀 ④旋塞阀：填料式、油封、自密封式 ⑤球阀 ⑥碟阀 ⑦隔膜阀	②截止阀：直通式、直流式、角式、平衡式、波纹管式	①电动阀 ②电磁阀 ③液压阀 ④汽缸阀 ⑤遥控阀 ⑥紧急切断阀 ⑦温度调节阀 ⑧压力调节阀 ⑨液面调节阀 ⑩减压阀 ⑪安全阀 ⑫夹套阀 ⑬波纹管阀 ⑭呼吸阀 ⑮蒸汽疏水阀

(2) 常用阀门的结构特征及其应用

① 闸阀　闸阀是指启闭体（闸板）由阀杆带动沿阀座密封面作升降运动的阀门。它可用于接通或截断流体的通道。由于其流动阻力小、启闭省力，因而广泛用于工程上各种介质管道的启闭。闸阀的结构如图 13-4 所示，由阀体、阀盖、阀板、阀杆和手轮等零件组成。其应用范围为：灰铸铁和球墨铸铁闸阀 PN0.1～4.0MPa 和 DN50～1800mm，法兰连接；钢制闸阀 PN1.6～4.0MPa 和 DN25～600mm，对焊连接。

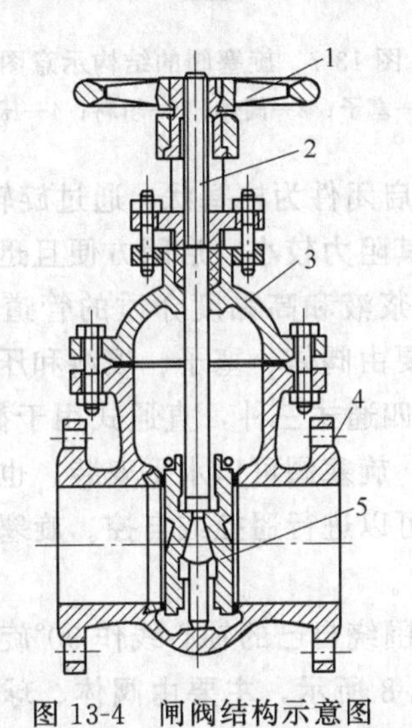

图 13-4　闸阀结构示意图

1—手轮；2—阀杆；3—阀盖；4—阀体；5—阀板

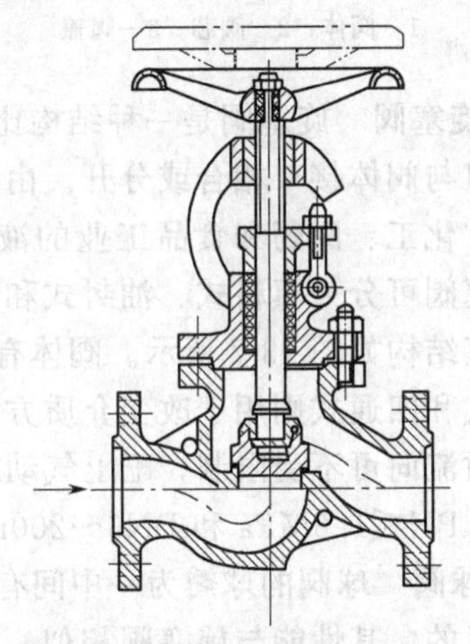

图 13-5　截止阀结构示意图

② 截止阀、节流阀　截止阀和节流阀都是向下闭合式阀门，启闭件（阀瓣）由阀杆带动、沿阀座（密封面）轴线作升降运动的阀门。截止阀与节流阀的结构基本相同，主要由阀体、阀盖、阀杆、阀瓣和手轮等零件组成，如图 13-5 所示。截止阀与节流阀只是阀瓣形状不同：截止阀的阀瓣为盘形，而节流阀的阀瓣则多为圆锥流线型，故特别适用于节流，用于调节流量或压力。

截止阀具有调节性能好、结构简单、制造维修方便和价格便宜等优点，但密封性能差、流体阻力大，因而适用于蒸汽等介质，不宜用于黏度大且含有颗粒易沉降的介质，也不适宜用作放空阀和低真空系统的阀门。节流阀则具有外形尺寸小、质量轻和调节性能好等优点，但调节精度不高，由于流速较大，易冲蚀密封面，故适用于温度较低、压力较高的介质以及需要调节流量和压力的部位，还适用于黏度较大和含有固体颗粒的介质，不宜作隔断阀。

截止阀和节流阀的应用范围为：铁制截止阀 PN1.0～4.0MPa 和 DN15～200mm，法兰连接和内螺纹连接；钢制截止阀和节流阀 PN1.6～16MPa 和 DN25～150mm，法兰连接。

③ 止回阀　止回阀又称逆止阀，其作用是介质顺流时开启、逆流时则关闭，适用于需要防止流体逆向流动的场合。止回阀可分为升降式止回阀、旋启式止回阀、弹簧式止回阀和底阀四种，图 13-6 为升降式止回阀的结构示意图。止回阀的应用范围为：PN0.25～32MPa 和 DN10～1800mm，温度 $t\leqslant550$℃。

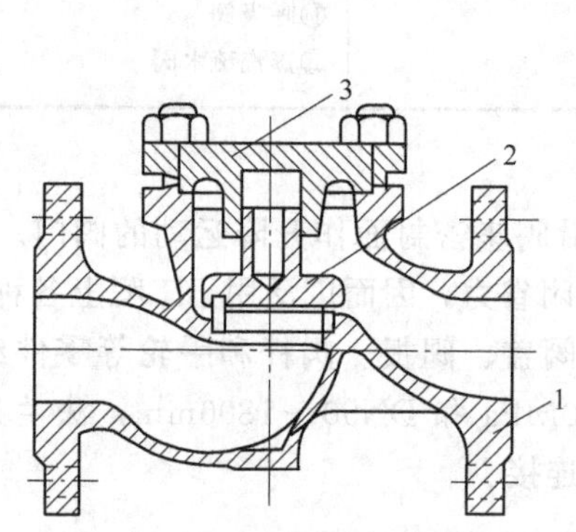

图 13-6　升降式止回阀的结构示意图

1—阀体；2—阀芯；3—阀盖

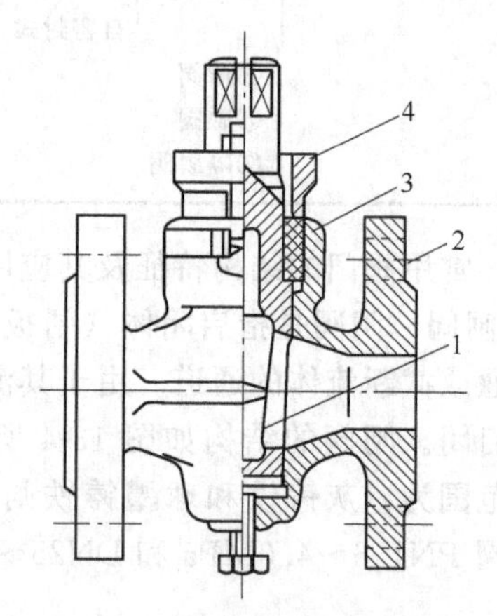

图 13-7　旋塞阀的结构示意图

1—塞子；2—阀体；3—填料；4—压盖

④ 旋塞阀　旋塞阀是一种结构比较简单的阀门，其启闭件为柱塞状，通过旋转 90°使阀塞的接口与阀体接口相合或分开。由于流体直流通过，其阻力较小、启闭方便且迅速，因而在石油、化工、医药和食品工业的液体、气体、蒸汽、浆液和高黏度介质的管道上应用较多。旋塞阀可分为填料式、油封式和自密封式三种，主要由阀体、塞子、填料和压盖等零件组成，其结构如图 13-7 所示。阀体有直通式、三通式和四通式三种，直通式用于截断介质，而三通式和四通式则用于改变介质方向或进行介质分配。旋塞阀可以水平安装、也可垂直安装，介质流向可不受限制，配上气动或液压操作机构便可以进行遥控或自控。旋塞阀的应用范围为：PN≤1.6MPa 和 DN6～200mm，温度 $t\leqslant200$℃。

⑤ 球阀　球阀的球瓣为一中间有通道的球体，球体围绕自己的轴心线作 90°旋转以达到启闭的目的，其性能与旋塞阀相似。球阀的结构如图 13-8 所示，主要由阀体、球体、密封圈、阀杆和驱动装置组成。球阀根据其结构原理可分为浮动球阀和固定球阀两种。浮动球阀的结构简单、单侧密封性能较好，但其启闭力矩较大；固定球阀则结构复杂、外形尺寸大，但使用寿命长、启闭省力，适用于较大口径及压力较高的场合。球阀一般使用在需要快速启闭或要求阻力小的场合，可用于介质为水、汽油以及浆液、黏稠液体的管道。球阀的应用范围为：PN1.6～32MPa 和 DN10～700mm，温度 $t\leqslant200$℃。

⑥ 隔膜阀　隔膜阀是指启闭件（隔膜）由阀杆带动沿阀杆轴线作升降运动，并将动作结构与介质隔开的阀门。隔膜阀按结构不同可分为堰式(又称屋脊式)、直通式、截止式和直

流式四种，图13-9为堰式隔膜阀的结构示意图。隔膜阀可以用于输送气体、液体、黏性流体、浆液和有腐蚀性介质的管道中，其使用温度取决于隔膜材料的耐温性能。当隔膜采用橡胶或聚四氟乙烯等制作时，特别适用于对金属有严重腐蚀的介质，但不能用于介质压力较高的场合。隔膜阀的应用范围为：PN0.6～1.6MPa和DN20～400mm。

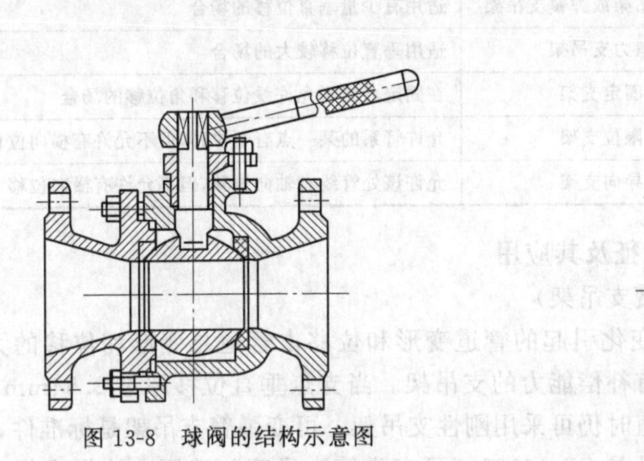
图13-8 球阀的结构示意图

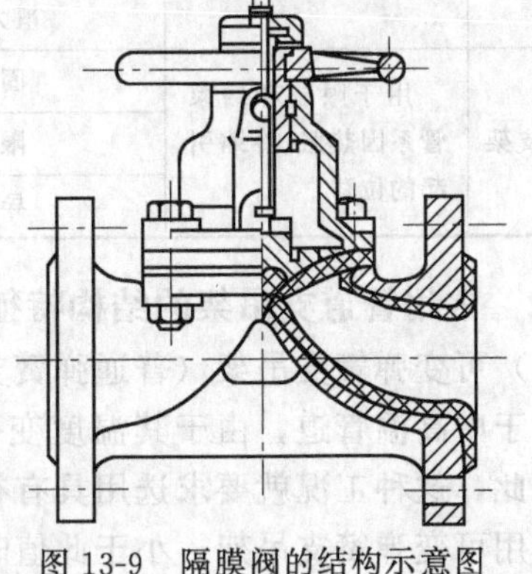
图13-9 隔膜阀的结构示意图

对于通用阀门，国家和一些行业都制定有一系列的相关技术标准，并依此进行技术规范和技术管理。例如有GB/T 12220《通用阀门标志》、GB/T 12224《钢制阀门一般要求》、GB/T 13927《通用阀门　压力试验》、JB/T 9092《阀门的检验与试验》等。

除了上述介绍的一般通用阀门之外，工业上应用的还有一定数量的特殊用途阀门，如安全阀、低温阀、超高压阀、减压阀和蒸汽疏水阀等，由于篇幅所限，在此就不逐一介绍，必要时可参考相关文献。

(3) 阀门的选用

阀门的选用，主要根据生产实际操作条件（温度、压力和介质腐蚀性等）以及使用场地，充分考虑到安全性和经济性的要求，合理选择所需要的阀门。具体来讲，阀门的选用步骤为：首先根据实际生产的要求，确定所输送流体的性质，如流体为液体、气体、蒸汽、浆液、悬浮液和黏稠液等，以及流体是否带有固体颗粒、粉尘、是否有毒、可燃、易爆或者具有一定腐蚀性的化学物质等。其次，根据工况，考虑各种阀门的功能、特性和适用场合初选阀门的型式和结构。再次，根据一些使用条件及经济性要求确定阀门的相关参数和材质，例如：由流量和允许压降确定阀门的尺寸，由流体特性、工作压力、工作温度和介质腐蚀性等因素，进行综合评估后决定阀门的材质和压力等级，以获得经济和耐用的最佳效果。

13.3 管道支吊架及其选用

支吊架是管道的支承件，由管道下方支承管重的称为支架；而由管道上方吊的则称为吊架。除了短小的管道直接连接到两个容器无需设支吊架之外，一般都要设支吊架支承管道，限制管道位移。支吊架的设置和选用的型式对管道应力和抗振动能力起着关键性的作用。因此，支吊架是管道设计和施工的一个重要部分。

13.3.1 管道支吊架的分类

管道支吊架的种类很多，也有多种分类方法，若按其功能和用途分类，见表13-7。

表 13-7 管道支吊架的分类

大分类		小分类	
名称	用途	名称	用途
支架和吊架	用于支承管道	刚性支吊架	适用无垂直位移的场合
		可变支吊架或弹簧支吊架	适用有少量垂直位移的场合
		恒力支吊架	适用垂直位移较大的场合
限制性支架	用于限制和约束管系因热胀、冷缩引起的位移	固定支架	在固定点处不允许线位移和角位移的场合
		限位支架	允许管系的某一点有角位移,但不允许有横向位移
		导向支架	允许该处管线有轴向位移,但不允许有横向位移

13.3.2 常用管道支吊架的结构特征及其应用

(1) 可变弹簧支吊架（普通弹簧支吊架）

对于中高温管道，由于其温度变化引起的管道变形和位移占管道总变形和位移的大部分，因此，这种工况就要求选用具有补偿能力的支吊架。当支点垂直位移超过 2.54mm 时，通常选用可变弹簧支吊架，小于此值时仍可采用刚性支吊架。可变弹簧支吊架是标准件，其结构示意图如图 13-10 所示，可以根据 GB 10182《可变弹簧支吊架》选用。该标准规定了可变弹簧支吊架的标准荷量（行程的中间值）是 0.15～210kN，位移量程为 0～120mm，分为 30mm、60mm、90mm 和 120mm 四档，使用温度为－20～200℃。这里的温度是指弹簧支吊架的环境使用温度，远低于管道内介质的温度和管壁温度。选用时计算位移量不超过行程范围的 40%且按热态选用。

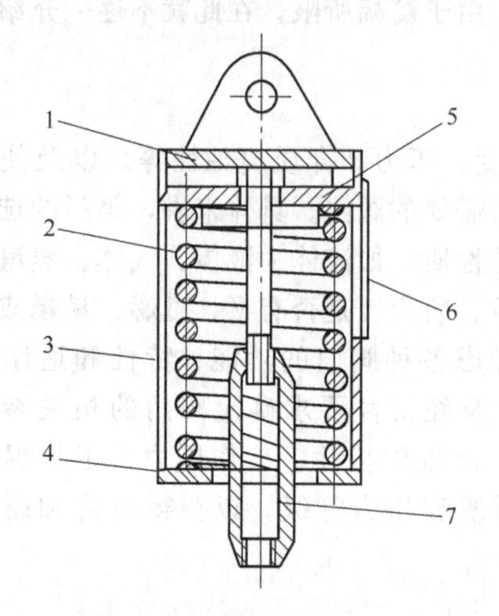

图 13-10 可变弹簧支吊架结构示意图

1—顶板；2—弹簧；3—壳体；4—底板；
5—位移指示板；6—铭牌；7—法兰螺母

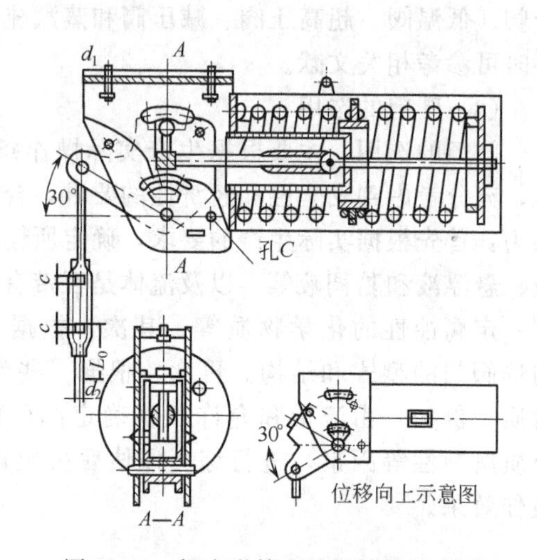

图 13-11 恒力弹簧支吊架结构示意图

(2) 恒力弹簧支吊架

若管道温度很高或管道在垂直方向尺寸较长时，管道由于温度变化而在垂直方向的伸长量比较大，此时选用可变弹簧支吊架难以满足支承点的位移要求，只能选用恒力弹簧支吊架。恒力弹簧支吊架的结构示意图如图 13-11 所示。恒力弹簧支吊架由于在指定的行程范围内管系垂直方向位移时其荷重近似不变，可获得近似恒定的支承力，故不会给管道和设备带来附加的力和应力，这也是其重要特点之一。此外，各种恒力支吊架载荷螺栓相对于垂直方向允许有4°左右的摆动，以使吊架适应管道的水平位移。但恒力弹簧支吊架结构复杂，工程应用不如可变弹簧支吊架多，一般用于较为重要的高温管线。圆柱形弹簧式恒力支吊架的荷重容量（支承荷重）为0.15～400kN，行程（变位范围）为50～400mm。

需要说明的是：目前较新的弹簧支吊架标准为JB/T8130.1《恒力弹簧支吊架》和JB/T8130.2《可变弹簧支吊架》，工程应用时可优先考虑采用。

(3) 刚性支吊架

刚性支吊架有刚性吊架和刚性托架两种型式。由于有管托和吊杆，管子和支承梁或吊梁之间有一定的距离，但刚性吊架的吊杆过短会影响管子水平方向的位移。刚性支吊架可以适应于管线在轴向或横向的位移。刚性支吊架的结构简单、制作容易，因而在可以使用的场合应尽量采用。

(4) 限制性支架

限制性支架有如下三种型式。

① 固定支架　固定支架即为把管子完全固定在支架上，以限制其线位移和角位移。若需要防止因热胀或机械位移使容器或设备上的接管、支管引出点和铸铁阀处有过大位移时可以采用这种支架。

② 限位支架　限位支架即为至少限制一个方向位移的支架。最简单的限位支架就是导向支架，其作用为限制管子的横向位移。

③ 导向支架　导向支架一般适用于需要限制管线横向位移而允许有轴向位移的场合。例如，为防止很长直管段的横向位移、立管摇晃或避免管线横向位移造成泵等设备管嘴弯矩过大等，均可以采用导向支架。

需要注意的是，在高温管系中因管子材料受热膨胀位移等原因，尽量不要采用限制性支架，以免增加管系的应力和端部作用力，若确需采用则应该慎重布置。

13.3.3 管道支吊架的选用

管道支吊架的选用主要是根据使用场地和使用要求选用合适的管道支吊架种类，其选用原则如下。

ⅰ.按照支承点所承受的载荷大小和方向、管道的位移情况、工作温度、是否保温或保冷、管道的材质等条件选用合适的支吊架。

① 在管道上不允许有任何位移的地方应装设固定支架。

ⅱ 在管道上无垂直位移或垂直位移很小的地方可装设活动支架或刚性支架。

ⅲ 在水平管道上只允许管道单向水平位移的地方、铸铁阀件的两侧和矩形补偿器两侧4DN处应装设导向支架。

ⅳ 轴向波形补偿器和套管式补偿器应设置双向限位导向支架，以防止横向和竖向位移超过补偿器的允许值。

ⅴ 在管道具有垂直位移的地方应装设弹簧吊架，在不便装设弹簧吊架时，也可采用弹簧支架。

ⅱ.设计时应尽可能选用标准管卡、管托和管吊。

ⅲ.焊接型的管托、管吊比卡箍型的管托、管吊省钢材且制造简单、施工方便，故应尽量采用焊接型。

ⅳ.当管道有可能产生过大的横向位移和可能承受冲击载荷时，应设置导向管托，以保证管道只沿着轴向位移。

ⅴ. 很多情况下，常选用可变弹簧支吊架。

13.4 压力管道设计概论

13.4.1 压力管道的设计程序和主要内容

压力管道的设计程序一般分为两步进行，首先根据已批准的项目建议书和可行性研究报告（设计前期工作）进行初步设计，初步设计经上级主管部门审查、批准后再进行施工图设计。

在初步设计阶段，压力管道的设计人员主要根据生产规模，进行物料衡算、热量衡算和水力计算等。按照物料的流量及该物料允许的流速确定管径，按照不同介质的物理化学性质、压力等级、工作温度等因素确定管子的材料和阀门、法兰等管道元件，初估材料数量，绘制流程图（系统图）、布置图及绘制主要管道走向草图，并对主要管道进行应力计算等。

在施工图设计阶段，先绘制详细的管道流程图和设备布置图，再设计管道平立面布置图，对温度较高的重要管道进行应力计算，绘制单管图、管口方位图和蒸汽伴热管系图等。在此基础上编制管道安装一览表、综合材料表及油漆保温一览表等。

13.4.2 压力管道设计的一般原则

过程装备的压力管道一般是由设计人员根据包括热量和物料平衡图、带控制点的流程图、公用工程流程图和线表等工艺流程图进行设计的。需要共同遵守的设计原则如下。

ⅰ. 管道应成组、成排地布置，以保证美观和管道支架的经济性。

ⅱ. 设备间的管道连接应尽可能短而直，尤其是使用合金钢的管道和需要（如工艺要求）压降小的管道，如泵的入口管道、压缩机入口管道、加热炉出口管道、再沸器管道以及真空管道等。同时，又要有一定的柔性，以减少人工补偿器和由热胀、位移所产生的附加应力和力矩。当管道改变标高或走向时，应避免管道形成积聚气体或液体的死角，如不可避免时则应在高点设放空（气）阀、低点设放净（液）阀。

ⅲ. 由于管法兰处容易泄漏，对于高温、高压管道除了必须用法兰连接之外，其他应避免采用法兰连接。焊接连接的管道是保证管道无泄漏的最佳、最经济的方法，公称尺寸≥50mm 的管道连接一般采用对焊连接，公称尺寸≤40mm 的管道连接则一般采用承插件连接或管螺纹连接。

ⅳ. 在输送腐蚀性介质管道上的法兰应设塑料安全罩，并且在通道上部不得设置法兰，以免法兰渗漏时介质落于人身上而发生工伤事故。

ⅴ. 管道穿越屋面、楼板、平台及墙壁时要加套管保护，套管直径应不妨碍管道的热胀，并大于保温后的直径或法兰直径。穿出屋面或平台时，套管要高出屋面或平台 50mm 以上，穿出屋面时要用铁皮防雨罩盖上，如穿过铁皮屋面时，用镀锌铁皮做套管并设防雨罩。

ⅵ. 地下管道穿越铁路、道路和水渠时，要采取保护措施。一般用旧钢管做套管，比被保护的管道大二级，使管道和套管间至少有 35mm 的间隙。例如，一根 DN150 管道的套管要用 DN250 的管子。

ⅶ. 尽可能不采用管沟敷设管道，若必须设管沟时（如离心泵的吸入管道不可能架空时），在法兰和阀门处的管沟要适当加大以便维修。管沟内须有排水设施。管沟应尽量不穿越建筑物和防爆区，如穿越防爆区时沟内要填沙，管道从填沙处引出时，在引出口设罩以免雨水和地面冲洗水进入管沟。

ⅷ. 不得将管架布置在排洪沟上，因为装置发生事故时会有可燃性液体流入排洪沟易烧坏管道。

ⅸ. 若不影响工厂道路、扩建工程及罐区，装卸车设施的管道可沿地面敷设或浅沟敷设在管墩上。

ⅹ. 地下水管要埋设在冰冻线以下，以免冻坏；并满足覆盖保护层的要求，埋深至少 0.5m 以下。埋地管道的阀门要装在阀门井内，其管道不得在建筑物和设备基础下穿越，可在基础梁下穿越。

ⅹⅰ. 气体和蒸汽管道应从主管上部引出支管，以减少冷凝液的携带，管道要坡向主管或设备，以免积液。

ⅹⅱ. 不保温、不保冷的常温管道除非由于坡度要求外，一般不设置管托。金属或非金属衬里的管道一般不用焊接管托，而用卡箍型管托。对较长的直管要使用导向支架以控制热胀时可能发生的横向位移。为避免管托与管子焊接处的应力集中，大口径管和薄壁管常用鞍座，以利于管壁上应力分布均匀。鞍座也可用于管道移动时可能发生旋转之处，以阻止管道旋转。

ⅹⅲ. 管道特别是压力管道的安全技术及安全装置的设计也不可忽视。对于有超压爆破风险的管道，应考虑在规定和合理的位置设计安装包括安全阀、爆破片（膜）或者它们的组合等的安全泄放装置和紧急切断装置；对于管道的有燃烧、爆炸风险的放空口或呼吸阀口，应设计安装防止火星窜入的阻火器等；对于需要防雷的户外管道，需要进行严格的重复接地的设计；对于需要防静电的管道，需要在每对法兰、承接管口之间做可靠的短路设计等。

13.4.3　压力管道的结构设计

压力管道的结构设计既要满足工艺要求，还要考虑应有适当的柔性，使压力管道既具有吸收金属热膨胀变形的能力又具有抵抗振动的能力。要进行合理的结构设计，一般应注意如下几个问题。

ⅰ. 为尽量减少管道的最大应力，在结构上要避免或减少应力集中，并设法将应力集中位置设置到应力较低的位置。

ⅱ. 任何复杂的管道，分叉是不可避免的，例如图 13-12 是一种很典型的分支结构，它出现在主管介质分两路输送的场合，这种场合就必须使用一个三通，以保证管道连接可靠以及便于介质输送的需要。

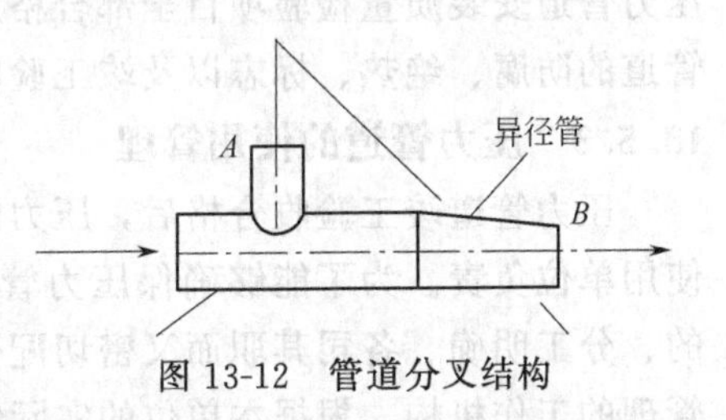

图 13-12　管道分叉结构

ⅲ. 弯头具有吸收变形的作用，在管系设计中适当配置弯头可以提高管系柔性，但在有些装置的管道上则需慎重考虑，例如，在活塞式压缩机的管道中就不能随意设置弯头，尤其在压缩机出口至缓冲罐之间应尽量不用弯头，这是因为活塞式压缩机的工作特点，使得排气阀外管道压力呈现脉动，气流紊乱，很容易在弯头处因不稳定涡流引起强烈的噪声，同时所产生的激振力会引起管道振动。然而，管道振动的破坏力有时是很大的，可能将固定管道支架的地脚螺栓都拔松。所以，管系中弯头的设置除满足连接相关设备空间位置的需要外，还要考虑管系的热应力和管系振动分析。

ⅳ. 合理设置支架和选用适当的支架型式也是管系结构设计中一个很重要的问题。固定支架起到定位和提高系统刚性的作用，稍长一些的管道一般都设有固定支架，但固定支架不能设置太多，而且位置也不能按主观想象确定。活动支架在管系中应用很多，这种支架只限制一个自由度，容易沿管道的位移方向活动，一般不会在管系中产生过大的附加应力和力矩。导向支架限制两个自由度，它对管道的限制作用介于固定支架和活动支架之间。究竟应如何设置支架及选用何种型式，除了按一般规定作出配置方案之外，重要的压力管道要进行柔性分析，对可能产生振动的管系还要进行管系振动分析，最终确定一种能兼顾各种因素的设计方案。

13.5 压力管道的制造、安装与使用管理简介

13.5.1 压力管道的制造管理

鉴于压力管道是由管子、管件、阀门、连接件、附件和支架等管道元件组成的，显然，所有管道元件的质量好坏，都将直接影响压力管道的安全运行。因此，所有管道元件的制造单位应当取得《特种设备制造许可证》，并且按照相关安全技术规范的要求，接受特种设备检验检测机构对其产品制造过程的监督检验。在管道元件的制造过程中，必须针对从选材、加工至组装等制造过程中的每一项工作，严格实施有关的技术法规和各项质量控制管理制度，从而确保管道元件产品的制造质量。

13.5.2 压力管道的安装管理

(1) 压力管道安装前的检验

管道元件在安装前应该根据设计文件和 GB/T 20801《压力管道规范——工业管道》的规定，进行材质复检、阀门试验、无损检测或者其他的产品性能复验，确保压力管道的每一管道元件均是合格者，对于不合格者不得使用。

(2) 压力管道安装质量检验

压力管道安装单位应该根据设计文件的要求，严格按施工图纸进行安装，以保证压力管道的安装质量。与此同时，在压力管道安装过程中，监督检验机构应当按照压力管道安全监督检验规则的规定对压力管道安装质量进行监督检验。

压力管道安装质量检验项目包括外观检验、无损检验、耐压试验和泄漏试验等。只有在压力管道安装质量检验项目全部合格后，压力管道方可按照设计文件的要求和相关规定进行管道的防腐、绝热、标志以及竣工验收。

13.5.3 压力管道的使用管理

压力管道竣工验收合格后，压力管道就可投入正常的使用，从此之后的使用管理就应由使用单位负责。为了能够确保压力管道的安全可靠运行，使用单位内部必须建立一个完整的、分工明确、各司其职而又密切配合的压力管道管理体系，并且应设置专门负责压力管道管理的工作机构，根据本单位的实际情况，建立一套科学的管理制度，贯彻执行有关压力管道的法规和技术标准，切实做好压力管道的各项管理工作，如：压力管道元件订购、进厂验收和使用的管理，压力管道安装、试运行以及竣工验收的管理，压力管道运行中的日常检查、维修和安全保护装置校验的管理，压力管道的检验、修理、改造和报废的管理，向负责压力管道使用登记的登记机关报送年度定期检验计划以及实施情况、存在的主要问题以及处理，压力管道事故的抢救、报告、协助调查和善后处理，检验、操作人员的安全技术培训管理，压力管道技术档案的管理，压力管道使用登记、使用登记变更的管理等。

压力管道在使用过程中，为了防止事故的发生，确保压力管道的安全运行，也需要进行定期检验。压力管道的定期检验分为在线检验和全面检验。在线检验是在运行条件下对在用管道进行的检验，每年至少 1 次；全面检验是按一定的检验周期在管道停车期间进行的较为全面的检验。

GC1、GC2 级压力管道的全面检验周期按照如下原则之一确定：

ⅰ. 检验周期一般不超过 6 年；

ⅱ. 按照基于风险检验（RBI）的结果确定的检验周期，一般不超过 9 年。

GC3 级压力管道的全面检验周期一般不超过 9 年。

属于下列情况之一的压力管道，应当适当缩短检验周期：

ⅰ. 新投用的 GC1、GC2 级的（首次检验周期一般不超过 3 年）；

ⅱ. 发现应力腐蚀或者严重局部腐蚀的；

ⅲ. 承受交变载荷，可能导致疲劳失效的；

ⅳ. 材质产生劣化的；

ⅴ. 在线检验中发现存在严重问题的；

ⅵ. 检验人员和使用单位认为需要缩短检验周期的。

在线检验由使用单位进行，使用单位从事在线检验的人员应当取得《特种设备作业人员证》，使用单位也可将在线检验工作委托给具有压力管道检验资格的检验机构进行，主要检查压力管道在运行条件下是否有影响安全的异常情况，一般以外观检查和安全保护装置检查为主，必要时进行壁厚测定和电阻值测量。在线检验之后应当填写在线检验报告，做出检验结论。

全面检验由中国国家质量监督检验检疫总局核准的具有压力管道检验资格的检验机构进行，一般进行外观检查、壁厚测定、耐压试验和泄漏试验，并且根据压力管道的具体情况，采取无损检测、理化检验、应力分析、强度校验和电阻值测量等方法。全面检验之后检验机构应当及时向使用单位出具全面检验报告，确定压力管道的安全状况等级和下次的检验周期，并对使用单位的压力管道安全管理情况进行评价。

思 考 题

13-1　根据中国《压力管道安全技术监察规程——工业管道》，压力管道是如何定义的？

13-2　基于中国《压力管道安全管理与监察规定》，压力管道可分成哪几类？

13-3　根据中国《压力容器压力管道设计许可规则》的规定，压力管道的类别和级别如何划分？

13-4　压力管道的基本组成是什么？

13-5　管子按材质如何分类？

13-6　钢管的壁厚系列有几种表示方法，各有什么特点？

13-7　钢管选择的总体原则是什么？

13-8　管件的作用是什么？常用的管件有哪些类型？如何进行管件的选择？

13-9　管件连接处的形状取决于什么方式，常用的管件连接处形状一般有哪些类型？

13-10　阀门的主要作用是什么？常用的阀门有哪些类型？如何进行阀门的选用？

13-11　管道支吊架的作用是什么？它有哪些类型？

13-12　管道支吊架主要是根据什么进行选择的，其选用原则是什么？

13-13　过程装备的压力管道一般是由设计人员根据什么进行管道设计的？需要共同遵守的设计原则有哪些？

13-14　压力管道结构设计的要求是什么？要进行合理的结构设计，一般应注意哪些问题？

13-15　压力管道的制造管理如何进行？

13-16　怎样才能保证压力管道的安装质量？

13-17　压力管道为什么要进行定期检验？定期检验分为哪两类？

13-18　压力管道的全面检验周期如何确定？

第5篇　过程设备概论

过程设备在各种过程工业生产中应用十分广泛，是化工、炼油、轻工、食品、制药、冶金、纺织、动力、交通及海洋工程等传统工业部门的关键设备，也是航空航天、核能等高新技术领域不可缺少的设备。另外，工业生产从原材料到产品，需要经过一系列的物理、化学或生物的加工处理步骤，而这些加工处理步骤都是由过程设备完成的。因此，了解甚至熟悉一些常用过程设备的类型、结构、原理及应用是非常必要的。通过学习，可以掌握这些常用过程设备的基本结构、工作原理和工程应用，根据生产实际需要进行合理选型或结构设计，并能进一步借助有关的技术资料进行必要的工程计算，以培养解决工程实际问题的能力。

第14章　传热与传质设备

传热与传质设备，通常指换热设备和塔设备，是化工、炼油、食品、轻工及制药等部门应用最广、使用较多的两种通用设备。

14.1　换热设备

14.1.1　概述

14.1.1.1　换热设备的作用

在过程工业生产中，为了合理而有效地利用热（冷）量，常需采用各种换热设备进行不同的换热过程，使热量由温度较高的流体向温度较低的流体传递，从而使流体温度达到工艺规定的指标，以满足生产过程的需要。此外，换热设备也是余热、废热特别是低品位热能回收的有效装置。因此，换热设备是过程工业生产中应用最多的一类工艺设备。

14.1.1.2　换热设备的类型

换热设备又称为热交换器，在过程工业生产中，由于使用场合、操作条件和物料特性的不同，换热设备有多种类型和结构，并可按不同的方法进行分类。

(1) 根据热传递原理或传热方式进行分类

换热设备可分为如下三种主要类型。

① 直接接触式热交换器　这类热交换器又称混合式热交换器，它是利用冷、热流体直接接触与混合的作用进行热量交换的，其结构示意图如图14-1所示。化工生产中所用的冷却塔、气压冷凝器等都属于这一类热交换器。为了使两种流体达到充分换热，常采用塔状结构。这类热交换器具有传热效率高、单位容积提供的传热面积大、设备结构简单和价格便宜等优点，但仅适用于工艺上允许两种流体混合的场合。

② 蓄热式热交换器　这类热交换器又称回热式热交换器，它是让两种不同温度的流体交替通过同一种载热体，从而实现冷、热流体之间的热量传递，其结构示意图如图14-2所示。蓄热式热交换器具有结构紧凑、价格便宜和单位体积传热面大等优点，故较适合用于气-气热交换的场合，如回转式空气预热器就是一种蓄热式热交换器。由于两种流体

交替与蓄热体接触，这样就不可避免地存在着一小部分流体相互掺混的现象，因此，若两种流体不允许有混合，则不能选用这类热交换器。

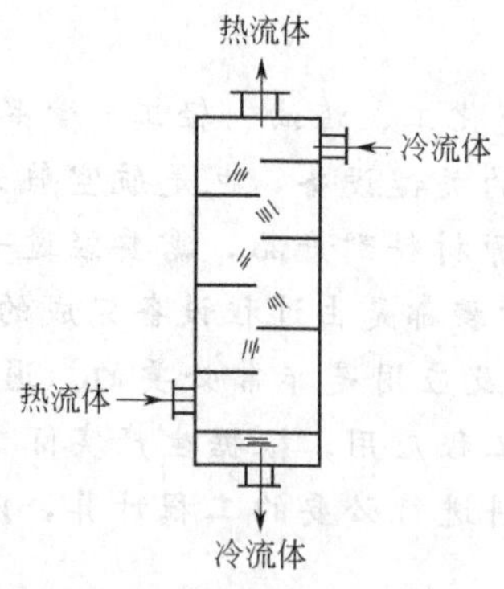

图 14-1 直接接触式热交换器

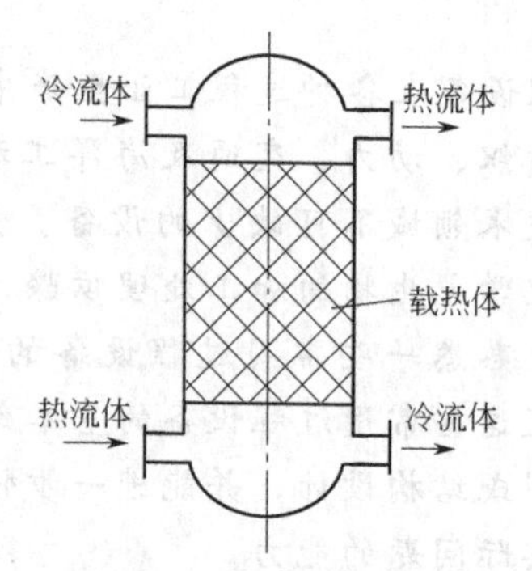

图 14-2 蓄热式热交换器

③ 间壁式热交换器 这类热交换器又称表面式热交换器，它是利用一固体壁面将冷、热两种流体隔开，并通过壁面进行热量交换的。间壁式热交换器在工业生产中应用最为广泛，如常见的管壳式热交换器和板式热交换器都属于间壁式热交换器。

(2) 根据作用目的进行分类

换热设备可分为如下几种类型：

① 冷却器 用于冷却工艺物料的热交换器。

② 加热器 用于加热工艺物料的热交换器。

③ 再沸器 用于蒸馏塔底汽化物料的热交换器。

④ 冷凝器 用于使气态物料冷凝成液态物料的热交换器。

⑤ 过热器 用于对饱和蒸汽再加热升温的热交换器。

⑥ 废热锅炉 用于回收高温物流或废气热量的热交换器。

(3) 根据传热面的形状和结构进行分类

换热设备可分为如下几种主要类型：

① 管壳式热交换器 它是通过管子壁面进行传热的热交换器，在各种工业生产中应用最为广泛。这种热交换器的结构坚固、可靠性高、选材范围广、适应性强、处理量大、管内清洗方便且高温高压条件下也能应用，但其传热效率、结构的紧凑性和单位传热面积的金属消耗量等方面不及其他类型热交换器。

② 板面式热交换器 它是通过板面进行传热的热交换器。这类热交换器有板翅式、螺旋板式、板式和板壳式等多种结构形式，其主要特点是传热效率高和结构紧凑。

③ 新材料热交换器 这类热交换器主要是指一些为满足工艺特殊要求而设计的采用特殊结构或特殊材料的热交换器，例如，为了使热交换器能用于耐压、耐热和介质强腐蚀性的场合，可以采用玻璃、石墨和聚四氟乙烯等非金属材料或稀有金属材料——钛等制作热交换器。

④ 热管式热交换器 它是一种以热管作为主要传热元件的新型热交换器，其特点是：结构简单、重量轻及经济耐用；适用温度范围大；一般没有运动部件，不需要维护，使用寿命长等。热管式热交换器 20 世纪 60 年代始用于宇宙航空，现已在石油、化工、冶金、建材、电力和电子等多领域中得到了广泛的应用。

14.1.1.3　换热设备设计或选型的基本要求

热交换器的种类、结构形式很多，但每种结构形式的热交换器都有其本身的结构特点和工作特性，因此，对热交换器进行合理的选型和正确的设计，其基本要求如下。

① 满足工艺要求　过程工业生产的工艺要求通常包括流体的物理化学性质（如密度、黏度和腐蚀性等）和流体的各种工艺参数（如温度、压力、流量和相态等），无论热交换器的设计或选型，都必须首先满足这些工艺要求，实现热量传递的目的。

② 使用安全可靠　由于热交换器也是压力容器，为了确保其使用安全可靠，其设计、制造、安装和维护都必须遵守 GB 150 和 GB/T 151 的有关规定。

③ 便于热交换器的安装、操作、维修和清洗　如果在热交换器的设计或选型时，就能够充分考虑到这些因素，必定会有利于热交换器在整个使用期间更为经济地运行。

④ 经济合理　热交换器的成本一般包括其固定费用（设备的购买费和安装费等）和单位时间内（通常为一年）的操作费（动力消耗费、清洗费和维修费等）两部分，因此，在热交换器的设计或选型中，需要综合考虑多种因素，确定出最合适的热交换器结构及其最适宜的工艺操作条件，从而使热交换器在整个使用期间都能最为经济地运行。

14.1.2　管壳式热交换器

14.1.2.1　基本类型

由于管壳式热交换器具有结构坚固、可靠性高、选材范围广和适应性强等优点，所以尽管近年来也受到了其他新型热交换器的挑战，但反过来又促进了其自身的发展，因而在现代工业生产中管壳式热交换器仍占主导地位。根据管壳式热交换器的结构特点，可分为固定管板式、浮头式、U 形管式、填料函式和釜式重沸器五种类型。

(1) 固定管板式热交换器

固定管板式热交换器的结构如图 14-3 所示，它是由许多管子组成管束，管束两端通过焊接或胀接的方法固定在两块管板上，而管板则通过焊接的方法与壳体相连。其特点是结构简单、紧凑、制造成本较低，管程清洗方便，且管子损坏时易于堵管或更换。但当管束与壳体的壁温或材料的线膨胀系数相差较大时，壳体和管束中将产生较大的热应力，通常可采用在固定管板式热交换器中设置柔性元件（如膨胀节、挠性管板等）来吸收热膨胀差以减少其热应力。因此，这种热交换器适用于壳程介质清洁且不易结垢，管、壳程两侧温差不大或温差较大但壳侧压力不高的场合。

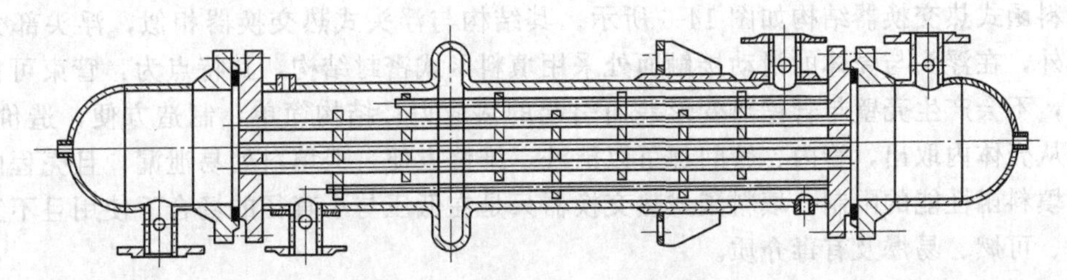

图 14-3　固定管板式热交换器

(2) 浮头式热交换器

浮头式热交换器的结构如图 14-4 所示，它的一块管板与壳体固定，另一块管板可相对壳体自由移动，故称之为浮头。浮头由浮头管板、钩圈和浮头端盖组成，属于可拆连接。其特点为管束与壳体的热变形互不约束，因而不会产生热应力，且管束内外清洗方便。但其结构复杂，制造成本较高，金属材料消耗量大，且浮头端小盖在操作中无法检查，制造时对密封要求较高。因此，浮头式热交换器仅适用于管、壳程温差较大或介质易结垢需清洗的场合。

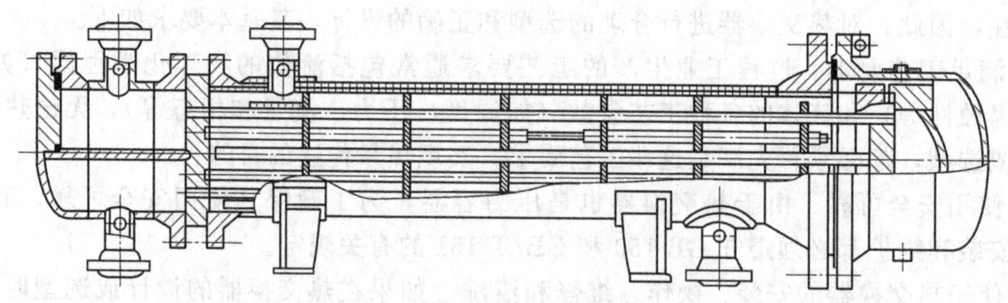

图 14-4 浮头式热交换器

(3) U形管式热交换器

U形管式热交换器的结构如图 14-5 所示。它只有一块管板，管束由多根U形管组成，管的两端固定在同一块管板上，其特点为：管子可以自由伸缩，因而当壳体与U形换热管有温差时，不会产生热应力；只有一块管板，加工费用低；管束可取出，有利于管外部的清洗和检查等。但由于受弯管曲率半径的限制，管板上布管少，结构不紧凑，管板利用率低；管束内层间距较大，壳程流体易形成短路，影响传热效果；内层管束损坏后无法更换，只能堵管，因而坏一根U形管相当于坏两根管，报废率较高。因此，U形管式热交换器适用于管、壳程温差较大或壳程介质易结垢需要清洗，又不适宜采用浮头式和固定管板式的场合，特别适用于管内走清洁而不易结垢的高温、高压和介质腐蚀性大的物料。

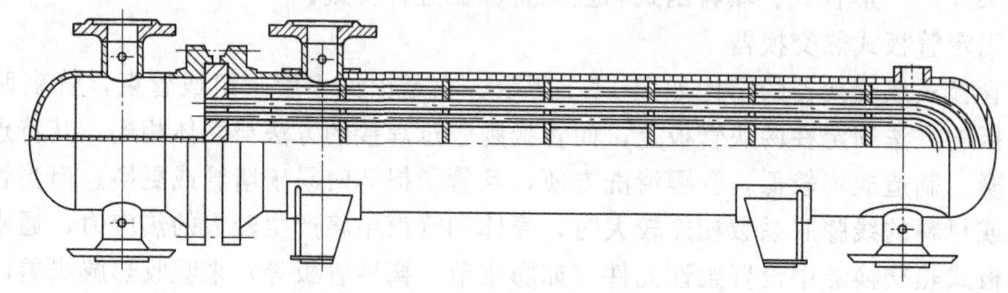

图 14-5 U形管式热交换器

(4) 填料函式热交换器

填料函式热交换器结构如图 14-6 所示。其结构与浮头式热交换器相似，浮头部分露在壳体之外，在浮头与壳体的滑动接触面处采用填料函式密封结构，其特点为：管束可自由移动伸缩，不会产生壳壁与管壁热变形差而引起的热应力；结构简单，制造方便，造价较低；管束可从壳体内取出，管内、管间都可以清洗，维修方便。但填料处易泄漏，且壳程的适用温度受填料函性能的限制。填料函式热交换器只是在低压与小直径的场合下使用且不宜处理易挥发、可燃、易爆及有毒介质。

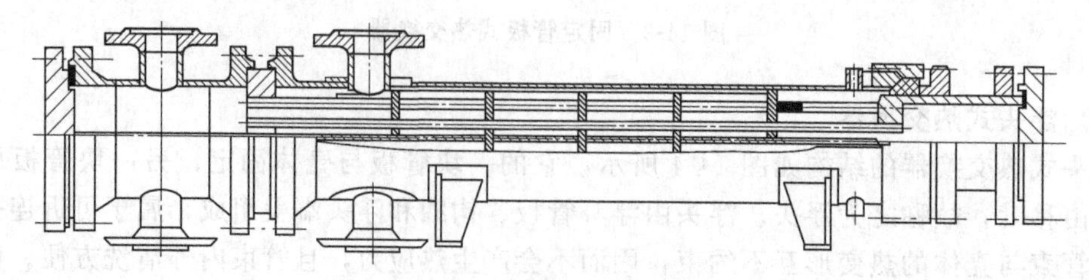

图 14-6 填料函式热交换器

(5) 釜式重沸器

釜式重沸器的结构如图 14-7 所示。其特点为：这种热交换器的管束可以为浮头式、U 形管式和固定管板式结构，所以它具有浮头式、U 形管式热交换器的特性。在结构上与其他换热设备不同之处在于壳体上部设置了一个蒸发空间，蒸发空间的大小由产气量和所要求的蒸汽品质所决定。产气量大、蒸汽品质要求高者蒸发空间大，否则可以小些。釜式重沸器适用于管、壳程温差较大的场合，清洗、维修方便。尤其适用于不清洁、易结垢介质，并能承受高温、高压的场合。

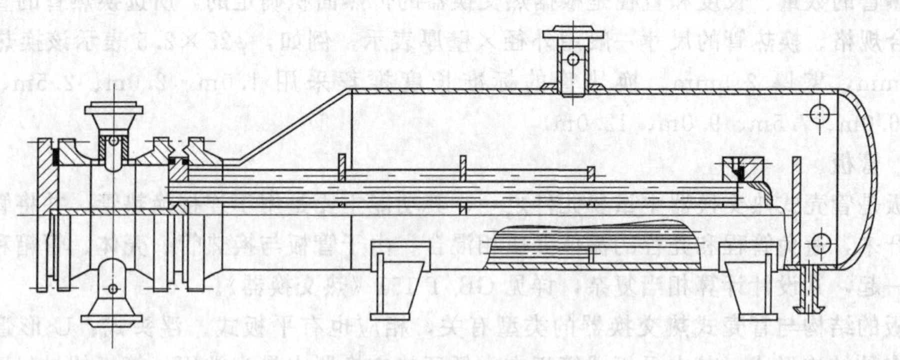

图 14-7 釜式重沸器

14.1.2.2 主要机械特征

显然，管壳式热交换器无论何种结构形式，都是由壳体、管束、管板、折流板、管箱、封头和支座等零部件组成的。为了能够熟悉管壳式热交换器的结构和性能，以便更好地进行设计或选型，为此，下面介绍管壳式热交换器的主要机械特征。

(1) 总体特征

管壳式热交换器实际上可认为是由压力容器（外壳）加传热内件构成，其中压力容器即为壳体、封头和支座等，而传热内件则包括管束、管板、折流板和管箱等。当壳程内流体介质为内压力，则壳体和封头均按内压进行设计；反之，当壳程内流体介质为外压力，则壳体和封头均按外压进行设计。管束的设计则不仅需要考虑管程内流体介质本身压力的大小，而且还需要考虑壳程内流体介质压力的大小以及是否正常操作等工况，综合考虑后才能确定设计方法。支座等标准件的选用和核算方法见前述第 11 章。管板、折流板和管箱等内件的设计方法则需要通过具体的分析才能得到。

(2) 壳体

由于管壳式热交换器的壳体内需要安置管束、管板和折流板等零部件，为了便于安装、检修和维护，因而一般采用圆筒形结构，通常由钢板卷焊而成。壳体的材料取决于壳程内流体介质是否具有腐蚀性，若壳程内流体介质无腐蚀或轻微腐蚀，通常采用锅炉和压力容器专用钢板 Q245R 或 Q345R 制作；若壳程内流体介质具有一定的腐蚀性，通常需要采用不锈钢板制作。

(3) 换热管

由于无缝钢管结构简单、制造容易，因此，换热管通常采用无缝钢管。不过，为了强化传热，也可采用翅片管、螺纹管、波纹管等其他形式的强化换热管，如图 14-8 所示。考虑到换热管需要与两种流体介质直接接触，其材料主要是根据操作条件和介质的腐蚀性确定，常用的材料有碳素钢、不锈钢、铜、铝、石墨和 PVC 塑料等。

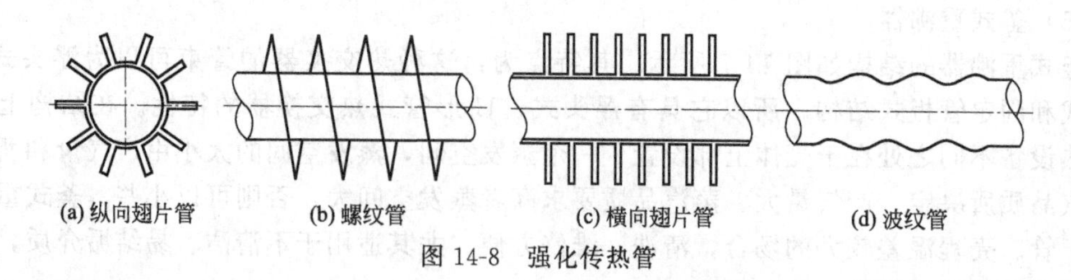

图 14-8 强化传热管

换热管的数量、长度和直径是根据热交换器的传热面积确定的，所选换热管的直径和长度应符合规格。换热管的尺寸一般用外径×壁厚表示，例如，$\phi25\times2.5$ 表示该换热管的外径为 25mm，壁厚 2.5mm。换热管的标准长度推荐采用 1.0m、2.0m、2.5m、3.0m、4.5m、6.0m、7.5m、9.0m、12.0m。

(4) 管板

管板是管壳式热交换器中重要元件之一，其功能主要是用于连接换热管，并将管程和壳程分隔开来，避免管程和壳程的流体介质相混合。由于管板与换热管、壳体、管箱和法兰等连接在一起，其设计计算相当复杂，详见 GB/T 151《热交换器》。

管板的结构与管壳式热交换器的类型有关，相应也有平板式、浮头式、U 形管式和双管板等多种结构形式，其中平板式管板在中低压热交换器中最为常用。管板的材料取决于换热流体介质的性质：若换热流体介质无腐蚀或轻微腐蚀时，通常采用碳素钢、低合金钢或其锻件制造管板；若换热流体介质具有一定的腐蚀性，通常需要采用不锈钢制作，工程中为了节省耐腐蚀材料，也常采用复合钢板。

(5) 换热管与管板连接

换热管与管板连接是管壳式热交换器设计和制造最关键的技术之一，其质量好坏不仅对工艺操作的正常进行有影响，而且也对管壳式热交换器的使用寿命有直接影响，因此，必须保证牢靠和严密，不会产生泄漏。换热管与管板常用的连接方法主要有强度胀接、强度焊接和胀焊并用。

强度胀接是利用胀管器使换热管扩张产生塑性变形，而管板只产生弹性变形，胀管后换热管与管板间依靠产生的挤压力，紧紧贴合在一起，从而实现换热管与管板连接的目的，其基本原理如图 14-9 所示。强度胀接比较简单、技术成熟，适用于设计压力 $p\leqslant4.0$MPa，设计温度 $t\leqslant300$℃，操作中无剧烈振动、无过大温度波动以及无明显应力腐蚀的场合。

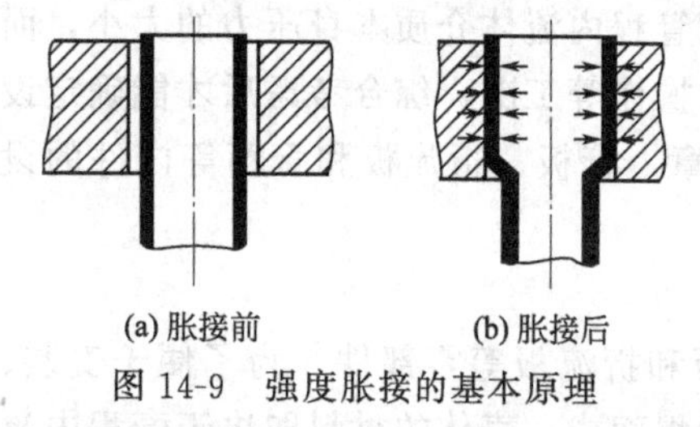

图 14-9 强度胀接的基本原理

强度焊接是指保证换热管与管板连接的密封性能及抗拉脱强度的焊接。当温度高于 300℃或压力高于 4.0MPa 时一般采用强度焊接。换热管与管板强度焊接结构如图 14-10 所示。强度焊接的优点是制造加工简单、连接强度高、在高温高压下仍能保证连接处的密封性能和抗拉脱能力。但强度焊接也有不足：当换热管与管板连接处焊接之后，可能造成应力腐蚀与疲劳，同时，换热管与管板孔间存在间隙，由于间隙中的流体不流动，易造成“间隙腐蚀”。因此，除了有较大振动及有间隙腐蚀的场合之外，只要材料焊接性能好，均可以采用强度焊接。

强度胀接和强度焊接各有优缺点，在某些苛刻工况下，例如，高温、高压的热交换器的换热管与管板连接处，操作中反复受到热变形、热冲击、腐蚀及介质压力等的作用，容易发生破坏。无论单独采用强度胀接或强度焊接都难于满足使用要求。采用胀焊并用就可以解决

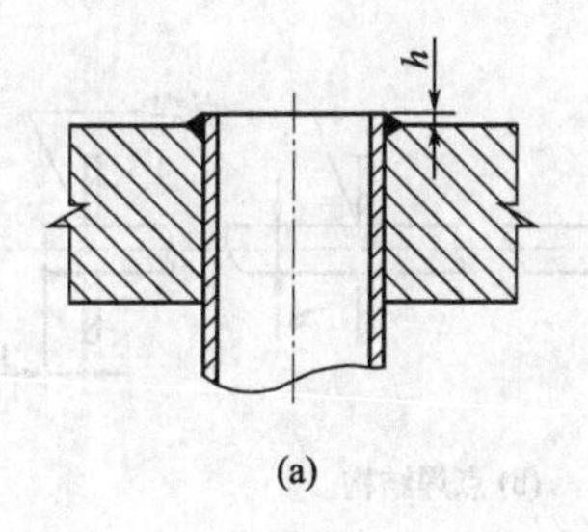

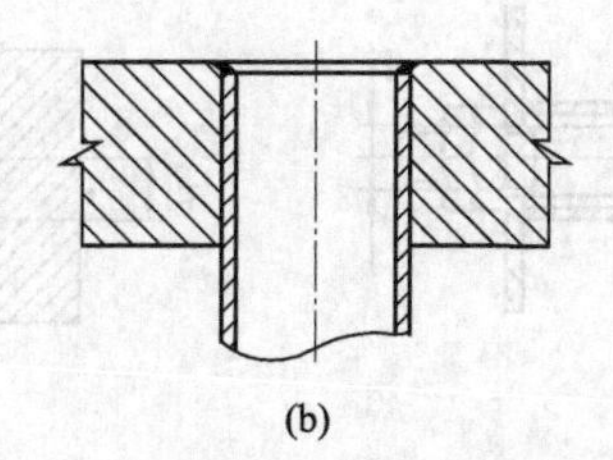

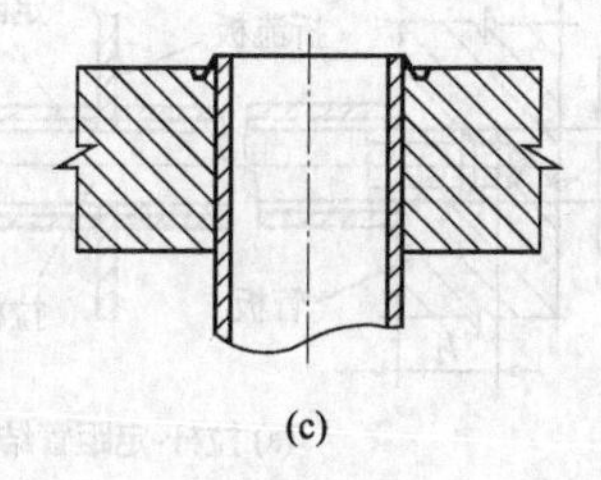

图 14-10　换热管与管板强度焊接结构

这一矛盾，这样不仅能够改善连接处的抗疲劳性能，而且可以消除应力腐蚀和间隙腐蚀，并提高设备的使用寿命。

（6）折流板、支持板及其固定

在壳程内设置折流板的目的是为了提高壳程流体的流速，增加湍动程度，增大壳程流体的传热系数，同时也可减少结垢。在卧式换热设备中，折流板还起到支撑管束的作用。

常用的折流板有弓形和圆盘-圆环形两种，其中弓形折流板又分为单弓形、双弓形和三弓形三种，如图 14-11 所示。鉴于弓形折流板结构简单、安装方便，应用较为普遍。圆盘-圆环形折流板由于结构较为复杂且不便清洗，一般只用于压力较高和物料清洁的场合。

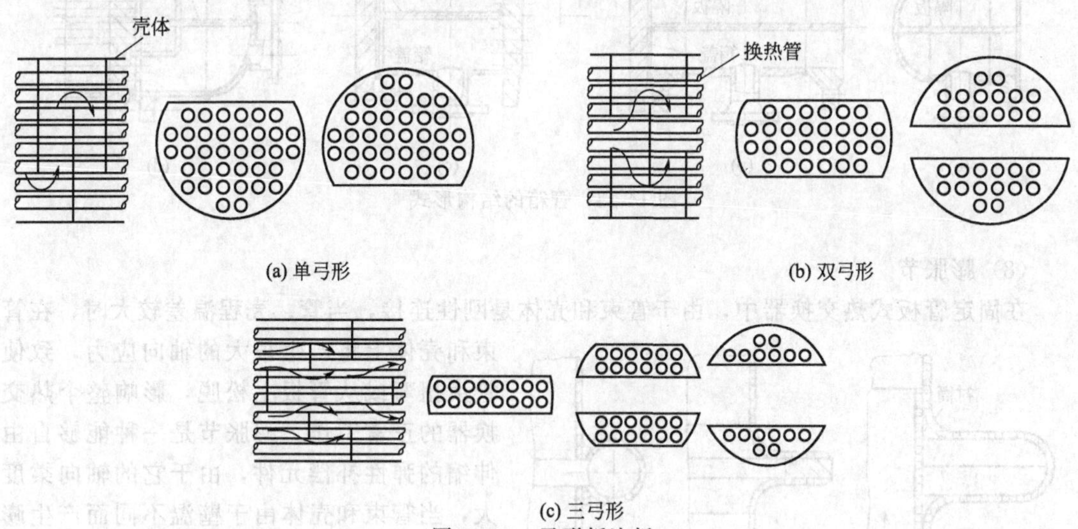

图 14-11　弓形折流板

折流板一般应在换热管有效长度上等间距布置，如果结构上的原因而无法实现时，管束两端的折流板应尽可能靠近壳程进、出口接管，其余的折流板则按间距布置。折流板的最小间距一般不应小于 50mm 或壳体内直径的 20%，最大间距应不大于壳体内直径。否则，必定会影响传热效果。

折流板在热交换器中可以起到折流和支持两个作用，但有的热交换器（如冷凝器）是不需要设置折流板的，当换热管的无支撑跨距超过了标准中规定值时，为了增加换热管的刚度，应该考虑增设一定数量的支持板，其形状和尺寸可按折流板处理。

折流板和支持板通常是通过拉杆和定距管固定，如图 14-12(a) 所示。当换热管外径 $D_o \leqslant 14$mm 时，可以采用折流板或支持板与拉杆点焊固定，如图 14-12(b) 所示。

（7）管箱

管箱位于管壳式热交换器的两端，其作用是将管道输送的流体均匀分布到各换热管以及

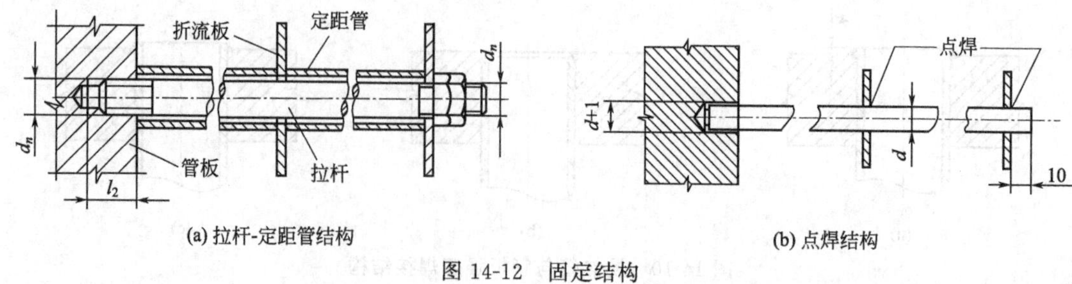

图 14-12 固定结构

把换热管内流体汇集在一起送出热交换器。在多管程热交换器中，管箱还起着分隔管程、改变流向的作用。

图 14-13 是管箱常见的几种结构，其中图 14-13(a) 适用于较清洁的流体介质；图 14-13(b) 便于换热管的清洗和检查，但用材较多；图 14-13(c) 可避免管板密封处的泄漏，但检修和清理不便；图 14-13(d) 为多管程隔板布置的结构形式。

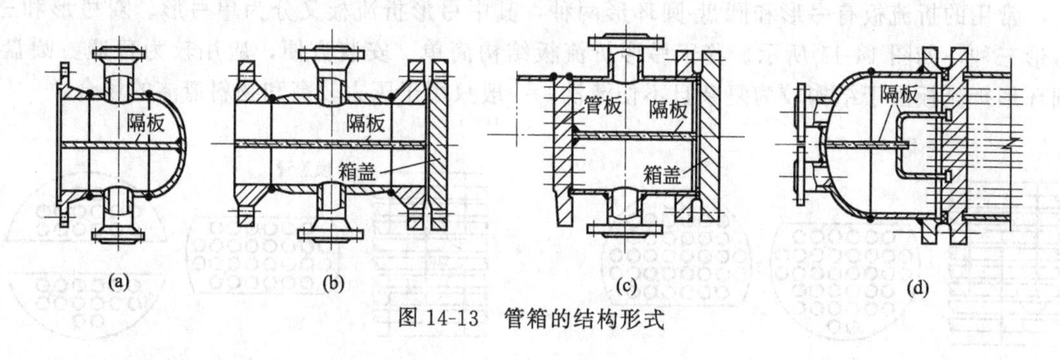

图 14-13 管箱的结构形式

(8) 膨胀节

在固定管板式热交换器中，由于管束和壳体是刚性连接，当管、壳程温差较大时，在管束和壳体上将产生很大的轴向应力，致使管束扭弯或从管板上松脱，影响整个热交换器的正常工作。膨胀节是一种能够自由伸缩的弹性补偿元件，由于它的轴向柔度大，当管束和壳体由于壁温不同而产生膨胀差时，可以通过膨胀节有效地起到补偿轴向变形的作用，从而降低温差应力。

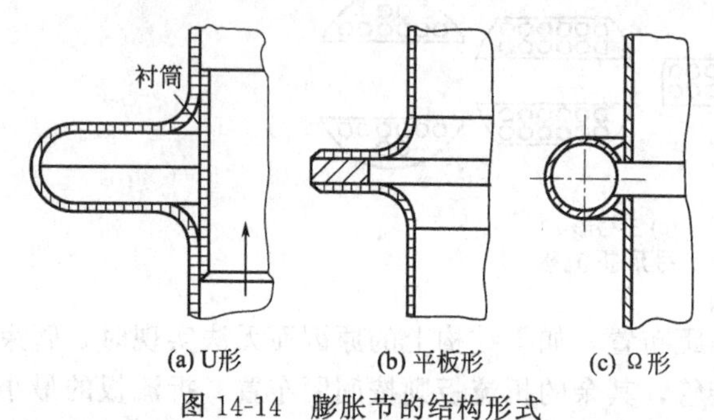

图 14-14 膨胀节的结构形式

膨胀节的结构形式有 U 形膨胀节、平板膨胀节和 Ω 形膨胀节等，如图 14-14 所示。U 形膨胀节由于结构简单、补偿能力大、价格便宜，故应用最为普遍，一般适用于设计压力 $p \leqslant 2.5$MPa。有关膨胀节的设计计算参见 GB 16749《压力容器波形膨胀节》。

14.1.2.3 设计简介

管壳式热交换器的设计内容包括两部分：一是管壳式热交换器的工艺设计，根据过程原理和生产工艺要求进行设计；二是管壳式热交换器的机械设计，应根据 GB/T 151《热交换器》的规定和要求进行设计。

(1) 管壳式热交换器的工艺设计

管壳式热交换器的工艺设计主要步骤如下：

ⅰ. 根据冷、热流体的流量、进出口温度、工作压力等工艺条件计算出热交换器所需的传热量；

ⅱ. 根据流量、压力、温度、介质性质、传递热量大小以及考虑制造、安装和维修方便等多种因素，选择热交换器的类型与主要结构；

ⅲ. 确定热交换器内冷、热流体的流动通道、流向（并流、逆流或错流）和流程等；

ⅳ. 根据热交换器所需的传热量计算出要求的传热面积，并初步确定热交换器的基本参数（换热管尺寸、数量，管程数，壳体直径，壳程数等）；

ⅴ. 核算热交换器的传热能力和流体阻力；

ⅵ. 根据标准选用管壳式热交换器的型号。

(2) 管壳式热交换器的机械设计

管壳式热交换器的机械设计主要步骤如下：

ⅰ. 根据压力、温度、介质性质（主要是腐蚀性）、材料的焊接性能以及制造工艺等选择热交换器各零部件合适的材料；

ⅱ. 壳体、封头的选型和强度计算；

ⅲ. 管箱的选择，支座的选用；

ⅳ. 压力容器法兰的选择，接管、管法兰的选用及开孔补强设计；

ⅴ. 管板计算；

ⅵ. 折流板的选择与计算。

14.1.3 换热设备技术进展概述

近年来，能源和材料费用的不断增加大大地推动了高效节能热交换器的发展。围绕着强化传热、减少振动、优化结构、控制结垢与腐蚀等方面来提高传热效率，延长设备使用寿命等方面进行研究，其发展动向主要有如下几个方面。

(1) 物性模拟研究

热交换器传热与流体计算的准确性，取决于物性模拟的准确性。因此，物性模拟一直是热交换器研究热点之一，特别是两相流物性的模拟。实验室模拟实际工况很复杂，准确性主要体现与实际工况的差别。要求物性模拟在实验手段上更加先进、测试更加准确，从而使热交换器设计更加精确，更为节省材料。物性模拟将代表着热交换器的经济水平。

(2) 分析设计研究

分析设计是近代发展的一门新兴学科，美国 ANSYS 软件技术一直处于国际领先的水平。通过分析设计可以得到流体的流动分布场，模拟出应力分布图，也可以模拟出温度分布场，使设计更为方便、快捷和准确，从而也使热交换器更加安全可靠。这一技术随着计算机应用的发展，将带来技术水平的飞跃。

(3) 强化传热技术

随着制造技术的进步，强化传热元件的开发以及电场动力效应强化传热技术、添加物强化沸腾传热技术、微生物传热技术、磁场动力传热技术的研究和发展，同心圆热交换器、高温喷流式热交换器、穿孔板热交换器、微尺度热交换器、微通道热交换器、流化床热交换器和新能源热交换器都将得到研究和应用。

(4) 控制结垢与腐蚀研究

据统计，90%以上的换热设备都存在着不同程度的污垢问题，结垢造成的浪费是很严重的，目前，对污垢问题的研究已趋于多元化，如运用神经网络、模糊技术和概率统计方法对污垢进行监测和预测，通过机械振动、表面振动、喷注、多相流、电磁场和超声波等方法来除去污垢。通过对污垢形成的机理、生长速度和影响因素的研究，预测污垢曲线，从而控制结垢，提高传热效率，保证装置低能耗和长周期的运行。此外，防腐技术的发展将会进一步降低防腐涂料的成本，电化学防护技术等也将会得到大力发展。

(5) 其他方面的研究

其他方面的研究包括热交换器向大型化、微小型化发展，热交换器的抗振技术，热交换器的先进制造技术等。随着科学技术的不断发展、制造水平的不断提高，各种新结构的热交换器必将不断涌现，从而促使热交换器朝着更为高效、经济、环保的方向发展。

14.2 塔设备

14.2.1 概述

(1) 塔设备的作用

塔设备是一种使气（汽）-液或液-液两相之间进行充分接触并实现相际间传质与传热过程的设备，如蒸馏、吸收、萃取、增湿及干燥等过程都是在塔设备内进行的。它的外形是一个立式压力容器，其高度比直径大得多，有点像塔，故称为塔设备。塔设备是一种重要的单元操作设备，在化工、炼油、医药、食品及环境保护等工业部门都得到了广泛的应用。

(2) 塔设备的分类

塔设备的种类很多，为了便于比较和选型，塔设备通常采用如下三种分类方法：

① 根据操作压力　塔设备可分为加压塔、常压塔和减压塔；

② 根据单元操作　塔设备可分为精馏塔、吸收塔、解吸塔和萃取塔等；

③ 根据内件结构　塔设备可分为填料塔、板式塔两大类，这也是最常用的分类方法。

(3) 塔型比较与选用

板式塔属于逐级（板）接触型的气液传质设备，它是在塔体内按照一定距离设置许多塔盘，气体以鼓泡或喷射的方式穿过塔盘上的液层，进行传质和传热过程。板式塔可分为有溢流装置和无溢流装置两大类，属于有溢流装置的板式塔有：泡罩塔、筛板塔、浮阀塔、舌形塔和浮动射流塔等，属于无溢流装置的板式塔有穿流式栅板塔。

填料塔属于微分接触型的气液传质设备，它是在塔体内装有一定数量的填料，填料的作用是提供气、液间的传质面积。在塔内液体沿填料表面下流，形成一层薄膜，气体沿填料空隙上升，在填料表面的液层与气体的界面上进行传质过程。

填料塔和板式塔均可用于蒸馏、吸收等气液传质过程，但在两者之间进行比较合理选择时，必须考虑与被处理物料性质、操作条件和塔的加工、维修等多方面有关因素。选型时很难提出绝对的选择标准，而只能提出一般的参考意见，表 14-1 给出了一些填料塔和板式塔比较的主要区别。

表 14-1 填料塔与板式塔的比较

塔型 / 项目	填料塔	板式塔
压降	小尺寸填料，压降较大；大尺寸填料及规整填料，则压降较小	较大
空塔气速	小尺寸填料，气速较小；大尺寸填料及规整填料，则气速较大	较大
塔效率	传统的填料，效率较低；新型乱堆及规整填料，则塔效率较高	较稳定，效率较高
液-气比	对液体量有一定要求	适用范围较大

续表

项目＼塔型	填料塔	板式塔
持液量	较小	较大
安装、检修	较难	较容易
材质	金属及非金属材料均可	一般用金属材料
造价	新型填料，投资较大	大直径时造价较低

在进行填料塔和板式塔的选型时，下列情况可考虑优先选用填料塔：

ⅰ. 在分离程度要求高的情况下，由于某些新型填料具有很高的传质效率，因而可采用新型填料以降低塔的高度；

ⅱ. 对于热敏性物料，由于它在高温下易发生聚合或分解，因而可优先选择真空操作下的填料塔；

ⅲ. 对于具有腐蚀性的物料，宜选用填料塔，由于填料塔可采用具有抗腐蚀性的非金属材料来制造，如陶瓷、塑料等；

ⅳ. 对于容易发泡的物料，宜选用填料塔，由于在填料塔内，气相主要不以气泡形式通过液相，可减少发泡的危险，此外，填料还可以使泡沫破碎；

ⅴ. 对于处理量小、塔径小于 600mm 的塔，宜选用填料塔，由于小的板式塔在安装和检修上都较为困难。

下列情况可考虑优先选用板式塔：

ⅰ. 塔内液体持液量较大，要求塔的操作负荷变化范围较宽，对进料浓度变化要求不敏感，要求操作易于稳定；

ⅱ. 液相负荷较小，宜选用板式塔，由于此时若选用填料塔，则会因填料表面湿润不充分而降低其分离效率；

ⅲ. 对于含固体颗粒、容易结垢和有结晶的物料，宜选用板式塔，由于板式塔可选用液流通道较大，堵塞的危险较小；

ⅳ. 在操作过程中伴随有放热或需要加热的物料，宜选用板式塔，由于板式塔的塔板上有较多的持液量，以便与加热或冷却管进行有效的传热；

ⅴ. 在较高压力下操作的蒸馏塔仍多采用板式塔，由于在压力较高时，塔内气液比过小，以及因气相返混剧烈等原因，填料塔的分离效果往往不佳。

(4) 工业生产对塔设备的要求

塔设备除了应满足工业生产中特定的工艺条件（如温度、压力及耐腐蚀等）之外，为了使塔设备能更有效、更经济地运行，对塔设备的主要要求如下：

ⅰ. 生产能力大，即气液处理量大；

ⅱ. 高的传质、传热效率，即气液有充分的接触空间、接触时间和接触面积；

ⅲ. 操作稳定、操作弹性（最大负荷与最小负荷之比）大，即气液负荷有较大波动时仍能在较高的传质效率下进行稳定的操作，且塔设备应能长期连续运转。

ⅳ. 流体流动的阻力小，即流体通过塔设备的压力降小，以达到节能并降低设备操作费用的要求；

ⅴ. 结构简单可靠，材料耗用量小，制造安装容易，以达到降低设备投资的要求。

事实上，任何一个塔设备若要同时满足上述的诸项要求是非常困难的，因此，只能从实际生产需要和经济合理两方面进行综合考虑之后确定。

14.2.2 塔设备的总体结构

塔设备中进行的生产过程各不相同，结构类型也多种多样。除了内部结构差异较大之外，其他结构基本相同。从图 14-15 和图 14-16 可见，塔设备的基本结构可分为如下几个部分。

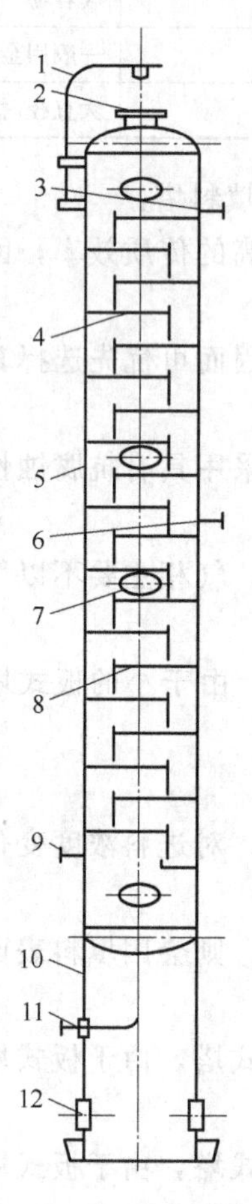

图 14-15 板式塔总体结构

1—吊柱；2—气体出口；3—回流液入口；4—精馏段塔盘；5—塔体；6—料液入口；7—人孔；8—提馏段塔盘；9—气体入口；10—裙座；11—釜液出口；12—出入口

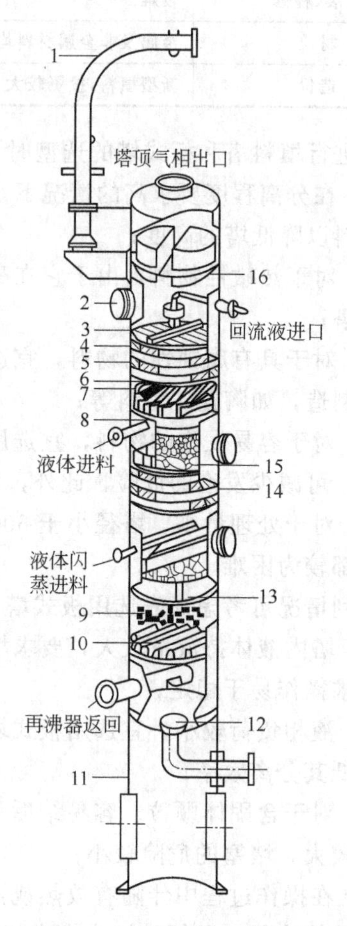

图 14-16 填料塔总体结构

1—吊柱；2—人孔；3—排管式液体分布器；4—床层定位器；5,14—规整填料；6—填料支承栅板；7—液体收集器；8—集液管；9—散装填料；10—填料支承装置；11—支座；12—防涡流器；13—槽式液体再分布器；15—盘式液体分布器；16—除沫器

① 塔体　包括圆筒、封头及可能采用的设备法兰等。

② 内件　填料及其支承装置或塔板及其附件。

③ 支座　它是塔体与基础的连接结构。由于塔设备较高、重量较大，为保证其足够的强度及刚度，通常采用裙式支座。

④ 附件　包括人孔、手孔，物料进出管，仪表检测管，液体的分布装置和气体进料分布装置，以及塔外的操作平台、扶梯和吊柱等。

14.2.3 塔设备的主要机械特征

为了能够熟悉塔设备的结构和性能，以便更好地进行设计或选型，下面介绍塔设备的主要机械特征。

(1) 总体特征

塔设备实际上可认为是由压力容器（外壳）加传质内件构成，其中压力容器即为塔体和支座等，而传质内件则包括填料及其支承装置或塔板及其附件等。当塔体内介质为内压力，则塔体按内压进行设计；反之，当塔体内介质为外压力，则塔体按外压进行设计。同时，考虑到塔设备大多安装在室外，除了承受介质压力之外，塔设备还承受各种重量（包括塔体、塔内件、介质、保温层、操作平台和扶梯等附件的重量）、偏心载荷、风载荷及地震载荷的联合作用，考虑到在正常操作、停工检修、耐压试验三种工况下塔设备所承受的载荷也并不相同，为了保证塔设备的安全运行，首先需要按设计条件初步确定塔体、支座的厚度和其他尺寸，然后必须对塔设备在这三种工况下进行轴向强度及稳定性校核，详见 NB/T 47041《塔式容器》。支座等标准件的选用和核算方法见前述第 11 章。填料及其支承装置或塔板及其附件等内件的设计方法则需要通过具体的分析才能得到。

(2) 塔体

塔体即为塔设备的外壳，它一般是由等直径、等厚度的圆筒和上、下封头组成，只有在大型塔设备中，也可采用不等直径、不等厚度的塔体。塔体的材料取决于塔体内介质是否具有腐蚀性，若塔体内介质无腐蚀或轻微腐蚀，通常采用锅炉和压力容器专用钢板 Q245R 或 Q345R 制作；若塔体内介质具有一定的腐蚀性，通常需要采用不锈钢板制作。

(3) 支座

塔设备的支座是塔体与基础的连接结构，需要起到支承塔设备重量和固定塔设备位置的双重作用。由于塔设备较高、重量较大，为了保证具有足够的强度和刚度，通常采用裙式支座，简称裙座。裙座有圆筒形和圆锥形两种结构形式，如图 14-17 所示。圆筒形裙座制造方便、经济合理，应用广泛。圆锥形裙座只有在受力情况较差、直径小且很高的塔设备才采用。

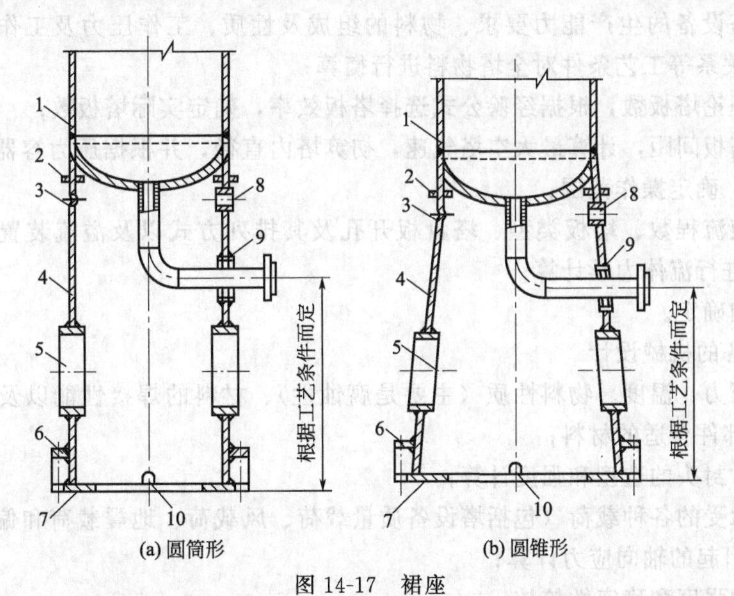

图 14-17　裙座

1—塔体；2—保温支承圈；3—无保温时排气孔；4—裙座筒体；5—人孔；6—螺栓座；7—基础环；8—有保温时排气孔；9—引出管通道；10—排液孔

由于裙座与介质不直接接触，也不承受塔体内的介质压力，因而不受压力容器用材的限制，可选用较为经济的碳素结构钢制作，如常温操作时常用的材料为 Q235AF 或 Q235A。

(4) 裙座与塔体的连接

裙座与塔体底部的连接型式有对接和搭接两种，其中图 14-18(a) 为对接接头，裙座筒体的外径与塔体外径相等，焊缝必须采用全熔透的连续焊；图 14-18(b)、(c) 虽然均为搭接接头，但搭接焊缝分别位于下封头的直边段和塔体上。显然，对接焊缝受力情况较好，应用较多；搭接焊缝受力情况较差，一般仅用于直径较小、焊缝受力也较小的场合。

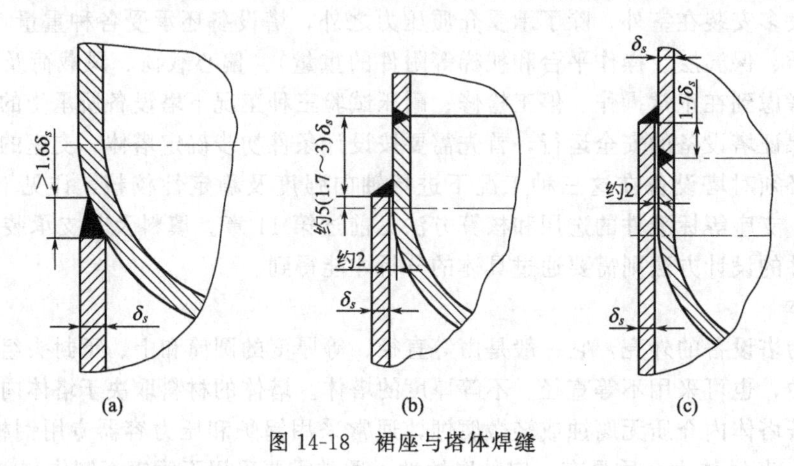

图 14-18 裙座与塔体焊缝

14.2.4 塔设备设计简介

塔设备的设计内容包括两部分，一是塔设备的工艺设计，根据过程原理和生产工艺要求进行设计；二是塔设备的机械设计，应根据 NB/T 47041《塔式容器》的规定和要求进行设计。下面以板式塔为例，简述塔设备的具体设计步骤。

(1) 塔设备的工艺设计

ⅰ. 根据塔设备的生产能力要求、物料的组成及性质、工作压力及工作温度、进料状态、物系平衡关系等工艺条件对全塔物料进行衡算；

ⅱ. 计算理论塔板数，根据经验公式选择塔板效率，确定实际塔板数；

ⅲ. 选取塔板间距，计算最大空塔气速，初算塔内直径，并根据压力容器公称直径确定实际塔内直径，确定操作范围；

ⅳ. 选择液流程数、塔板类型、塔盘板开孔及其排列方式以及溢流装置布置等塔盘布置，对塔盘板进行流体力学计算；

ⅴ. 塔高的确定。

(2) 塔设备的机械设计

ⅰ. 根据压力、温度、物料性质（主要是腐蚀性）、材料的焊接性能以及制造工艺等选择塔设备各零部件合适的材料；

ⅱ. 筒体、封头的选型和强度计算；

ⅲ. 筒体承受的各种载荷（包括塔设备质量载荷、风载荷、地震载荷和偏心载荷等）计算，各种载荷引起的轴向应力计算；

ⅳ. 塔体的强度和稳定性校核；

ⅴ. 裙式支座的强度和稳定性校核。

14.2.5 塔设备的技术进展概述

中国在上述两种塔型的应用中，20 世纪 70 年代以前，板式塔的应用占主导地位，进入 80 年代之后，填料塔开始大量应用。目前，两种塔型几乎是并驾齐驱，在不同的场合发挥各自的优势。

目前对塔的基础研究主要是塔板上的气液运动、计算机模拟。气液运动以激光测速、彩色频闪摄影和双探针液滴分布仪等先进手段进行深入研究。

对板式塔的研究主要是在传统塔板构型上的发展，以处理能力为第一发展目标，传质效率为第二目标，开发的重点集中在降液管结构的改进、塔板空间的合理利用和气液分散结构优化等。

填料塔的研究重点在填料的研究上。新型填料的开发主要在较大处理能力下自分布性能研究，如填料功能复合化、填料的表面改性等；此外，液体分布器和气体进料分布器的研究主要为极低喷淋密度时的分布方式、分布器结构简单化等。

再就是填料塔与板式塔的复合塔型，目前工业上应用的穿流筛板与规整填料相结合起来的复合塔板；DJ 塔板与填料相结合的 DJ3 塔板等，有效地利用了塔板之间的部分气相空间。

总的来讲，人们对塔设备的研究旨在提高处理能力，结构简单化，保持一定的操作弹性和适当的压力降，尽量降低成本。

思　考　题

14-1　换热设备的作用是什么？根据热传递原理或传热方式可分为哪几种类型？

14-2　换热设备设计或选型的基本要求是什么？

14-3　管壳式热交换器的基本类型有哪几种？各有什么特点？

14-4　管壳式热交换器的壳体一般选用什么结构？其材料怎么确定？

14-5　管壳式热交换器的换热管常用材料有哪些？

14-6　管壳式热交换器的管板功能是什么？

14-7　管壳式热交换器中换热管与管板常用的连接方法有哪三种？各有什么特点？

14-8　管壳式热交换器中在壳程内设置折流板的目的是什么？

14-9　管壳式热交换器中管箱的作用是什么？

14-10　固定管板式热交换器中设置膨胀节的目的是什么？

14-11　管壳式热交换器的设计内容是什么？

14-12　塔设备的作用是什么？根据内件结构如何分类？

14-13　在进行填料塔和板式塔的选型时，哪些情况可考虑优先选用填料塔？哪些情况可考虑优先选用板式塔？

14-14　工业生产对塔设备的基本要求是什么？

14-15　塔设备的总体结构一般是由哪几部分组成？

14-16　塔设备的塔体一般组成是什么？其材料怎么确定？

14-17　塔设备的支座有哪两种结构形式？其材料怎么确定？

14-18　塔设备的裙座与塔体连接有哪两种形式？各有什么特点？

14-19　塔设备的设计内容是什么？

第15章 化学过程设备

15.1 概述

15.1.1 化学过程设备的应用及其特性

化学过程设备是过程工业中实现化学反应的主要设备。按照参加化学反应物料的物态不同（气体或液体）、操作条件的不同（压力、温度以及物料是静止还是流动的）和反应热效应的不同（吸热反应或放热反应），化学过程设备可以有很多种类和结构。例如生产合成氨的氨合成塔、炼油厂的加氢反应器、合成橡胶厂的反应釜、化纤厂的聚合釜和抗生素厂的发酵罐等，这些反应设备有的需要耐高压，有的需要耐物料的腐蚀，有的还需根据操作要求设置各种内件等。化学过程设备是化学工业的核心设备之一，正确选用化学过程设备的型式、确定其最佳操作条件和设计高效节能的化学过程设备，是过程工业中一个十分关键的问题。

在化学过程设备中，为了使反应物料能够相互接触，必须使反应物混合得充分；为了使反应物达到反应的温度，必须考虑对反应物加热；如果反应是放热的，必须及时取出反应热；如果反应是吸热的，则必须不断补充热量。此外，流体在化学过程设备中流动，必须尽量均匀分布，避免短路与死角，以减少压力损失。所以，化学过程设备内往往综合了各种过程，除了化学反应过程之外，还有传质、传热及流体动力过程。

15.1.2 化学过程设备的类型

化学过程设备根据设备内的反应性质，通常可分为化学反应设备和生物反应设备。前者是指在其中实现一个或几个化学反应，并使反应物通过化学反应转变为反应产物的设备；后者则是指为细胞或酶提供适宜的反应环境以达到细胞生长代谢和进行反应的设备。

（1）化学反应设备

化学产品种类繁多，物料的相态各异，反应条件差别很大，因此，化学工业上使用的反应设备也千差万别，种类很多。化学反应设备常见的分类方法如下。

① 根据物料的相态分类　化学反应设备可分为均相反应设备和非均相反应设备，其中均相反应设备中反应物与生成物均属同一相，而非均相反应设备中反应物系多于一相。

② 根据操作方式分类　化学反应设备可分为间歇式反应设备、连续式反应设备和半连续式反应设备。

③ 根据传热情况分类　化学反应设备可分为无热交换的绝热反应设备、等温反应设备和非等温非绝热反应设备。

④ 根据设备结构特征形式分类　化学反应设备可分为釜式反应设备、管式反应设备、塔式反应设备和流化床反应设备。这种分类方法是一种最常用的方法。其中釜式反应设备又称釜式反应器，它的典型结构是压力容器加搅拌机，既可以间歇操作，也可以连续操作，适应性强，是化学工业以及其他过程工业中应用得最为广泛的一种反应设备，为此，随后要重点介绍。

（2）生物反应设备

随着生物技术和生产过程的发展，生物反应设备的种类不断增多，规模不断扩大，其分类方法也多种多样。

ⅰ. 根据所使用的生物催化剂不同，生物反应设备可分为酶催化反应设备和细胞生物反应设备，它们的生物催化剂分别为酶和细胞。在酶催化反应设备中，与化学催化剂一样，酶在反应过程中本身无变化。在细胞生物反应设备中，进行的生化反应十分复杂，在生化反应的同时，细胞本身也得到增殖，为了维持细胞的催化活性，还须避免受外界杂菌的污染。

ⅱ. 根据输入搅拌器的能量方式不同，生物反应设备可分为机械方式输入的机械搅拌式反应设备和气体喷射输入的气升式反应设备。

ⅲ. 根据反应物系在反应设备内的流动与混合状态，生物反应设备可分为活塞流反应设备和全混流反应设备。

ⅳ. 根据设备结构特征，生物反应设备可分为机械搅拌式反应设备、气升式反应设备、流化床反应设备和固定床反应设备等。

15.2　釜式反应设备

釜式反应设备也称为釜式反应器或搅拌反应器，简称反应釜，适用于各种物性（如黏度、密度）和各种操作条件（温度、压力）的反应过程，广泛应用于合成塑料、合成纤维、合成橡胶、医药、农药、化肥、染料、涂料、食品、冶金和废水处理等行业。如实验室的搅拌反应器可小至数十毫升，而污水处理、湿法冶金和磷肥等工业大型反应设备的容积可达数千立方米。釜式反应设备除了用作化学反应设备和生物反应设备之外，它也还大量用于混合、分散、溶解、结晶、萃取、吸收或解吸、传热等单元操作的过程设备。

15.2.1　釜式反应设备的总体结构与机械特征

釜式反应设备的总体结构一般由釜体、传热装置、搅拌装置、传动装置和密封装置等部分组成。图 15-1 为一台带搅拌及夹套传热的釜式反应器。从图中可看出，它主要由釜体、夹套、搅拌装置、传动装置、密封装置、支座、人孔、工艺接管和一些附件组成，通过电动机驱动，经减速机带动搅拌轴及安装在轴上的搅拌器，以一定转速旋转，使物料获得适当的流动场，并在流动场内进行化学反应。为了满足工艺上的换热要求，釜体上还装有夹套。

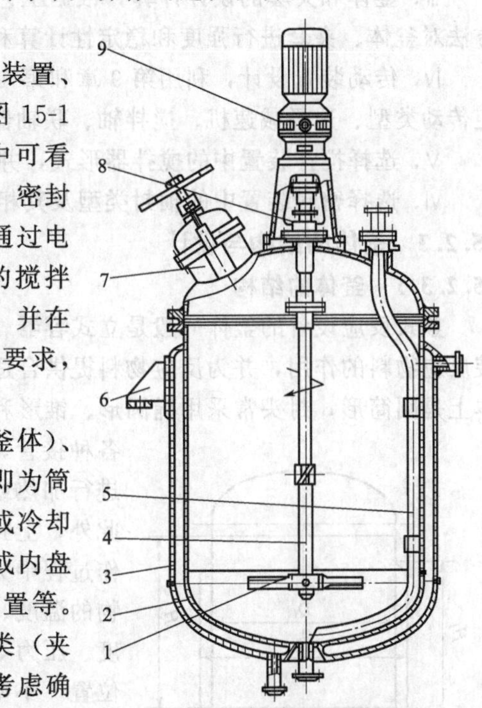

图 15-1　带搅拌及夹套传热的釜式反应设备

1—搅拌器；2—釜体；3—夹套；4—搅拌轴；5—压出管；6—支座；7—人孔；8—轴封；9—传动装置

釜式反应设备实际上可认为是由压力容器（釜体）、传热装置和搅拌机构成，其中压力容器（釜体）即为筒体、封头和支座等；传热装置是对物料进行加热或冷却以维持反应所需要的温度而设置的，通常为夹套或内盘管；搅拌机则包括搅拌装置、传动装置和密封装置等。对于釜体中的圆筒、封头设计方法与传热装置种类（夹套或内盘管）和釜体内物料压力有关，需要综合考虑确定：①当采用内盘管作为传热装置时，釜体内物料为内压力，则筒体和封头按内压进行设计；反之，当釜体内物料为外压力，则筒体和封头按外压进行设计；ⅱ当采用夹套作为传热装置时，筒体和封头的设计方法不仅与釜体内物料压力、夹套内介质压力有关，而且还需对正常操作、非正常操作两种工况进行综合考虑后，才能确定具体的设计方法。支座等标准件的选用和核算方法见第11章。传动装置的设计方法见第9章和第10章。搅拌装置和密封装置的设计方法则需要参阅相关的设计手册。

15.2.2 釜式反应设备的设计简介

釜式反应设备的设计内容包括两部分，一是釜式反应设备的工艺设计，根据过程原理和生产工艺要求进行设计；二是釜式反应设备的机械设计，主要是根据第11章压力容器设计介绍的方法和有关标准进行设计。

(1) 釜式反应设备的工艺设计

通过对釜式反应设备的工艺设计，应该能够给出该釜式反应设备的具体工艺条件，包括产量、操作方式、最大工作压力（或真空度）、最高工作温度（或低温操作的最低工作温度）、物料性质和腐蚀情况等。若釜式反应设备还需要进行传热时，则必须给出传热面型式和传热面积、搅拌器型式和功率等。

(2) 釜式反应设备的机械设计

ⅰ. 根据压力、温度、物料性质（主要是腐蚀性）、材料的焊接性能以及制造工艺等选择釜式反应设备各零部件合适的材料；

ⅱ. 总体结构设计，根据工艺条件、要求以及考虑制造、安装和维修方便等多种因素，确定釜式反应设备各部分的结构形式，如釜体、夹套、传热面、传动类型、轴封和各种附件的结构类型；

ⅲ. 釜体和夹套的设计计算，根据工艺参数确定各部分几何尺寸，利用第11章介绍的方法对釜体、夹套进行强度和稳定性计算和校核；

ⅳ. 传动装置设计，利用第9章和第10章介绍的方法进行，主要包括选择电动机、确定传动类型、选择减速机、搅拌轴、联轴器、机架及底座设计等；

ⅴ. 选择搅拌装置中的搅拌器形式，并设计相应的搅拌轴；

ⅵ. 选择密封装置中的轴封类型及其相关零部件。

15.2.3 釜体的结构与设计

15.2.3.1 釜体的结构

釜式反应设备的釜体一般是立式容器，由筒体和上、下封头所组成（图15-2），起到盛装反应物料的作用，并为反应物料提供合适的反应空间。釜体的主体部分是容器，其筒体基本上是圆筒形，封头常采用椭圆形、锥形和平盖等形式。根据不同工艺的要求，容器上装有各种接管，以满足进料、卸料和排气等要求。为了对物料进行加热或取走反应热，常在釜体上设置外夹套或内盘管。此外，上封头焊有凸缘法兰，用于釜体与机架的连接。操作过程中为了对反应状态进行监测与控制，必须测量反应物的温度、压力、组分及其他有关参数，釜体上还设有温度、压力等传感器。支座选用时应考虑釜体的大小和安装位置，小型的釜式反应设备一般采用耳式支座，大型的釜式反应设备则采用支承式支座或裙式支座。

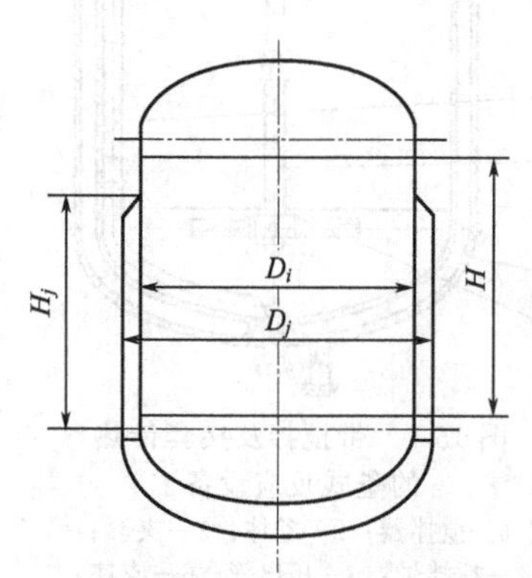

图15-2 釜式反应设备的釜体结构

15.2.3.2 釜体的设计

(1) 筒体厚度 δ_n 的确定

筒体厚度 δ_n 应根据其受压情况，按第11章介绍的方法进行计算。

(2) 封头尺寸的确定

对于承受中低压的釜体，封头通常选为标准椭圆形封头，其内直径与筒体内直径相同，厚度按第 11 章介绍的方法进行计算。

(3) 相关的零部件设计

组成釜体的相关零部件，包括容器法兰、接管与法兰、人孔等，可按第 11 章介绍的方法或有关标准进行选用。

15.2.4　传热装置

釜式反应设备中传热装置的作用是对物料进行加热或冷却以维持反应所需要的温度。有传热要求的釜式反应设备，为了维持反应的最佳温度，一般都需设置传热装置。常用的传热装置有夹套和内盘管。当夹套的传热面积能够满足传热要求时，应优先采用夹套，这样可减少釜体内构件，便于清洗，不占用有效容积。

(1) 夹套

夹套是用焊接或法兰连接的方式在釜体的外侧装设各种形状的结构，使其与釜体外壁形成密闭的空间。在此空间内通入加热或冷却介质，从而加热或冷却釜体内的物料，使其维持反应所需要的温度。夹套的主要结构形式有整体夹套、型钢夹套、半圆管夹套和蜂窝夹套等，结构如图 15-3 所示，其适用温度和压力范围见表 15-1。

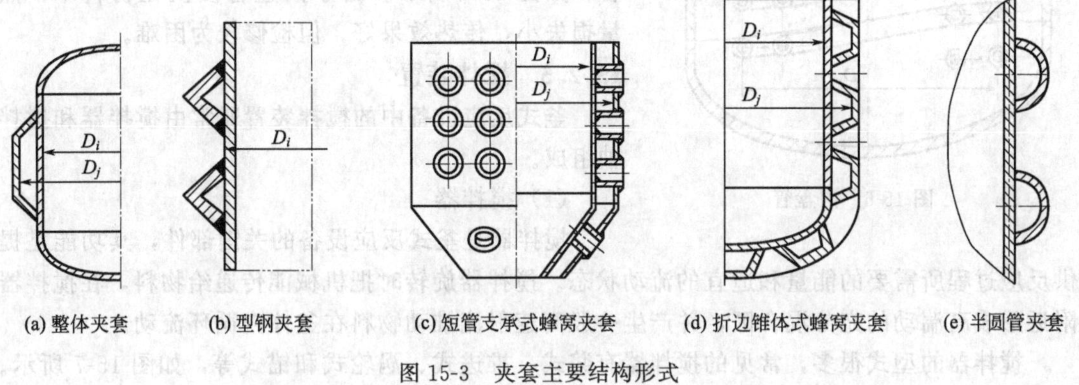

(a) 整体夹套　(b) 型钢夹套　(c) 短管支承式蜂窝夹套　(d) 折边锥体式蜂窝夹套　(e) 半圆管夹套

图 15-3　夹套主要结构形式

表 15-1　各种碳素钢夹套的适用温度和压力范围

夹套形式		最高温度/℃	最高压力/MPa
整体夹套	U 形	350	0.6
	圆筒形	300	1.6
型钢夹套		200	2.5
蜂窝夹套	短管支承式	200	2.5
	折边锥体式	250	4.0
半圆管夹套		350	6.4

常用的整体夹套结构如图 15-4 所示，其中圆筒形夹套仅在圆筒部分有夹套，传热面积较小，用于传热面积不大的场合；U 形夹套是圆筒部分和下封头都有夹套，传热面积大，是最为常用的结构。

(a) 圆筒形　　(b) U形

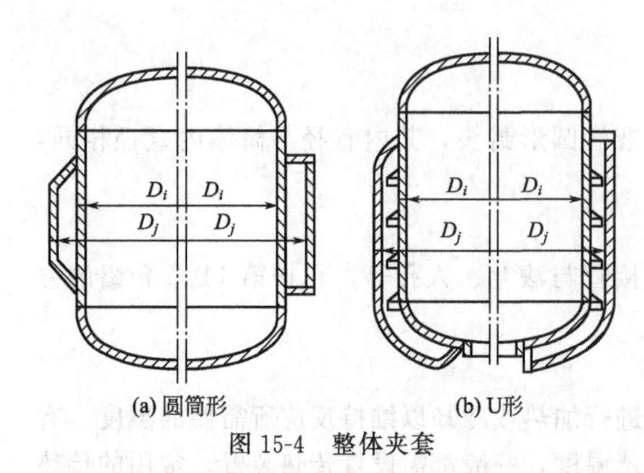

图 15-4　整体夹套

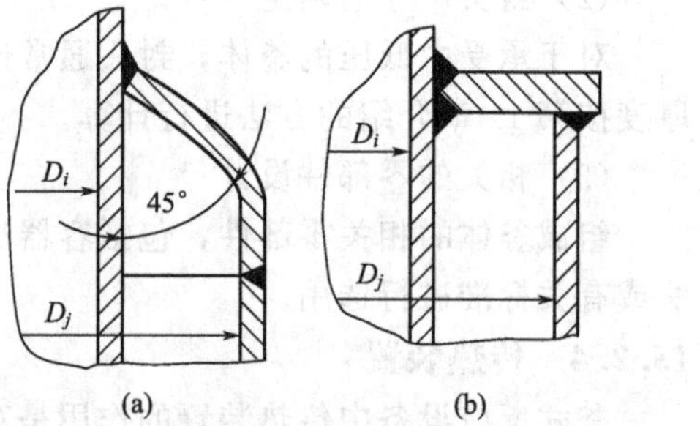

(a)　　(b)

图 15-5　整体夹套与釜体的不可拆连接

整体夹套与釜体的连接方式有不可拆式和可拆式两种，其中可拆式连接用于操作条件差以及需要定期检查釜体外表面或者要求定期对夹套进行清洗的场合，工程中使用较多的是不可拆式连接，其特点是结构简单、密封可靠，如图 15-5 所示。

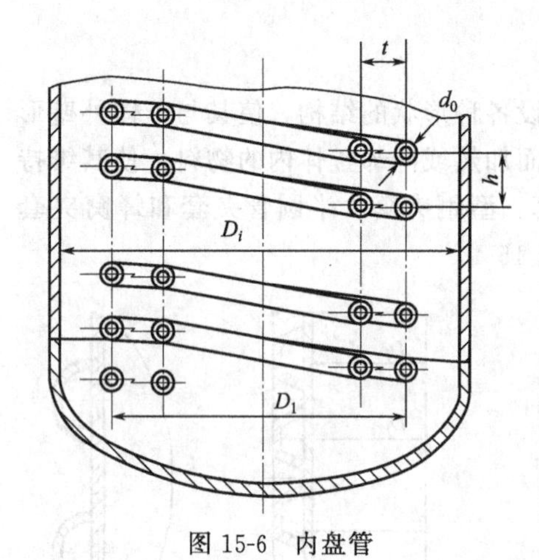

图 15-6　内盘管

（2）内盘管

在釜式反应设备中，如果采用夹套传热不能满足工艺要求或者釜体结构不能采用夹套时，可采用内盘管，如图 15-6 所示。由于内盘管浸没在物料中，热量损失小，传热效果好，但检修较为困难。

15.2.5　搅拌装置

釜式反应设备中的搅拌装置通常由搅拌器和搅拌轴组成。

（1）搅拌器

搅拌器是釜式反应设备的关键部件，其功能是提供反应过程所需要的能量和适宜的流动状态。搅拌器旋转时把机械能传递给物料，在搅拌器附近形成高湍动的充分混合区，并产生一股高速射流推动物料在釜体内循环流动。

搅拌器的型式很多，常见的搅拌器有桨式、推进式、涡轮式和锚式等，如图 15-7 所示。这几种搅拌器在釜式反应设备中应用较广，占搅拌器总数约 75%～80%。

（2）搅拌轴

(a) 桨式　　(b) 推进式　　(c) 涡轮式　　(d) 锚式

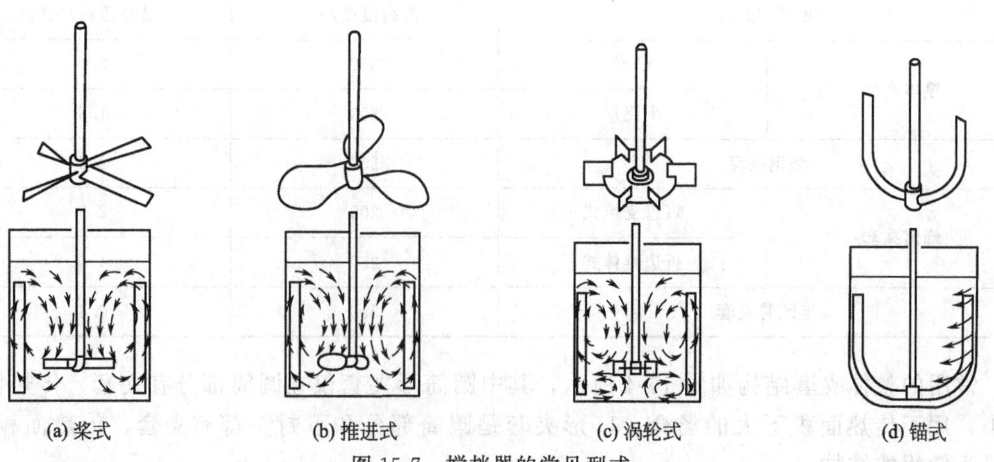

图 15-7　搅拌器的常见型式

搅拌是由电动机经减速机得到搅拌器所需转速后，通过联轴器将减速机和轴连在一起，带动轴和搅拌器一起转动实现的。搅拌轴一般是悬臂布置，必要时也可在釜内设置中间支承或底支承。对于大型或高径比大的釜式反应设备，尤其要重视搅拌轴的设计。搅拌轴的设计可根据相关的设计手册进行，主要是结构设计（包括轴的支承结构）和强度校核，对于转速 $n>200\mathrm{r/min}$ 的搅拌轴，还要进行临界转速的验算。

15.2.6　传动装置

釜式反应设备中的传动装置包括电动机、减速机、联轴器及机架。常用的传动装置如图 15-8 所示。电动机应根据功率、转速、安装方式及防爆等要求选用。减速机一般根据功率、转速进行选择。联轴器根据第 9 章介绍的方法进行选择。机架则要根据搅拌轴及其支承情况、便于维护检修等综合考虑确定。

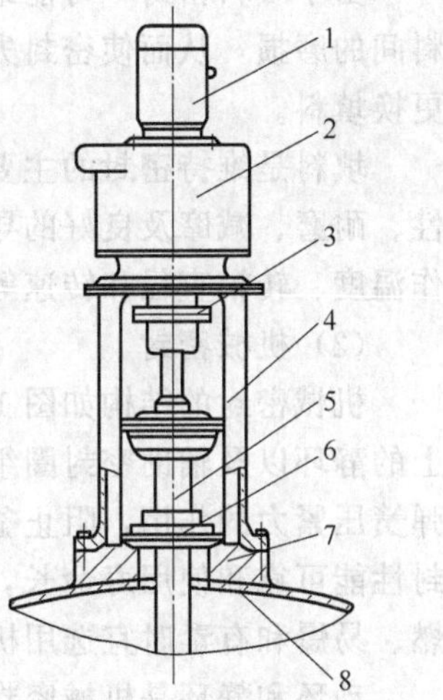

图 15-8　传动装置

1—电动机；2—减速机；3—联轴器；4—支架；5—搅拌轴；6—轴封装置；7—凸缘；8—上封头

15.2.7　密封装置

釜式反应设备中的密封装置主要是指釜体与搅拌轴之间的动密封，其作用就是封住釜体内的物料，使其不致从釜体内泄漏或外部杂质渗入釜体内，常用的轴封装置主要有填料密封和机械密封。

(1) 填料密封

填料密封的结构如图 15-9 所示，它是由底环、本体、油环、填料、螺柱、压盖及油杯等组成。在压盖压力作用下，装在搅拌轴与填料箱本体之间的填料，对搅拌轴表面产生径向压紧力，并由填料中的润滑剂在搅拌轴表面形成一层极薄的液膜，使搅拌轴得到润滑，且起到密封作用。填料密封结构简单、易于制造，适用于非腐蚀性和弱腐蚀性介质、密封要求不高并允许定期维护的釜式反应设备。

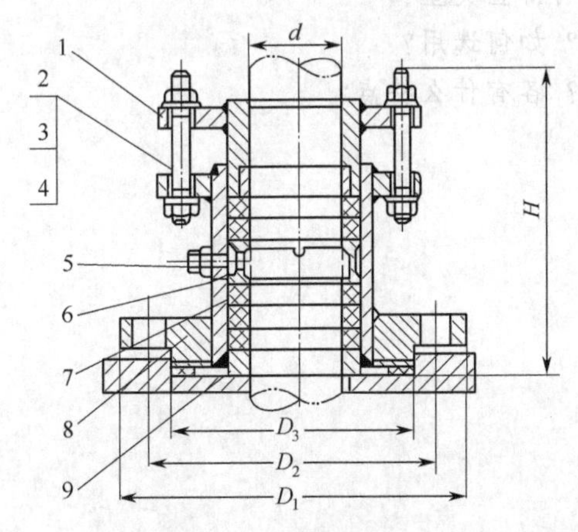

图 15-9　填料密封结构

1—压盖；2—双头螺柱；3—螺母；4—垫圈；5—油杯；6—油环；7—填料；8—本体；9—底环

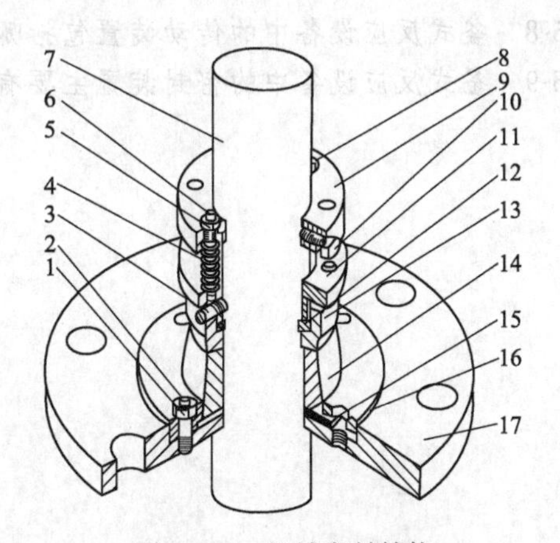

图 15-10　机械密封结构

1,5—螺母；2—双头螺栓；3—固定螺钉；4—弹簧；6—双头螺栓；7—搅拌轴；8—弹簧固定螺丝；9—弹簧座；10—紧定螺钉；11—弹簧压板；12—密封圈；13—动环；14—静环；15—密封垫；16—静环压板；17—静环座

由于填料密封不可能绝对不漏，增加压紧力使填料紧压在转动轴上，必定会加速轴与填料间的磨损，从而使密封失效。因此，在操作过程中应适当调整压盖的压紧力，并需要定期更换填料。

填料是维持密封的主要元件，为了有良好的密封效果，要求填料具有足够的弹性和塑性、耐磨、减摩及良好的导热性等。填料的选用主要根据釜体内物料的性质、工作压力、工作温度、转轴直径和转速等参数进行。

(2) 机械密封

机械密封的结构如图 15-10 所示。它由固定在轴上的动环及弹簧压紧装置、固定在设备上的静环以及辅助密封圈组成。当转轴旋转时，动环和固定不动的静环紧密接触，并经轴上弹簧压紧力的作用，阻止釜体内物料从接触面上泄漏。机械密封结构功耗小、泄漏量小、密封性能可靠和使用寿命长，在釜式反应设备中得到了广泛的应用，特别当处理的物料为易燃、易爆和有毒时宜选用机械密封。

动环和静环是机械密封的重要元件，由于它们是一对摩擦副，而且在运转时还与被密封的物料接触，因此，在选择动环和静环的材料时，需要同时考虑它们的耐磨性和耐腐蚀性。另外，摩擦副配对材料的硬度应不相同，通常动环的硬度比静环大，其原因是动环的形状比较复杂，在改变工作压力或工作压力波动时容易变形，故动环应选用弹性模量较大、硬度高的材料，但不宜选用脆性材料。具体选用可参阅机械密封技术方面的设计手册。

思考题

15-1 化学过程设备根据设备内的反应性质，通常如何分类？各类的作用是什么？

15-2 化学反应设备和生物反应设备各有哪些常见分类方法，如何具体分类？

15-3 釜式反应设备的总体结构主要由哪几部分组成？

15-4 釜式反应设备的设计内容是什么？

15-5 釜式反应设备的釜体结构特点是什么？

15-6 釜式反应设备中传热装置的作用是什么？常用的传热装置是哪两种？

15-7 釜式反应设备中的搅拌器功能是什么？它有哪些类型？

15-8 釜式反应设备中的传动装置包括哪些部件？如何选用？

15-9 釜式反应设备中的密封装置主要有哪两类？各有什么特点？

第 16 章 机械过程设备

由于过程工业是加工制造流程性材料产品的重要支柱产业之一，它是通过由一系列过程设备组成的过程装备，按一定的流程方式用管道、阀门等连接起来的一个独立密闭连续系统，再配以必要的控制辅助设施，才能制造出人们需要的新流程性产品。而过程装备既包括前述已介绍的传热与传质过程设备、化学过程设备，还应包括对这些流程性材料进行储存、输送、粉碎、分级、分离和造粒等处理的一些机械过程设备。为此，下面就简要介绍过程工业中最常用的物料输送、机械分离、粉体加工三类典型机械过程设备的主要类型、型号、工作原理、结构及应用。

16.1 物料输送设备

在许多过程工业生产中，物料输送过程是最常见的、甚至是不可缺少的操作过程。为了将物料进行输送，必须使用各种物料输送设备，以便克服输送沿程的机械能损失。通常情况下，用以输送液体并把机械能转化为液体势能或动能的物料输送设备称为泵，用以输送气体并提高气体压力的物料输送设备则按其产生压力的高低和性质分别称之为通风机、鼓风机、压缩机和真空泵等，用以输送固体物料的物料输送设备称为固体物料输送设备。本部分主要介绍这些物料输送设备的基本结构、工作原理和特性，以便能够根据物料流动的有关原理正确地选择和使用物料输送设备。

16.1.1 液体输送设备

(1) 泵的类型

液体输送设备——泵的类型很多，根据其工作原理和结构特点，泵可分为如下几类。

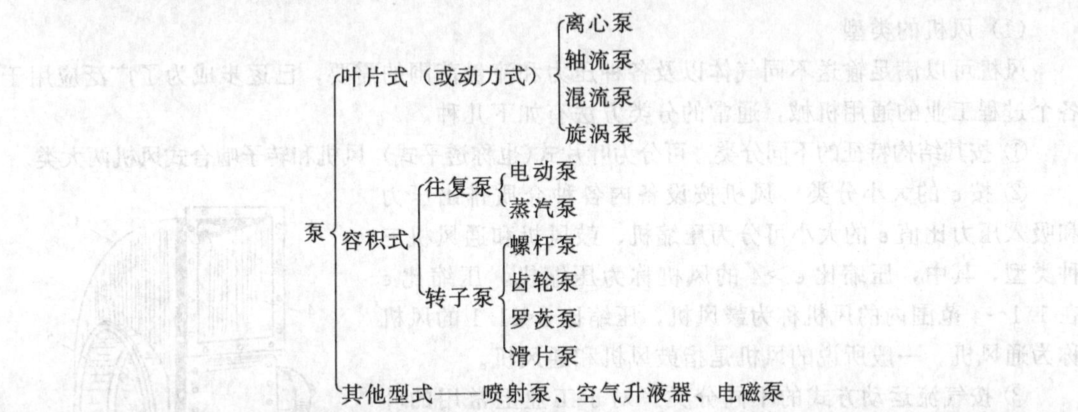

由于离心泵具有一些优点：ⅰ结构简单，操作容易，便于调节和自控；ⅱ流量均匀，效率较高；ⅲ流量和压头的适用范围较广；ⅳ适用于输送腐蚀性或含有悬浮物的液体。因而离心泵在各种过程工业中应用最为广泛，下面就重点进行介绍。

(2) 离心泵的基本部件和工作原理

离心泵的装置简图如图 16-1 所示，它的基本部件是旋转的叶轮和固定的泵壳。具有若干弯曲叶片的叶轮安装在泵壳内，并紧固于泵轴上，泵轴可由电动机带动旋转。泵壳中央的吸入口与吸入管路相连接，而在吸入管路底部装有底阀。泵壳侧旁的排出口与排出管路相连

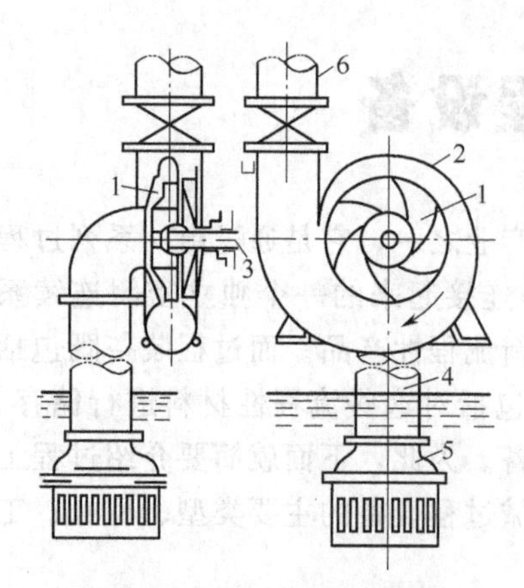

图 16-1 离心泵装置简图
1—叶轮；2—泵壳；3—泵轴；4—吸入管；5—底阀；6—压出管

接，其上装有调节阀。

离心泵在启动前需先向壳内充满被输送的液体，启动后泵轴带动叶轮一起旋转，使液体受到叶轮的推力也跟着旋转。由于离心力的作用，液体从叶轮中心被甩向叶轮外缘，以很高的速度（15～25m/s）流入泵壳，经过能量转换，提高了液体的静压能，于是液体以较高的压力，从压出口进入压出导管，输送到所需的场所。当叶轮中心的液体被甩出之后，泵壳吸入口就形成了一定的真空，在大气压作用下液体便经吸入管进入泵内，填补了被排出液体的位置。这样，只要叶轮的转动不停，液体就连续不断地被吸入和压出而达到输送的目的。由此可见，离心泵之所以能输送液体，主要依靠高速旋转的叶轮所产生的离心力，故名离心泵。

离心泵若在启动前未充满液体，则泵壳内存在空气，由于空气的密度远小于液体的密度，旋转后产生的离心力小，因而在吸入口处所形成的真空就不足以将液体吸入泵内，此时虽启动了离心泵而不能输送液体，此种现象称为气缚。为了便于泵内充满液体，在吸入管底部需装上带吸滤网的底阀。底阀系止逆阀，滤网的作用是为了防止固体物质进入泵内损坏叶轮的叶片。

16.1.2 气体输送设备

气体输送设备在化工等各种过程工业生产中应用十分广泛，其作用与液体输送设备颇为相似，都是对流体做功，以提高流体的压力。气体输送设备按其终压（出口压力）或压缩比的大小可分为两类：风机和真空泵，前者是利用叶轮或其他形式转子的高速旋转提升气体压力并输送气体的设备，后者实际上则是形成负压（即真空）进行气体输送的设备。

16.1.2.1 风机

（1）风机的类型

风机可以满足输送不同气体以及各种压力和流量范围的需要，已逐步成为了广泛应用于各个过程工业的通用机械，通常的分类方法有如下几种。

① 按其结构特征的不同分类 可分为叶片式（也称透平式）风机和转子啮合式风机两大类。

② 按 ε 的大小分类 风机按设备内各种介质排出压力和吸入压力比值 ε 的大小可分为压缩机、鼓风机和通风机三种类型，其中，压缩比 $\varepsilon>4$ 的风机称为压缩机，压缩比 ε 在 1.1～4 范围内的风机称为鼓风机，压缩比 $\varepsilon<1.1$ 的风机称为通风机。一般所说的风机是指鼓风机和通风机。

③ 按气流运动方式的不同分类 对于工业上常用的叶片式风机，按气流运动方式的不同可分为离心式鼓（通）风机、轴流式鼓（通）风机和混流式鼓（通）风机三类，其中离心式鼓（通）风机是较为常用的，下面将进行重点介绍。

（2）离心式风机

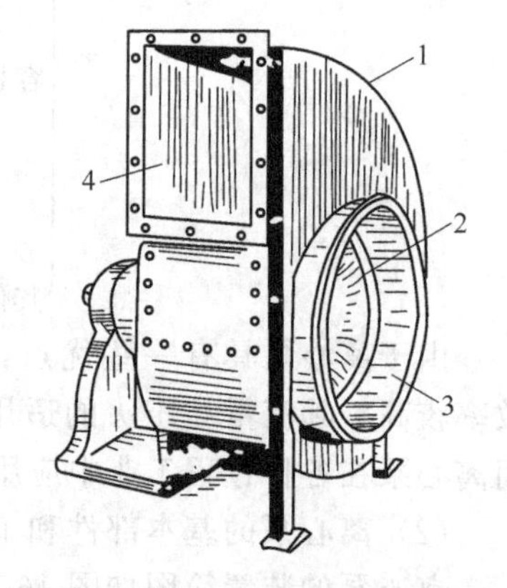

图 16-2 离心式通风机结构示意图
1—机壳；2—叶轮；3—吸入口；4—排气口

① 离心式通风机的基本结构及工作原理 离心式通风机的结构和单级离心泵相似，它主要是有叶轮、机壳、传动部件、支撑部件和通流部件组成，如图 16-2 所示。离心式

通风机的工作原理是：气体在离心式风机中的流动先为轴向，后转变为垂直于风机轴的径向运动，当气体通过旋转叶轮的叶道时，由于叶片对气体做功，气体获得能量，气体的压力提高、动能增加，当气体获得的能量足以克服其阻力时，可将气体输送到高处或远处。

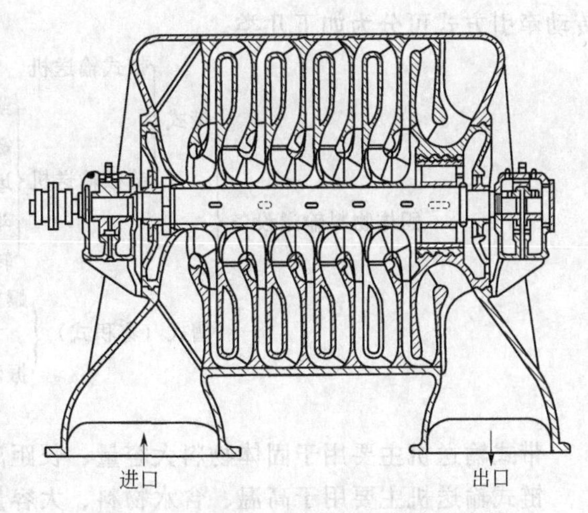

图 16-3　五级离心式鼓风机结构示意图

② 离心式鼓风机的基本结构及工作原理　离心式鼓风机又称为透平鼓风机，其工作原理与离心通风机的相同，其结构类似于多级离心泵，它是由叶轮、轴和平衡盘等组成的转子以及扩压器、弯道、回流器、吸气室和蜗壳等组成的定子两大部分构成，其结构示意图如图 16-3 所示。

16.1.2.2　真空泵

在过程工业生产中特别是化工生产的某些过程，常常需要在低于大气压的情况下进行。从设备或系统中抽出气体使其中的绝对压力低于大气压，此时所用的输送设备就称为真空泵。它在工业上应用也比较广泛。

真空泵的型式很多，分类的方法也有多种，常用的是按其机械结构和输送原理进行分类，各种类型的真空泵及其特点见表 16-1。

表 16-1　各类真空泵的工作范围及其特点

泵类型	绝对压力范围/Torr	特点
往复泵	10～760	适用于低真空度、水蒸气少的情况
水环泵	50～760	适用于低真空度、需排除水蒸气的场合
水环-大气泵	5～760	
油封机械泵	10^{-3}～760，最佳范围 10^{-3}～10^{-2}	
罗茨泵	10^{-3}～40，最佳范围 10^{-3}～5×10^{-3} 和 15～40	
分子泵	10^{-10}～10^{-2}	工作精度高
冷凝泵	10^{-10}～10^{-3}	
分子筛吸附泵	10^{-2}～760	
水喷射泵	50～760	适用于排除水蒸气和冷凝性气体的场合，动力为 0.2～0.3MPa 的水
蒸汽喷射泵	5×10^{-3}～760	适用于各种气体，按不同要求可选择不同级数
油增压泵	10^{-3}～1	
油扩散泵	10^{-10}～10^{-3}，最佳范围 10^{-10}～10^{-6}	适用于高真空度
钛泵	10^{-10}～10^{-2}	

注：1Torr＝133.322Pa。

16.1.3　固体物料输送设备

（1）分类与用途

固体物料输送设备用于输送粉状、粒状和块状固体物料，其种类很多，根据承载形式、传动牵引方式可分为如下几类。

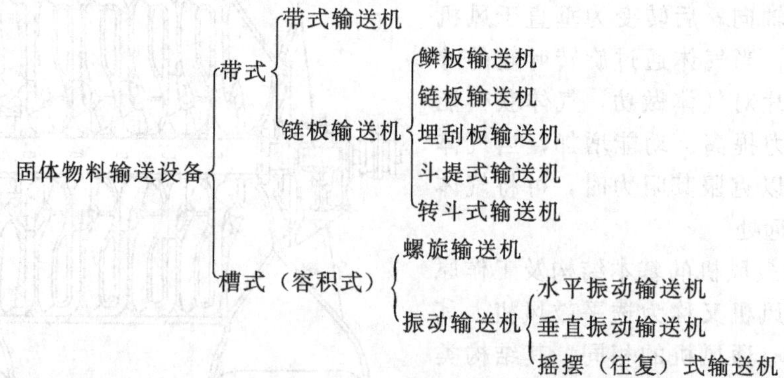

带式输送机主要用于固体物料大容量、长距离水平（或倾斜）输送的场合。

链式输送机主要用于高温、含水物料、大容量、水平（或倾斜、或垂直）输送的场合。

螺旋输送机主要用于粉粒物料水平（或倾斜、或垂直）输送的场合。

振动输送机主要用于高温、干燥粉粒物料水平（或垂直）输送的场合。

（2）带式输送机

带式输送机是应用最为广泛的一种连续输送设备，它具有结构简单、运行可靠、运输距离远、输送能力大和维护方便等优点，适用于冶金、煤炭、机械、轻工、化工、建材和粮食等行业输送散粒状物料和成件物品。带式输送机可分为通用型和特殊型两大类，通用带式输送机的典型结构如图16-4所示。带式输送机的速度一般为1～4m/s（最高可达6m/s），水平输送可用高速，倾角愈大，带速愈低。对于成件物品输送，带速为0.5～1.5m/s。如在带上进行工艺操作，则速度应与操作速度相适应。

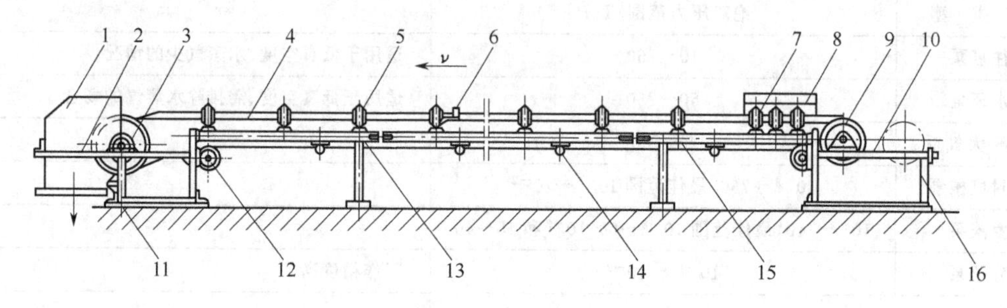

图16-4 带式输送机

1—头罩；2—头架；3—传动滚筒；4—输送带；5—上托架；6—槽形调心托辊；7—缓冲托辊；8—导料槽；9—改向滚筒；10—拉紧装置；11—清扫器；12—改向滚筒；13—中间架；14—下托辊；15—空段清扫器；16—尾架

16.2 机械分离设备

在实际工业生产中，需要进行分离的物料有气体、液体、固体、气固、固液等多种形式，但总体来说，可分为均相混合物和非均相混合物两大类的分离。对于均相混合物的分离基本属于传质的内容，其基本方法就是在均相溶液中设置第二个相，使要分离的物质转移到该相。对于非均相混合物的分离，通常是采用机械方法，其基本原理就是将混合物置于一定的力场中，利用力场的作用使其得以分离。过程工业生产中常用到的是固液和气固两类非均相混合物的分离，为此，本节就主要介绍这两类分离设备。

16.2.1　固液分离设备

固液分离设备是过程工业中非常重要的机械分离设备，已在化工、石油、轻工、食品、制药、冶金、煤炭、能源和环保等多个领域得到了广泛应用，其主要功能是用于脱水、浓缩、澄清、净化及固体颗粒分级等。随着科学技术与工业生产的不断发展，固液分离设备的种类和品种日渐增多，分类方法有多种，其中较为常用的是根据分离的推动力不同进行分类，据此可将固液分离设备分为离心机、沉降器和过滤机三类，下面就逐一进行介绍。

(1) 离心机

离心机是利用转鼓旋转产生的离心力使液-固、液-液非均相混合物实现分离或浓缩的机械分离设备。它的分离推动力大，不仅能得到含湿量低的固相和含固相低的液相，还具有分离效率高、体积小、密封可靠及附属设备少等优点，所以应用非常广泛。

① 离心机的分类　离心机的种类繁多，分类方法也多，常见的分类方法有：

ⅰ. 按分离因数的大小（它是指离心机在运行过程中产生的离心力与重力之比值）分为常速离心机、高速离心机和超高速离心机，三者的分离因数分别为小于 3500、3500～50000 和大于 50000；

ⅱ. 按分离过程的不同分为过滤式离心机、沉降式离心机和离心分离机三种。

ⅲ. 按操作方式的不同分为间歇运转式离心机和连续运转式离心机两类。

ⅳ. 按卸料方式的不同分为人工卸料、重力卸料、刮刀卸料、活塞推料、螺旋卸料、振动卸料和离心力卸料等离心机。

② 过滤式离心机　过滤式离心机在其转鼓上开有小孔，在转鼓内壁上铺设金属底网和滤布，加入转鼓内的悬浮液随转鼓一同旋转，液体在离心力的作用下透过滤渣层、滤网、底网和转鼓上的小孔被甩出转鼓，悬浮液中的固体颗粒则被截留在过滤介质上形成滤渣，从而实现了固体颗粒与液体的分离，如图 16-5 所示。这种离心机适用于固相含量较高、固体颗粒较大的悬浮液分离。属于过滤式离心机的结构类型有三足式离心机、上悬式离心机、卧式刮刀卸料离心机、卧式虹吸刮刀卸料离心机、活塞推料离心机、离心卸料离心机、振动卸料离心机和螺旋卸料过滤离心机等。

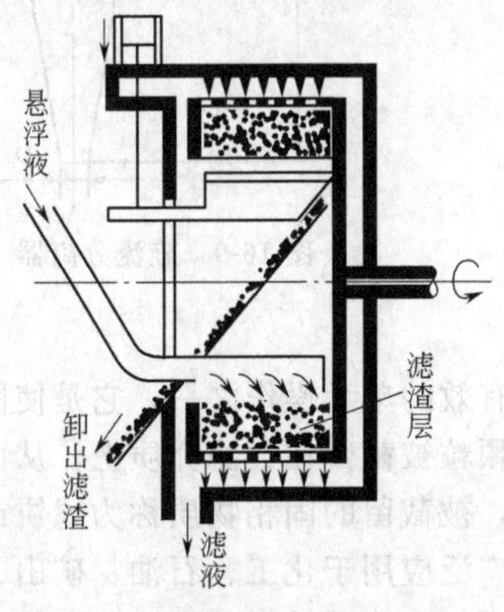

图 16-5　过滤式离心机工作原理

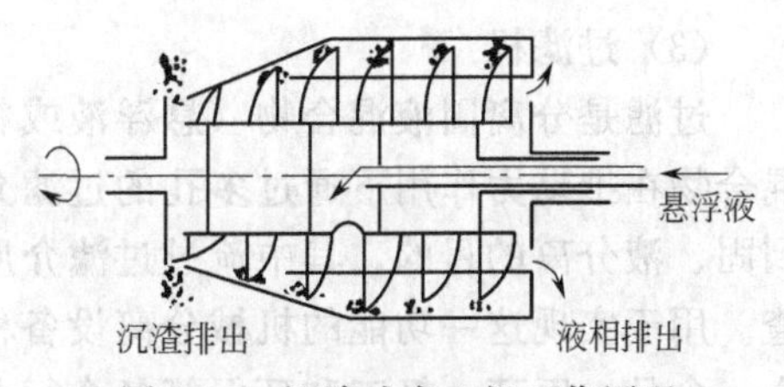

图 16-6　沉降式离心机工作原理

③ 沉降式离心机　离心机转鼓上无孔，当转鼓回转时，加入转鼓内的悬浮液随转鼓一同旋转，由于离心力的作用，密度较大的固相颗粒向鼓壁沉降，如图 16-6 所示。沉降式离心机适用于固相含量较少、固体颗粒较细的悬浮液分离。根据固相含量的多少和离心分离的

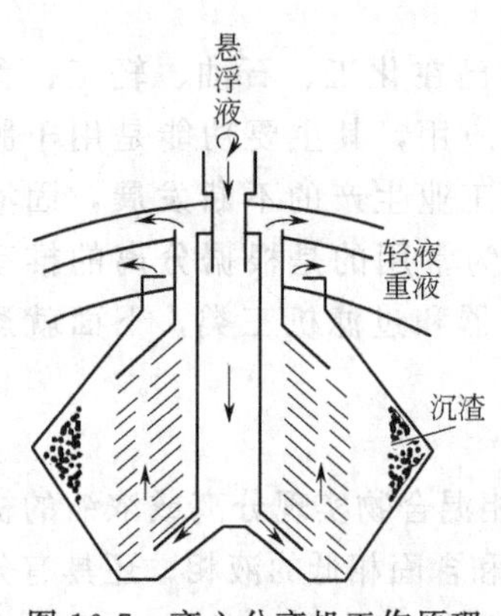

图 16-7 离心分离机工作原理

目的，离心沉降又可分为离心脱水和离心澄清两个过程。属于沉降式离心机的结构类型有三足式沉降离心机和螺旋卸料沉降离心机等。

④ 离心分离机　离心分离机的分离原理也属于沉降分离，但它主要是用于两种密度不同的液体所形成的乳浊液或含有微量固体的乳浊液分离，在离心力的作用下，密度小的液相在内层，密度大的液相在外层，密度更大些的固相沉于鼓壁，如图 16-7 所示。这种分离机的转鼓也是无孔的。属于离心分离机的结构类型有碟式分离机、管式分离机和室式分离机等。

(2) 沉降器

固液两相的沉降分离是将分散在悬浮液中的固体颗粒，利用固液两相间存在的密度差，使其在同一力场中所受的质量力不同而进行分离的过程。实现这一过程的分离设备称之为沉降分离设备。沉降分离设备也有多种分类的方法，若按设备机身转动与否，可分为机身转动和机身固定两大类，前者如上述的沉降离心机，后者如重力沉降设备（图 16-8）、旋流分离器（图 16-9）等。通常把机身固定的沉降分离设备统称为沉降器。

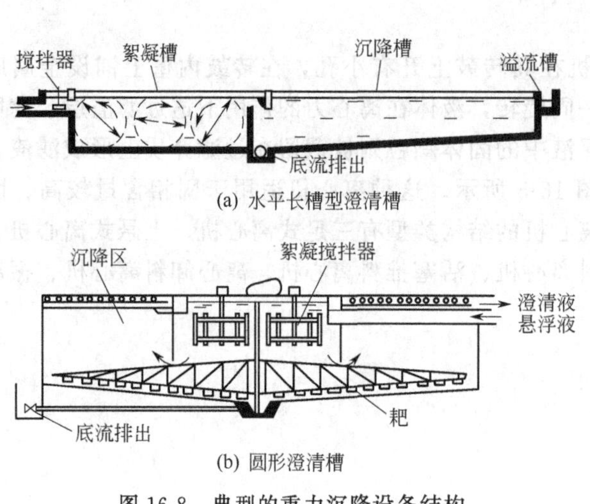

图 16-8 典型的重力沉降设备结构

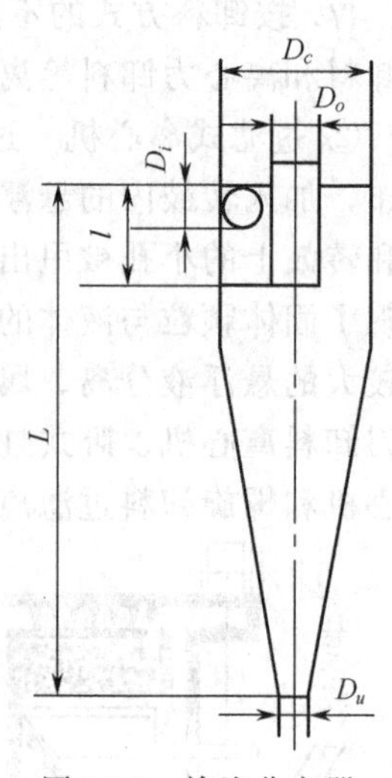

图 16-9 旋流分离器

(3) 过滤机

过滤是分离固液混合物（悬浮液或料浆）较为普遍和有效的单元操作之一，它是使固液混合物在推动力作用下通过多孔的过滤介质，其中的固相颗粒被截留在过滤介质上，从而达到固、液分离的目的，其中流过过滤介质的液体称为滤液，被截留的固相物质称为滤饼或滤渣。用于实现这一功能的机械分离设备称为过滤机，它已广泛应用于化工、石油、矿山、冶金、食品、医药、轻工和环保等各个行业中。由于各种过程工业生产处理的固液混合物性质差异较大，过滤的目的和要求也有所不同，所以过滤机有多种结构形式，分类方法也有多种，根据操作方式进行分类，分为间歇操作过滤机和连续操作过滤机两类。过滤操作中的推动力可以是重力、压力差或惯性离心力三种，但工业上应用较多的是以压力差为推动力的过滤，根据其压力差的不同可分为加压过滤机和真空过滤机（图 16-10）。

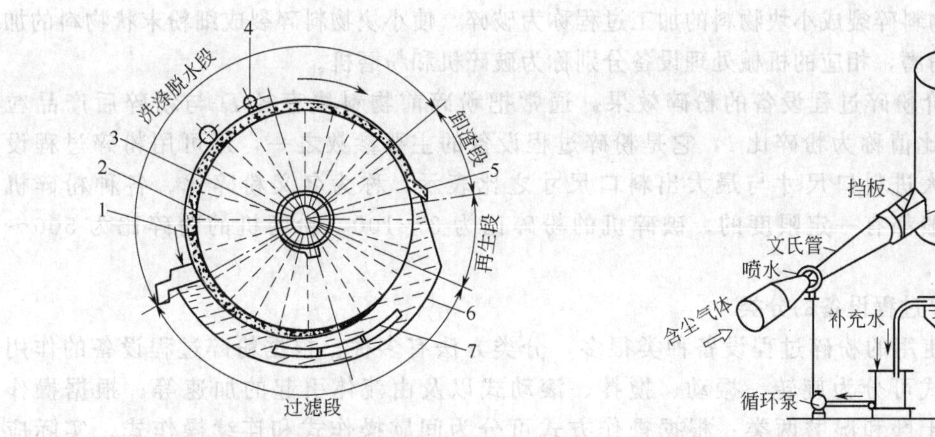

图 16-10 转鼓真空过滤机

1—转鼓；2—过滤室；3—分配头；4—洗涤嘴；5—刮刀；6—物料槽；7—搅拌器

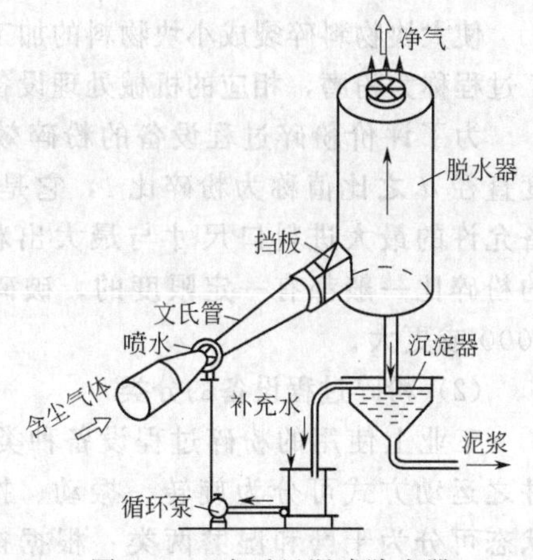

图 16-11 文丘里湿式除尘器

16.2.2 气固分离设备

气固分离设备也是过程工业中重要的机械分离设备之一，它主要用于气固两相的混合物中除去固体颗粒而使气体得到净化，已在石油、化工、冶金、电力、水泥、纺织、食品和环保等工业部门得到广泛应用。气固分离设备的种类较多，分类方法也有多种，根据分离过程中有无液体参加，可分为干法和湿法两类；根据分离的作用力可分为机械力除尘器、电除尘器、过滤器和湿式除尘器（图 16-11）四类，其中机械力除尘器又分为重力沉降器、惯性分离器和旋风分离器三种。

16.3 粉体加工设备

随着科学技术的不断发展，几乎所有的工业部门都需要涉及粉体的处理过程，特别在化工、食品、医药、电子、冶金、矿山和能源等工业部门中，粉体有着更为重要的位置，不仅是重要的工业原料，也是重要的工业产品。因此，粉体的加工与制造技术在各种工业中占有十分重要的地位，了解和熟悉一些常用的粉体加工设备是非常必要的。由于粉体处理涉及了粉体储存、输送、粉碎、混合、分离、制粉、造粒和流态化等多种操作过程，所以，相应的粉体加工设备也非常多，有的粉体加工设备结构和原理与前述的流体输送设备、机械分离设备相似，考虑篇幅，在这里只重点介绍粉体粉碎过程设备和粉体分级设备两类常用的粉体加工设备。

16.3.1 粉体粉碎过程设备

（1）粉体粉碎的基本概念

固体物料在外力作用下克服其内聚力使之破碎的过程称为粉碎，根据处理的固体物料的尺寸大小不同，通常可将粉碎划分如下。

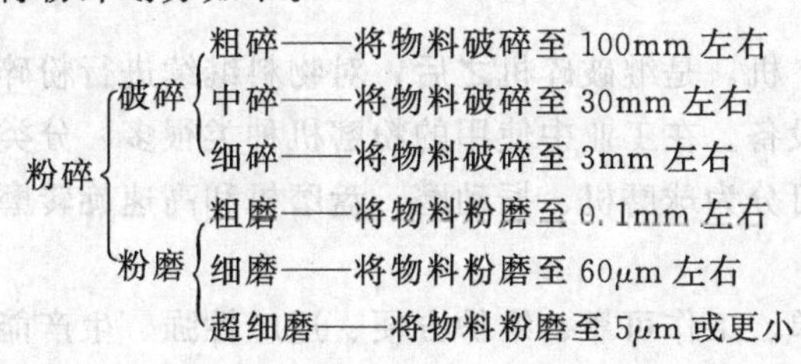

使大块物料碎裂成小块物料的加工过程称为破碎，使小块物料碎裂成细粉末状物料的加工过程称为粉磨，相应的机械处理设备分别称为破碎机和粉磨机。

为了评价粉碎过程设备的粉碎效果，通常把粉碎前物料块直径 D 与粉碎后产品粒度直径 d 之比值称为粉碎比 i，它是粉碎过程设备的主要参数之一，还可用粉碎过程设备允许的最大进料口尺寸与最大出料口尺寸之比表示，称为名义粉碎比。各种粉碎机的粉碎比一般都有一定限度的，破碎机的粉碎比为 3～100，粉磨机的粉碎比为 500～1000 或更大。

（2）粉碎过程设备的分类

工业上使用的粉碎过程设备种类很多，分类方法有多种，根据粉碎过程设备的作用件之运动方式可分为旋转、振动、搅拌、滚动式以及由流体引起的加速等；根据操作状态可分为干磨和湿磨两类；根据操作方式可分为间歇操作式和连续操作式。实际应用时，常按破碎机、粉磨机（又称磨碎机）和超细粉碎机三大类进行分类，下面就逐一进行介绍。

（3）破碎机

根据破碎机的工作原理和结构特征，目前在工业生产中广泛使用的破碎机主要有颚式破碎机、旋回破碎机、圆锥破碎机、锤式破碎机、辊式破碎机及反击式破碎机六种类型。其中颚式破碎机是工业上粗碎及中碎广为采用的破碎设备，它具有结构简单、制造容易、工作可靠和维护方便等优点，其工作原理是：借助于动颚周期性地靠近或离开固定颚，使进入破碎腔中物料受到挤压、劈裂和弯曲作用而破碎。根据动颚运动轨迹的不同，颚式破碎机可分为简摆型（图 16-12）、复摆型和组合摆动型三种型式。

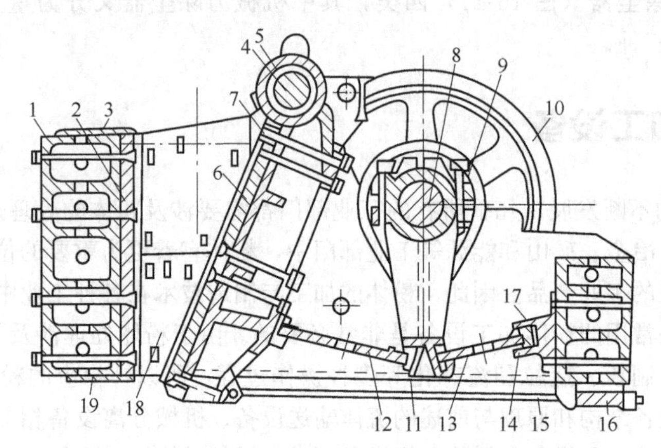

图 16-12　900mm×1200mm 简摆型颚式破碎机

1—机架；2—固定颚；3—压板；4—心轴；5—动颚；6—衬板；7—楔铁；8—偏心轴；9—连杆；10—皮带轮；11—推力板支座；12—前推力板；13—后推力板；14—后支座；15—拉杆；16—弹簧；17—垫板；18—侧衬板；19—钢板

（4）粉磨机

粉磨机又称磨（碎）机，是继破碎机之后，对物料继续进行粉碎，旨在获得工艺所要求的更细颗粒产品的机械设备。在工业中使用的粉磨机种类很多，分类方法不一，根据其结构形式与工作原理的特征可分为球磨机、振动磨、盘磨机和高速旋转磨等，其中球磨机是粉磨中广泛使用的细磨机械。

球磨机具有结构简单、工作可靠、维护方便、适应性强、生产能力大、粉碎比大和粉碎物细度可根据需要进行调整等优点，其缺点是工作效率低、单位产量能耗大机体笨重和噪声较大等。球磨机的工作原理是：装有研磨介质的密闭圆筒，在传动装置带动下产生回转运动，物料在筒内受到研磨及冲击作用而粉碎。球磨机种类较多，分类方法也多，根据操作状态可分为干法球磨机和湿法球磨机；根据操作方式，可分为间歇操作式和连续操作式；根据磨仓内装入的研磨介质种类可分为球磨机、棒磨机和砾石磨；根据筒体长径比可分为短球磨机（$L/D<2$）、中长球磨机（$L/D\approx3$）、长球磨机（又称管磨机，$L/D\geqslant4$）。具有代表性的球磨机结构如图 16-13 所示。

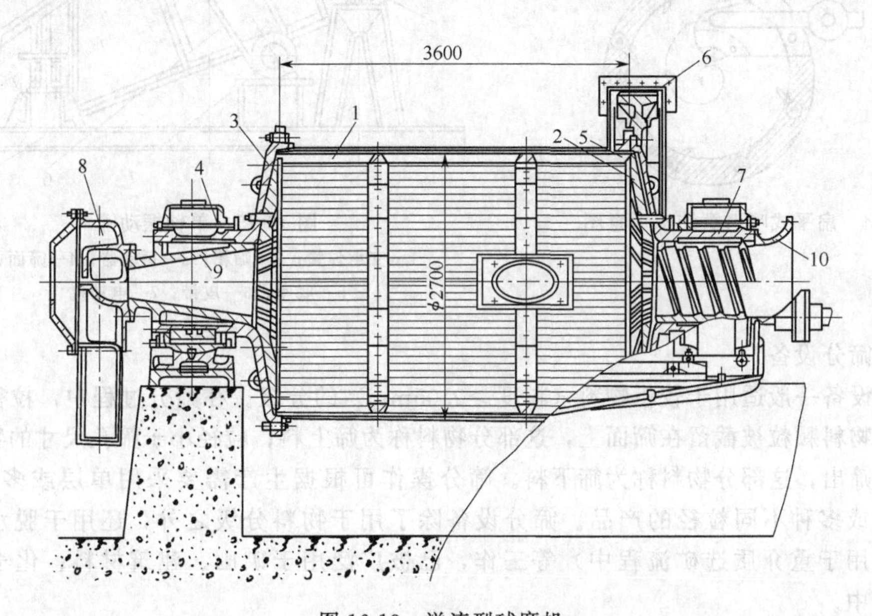

图 16-13　溢流型球磨机

1—筒体；2,3—端盖；4,7—中空轴颈；5—衬板；6—大齿圈；8—给料器；9,10—中空轴颈

（5）超细粉碎机

当代高新技术的不断发展，对材料深加工制备提出了越来越高的要求：粉体粒度微细化、粒度分布均匀化或颗粒形状特定化、品质高纯化和表面处理功能化等，这些因素促使在粉碎领域形成了超细粉碎技术和相应的超细粉碎机。工业上所称的超细粉碎一般是指加工直径在 10μm 以下的超细粉体之粉碎和相应的分级技术，超细粉碎机主要有气流喷射磨、搅拌磨、转筒振动磨、胶体磨及高能球磨机等类型。

气流喷射磨也称气流粉碎机，是最常用的超细粉碎设备之一，它是利用高速气流（300～500m/s）喷出时形成的强烈多相紊流场，使其中的固体颗粒产生相互冲击、碰撞和摩擦剪切而实现超细粉碎的目的。气流喷射磨产品具有细度细、粒度较集中、颗粒表面光滑和形状规整，纯度高、活性高及分散性好等优点。目前工业上应用的气流喷射磨主要有扁平式喷射磨（图 16-14）、循环管式喷射磨、对喷式气流磨和流化床对射磨四种类型。

16.3.2　粉体分级设备

根据生产工艺的要求，把粉碎产品按某种粒度大小或不同种类颗粒进行分选的操作过程称为分级。分级的方式有两种：筛分和流体分级，前者是借助于具有一定大小孔径或缝隙的筛面将颗粒体进行分级的，后者则是利用颗粒在流体介质中沉降速度的差异将颗粒群分成若干粒度的过程，相应的粉体分级设备也分别称为筛分设备和流体分级设备。

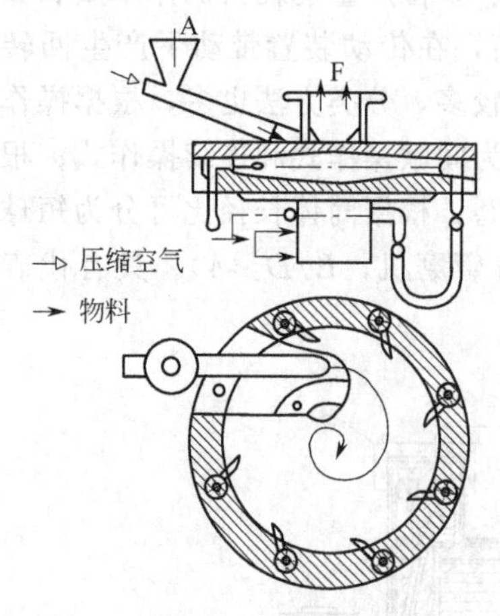

图 16-14 扁平式喷射磨结构示意图

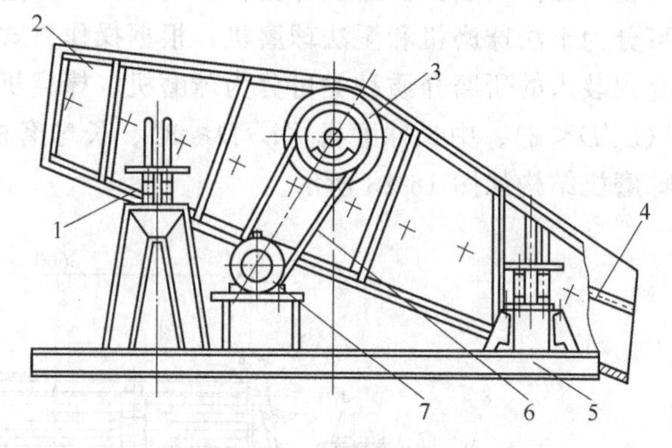

图 16-15 单轴振动筛

1—支承弹簧；2—筛箱；3—振动器；4—筛面；5—底座；6—皮带；7—电动机

(1) 筛分设备

筛分设备一般适用于较粗物料（粒度＞0.05mm）的分级。在筛分过程中，粒径大于筛孔尺寸的物料颗粒被截留在筛面上，这部分物料称为筛上料；粒径小于筛孔尺寸的物料颗粒通过筛孔筛出，这部分物料称为筛下料。筛分操作可根据生产需要采用单层或多层筛面，得到两种或多种不同粒径的产品。筛分设备除了用于物料分级之外，还用于脱水、脱泥和脱介（用于重介质选矿流程中）等工作，已被广泛用于矿山、建筑材料、化学及其他工业部门中。

工业用的筛分设备种类很多，分类方法有多种，按筛面的运动方式可分为固定式和运动式两类；按筛分方式分为干式筛和湿式筛两类；通常是采用按筛面的运动特性进行分类，可分为振动筛、摇动筛、回转筛和固定筛四大类。其中振动筛是目前各工业中应用最为广泛的一种筛分设备，它是利用不平衡重激振使筛箱振动而实现物料筛分的，具有构造简单、工作可靠、生产能力大与筛分效率高等优点，不仅可用于细筛，而且也可用于中、粗筛分，还可用于脱水和脱泥等分离作业，常用的振动筛有单轴振动筛（图 16-15）、直线振动筛、三维振动圆筛及筛面振动筛。

(2) 流体分级设备

由于筛分作业要受到筛面结构等因素的制约，筛分设备一般仅适用于粒径 100μm 以上颗粒的分级操作。对于粒径 100μm 以下的物料，则只能借助于流体分级设备，通过利用粒度变化对流体阻力和颗粒所受力的平衡原理而分级。根据所用的不同流体介质（常用为空气或水），可分为干式分级设备与湿式分级设备。

干式分级设备通常用空气作为流体介质，广泛用于细颗粒的分级，而且正向高精度超细分级方向发展，一般干式分级设备分级粒径范围为数微米至数十微米，并且能直接获得干的粉体产品。干式分级设备的类型很多，按分级作用力可分为重力分级型、惯性分级型和离心分级型三类，各类的典型分级设备之一分别如图 16-16～图16-18所示。

湿式分级设备通常用水作为流体介质，利用固体颗粒的重力沉降及离心沉降原理实现分级目的，具有分级精度高、能在高含固浓度下进行分级操作等优点，应用较为广泛，但不能直接获得干的粉体产品，若需获得干的粉体产品，则要增加过滤、干燥等后处理设备。湿式分级设备的类型很多，按分级作用力可分为重力分级型、离心分级型两类，其中属于重力分级型的有重力沉降分级器（图 16-19）、水力分级器、机械分级器；属于离心分级型的有水力旋流器、卧式螺旋分级器、碟式分级器，离心分级型设备的结构、特性可参阅前述的机械分离设备部分或有关的设计手册。

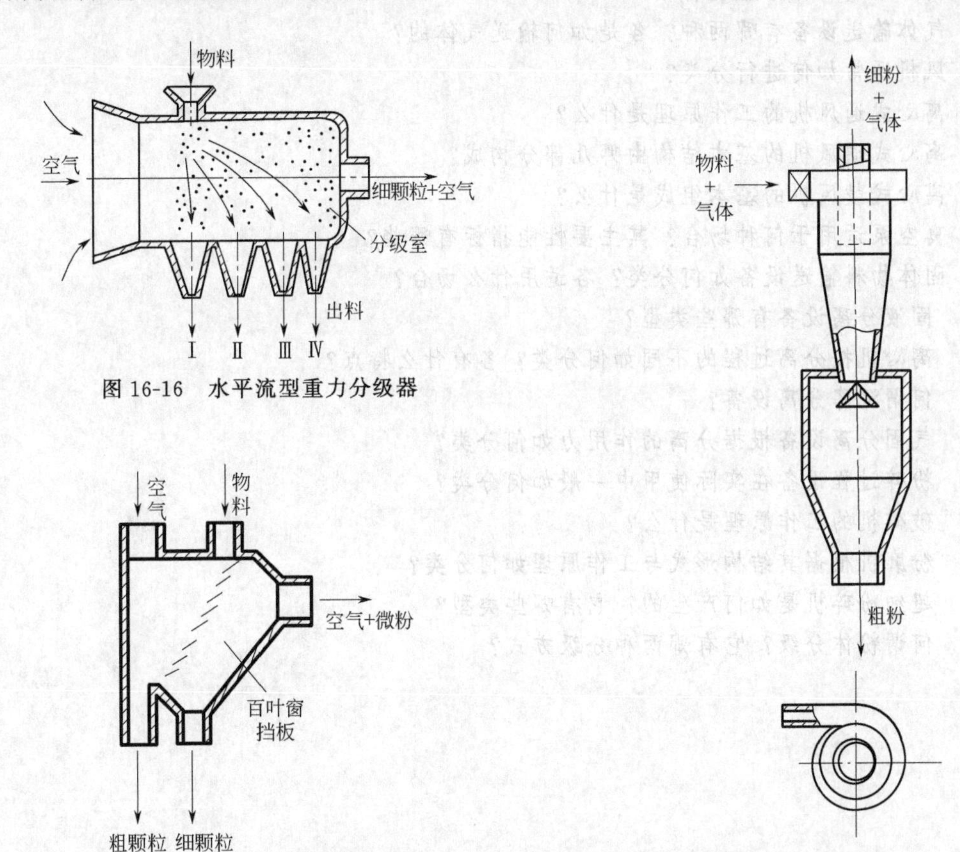

图 16-16　水平流型重力分级器

图 16-17　百叶窗式分级器

图 16-18　旋风分离器

(a) 分流式分级槽

(b) 表面流式分级槽　　(c) 圆锥分级器

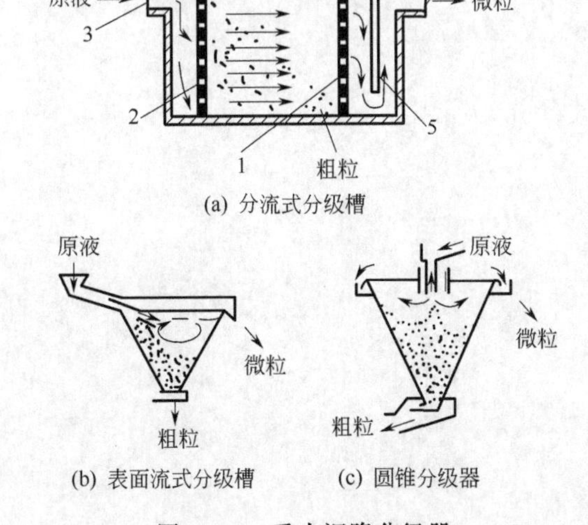

图 16-19　重力沉降分级器

1,2—多孔整流板；3—原液进口；4—微粒与流体出口；5—挡板

思考题

16-1 物料输送设备有哪三类？
16-2 离心泵的工作原理是什么？
16-3 气体输送设备有哪两种？各是如何输送气体的？
16-4 风机通常如何进行分类？
16-5 离心式通风机的工作原理是什么？
16-6 离心式通风机的基本结构由哪几部分构成？
16-7 离心式鼓风机的基本组成是什么？
16-8 真空泵适用于何种场合？其主要性能指标有哪些？
16-9 固体物料输送设备如何分类？各适用什么场合？
16-10 固液分离设备有哪些类型？
16-11 离心机按分离过程的不同如何分类？各有什么特点？
16-12 何谓沉降分离设备？
16-13 气固分离设备根据分离的作用力如何分类？
16-14 粉碎过程设备在实际使用中一般如何分类？
16-15 破碎机的工作原理是什么？
16-16 粉磨机根据其结构形式与工作原理如何分类？
16-17 超细粉碎机是如何产生的？它有哪些类型？
16-18 何谓粉体分级？它有哪两种分级方式？

附 录

附录 1 型钢尺寸规格表

表 1 热轧普通槽钢（GB/T 707）

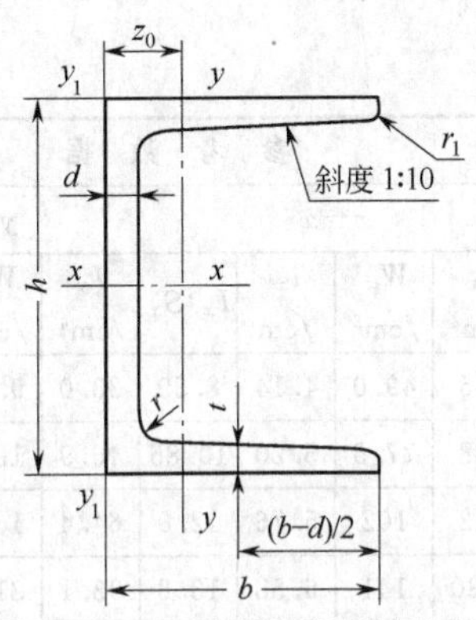

符号意义：

h——高度；　r_1——腿端圆弧半径；

b——腿宽度；　I——惯性矩；

d——腰厚度；　W——截面系数；

t——平均腿厚度；　i——惯性半径；

r——内圆弧半径；　z_0——y-y 轴与 y_1-y_1 轴间距离。

型号	尺寸/mm						截面面积/cm²	理论质量/(kg/m)	参考数据								
									$x-x$			$y-y$			y_1-y_1		
	h	b	d	t	r	r_1			W_x/cm³	I_x/cm⁴	i_x/cm	W_y/cm³	I_y/cm⁴	i_y/cm	I_{y1}/cm⁴	z_0/cm
5	50	37	4.5	7	7.0	3.5	6.928	5.438	10.4	26.0	1.94	3.55	8.30	1.10	20.9	1.35
6.3	63	40	4.8	7.5	7.5	3.8	8.451	6.634	16.1	50.8	2.45	4.50	11.9	1.19	28.4	1.36
8	80	43	5.0	8	8.0	4.0	10.248	8.045	25.3	101	3.15	5.79	16.6	1.27	37.4	1.43
10	100	48	5.3	8.5	8.5	4.3	12.748	10.007	39.7	198	3.95	7.8	25.6	1.41	54.9	1.52
12.6	126	53	5.5	9	9.0	4.5	15.692	12.318	62.1	391	4.95	10.2	38.0	1.57	77.1	1.59
14a	140	58	6.0	9.5	9.5	4.8	18.516	14.535	80.5	564	5.52	13.0	53.2	1.70	107	1.71
14b	140	60	8.0	9.5	9.5	4.8	21.316	16.733	87.1	609	5.35	14.1	61.1	1.69	121	1.67
16a	160	63	6.5	10	10.0	5.0	21.962	17.240	108	866	6.28	16.3	73.3	1.83	144	1.80
16	160	65	8.5	10	10.0	5.0	25.162	19.752	117	935	6.10	17.0	83.4	1.82	161	1.75
18a	180	68	7.0	10.5	10.5	5.3	25.699	20.174	141	1270	7.04	20.0	98.6	1.96	190	1.88
18	180	70	9.0	10.5	10.5	5.3	29.299	23.000	152	1370	6.84	21.5	111	1.95	210	1.84
20a	200	73	7.0	11	11.0	5.5	28.837	22.637	178	1780	7.86	24.2	128	2.11	244	2.01
20	200	75	9.0	11	11.0	5.5	32.837	25.777	191	1910	7.64	25.9	144	2.09	268	1.95
22a	220	77	7.0	11.5	11.5	5.8	31.846	24.999	218	2390	8.67	28.2	158	2.23	298	2.10
22	220	79	9.0	11.5	11.5	5.8	36.246	28.453	234	2570	8.42	30.1	176	2.21	326	2.03
25a	250	78	7.0	12	12.0	6.0	34.917	27.410	270	3370	9.82	30.6	176	2.24	322	2.07
25b	250	80	9.0	12	12.0	6.0	39.917	31.335	282	3530	9.41	32.7	196	2.22	353	1.98
25c	250	82	11.0	12	12.0	6.0	44.917	35.260	295	3690	9.07	35.9	218	2.21	384	1.92
28a	280	82	7.5	12.5	12.5	6.3	40.034	31.427	340	4760	10.9	35.7	218	2.33	388	2.10
28b	280	84	9.5	12.5	12.5	6.3	45.634	35.823	366	5130	10.6	37.9	242	2.30	428	2.02
28c	280	86	11.5	12.5	12.5	6.3	51.234	40.219	393	5500	10.4	40.3	268	2.29	463	1.95
32a	320	88	8.0	14	14.0	7.0	48.513	38.083	475	7600	12.5	46.5	305	2.50	552	2.24
32b	320	90	10.0	14	14.0	7.0	54.913	43.107	509	8140	12.2	49.2	336	2.47	593	2.16
32c	320	92	12.0	14	14.0	7.0	61.313	48.131	543	8690	11.9	52.6	374	2.47	643	2.09
36a	360	96	9.0	16	16.0	8.0	60.910	47.814	660	11900	14.0	63.5	455	2.73	818	2.44
36b	360	98	11.0	16	16.0	8.0	68.110	53.466	703	12700	13.6	66.9	497	2.70	880	2.37
36c	360	100	13.0	16	16.0	8.0	75.310	59.118	746	13400	13.4	70.0	536	2.67	948	2.34
40a	400	100	10.5	18	18.0	9.0	75.068	58.928	879	17600	15.3	78.8	592	2.81	1070	2.49
40b	400	102	12.5	18	18.0	9.0	83.068	65.208	932	18600	15.0	82.5	640	2.78	1140	2.44
40c	400	104	14.5	18	18.0	9.0	91.068	71.488	986	19700	14.7	86.2	688	2.75	1220	2.42

注：槽钢型号 5～8、>8～18、>18～40 相应长度分别为 5～12m、5～19m、6～19m。

表 2　热轧普通工字钢（GB/T 706）

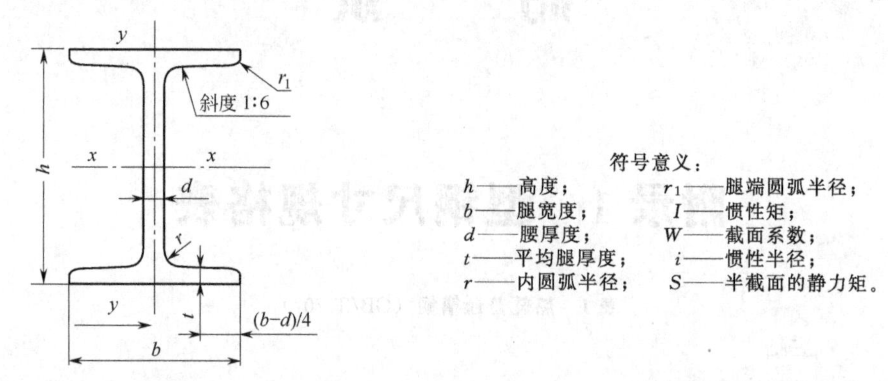

符号意义：

h——高度；　　　　　r_1——腿端圆弧半径；
b——腿宽度；　　　　I——惯性矩；
d——腰厚度；　　　　W——截面系数；
t——平均腿厚度；　　i——惯性半径；
r——内圆弧半径；　　S——半截面的静力矩。

型号	尺寸/mm						截面面积/cm²	理论质量/(kg/m)	参考数据						
									$x-x$				$y-y$		
	h	b	d	t	r	r_1			I_x/cm⁴	W_x/cm³	i_x/cm	I_x:S_x	I_y/cm⁴	W_y/cm³	i_y/cm
10	100	68	4.5	7.6	6.5	3.3	14.345	11.261	245	49.0	4.14	8.59	33.0	9.72	1.52
12.6	126	74	5.0	8.4	7.0	3.5	18.118	14.223	488	77.5	5.20	10.85	46.9	12.7	1.61
14	140	80	5.5	9.1	7.5	3.8	21.516	16.890	712	102	5.76	12.0	64.4	16.1	1.73
16	160	88	6.0	9.9	8.0	4.0	26.131	20.513	1130	141	6.58	13.8	93.1	21.2	1.89
18	180	94	6.5	10.7	8.5	4.3	30.756	24.143	1660	185	7.36	15.4	122	26.0	2.00
20a	200	100	7.0	11.4	9.0	4.5	35.578	27.929	2370	237	8.15	17.2	158	31.5	2.12
20b	200	102	9.0	11.4	9.0	4.5	39.578	31.069	2500	250	7.96	16.9	169	33.1	2.06
22a	220	110	7.5	12.3	9.5	4.8	42.128	33.070	3400	309	8.99	18.9	225	40.9	2.31
22b	220	112	9.5	12.3	9.5	4.8	46.528	36.524	3570	325	8.78	18.7	239	42.7	2.27
25a	250	116	8.0	13.0	10.0	5.0	48.541	38.105	5020	402	10.2	21.6	280	48.3	2.40
25b	250	118	10.0	13.0	10.0	5.0	53.541	42.030	5280	423	9.94	21.3	309	52.4	2.40
28a	280	122	8.5	13.7	10.5	5.3	55.404	43.492	7110	508	11.3	24.6	345	56.6	2.50
28b	280	124	10.5	13.7	10.5	5.3	61.004	47.888	7480	534	11.1	24.2	379	61.2	2.49
32a	320	130	9.5	15.0	11.5	5.8	67.156	52.777	11100	692	12.8	27.5	460	70.8	2.62
32b	320	132	11.5	15.0	11.5	5.8	73.556	57.741	11600	726	12.6	27.1	502	76.0	2.61
32c	320	134	13.5	15.0	11.5	5.8	79.956	62.765	12200	760	12.3	26.8	544	81.2	2.61
36a	360	136	10.0	15.8	12.0	6.0	76.480	60.037	15800	875	14.4	30.7	552	81.2	2.69
36b	360	138	12.0	15.8	12.0	6.0	83.680	65.689	16500	919	14.1	30.3	582	84.3	2.64
36c	360	140	14.0	15.8	12.0	6.0	90.880	71.341	17300	962	13.8	29.9	612	87.4	2.60
40a	400	142	10.5	16.5	12.5	6.3	86.112	67.598	21700	1090	15.9	34.1	660	93.2	2.77
40b	400	144	12.5	16.5	12.5	6.3	94.112	73.878	22800	1140	15.6	33.6	692	96.2	2.71
40c	400	146	14.5	16.5	12.5	6.3	102.112	80.158	23900	1190	15.2	33.2	727	99.6	2.65
45a	450	150	11.5	18.0	13.5	6.8	102.446	80.420	32200	1430	17.7	38.6	855	114	2.89
45b	450	152	13.5	18.0	13.5	6.8	111.446	87.485	33800	1500	17.4	38.0	894	118	2.84
45c	450	154	15.5	18.0	13.5	6.8	120.446	94.550	35300	1570	17.1	37.6	938	122	2.79
50a	500	158	12.0	20.0	14.0	7.0	119.304	93.654	46500	1860	19.7	42.8	1120	142	3.07
50b	500	160	14.0	20.0	14.0	7.0	129.304	101.504	48600	1940	19.4	42.4	1170	146	3.01
50c	500	162	16.0	20.0	14.0	7.0	139.304	109.354	50600	2080	19.0	41.8	1220	151	2.96
56a	560	166	12.5	21.0	14.5	7.3	135.435	106.316	65600	2340	22.0	47.7	1370	165	3.18
56b	560	168	14.5	21.0	14.5	7.3	146.435	115.108	68500	2450	21.6	47.2	1490	174	3.16
56c	560	170	16.5	21.0	14.5	7.3	157.835	123.900	71400	2550	21.3	46.7	1560	183	3.16
63a	630	176	13.0	22.0	15.0	7.5	154.658	121.407	93900	2980	24.5	54.2	1700	193	3.31
63b	630	178	15.0	22.0	15.0	7.5	167.258	131.298	98100	3160	24.2	53.5	1810	204	3.29
63c	630	180	17.0	22.0	15.0	7.5	180.858	141.189	102000	3300	23.8	52.9	1920	214	3.27

注：工字钢型号 10～18、20～63 相应长度分别为 5～19m、6～19m。

附录2 钢板许用应力

钢号	钢板标准	使用状态	厚度/mm	室温强度指标		在下列温度(℃)下的许用应力/MPa																注
				R_m/MPa	R_{eL}/MPa	≤20	100	150	200	250	300	350	400	425	450	475	500	525	550	575	600	
碳素钢和低合金钢钢板																						
Q245R	GB 713	热轧，控轧，正火	3～16	400	245	148	147	140	131	117	108	98	91	85	61	41						
			>16～36	400	235	148	140	133	124	111	102	93	86	84	61	41						
			>36～60	400	225	148	133	127	119	107	98	89	82	80	61	41						
			>60～100	390	205	137	123	117	109	98	90	82	75	73	61	41						
			>100～150	380	185	123	112	107	100	90	80	73	70	67	61	41						
Q345R	GB 713	热轧，控轧，正火	3～16	510	345	189	189	189	183	167	153	143	125	93	66	43						
			>16～36	500	325	185	185	183	170	157	143	133	125	93	66	43						
			>36～60	490	315	181	181	173	160	147	133	123	117	93	66	43						
			>60～100	490	305	181	181	167	150	137	123	117	110	93	66	43						
			>100～150	480	285	178	173	160	147	133	120	113	107	93	66	43						
			>150～200	470	265	174	163	153	143	130	117	110	103	93	66	43						
Q370R	GB 713	正火	10～16	530	370	196	196	196	196	190	180	170										
			>16～36	530	360	196	196	196	193	183	173	163										
			>60～100	520	340	193	193	193	180	170	160	150										
18MnMoNbR	GB 713	正火加回火	30～60	570	400	211	211	211	211	211	211	211	207	195	177	117						
			>60～100	570	390	211	211	211	211	211	211	211	203	192	177	117						
15CrMoR	GB 713	正火加回火	6～60	450	295	167	167	167	160	150	140	133	126	122	119	117	88	58	37			
			>60～100	450	275	167	167	157	147	140	131	124	117	114	111	109	88	58	37			
			>100～150	440	255	163	157	147	140	133	123	117	110	107	104	102	88	58	37			

续表

钢号	钢板标准	使用状态	厚度/mm	室温强度指标		在下列温度(℃)下的许用应力/MPa																注
				R_m/MPa	R_{eL}/MPa	≤20	100	150	200	250	300	350	400	425	450	475	500	525	550	575	600	
碳素钢和低合金钢钢板																						
16MnDR	GB 3531	正火，正火加回火	6～16	490	315	181	181	180	167	153	140	130										
			>16～36	470	295	174	174	167	157	143	130	120										
			>36～60	460	285	170	170	160	150	137	123	117										
			>60～100	450	275	167	167	157	147	133	120	113										
			>100～120	440	265	163	163	153	143	130	117	110										

钢号	钢板标准	厚度/mm	在下列温度(℃)下的许用应力/MPa																					
			≤20	100	150	200	250	300	350	400	450	500	525	550	575	600	625	650	675	700	725	750	775	800
高合金钢钢板																								
06Cr13	GB24511	1.5～25	137	126	123	120	119	117	112	109														
06Cr13Al	GB24511	1.5～25	113	104	101	100	99	97	95	90														
06Cr19Ni10	GB24511	1.5～80	①137	137	137	130	122	114	111	107	103	100	98	91	79	64	52	42	32	27				
			137	114	103	96	90	85	82	79	76	74	73	71	67	62	52	42	32	27				
022Cr19Ni10	GB24511	1.5～80	①120	120	118	110	103	98	94	91	88													
			120	98	87	81	76	73	69	67	65													
07Cr19Ni10	GB24511	1.5～80	①137	137	137	130	122	114	111	107	103	100	98	91	79	64	52	42	32	27				
			137	114	103	96	90	85	82	79	76	74	73	71	67	62	52	42	32	27				
06Cr25Ni20	GB24511	1.5～80	①137	137	137	137	134	130	125	122	119	115	113	105	84	61	43	31	23	19	15	12	10	8
			137	121	111	105	99	96	93	90	88	85	84	83	81	61	43	31	23	19	15	12	10	8
06Cr17Ni12Mo2	GB24511	1.5～80	①137	137	137	134	125	118	113	111	109	107	106	105	96	81	65	50	38	30				
			137	117	107	99	93	87	84	82	81	79	78	78	76	73	65	50	38	30				
022Cr17Ni12Mo2	GB24511	1.5～80	①120	120	117	108	100	95	90	86	84													
			120	98	87	80	74	70	67	64	62													

① 该行许用应力仅适用于允许产生微量永久变形的元件，对于法兰或其他有微量永久变形就引起泄漏或故障的场合不能采用。

附录3 钢管许用应力

钢号	钢管标准	使用状态	壁厚/mm	室温强度指标		在下列温度(℃)下的许用应力/MPa																注
				R_m /MPa	R_{eL} /MPa	≤20	100	150	200	250	300	350	400	425	450	475	500	525	550	575	600	
碳素钢和低合金钢钢管																						
10	GB/T 8163	热轧	≤10	335	205	124	121	115	108	98	89	82	75	70	61	41						
10	GB 9948	正火	≤16	335	205	124	121	115	108	98	89	82	75	70	61	41						
			>16～30	335	195	124	117	111	105	95	85	79	73	67	61	41						
20	GB/T 8163	热轧	≤10	410	245	152	147	140	131	117	108	98	88	83	61	41						
20	GB 9948	正火	≤16	410	245	152	147	140	131	117	108	98	88	83	61	41						
			>16～30	410	235	152	140	133	124	111	102	93	83	78	61	41						
12CrMo	GB 9948	正火加回火	≤16	410	205	137	121	115	108	101	95	88	82	80	79	77	74	50				
			>16～30	410	195	130	117	111	105	98	91	85	79	77	75	74	72	50				

钢号	钢管标准	壁厚/mm	在下列温度(℃)下的许用应力/MPa																					
			≤20	100	150	200	250	300	350	400	450	500	525	550	575	600	625	650	675	700	725	750	775	800
高合金钢钢管																								
06Cr19Ni10	GB13296	≤14	①137	137	137	130	122	114	111	107	103	100	98	91	79	64	52	42	32	27				
			137	114	103	96	90	85	82	79	76	74	73	71	67	62	52	42	32	27				
06Cr19Ni10	GB/T 14976	≤28	①137	137	137	130	122	114	111	107	103	100	98	91	79	64	52	42	32	27				
			137	114	103	96	90	85	82	79	76	74	73	71	67	62	52	42	32	27				
022Cr19Ni10	GB 13296	≤14	①117	117	117	110	103	98	94	91	88													
			117	97	87	81	76	73	69	67	65													
022Cr19Ni10	GB/T 14976	≤28	①117	117	117	110	103	98	94	91	88													
			117	97	87	81	76	73	69	67	65													

① 该行许用应力仅适用于允许产生微量永久变形的元件，对于法兰或其他有微量永久变形就引起泄漏或故障的场合不能采用。

参考文献

[1] 郑津洋，桑芝富．过程设备设计．第 4 版．北京：化学工业出版社，2015.
[2] 喻健良．化工设备机械基础．第 2 版．大连：大连理工大学出版社，2014.
[3] GB 150-2011 压力容器．
[4] TSG 21-2016 固定式压力容器安全技术监察规程．
[5] 汤善甫，朱思明．化工设备机械基础．第 2 版．上海：华东理工大学出版社，2004.
[6] 王志文，蔡仁良．化工容器设计．第 3 版．北京：化学工业出版社，2005.
[7] 董大勤，高炳军，董俊华．化工设备机械基础．第 4 版．北京：化学工业出版社，2012.
[8] 丁伯民，黄正林等．化工设备设计全书——化工容器．北京：化学工业出版社，2003.
[9] 余国琮．化工机械工程手册．北京：化学工业出版社，2003.
[10] 刘志军，李志义，喻健良．过程机械．下册．北京：化学工业出版社，2008.
[11] 范钦珊，殷雅俊，唐靖林．材料力学．第 3 版．北京：清华大学出版社，2014.
[12] 刘鸿文．材料力学．第 5 版．北京：高等教育出版社，2011.
[13] GB/T 228.1-2010 金属材料 拉伸试验 第 1 部分：室温试验方法．
[14] 程靳．工程力学Ⅰ．北京：机械工业出版社，2004.
[15] 冯维明．工程力学．北京：国防工业出版社，2003.
[16] 韩瑞功．工程力学．北京：清华大学出版社，2004.
[17] 徐自立．工程材料及应用．湖北武汉：华中科技出版社，2007.
[18] 闫康平．工程材料．第 2 版．北京：化学工业出版社，2008.
[19] 许菊若．机械设计．北京：化学工业出版社，2005.
[20] 机械设计手册编委会．机械设计手册．北京：机械工业出版社，2004.
[21] 陈国定．机械设计基础．北京：机械工业出版社，2005.
[22] 王黎钦，陈铁鸣．机械设计．第 5 版．哈尔滨：哈尔滨工业大学出版社，2010.
[23] 吴克坚，于晓红，钱瑞明．机械设计．北京：高等教育出版社，2003.
[24] 郭仁生．机械设计基础．第 3 版．北京：清华大学出版社，2011.
[25] 吴宗泽，高志．机械设计．第 2 版．北京：高等教育出版社，2009.
[26] 唐蓉城，陆玉．机械设计．北京：机械工业出版社，1993.
[27] 聂清德．化工设备设计．北京：化学工业出版社，1991.
[28] 陈国理．压力容器及化工设备．第 2 版．广州：华南理工大学出版社，1994.
[29] 钱逸，吕忠良．压力容器安全技术基础．北京：中国劳动出版社，1990.
[30] 沈松泉，黄振仁，顾竞成．压力管道安全技术．南京：东南大学出版社，2000.
[31] 蔡尔辅．石油化工管道设计．北京：化学工业出版社，2002.
[32] GB/T 151—2014 热交换器．
[33] 曲文海等．压力容器与化工设备实用手册．下册．北京：化学工业出版社，2002.
[34] 钱颂文．换热器设计手册．北京：化学工业出版社，2002.
[35] 秦叔经，叶文邦等．换热器．北京：化学工业出版社，2003.
[36] 贺匡国．化工容器及设备简明设计手册．第 2 版．北京：化学工业出版社，2002.
[37] 计建炳，谭天恩．我国塔器技术进展．化工进展，2000（6）．
[38] 钱伯章．我国石化装备技术国产化进展．化工机械，2004（6）．
[39] 王凯，冯连芳．混合设备设计．北京：机械工业出版社，2000.

[40] HG/T 20569-2013 机械搅拌设备．
[41] HG 21563～21572-1995 搅拌传动装置．
[42] 李新华．密封元件选用手册．北京：机械工业出版社，2011.
[43] 全国化工设备设计技术中心站机泵技术委员会．工业泵选用手册．第 2 版．北京：化学工业出版社，2011.
[44] 姚玉英，陈常贵，柴诚敬．化工原理．第 3 版．天津：天津科学技术出版社，2010.
[45] 姜培正．过程流体机械．北京：化学工业出版社，2001.
[46] 谭天恩，李伟．过程工程原理．北京：化学工业出版社，2004.
[47] 陶珍东，郑少华．粉体工程与设备．第 3 版．北京：化学工业出版社，2015.
[48] 卢寿慈．粉体加工技术．北京：中国轻工业出版社，2000.
[49] 盖国胜．超细粉碎分级技术．北京：中国轻工业出版社，2000.
[50] 谢洪勇．粉体力学与工程．第 2 版．北京：化学工业出版社，2007.

教师反馈卡

感谢您购买本书！

为了方便教师利用多媒体进行“过程装备基础”课程的教学，昆明理工大学开发了与本书配套的《过程装备基础》课件，该课件包括了授课内容、教学信息、参考文献、习题库及其详细解答等四大部分。

如果您确认将本书作为指定教材，请填好如下表格并经系主任签字盖章后寄回给我们，昆明理工大学将免费向您提供《过程装备基础》课件。

联系地址：

北京市东城区青年湖南街 13 号
化学工业出版社
程树珍
邮编：100011
电话：010-64519167
Email：csz8600@126.com

云南省昆明市呈贡大学城
昆明理工大学过程装备与控制工程系
朱孝钦
邮编：650500
电话：0871-65920171
Email：xiaoqinzhu@sohu.com

姓名			
系			
院校			
专业			
您所教的课程名称			
学生人数/学期		学时	
您目前采用的教材	作者		
	书名		
联系地址			
邮政编码			
联系电话			
Email			
您的建议		系主任签字 盖章（请务必盖上院或系章）	